全国电力行业"十四五"规划教材

 "十四五"普通高等学校规划教材

U0158771

能源化学

王树荣　蒋旭光
　　　　　　　　编
朱玲君　王　磊

傅　尧　主审

中国电力出版社

CHINA ELECTRIC POWER PRESS

内 容 提 要

本书主要介绍能源与化学结合领域的基础知识和基本原理，重点介绍能源利用过程中相关的化学基础理论、能源化学领域重要的应用技术，以及相关交叉学科的基础知识。全书共 13 章，包括能源与化学概述、化学热力学、化学反应动力学、物质结构、能源转换过程的催化原理、催化剂的制备与表征、碳—催化合成、生物柴油化学、生物质热化学转化、能源生物化学、电化学、光化学、等离子体化学。

本书适合能源、化学、化工、环境等学科专业读者和科研技术人员阅读参考，也可作为相关学科研究生和本科生的教学用书。

图书在版编目（CIP）数据

能源化学/王树荣等编.—北京：中国电力出版社，2024.3
"十四五"普通高等学校规划教材
ISBN 978-7-5198-7434-6

Ⅰ.①能… Ⅱ.①王… Ⅲ.①能源－应用化学－高等学校－教材 Ⅳ.①TK01

中国国家版本馆 CIP 数据核字（2023）第 029353 号

出版发行：中国电力出版社
地　　址：北京市东城区北京站西街 19 号（邮政编码 100005）
网　　址：http://www.cepp.sgcc.com.cn
责任编辑：李　莉（010－63412538）
责任校对：黄　蓓　郝军燕
装帧设计：郝晓燕
责任印制：吴　迪

印　　刷：三河市百盛印装有限公司
版　　次：2024 年 3 月第一版
印　　次：2024 年 3 月北京第一次印刷
开　　本：787 毫米×1092 毫米　16 开本
印　　张：18
字　　数：450 千字
定　　价：58.00 元

版 权 专 有　侵 权 必 究
本书如有印装质量问题，我社营销中心负责退换

前　言

传统能源的清洁利用和新能源的高效开发需要多学科知识的交叉使用，尤其需要相关化学知识的支撑。系统性地学习能源化学知识能够帮助我们更加有效地利用现有能源资源并开发更为清洁高效的新型能源，从而提高工业生产水平，保障人类社会的可持续发展。浙江大学能源工程学院开设能源环境系统的化学原理和能源化学等课程至今已有十年，编者长期负责讲授相关课程，结合实际教学需求和教学经验编写了教学讲义。为了更好地服务能源化学课程的教学工作，更系统地介绍能源与化学紧密结合的基础知识，决定将不断修改打磨、日趋完善的讲义作为教材出版。

本书主要介绍能源化学基础知识，同时结合实例介绍化学在能源领域中的相关应用。其框架体系并非从具体的能源出发阐述其化学过程，而是首先对能源发展进行概述，接着着重介绍化学热力学、化学反应动力学和物质结构等化学基础知识和化学基本原理，随后介绍与能源利用过程相关的催化化学知识，在此基础上，进一步介绍能源领域中几种重要的应用技术，具体包括合成能源化学、生物柴油化学、生物质热化学转化、能源生物化学等；同时，还介绍了包括电化学、光化学和等离子体化学等交叉学科的基础知识。

本书共分 13 章，第 1~6 和 8~10 章由王树荣教授负责编写，第 7 章由朱玲君研究员负责编写，第 11、12 章由蒋旭光教授负责编写，第 13 章由王磊研究员负责编写。

本书编写过程中，参阅了大量相关著作、期刊和网络信息，谨此深表谢意。中国科学技术大学傅尧教授审阅了书稿并提出宝贵的建议，在此表示衷心的感谢。

鉴于编者水平所限，书中不足之处在所难免，希望广大读者批评指正。

编者
2024 年 2 月

目　　录

第 1 章　能 源 与 化 学 概 述

自然社会主要由物质、能量和信息三大基本要素构成，物质、能量和信息间关系密切，缺一不可。能源是各种可产生能量的物质资源的统称，通过不同的化学反应为人类提供光、热、动力等形式的能量。在经济飞速发展的今天，国际能源安全问题已经上升到了一定高度，能源供应中断、能源价格暴涨等问题的出现可能对一个国家的经济产生重大影响。能源利用过程中往往存在化学能的转化利用或其他形式的能量被转换为化学能的过程。不同形式能量间的相互转换必然涉及大量的化学知识，因此，能源的研究与应用离不开化学基础知识。能源化学涉及能源的性质、用途、高效转化等方面，系统性地学习能源化学能够帮助我们更加有效地利用现有能源资源并开发更为清洁高效的新型能源，从而提高工业生产水平，保障人类社会的可持续发展。

1.1　能 源 发 展 概 述

能源是可直接获取或经加工、转换来间接获取某种形式能量的各种物质资源总和。根据基本形态，能源可分为一次能源和二次能源，如图 1-1 所示。一次能源指的是在自然界中无需加工转换、可以原有形式直接获取利用的能源，例如可用于发电的流动的水资源，开采得到的原油、原煤、天然气等化石燃料资源。二次能源则指的是一次能源经过加工后转换成另一种形式的能源，例如电力、蒸汽、热水、煤气、汽油、柴油等。另外，根据能源是否再生，一次能源又分为可再生能源与非再生能源。可再生能源指的是可供给人类用之不竭并可循环再生的能源，可从大自然中持续不断地获取、补充能量，包括水能、风能、太阳能、生物质能、地热能、海洋能等；而如煤炭、原油、天然气等需要经过亿万年形成、短时间内无法恢复的能源属于非再生能源。此外，新能源一般指的是处于开发利用初期或在新技术基础上开发改进的能源，例如太阳能、生物质能、风能、核能、氢能等，当然新能源是一个相对的概念，同时随着可持续发展观念的日益增进，废弃物的资源化、无害化处理也可作为一种新能源技术而深受研究者的重视。

1.1.1　能源结构的演变

在人类发展的历史长河中，能源结构主要经历三次大变革，如图 1-2

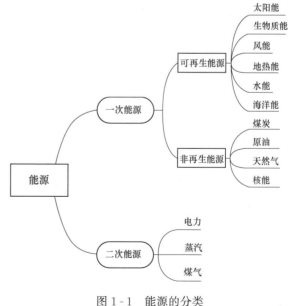

图 1-1　能源的分类

所示。

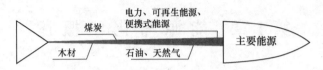

图 1-2　能源结构中主要能源的转变

第一次变革是煤炭取代木材成为主要能源。18 世纪以前，木材在世界能源消费结构中占据首位。到 19 世纪下半叶，以英国为起点的工业革命促使世界能源结构从以木材为主转向以煤炭为主。煤炭主要为树木等古代植物在地下经历了长达千万年高温高压条件下的生物化学、物理化学变化反应而形成的固体可燃性碳基燃料，燃烧热值约为木材的 2 倍以上，同时密度为木材的 3 倍多，单位体积能量的增加使得煤炭更能满足工业需求。

第二次变革是以煤炭为主向石油、天然气方向的过渡。与煤炭不同的是，石油来源于古老的动植物尸体，其中的有机物质在高温高压的地下经过长期分解反应逐渐脱氧转化为液态碳氢化合物。由于碳氢化合物的密度小于附近的岩石，故向上渗透聚集至多孔的岩层中，形成油田，如温度过高则形成气态碳氢化合物，即天然气。1965 年石油首次取代煤炭在世界能源消费结构中占据首位，标志着世界进入了石油时代。

第三次变革是世界能源结构从石油、天然气转向以电力、可再生能源为主的可持续能源系统。随着社会经济的发展，石油在世界能源消费结构中比重不断增加，但石油属于非再生能源资源，且分布极不均衡，目前石油安全问题已成为世界各国共同面临的问题，世界能源消费结构的积极转变势在必行。电力可与其他形式的能量直接转换且转换效率高，同时可实现方便经济的远距离能量输送，因此电力的开发与应用成为第三次技术革命的核心问题。以锂离子电池为基础的储能设备的发明进一步推动了电力的广泛应用，高容量的锂离子电池为手机、笔记本电脑、电动汽车、军事装备、航空航天等电子设备提供便携动力源，更是成为风能、太阳能等具有强波动性和随机性的能源的有效存储方式，改变了能量存储技术，同时减少了温室气体和颗粒物的排放，为创造无线、无化石燃料的新型社会提供了适当的发展条件。

随着环保意识的增强，未来能源结构将会向低碳、环保的方向发生转变。CO_2 过度排放导致全球变暖、极端天气增加等气候问题浮现，如何减少碳排放量是世界各国面临的艰巨挑战。近年来能源行业的排放量占全球 CO_2 排放总量的 80% 以上，因此推行低碳能源对于全球环境保护具有重要意义。我国在第七十五届联合国大会上正式提出"双碳"目标，力争2030 年实现"碳达峰"和 2060 年实现"碳中和"，并逐步建立了多维、系统、科学的"双碳"政策体系。2021 年 7 月我国碳交易市场开放，预示着低碳经济将深层次推动火电减排、新能源汽车、资源回收等低碳行业的发展。同时，世界能源结构也逐渐向具有可持续发展意义的多元化能源结构过渡，其中可再生能源或者新能源扮演着重要的角色。产业结构和能源结构调整离不开科技发展，能源化学作为一门新兴的交叉学科，将在未来能源结构转变中发挥重要作用。

1.1.2　传统化石能源的发展趋势

能源对于社会经济的发展及世界文明的进步具有十分重要的意义。世界人口的持续增长与技术水平的不断提升促使全球一次能源消费总量逐年增长，当前，石油、煤炭、天然气等传统化石能源仍然是主要的能量来源,在一次能源消费结构中占据重要地位,其中石油消费量占比最高,煤炭次之,天然气消费量占比位列第三;而水电和可再生的非化石能源在世界一次能源消费总量中的占比逐渐升高,但总和仍较低,据 2023 年的世界能源统计年鉴显示,2022 年两者总和仍不足 15%。传统化石能源依然是一次能源的主力军,如何高效利用化石能源将长期成为能源领域的研究重点。

长期大量地利用化石能源对生态环境造成了极大的影响,如引发酸雨污染、温室效应等环境问题。酸雨主要是由化石能源燃烧排放的二氧化硫、氮氧化物等污染物导致的,而温室效应则与大量工业二氧化碳的排放密切相关。化石能源消费导致的环境问题还有很多,以北京市为例,燃煤带来的高浓度 $PM_{2.5}$ 污染导致患有急性支气管炎和哮喘人数激增,给居民健康带来不利影响。近十年的统计数据表明,能源行业是全球二氧化碳排放的最主要来源且占比呈现上升趋势。因此,如何实现传统化石能源的清洁利用,将是能源行业未来发展的重要研究领域。

从世界范围对能源的需求角度看,煤炭、石油、天然气等化石能源在很长一段时间内仍然将是全球一次能源消费结构的主体能源,单纯依靠新能源还不足以满足社会高速发展的能源需求。因此我们需要大力推动传统化石能源利用技术的转型研究,开发高效安全的煤炭综合利用技术,注重油气资源的开发与利用,努力提升传统化石能源利用系统效率,实现降低全球碳排放量与减轻环境压力的目标。

1.1.3　新能源的发展

新能源种类众多,既包括了来自太空的太阳能,又包括由太阳能衍生的生物质能、风能等地面能源,还包含了地热能、低品位放射性矿物(例如铀、钍等矿物)等地下能源。新能源多具有清洁、可再生、分布广泛等特征,由于技术的限制,新能源在能源结构中的占比长时间处于较低水平。随着技术的进步,新能源技术逐渐成熟,在能源结构中的比例不断上升。其中,能源化学技术对生物质利用、太阳能光催化等领域的发展起到了关键的推动作用。

地球上的能源很大一部分起源于太阳,太阳能无污染、资源丰富,无疑是可持续能源的代表之一。在人类发展进程中,太阳能的利用历史可追溯到三千多年以前。早在战国时期我国就开始利用铜制凹面镜聚焦太阳光取火,利用太阳能干燥农产品等。随着技术的发展,太阳能利用技术日益进步,可根据利用形式分为光热转换、光电转换、光化转换三种类型。各类转换中涉及了大量的化学反应,例如光照半导体电解水中的催化制氢。太阳能技术逐渐成为目前主流的新能源利用技术之一,国家能源局的统计数据显示,2022 年度太阳能发电量占可再生能源发电量的 15.8%。

生物质能是人类自古以来一直赖以生存的重要能源,被誉为继煤炭、石油、天然气之外的第四大能源。生物质能是以自然界中有生命的生物质为载体,利用太阳能通过绿色植物的叶绿体等提供的光合作用,将二氧化碳和水转换为碳水化合物,最终以化学能的形式储存在生物质内部的能量,因此生物质能属于化学能源。人类自发现火开始,就采用生物质直燃的方式进行烹饪、取暖,现在许多发展中国家的农村地区仍然主要通过燃烧秸秆和木材等生物质来获得所需的能量。此外,人类还可以将生物质转化为能源载体,例如生物质可经热化学转换法、生物化学转换法等不同的开发利用方式制成常规的固态、液态和气态碳基燃料或直接得到电能,从而实现生物质能规模化替代常规能源。生物质能的开发利用已成为世界热门研究课题之一，许多国家制定了相应的生物质能源研究计划，例如美国的能源农场、印度的绿色能源工程、巴西的乙醇能源计划等。我国丰富的生物质能源资源有助于降低社会发展对传统化石燃料的需求度、依赖度，缓解环境压力，同时开发利用生物质能对于我国农村的可持续发展具有特殊意义。

风能是地球表面空气流动所产生的动能，具有绿色环保、发电成本低、可再生等优点。风能由太阳能转化而来，由于不同地区的太阳辐射量和空气中水蒸气含量不同，温差和气压差推动了空气的流动。全球的风能资源非常丰富，据估计每年可利用的风能约为 5.3×10^{13} kWh，截至 2023 年底，全球累计风电装机容量已达 923GW。但由于风能能量密度较低且稳定性差，在大规模利用方面仍存在限制。

核能是核裂变、核聚变等核反应产生的能量，是一种经济效益很高的能源。反应 1kg 铀-235 产生的能量相当于燃烧 2500t 优质煤，可极大地节约资源和成本。利用核裂变的核能发电技术已经进入商业化，以法国为例，核电已经占据该国总发电量的 75% 以上。但是核安全问题、核废料问题以及核聚变技术的应用等方面还有待科学家们进一步研究。

新能源的发展能够推动能源结构多元化，促进经济增长，保障能源供应安全。同时，能源化学知识的运用将会是实现太阳能、生物质能等新兴能源的高效转化和利用的重要环节。

1.1.4　储能发展

全球能源正朝着低碳、清洁、高效、安全的方向不断发展，全世界学者都在新能源及可再生能源技术的开发研究、能源利用率的提高等方面作出努力。为促进新能源消纳、提升电力系统稳定性与调节能力，储能技术被广泛应用于电力系统的各个环节，加快以可再生能源为主体的能源电力系统的构建。根据技术原理的不同可以将储能划分为三类，分别为电磁储能（超级电容器、超导电磁储能等）、化学储能（锂离子电池、铅蓄电池等）、物理储能（压缩空气储能、飞轮储能等）。光伏发电、风力发电等新能源发电方式的不稳定性与新能源汽车产业的蓬勃发展促进了储能产业的繁荣，其中锂离子电池及超级电容器是储能技术发展的主流方向。

在新能源电池中，锂离子电池的应用相对而言最为广泛。锂离子电池是在多种电池的基础上发展起来的，从伏特电堆的发明，到世界第一个可充电电池——铅酸蓄电池的发明，市场对化学电源的高要求推动了镍镉电池的商品化。经过电池理论和技术的多年发展，可充电的锂离子电池面世，随后在众多种类的电池中脱颖而出，成功实现商业化生产。与其他电池相比，锂离子电池具有电压高、体积小、质量轻、循环性能强、低温工作性能佳、无记忆效应、无污染等优点，但仍存在成本高、电池过充过放等问题，因此需要结合电化学研究方法和谱学表征手段对锂离子电池进行系统性评价，寻求最佳的正极、负极材料及电解液，努力提高锂离子电池的容量、循环寿命及快速充电能力，减少电池自放电现象，进一步优化锂离子电池的安全性能。

从理论上分析，超级电容比锂离子电池具有更为优异的性能。1879 年德国科学家亥姆霍茨（Helmholz）首次发现电化学界面的双电层电容模型，为超级电容器的迅速发展奠定了基础。1957 年贝克（Becker）发明了世界第一个采用高比表面积活性炭为电极材料的电容器，并提出可将其应用至储能领域。20 世纪 70 年代美国标准石油公司（Standard Oil Company）首次生产出以活性炭为电极材料、硫酸水溶液为电解液的电化学电容器。1979 年日本 NEC 公司实现了超级电容器的大规模生产，推动了超级电容器的商业应用。随着材料与技术不断进步，超级电容器的性能也不断提升，得到了市场的认可。超级电容器具有大功率密度、高循环寿命、快速充放电的优点，同时采用了绿色环保的电极材料，受温度影响较小，工作温度范围较锂离子电池宽，因此可应用于更多领域，具有较好的发展前景，但超级电容器仍然存在比能量低、串联电压不均衡等问题。电化学反应机理的研究与电极材料的选择是超级电容器性能提升的关键。因此，我们需要结合多种化学表征与测试手段来寻找具有大容量、低电阻、高循环稳定性的电极材料，并采用掺杂、复合、功能化等改性方法进一步提升电极材料的能量密度与功率密度，开发出与之性能匹配的电解液，提高超级电容器的使用性能。随着技术的不断升级与发展，超级电容器在人类生产与生活中的储能应用范围变得越来越广阔。

另外，氢能被认为是最具有发展潜力、清洁高效的能源载体，"氢储能"这一新概念的出现为新能源与可再生能源发电技术的产业化发展提供了重要支撑。氢储能技术是指将太阳能发电、风力发电等不连续发电方式所富余的电能应用于电解水，从而将电能转化为氢气而存储起来的技术。在需要电能时，氢燃料可通过内燃机、燃料电池等方式转换为电能，实现能量载体的高效转换。因此，氢储能技术成为了全球众多能源科技研究者的研究热点之一。在氢储能技术中，制氢技术和燃料电池技术的发展尤为关键。1800 年尼科尔森（Nicholson）与卡莱尔（Carlisle）首次发现了水经过电解可以生成氢气与氧气的现象，为电解水技术的后续发展打下基础。20 世纪 20 年代，碱性电解水产氢技术已应用至规模化工业生产中。此后日益严重的环境污染、能源短缺等问题带动了质子交换膜、固体氧化物等多项电解水技术的发展。

燃料电池是指可将燃料含有的化学能直接转换成电能的电化学反应装置。在 19 世纪初戴维（Davy）以碳和氧作为燃料、硝酸为电解质研发出碳氧电池。1839 年格罗夫（Grove）发现了燃料电池原理，将水的电解过程逆转，以氢气和氧气为反应原料直接获取电能。20 世纪 50 年代英国剑桥大学的培根（Bacon）采用多孔镍气体扩散电极，成功开发了世界第一个具有实用功率水平的碱性燃料电池系统，该燃料电池的寿命长达 1000h。到 20 世纪 60 年代，航天、国防等领域的需求推动了燃料电池在这些领域上的实际应用，应用于空间飞行和潜水艇领域的液氢与液氧的小型燃料电池应运而生。随后熔融碳酸盐、质子交换膜、固体氧化物等技术的发展，推动燃料电池逐渐应用到民用领域。

1.2　化学在能源清洁利用和新能源发展中的作用

目前，化石燃料仍然在我国乃至世界的能源消费结构中占据主要地位。从环境保护与可持续发展的角度考虑，实现传统化石能源的高效清洁利用是新时代世界各国的前沿性课题与共同任务。在煤炭、石油、天然气等天然化石资源的开发、炼化、利用过程中，化学担当了重要角色，为探究传统化石能源利用过程中物质结构与化学组成的变化起到了重要的助推作用。生物质是唯一含碳的可再生资源，通过化学转化可将其高效转化为生物油、生物炭、生物气等可利用的能源产品。而针对合成气的催化转化是获取大宗化工品甲醇、乙烯/丙烯和汽油、柴油等产品的重要手段。化学反应涉及的变化总是伴随着能量的变化，能源利用过程实质上也是不同能量形式之间的相互转换，化学反应是能量转换的核心。能量也可以通过系列化学反应从一种能量形式转换为另一种能量形式，在这些转换过程中，化学反应直接或间接实现了不同能量间的转换与储存。新能源和可再生能源可替代传统化石能源提供社会经济发展所需的能量，降低化石能源大量使用过程中对人类生态环境的负面影响，并有助于保障国家能源安全，促进我国社会和经济的可持续发展。新能源和可再生能源的发展需要掌握新的化学知识和化学原理来研发新型能源系统。同时，在新能源和可再生能源基础上衍生的新能源材料的发展也与化学知识的运用密不可分，对新能源材料的组成与物化结构、合成与加工方法、性质与使用性能等特性的研究都是以能源化学为基础开展的。

1.2.1　煤炭的清洁利用

煤炭是由碳、氢、氧、氮等元素组成的黑色固体可燃性矿物，自18世纪末开始被广泛应用于工业生产中，给工业及社会的发展带来了巨大的推动力。煤炭在我国一次能源的生产和消费构成中占据重要地位，为我国的社会经济发展做出巨大贡献。但如果将煤炭作为单一性的燃料直接燃烧使用，那么煤炭中可转化为高品位油气或者高价值化学品的组分则会被浪费。同时，煤炭燃烧利用如未加特殊处理会产生大量污染物，给人们身体健康及生态环境带来巨大影响。未来很长一段时间内我国能源消费结构仍将以化石燃料为主，因此高效洁净的煤炭利用技术研究日益受到国家的重视与支持。

煤炭利用技术的每一次进步都离不开化学知识的助力。如果燃煤锅炉的实际燃烧效率低，将会使煤炭资源的整体利用效率降低。煤炭燃烧过程包含了复杂的物理化学过程，可燃物与氧气充分混合接触后，在一定的温度和浓度范围中发生燃烧反应，释放出大量的热量。反应条件对煤炭的燃烧反应有着重要影响，空气量的不足、燃气与空气混合不充分等不合适的燃烧条件都可能导致煤炭的不完全燃烧，使得燃烧生成的烟气中包含了一氧化碳、碳氢化合物、游离碳等中间产品，造成较大能量损失的同时，也严重污染了大气环境。煤炭的完全燃烧需要与适量的氧气进行充分的混合与接触，同时原料的组分与性质也对煤炭的燃烧程度产生重要的影响，因此我们可以通过合理选择煤炭品种、预处理煤炭、控制过量空气等方式来提高煤炭的燃烧效率。为此，我们需要深入分析煤炭的燃烧过程与化学反应机理，运用化学热力学、动力学知识对煤炭燃烧过程进行模拟分析，充分研究不同反应条件对煤炭燃烧的作用机制，促进煤炭先进燃烧技术的开发，从而提升煤炭的燃烧效率。

煤炭的直接燃烧，尤其是低品质煤的燃烧，产生了大量的 SO_2、NO_x、CO_2 和颗粒物等污染物。针对这一问题，美国首先于20世纪80年代提出了洁净煤技术的概念，希望最大限度利用煤炭，并将开发利用过程中产生的污染物排放控制在最低水平，从而实现煤炭的高效清洁利用。煤炭作为我国电力供应的主体，其燃烧产生的大气污染物是我国大气污染的主要来源，因此我国也大力鼓励和支持洁净煤技术的发展。

煤炭的洁净燃烧技术主要包含了循环流化床燃烧技术、增压流化床燃烧联合循环技术、煤气化联合循环技术、超临界燃烧技术等先进燃烧技术。循环流化床燃烧技术使煤颗粒具有流体性质，促进了气固相的混合，增强了锅炉中的传热传质，强化了温度的均匀分布，保证了煤颗粒的充分燃烧。同时，在流化床中直接加入廉价的固硫剂，有利于炉内高效脱硫及氮氧化物生成量的降低。增压流化床燃烧技术可与燃气轮机配套形成联合循环机组，提高整个热力循环的利用效率，从而降低燃煤污染物的排放量。在掌握煤炭中相关元素迁徙规律的基础上，通过加工净化原料、改进燃烧设备、调控反应条件、直接脱除污染物等方式，可以有效控制煤炭燃烧过程中污染物的排放，从而在高效燃烧的基础上促进煤炭的清洁利用。

从化学角度看,煤炭中碳、氢、氧等元素组合形成了具有不同缩聚程度的缩合芳香核、富氢的侧链结构以及多种含氧官能团等有效组分,对煤炭进行分级转化利用是煤炭能源综合利用的发展方向。煤炭在非氧化的气氛下加热则发生热解,通过系列物理、化学反应煤炭转换得到气态、液态、固态等不同形态的产物。在热解过程中,煤炭在低温阶段吸热发生脱羧基反应,并产生少量的 CO_2、CH_4、水蒸气等,煤炭的外表未发生明显变化;在中温条件下煤炭中的有机质发生剧烈的解聚与分解反应,释放出大量的挥发分并形成半焦;在高温条件下煤炭发生缩聚反应,析出大量气体,最终形成焦炭物质。

一定的温度和压力条件下,煤炭在气化炉内与气化剂发生系列化学反应,将其中有机质气化得到合成气(CO、H_2、CH_4 等可燃性气体),而煤炭经气化处理后的剩余部分还可进行燃烧利用。气化炉、气化剂、供热是煤炭气化技术研究中的关键因素。煤基合成气可作为反应原料进一步间接液化合成烃类、醇类等替代燃料和高值化学品。另外,煤炭还可通过直接液化技术制取汽油、柴油、甲醇等液体燃料产品,煤炭中的烃类大分子在催化剂与 H_2 的作用下发生热解、氢转移、加氢等反应形成小分子。煤炭直接液化生成的液体燃料不含有害元素及灰分,实现了煤炭的洁净利用。此外,煤炭经干馏处理还可得到焦炉气、粗氨水、粗苯、煤焦油、焦炭等产物,煤炭干馏生成产物的组分及含量主要取决于煤炭种类、干馏设备结构、干馏温度与干馏时间等条件。其中,煤焦油为高芳香度的碳氢化合物的复杂混合物,是一种具有刺激性臭味的黑色或黑褐色黏稠状液体,绝大部分为带侧链或不带侧链的多环、稠环化合物和含氧、硫、氮的杂环化合物,并含有少量脂肪烃、环烷烃和不饱和烃,可经过加工处理制取高价值燃料和化学品等。

煤炭的综合利用技术及主要产物如图 1-3 所示。通过对煤炭综合利用技术中涉及的化学机理与反应过程的深刻认识,我们可结合反应热力学与动力学为实际煤炭综合利用工艺的研究和开发进行指导,提高煤炭的利用率,实现煤炭价值的最大化。

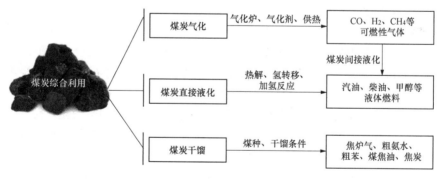

图 1-3 煤炭的综合利用技术及主要产物

1.2.2 石油炼化工艺

从最早通过简单的蒸馏方法来制备家用煤油,发展到利用重质馏分油的裂化来生产汽油,石油炼制工业经过多年发展已经成为我国能源及化工行业的重要支柱。石油化工业的不断发展需要深入认识石油炼制过程涉及的化学知识,并开发高效清洁的工艺技术。石油是由多种有机化合物组成的混合物,组分的相对分子量及沸点的差异较大,因此,需要通过复杂的炼制加工工艺来制备各类石油产品。不同组分具有不同的沸点,可根据沸点差异将石油分馏成汽油、煤油、柴油、润滑油等不同的馏分,但石油经过常压、减压蒸馏处理得到的油品的产率和质量并不高。随着社会的进步和工业的发展，对石油炼制工艺所得到的油品产生了更大的需求与更高的要求，而石油炼制工艺的不断精进与工艺所涉及的化学知识息息相关。

1.2.2.1　石油的催化裂化

1936年世界第一套固定床式催化裂化工业装置的发明拉开了石油催化裂化工艺的序幕。石油在300～500℃条件下分馏制得的直馏馏分含有较多的重质组分与少量的轻质组分。催化裂化技术的开发使重质原油在催化剂的条件下发生裂化、聚合、缩合、氢转移、环化、芳构化等一系列化学反应，转化得到高质量的可燃性气体、汽油、柴油、煤油等产物。催化裂化反应产物的质量及数量取决于反应原料中不同烃类在催化剂作用下发生的反应。重质原油中的烷烃在催化裂化过程中以分解反应为主，烷烃的分解通过C—C键的断裂实现，分子质量越大的烷烃则越容易发生断裂。对于烯烃而言，除了主要的分解反应之外，还可能发生双键移位、骨架异构等异构化反应，并可通过氢转移反应生成更多的饱和烃。而环烷烃既可裂化形成烯烃，也可通过脱氢反应形成稳定的芳烃结构，芳烃结构在催化裂化过程中一般发生烷基侧链的裂化反应。

催化裂化反应属于非均相反应，反应原料进入催化裂化反应装置后首先发生气化反应，生成的气体产物接着向催化剂表面逐步扩散并吸附于催化剂表面，再进行一系列复杂的化学反应。不同种类烃类化合物具有不同的化学结构、化学键强度等性质，从而影响烃类化合物在催化裂化反应过程中的吸附效果、化学反应速率等。重质原油的催化裂化技术提升了原油的加工精度，促进了对有限石油资源的高效利用，满足了化工工业领域对石油炼制产物品质的高要求。分析总结传统催化裂化反应中涉及的化学知识，有利于深刻地认识催化裂化反应中的化学规律，从而针对性地设计烃类催化裂化实验，开发有利于轻质燃料的生产、改善燃料产物的品质、具有高稳定性、强循环性能的裂化催化剂，有效地提高轻质油品的收率、改善油品质量、提高石油化工的经济效益。

1.2.2.2　石油的催化重整

催化重整技术可实现原油的二次加工，随着工业的不断进步，该项技术得到了广泛的应用，并成为现代石油炼制技术发展的关键点之一，涉及的主要化学反应如图1-4所示。催化重整反应主要以石脑油为反应原料，在催化剂及H_2的作用下，石脑油中的烃类化合物发生系列化学反应、进行重新排列，制得不同种类的富含芳烃分子的重整产物。以高辛烷值汽油、芳烃为目标产物的催化重整反应过程主要涉及五类反应，分别是六元环烷烃脱氢、五元环烷烃异构脱氢、烷烃环化脱氢、烷烃异构化及加氢裂化反应，另外催化重整反应过程中还可能存在缩合生焦反应，从而生成少量焦炭。

其中，六元环烷烃脱氢反应属于强吸热反应，该反应的平衡常数随着温度的升高而增加，而压力的增加反而不利于反应的进行。反应氢油比（氢气与原料油体积之比）的降低有利于六元环烷烃脱氢反应的进行。从动力学角度而言，该反应具有较大的反应速率，六元环烷烃的碳数越多，其反应速率越大，因此，该反应易于达到反应的平衡状态。

五元环烷烃含量在反应原料中的比例较高，因此，五元环烷烃异构脱氢反应在催化重整反应中具有重要的作用。五元环烷烃首先异构转化为六元环烷烃，再经过脱氢芳构化反应生成芳香烃，但由于五元环烷烃较六元环烷烃更易于发生加氢裂化反应，从而降低了芳香烃的转化率。

催化重整反应可制取具有高辛烷值、低烯烃及低硫含量的清洁汽油燃料，同时可为塑

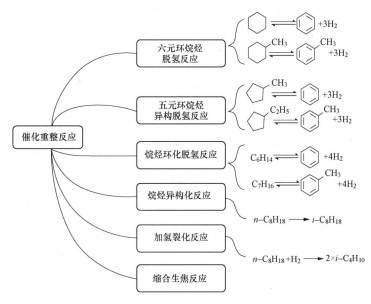

图 1-4　催化重整反应过程主要涉及的化学反应

料、橡胶的生产以及精细化工产业提供轻芳烃原料。另外，反应过程生成了大量的 H_2 副产物，可为石油炼化的加氢过程提供廉价、高纯度的氢气。通过对催化重整过程中一系列化学反应的热力学、动力学和催化反应机理的深入研究，能够从化学理论上分析工艺操作参数、各类催化剂性能对于催化重整反应的影响，从而最大限度地改进工艺操作条件、提高催化重整催化剂的反应活性及芳香烃选择性，减少重整过程中的裂解反应，增加反应中汽油及芳香烃的收率。

1.2.3　生物质能的转化利用

生物质能是一种原料广泛、可再生的清洁替代能源。如何实现生物质能向电能、汽油、柴油或者乙醇等二次能源的高效转换是现代生物质能利用的核心问题，其同样离不开化学知识的应用。生物质能的转化利用技术可分为物理化学转化、热化学转化和生物化学转化等多种转化方式。生物质物理化学转化主要指压缩生物质制备成型固体燃料，生物质热化学转化技术是在现有的化石能源转化技术上加以改进，例如生物质气化技术与生物质热解技术等。生物质生物化学转化技术指的是利用酶或者微生物来实现生物质的转化，譬如微生物发酵技术。

生物炭是生物质原料在缺氧环境中通过热化学转化制得的一种含碳量高、芳香化程度高的难熔固态产物，生物炭制备技术是生物质资源化、高值化利用的一种重要方式。我国生物质资源丰富但利用率低，生物炭制备技术的研究能有效推进废弃生物质的再利用，引起了农学、环境科学等领域学者的关注。生物炭制备方法主要有高温炭化法、微波炭化法及水热炭化法。

高温炭化法是在缺氧或少氧的环境中利用高温条件使生物质发生分解从而得到生物炭，该法工艺简单、成本低，其中慢速炭化及常速炭化是最为常用的生物炭制备方法，而快速炭化、闪速炭化的产物主要是生物油。微波炭化法是将高温炭化法与微波技术相结合，除了影响高温炭化法的因素之外，微波强度的控制可调节其产物分布，促进生物炭的合成。水热炭化法则是生物质在密闭的高温高压环境中与溶剂发生离子交换及酸碱作用,使大分子的碳水化合物得到解构,水浴环境使水热炭化法制得的生物炭表面含有丰富的含氧官能团。炭化温度、升温速率、停留时间、催化剂的类别与用量、炭化压力及生物质原料特性等条件对炭化产物分布、生物炭的理化性质有一定的影响,不同炭化条件下制得的生物炭存在较大的差异。功能化生物炭材料被广泛应用于农业、环境、能源、食品加工等领域,明晰炭化条件对生物炭的物理特性、化学特性、微观结构的影响机制,根据不同的需求精准控制生物炭特性,使其能够实现土壤改良、能源利用率提高、环境污染治理、温室气体减排等作用。

为保障国家石油安全,可再生且具有较大潜力的生物燃油技术受到了众多关注,世界各国的生物燃油产业也正处于蓬勃发展之中。生物质可经过多种技术转化生成生物液体燃料,如图 1-5 所示。

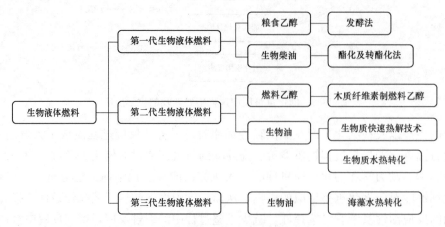

图 1-5　生物液体燃料制取技术路线

1. 第一代生物液体燃料

第一代生物液体燃料主要是以大豆、玉米、甘蔗、油菜、陈化粮、木薯等粮食作物为原料经过发酵或酯化及转酯化等工艺制取的粮食乙醇及生物柴油。生物柴油具有十六烷值高、硫含量及芳烃含量低、环境污染小、闪点高、安全性能强等特点,可通过直接混合法、高温分解法、乳化法、酯化及转酯化法等方法制备。其中,酯化及转酯化法因其工艺简单、反应条件温和、所制取的生物柴油品质高等优势而成为最常用的生物柴油制备方法。

不同种类的催化剂各有其优缺点,例如固体酸催化剂可有效解决游离酸催化剂带来的生物柴油难分离、酸性废液难处理等问题,但存在反应活性降低、反应速率慢、反应周期长等缺点;水滑石及类水滑石催化剂具有可调节的酸碱性,但其易中毒、制备过程复杂且重复性差;阴离子交换树脂作催化剂时对甲醇吸附能力强,但易失活;离子液体催化剂同时具备强酸性、强热稳定性、高密度反应活性、难挥发性及产物易回收等优点,但使用成本高。催化剂与原料特性的匹配选择可促进酯化及转酯化反应的进行,有效提升生物柴油的选择性,减少生物柴油制备的成本。因此,学者们需要厘清不同种类催化剂的理化性质及反应特性,从而为实际应用场景选择具有最佳性能的催化剂,提升生物柴油催化剂对不同的原料酸性及含水量的适应性、催化活性、反应速率及重复利用率,能够同时催化酯化反应与转酯化反应,简化反应流程,进一步高选择性制得生物柴油。

2. 第二代生物液体燃料

第二代生物液体燃料的制取有多种方法，例如木质纤维素类生物质制燃料乙醇、生物质快速热解技术等。以粮食作物为生物液体燃料的能量来源容易引发全球粮食安全问题，而木质纤维素类生物质的能源化利用，不仅可以解决与人争粮问题，还可以为农作物秸秆等生物质资源的高值化利用提供新途径。木质纤维素制取燃料乙醇工艺流程主要分为预处理、水解、发酵三个步骤。

木质纤维素类生物质的结构组成复杂，发酵前的预处理与水解步骤可改变其天然的木质纤维素结构，脱除包围在纤维素、半纤维素外的木质素，并将其水解为更容易发酵的糖，能有效提高纤维素、半纤维素的回收率。化学法是生物质预处理常用的方法，采用不同的酸、碱、氧化剂、有机溶剂、离子液体等化学试剂对生物质进行预处理，利用化学手段分析研究试剂、温度、时间等条件对预处理产物组分的影响机制，最大限度地提高木质素的脱除率。

木质纤维素类生物质的发酵主要是利用微生物对经过预处理、水解后的葡萄糖、木糖、阿拉伯糖等混合糖类进行发酵，从而得到燃料乙醇，筛选培育出适当、匹配的菌株才能提高木质纤维素类生物质的转化率及燃料乙醇的产率。尽管木质纤维素类生物质原料成本低廉，但制取燃料乙醇工艺流程复杂、成本高，同时原料利用率、能量转化效率仍然有待提高。

生物质热解技术是指在完全缺氧或有限供氧的条件下生物质中大分子化合物的化学键在一定温度下受热断裂并生成许多小分子物质。这个过程涉及化学键的断裂、异构化及小分子聚合等反应，生物质受热分解析出的挥发分冷凝则制得最终液体产物——生物油。生物质颗粒在热解反应器中的热解行为非常复杂，产物分布可通过控制升温速率、热解温度、热解停留时间等反应条件进行调控，结合传热传质对实际反应器中热解行为的模拟，并将生物质热解过程嵌入到传热传质中，建立生物质热解的反应动力学模型，可以为生物质热解反应器的设计以及过程优化提供有力的指导。生物质快速热解技术的研究与运用克服了木质纤维素类生物质发酵制取乙醇转化率低及能量利用效率不高的瓶颈问题，可提高生物质的综合利用率，全面利用生物质原料并转化其中的全部组分，还可进行热解油品产物的集中提质改性，同时更有利于生物质有害成分的回收，有效减轻对环境的污染。

3. 第三代生物液体燃料

海洋藻类生物质是第三代生物液体燃料的主要原料。与陆地生物质有所不同，海洋藻类生物质主要由蛋白质、脂肪及多糖组成，不含木质素组分，因此海洋藻类生物质制取生物油技术路线中预处理以及水解步骤相对简单、处理成本较低。另外，海洋藻类生物质具有产量高、分布广、可再生、生长周期短、易培育和节约土地资源等特点。海洋藻类生物质的资源化利用可提供稳定可靠的生物质原料，缓解土地资源紧张的问题，大大降低碳排放对环境造成的污染。因此，以海洋藻类生物质为原料来源的生物液体燃料制备技术受到众多学者的关注。经过离心处理后的海洋藻类生物质具有较高的含水量，可经过液化处理直接制备生物油，海洋藻类生物质在低温高压的环境中在催化剂与氢气的作用下分解、液化制成生物油。海洋藻类生物质的反应前后处理、物料与水的比例、液化温度、液化时间、催化剂的种类及用量对其水热液化制得水热产物的组成、物化性质有所影响，可以结合各类表征手段及实验测试方法来研究分析不同水热液化反应条件与水热产物特性间的关联，寻求不同种类的藻类原料水热液化制生物油反应的最优液化条件，从而选择性制取生物液体燃料，提升合成生物燃料的品质。

1.2.4 合成气的催化转化利用

由 CO、H_2 为主要成分的合成气被广泛应用于合成气发电、高附加值化工产品（如甲醇、乙醇、乙烯等）的生产、清洁液体燃料的合成等领域。合成气化学作为枢纽将上端原料和下端的高值化工产品紧密联系在一起。无论是合成气的制取还是利用，都涉及了大量化学反应过程。其中，催化剂的运用使得合成气相关反应的转化效率显著提升，促进合成气技术快速步入工业化阶段。

合成气可由煤炭或生物质气化产生，也可由天然气、页岩气等通过重整等反应制取。针对不同原料采用的合成气制取技术原理不同，其对应的设备也不尽相同。固体原料以煤气化为例，固体燃煤可在气化剂和高温条件下通过化学反应转变为可燃性气体，气化炉类型可分为固定床、流化床和气化床，其中气化床技术凭借气化程度强、原料范围广、副反应少等优点逐渐成为煤气化的主流技术。生物质气化原理和过程与煤气化技术相似，目前也进入了工业化应用阶段。生物质在我国储量巨大，且属于成本低、碳中性的可再生能源，因此，生物质气化技术具有较大的发展潜力。而如天然气一类的气体原料，反应过程通常在催化剂和高温条件下，由甲烷等气体转化为氢气和一氧化碳。反应既可以是完全外界供热，如蒸汽转化工艺，也可自发部分氧化实现自供热。石油等液体燃料的轻质部分转化为合成气与蒸汽转化工艺类似。石油焦等重质部分具有热值高、灰分少、含碳量高等特点，其通过热解、燃烧等一系列反应可转变为二氧化碳并释放大量的热量，随后通过重整反应生成合成气。结合我国能源结构现状，固体燃料（如燃煤、生物质等）气化技术可能会是未来合成气制备领域的主力军。

合成气的应用范围很广，如制取醇类、烷烃类、醛类、醚类等化工产品，图 1-6 展示了合成气的来源、转化和利用形式。其中甲醇合成是合成气的主要利用形式之一，甲醇一般由 CO/CO_2 和 H_2 在催化剂和高温高压气氛的作用下制得。其他低碳化合物合成过程和甲醇合成相类似，需要借助催化剂和热量来促进反应的发生。而部分反应如甲烷合成为放热反应，则需要及时移除反应热。合成的低碳化合物既可以作为清洁燃料和汽柴油混合燃烧，也可以作为优质原料合成燃料添加剂等高值化学品。费托（F-T）合成是常见的长链烷烃合成技术，该技术由德国弗朗兹·费歇尔（Frantz Fischer）和汉斯·托罗普施（Hans Tropsch）于 1910 年发明，并在 20 世纪 20 年代得到广泛的工业化应用。费托合成方法是清洁能源利用领域的一个重要发展方向，其利用 CO 加氢反应可生产硫含量和芳烃含量低的"合成气制能源"，燃料可直接与常规燃料掺混后进行使用。费托合成技术还可以合成柴油调和油、润滑基础油、精品蜡等化工产品。但目前费托合成制取生物燃料还存在工艺成本较高、催化剂选择性较低、反应器传热传质效果差等问题。

催化过程是合成气转换的重要环节，催化剂能够有效地降低反应能垒，抑制副反应的发生，因此探究催化原理和研制高效催化体系是目前合成气化学的研究重点。以甲醇催化合成机理为例，CO 或 CO_2 等碳源在催化活性中心上被活化生成中间物，促进了反应的进行，最终加快甲醇形成。催化剂的加入很好地解决了甲醇合成过程副反应多、反应条件需高温高压等诸多问题。目前，较为常见的甲醇催化剂类型有铜系、钯系、钼系等，其中 $CuO-ZnO-Al_2O_3$ 系列的低压催化剂应用最为广泛。其他化合物的化学反应过程与甲醇不同，所应用的催化剂也有所区别。甲烷合成常用的催化剂多由 Ru、Fe、Co、Ni 等活性金属组分构成，其中 Ni 金属由于其优越性能和相对低廉的价格，是甲烷合成技术中的主流催化剂。费托合成

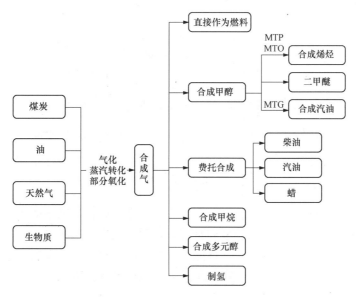

图 1-6　合成气的制取和应用

MTP—甲醇制丙烯；MTO—甲醇制烯烃；MTG—甲醇制汽油

反应也离不开催化剂的作用，CO 与 H_2 吸附在催化剂的活性金属表面，发生解离吸附并形成了系列中间体，中间体在活性金属位点上增长碳链，形成长碳链烃。

合成气化学涉及了化学热力学、催化化学、燃烧学等多领域的能源化学知识。通过能源化学学习，我们能够深入认识合成气工艺的反应机理与化学规律，结合反应动力学、热力学对合成气反应过程进行模拟，开发高性能催化剂，降低清洁生物燃料的生产成本，推进合成工艺制备生物燃料的工业化发展，缓解我国的能源与环境压力。

1.2.5　储能化学

可再生能源、电动汽车产业的迅速崛起将储能技术的研发需求推向高点。同时，可再生能源发电技术的不稳定性会对电网造成较大的冲击，而储能技术的发展可使不连续电能被稳定地存储下来，以满足用电高峰的需求。在多项储能技术中，电化学储能技术转化效率高、环境污染低，如果在性能、经济性、安全性等方面的发展取得较大突破，将是极具产业化发展潜力的储能技术。结合化学知识与相关分析方法，了解不同电化学储能技术的结构组成、工作原理，指导开发新型电极材料与电池制备工艺，降低电化学储能工艺成本，将会大大促进电化学储能技术的商业化发展。

1.2.5.1　锂离子电池

锂离子电池是一种二次化学电池，实际上是锂离子的浓差电池，锂离子电池结构主要由正极、负极、电解液、隔膜、外电路等组成，如图 1-7 所示。电解液可容纳带电的物质，正极和负极利用隔膜分开，防止电极间的物理接触，避免短路现象的发生。

锂离子电池的负极采用的是嵌锂材料，在电池的充放电过程中金属锂发生溶解和析出反应，锂离子在正极和负极之间来回进行嵌入、脱嵌，其在电极之间的流动产生了电流。由于锂的原子量小，单位质量可以释放更多的电子，因此具有较高的体积能量密度和功率能量密度。锂离子电池需求的巨大提升对电池技术的发展提出了更高的要求，要求锂离子电池拥有

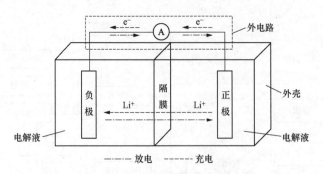

图 1-7 锂离子电池结构及工作原理

更安全、更高容量、更长寿命的充放电性能。为指导新型高性能电池的开发与设计，拓展锂离子电池的性能与应用，需要采取一系列措施，如深入认识锂离子电池涉及的电化学反应机理，系统性研究不同电池电极的电化学性能，分析锂离子电池充放电时发生的离子扩散、电迁移过程，将电极副反应、应力等多种因素纳入电池模型的建立。

1.2.5.2 氢储能

在多种制氢技术中，电解水制氢技术以多余电能作为动力来源将水电解为氢气与氧气，是最具潜力的制氢技术。在电解池的阴、阳两极上施加电压，水分子在阴极上被还原成 H_2，在阳极上被氧化生成 O_2，阴极上生成的氢气可储存起来作为储备燃料使用。电解水制氢技术主要有质子交换膜水电解及高温水蒸气电解两类。作为电解质材料，质子交换膜具有优异的气体分离效果及化学稳定性，有利于质子的传导，使电解池能够在高电流条件下工作，但高材料成本阻碍了质子交换膜水电解技术的商业化进程；高温水蒸气电解技术的动力来源由电能及高温热能两部分组成，温度的增加有利于氢气的制取，但电解池材料的选择是该技术发展的关键。电极材料的选择决定了电极超电势及电阻电压降的大小，影响着电解水制氢技术的转化效率、能耗及成本，因此，需要开发具有低成本、低过电位的电极材料来解决电解水制氢技术高能耗、高成本的问题。另外，选择合适的电催化剂也是降低电极过电位的途径之一。目前，电解水制氢催化剂主要采用金属镍及镍合金、贵金属氧化物、尖晶石型氧化物 AB_2O_4、钙钛矿型氧化物 ABO_3，但目前电催化剂存在反应活性低、稳定性差的问题，限制了电解水制氢技术的规模化应用。因此，研究者认识总结电解水制氢系统中催化机理，结合理论计算手段及实验研究，指导开发新型复合电催化剂，分析新型电催化剂的物化特性，逐渐研发出具有更高活性、稳定性的催化剂，有利于高效电解水制氢反应体系的建立，促进该项技术的规模化商业化应用。

在用电高峰时，氢燃料可通过燃料电池技术转换为电能。燃料电池是一种可直接将燃料化学能高效转换为电能、不受卡诺循环效应限制、对环境友好的电化学发电装置，因此燃料电池技术被广泛认为是目前高效环保的新型发电技术之一。燃料电池主要由阳极、阴极、电解质、外部电路四个部分构成，如图 1-8 所示，阳极、阴极上附有电催化剂，能够有效加快阳极、阴极上电化学反应的发生。以氢燃料电池为例，当燃料 H_2 扩散至阳极，燃料在阳极电催化剂的作用下被氧化为氢离子 H^+ 并生成电子 e^-，随后 H^+ 通过电解质、e^- 通过外部电路分别到达阴极，与氧化剂 O_2 发生还原反应，连续地供给燃料与氧化剂、不断排出反应产物，燃料电池则可连续反应并发电。

根据电解质的不同，燃料电池可分为熔融碳酸盐、固体氧化物、酸性、碱性四类，其中酸性燃料电池包括质子交换膜、直接醇类、磷酸三类燃料电池。不同种类的燃料电池中反应原理与可移动离子有所不同，同时燃料电池所涉及的电极、电解质等材料的不同使其工作特性有所不同，如表1-1所示，需要根据具体的应用场景来选择燃料电池的种类。

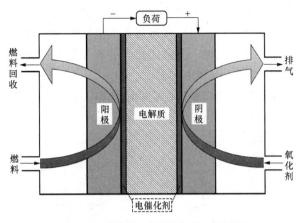

图1-8 燃料电池的结构及工作原理

表1-1 不同种类的燃料电池特性

类型		电解质	阳极反应	阴极反应	移动离子
熔融碳酸盐燃料电池		熔融碳酸盐（Li_2CO_3、Na_2CO_3等）	$H_2+CO_3^{2-}\longrightarrow H_2O+CO_2+2e^-$	$\frac{1}{2}O_2+CO_2+2e^-\longrightarrow CO_3^{2-}$	CO_3^{2-}
固体氧化物燃料电池		固体氧化物（Y_2O_3、ZrO_2等）	$H_2+O^{2-}\longrightarrow H_2O+2e^-$ $CO+O^{2-}\longrightarrow CO_2+2e^-$ $CH_4+4O^{2-}\longrightarrow 2H_2O+CO_2+8e^-$	$\frac{1}{2}O_2+2e^-\longrightarrow O^{2-}$	O^{2-}
碱性燃料电池		碱性溶液	$H_2+2OH^-\longrightarrow 2H_2O+2e^-$	$\frac{1}{2}O_2+H_2O+2e^-\longrightarrow 2OH^-$	OH^-
酸性燃料电池	质子交换膜燃料电池	固体有机膜	$H_2\longrightarrow 2H^++2e^-$	$\frac{1}{2}O_2+2H^++2e^-\longrightarrow H_2O$	H^+
	直接醇类燃料电池		$CH_3OH+H_2O\longrightarrow CO_2+6H^++6e^-$	$\frac{3}{2}O_2+6H^++6e^-\longrightarrow 3H_2O$	H^+
	磷酸燃料电池	液体磷酸	$H_2\longrightarrow 2H^++2e^-$	$\frac{1}{2}O_2+2H^++2e^-\longrightarrow H_2O$	H^+

燃料电池技术的进步依托了电化学、材料化学、电极过程动力学、电催化等学科的发展。譬如，以气体为燃料与氧化剂的燃料电池存在气体难溶于液态电解质的问题，使其电流密度有所限制，学者们针对该难题研发出多孔气体扩散电极，提高了燃料电池的工作电流密度，并提出了电化学反应三相界面的概念。为了增加三相界面的稳定性，学者进一步研发了双孔结构电极、黏合型憎水电极等电极材料，以及离子交换树脂、固体氧化物等新型电解质材料。

虽然燃料电池技术在航天、潜艇等领域的应用相对成熟，但在充电站、电动汽车等民用领域的应用仍存在一定的困难，燃料电池的成本与寿命特性是限制其商业化应用的难点。材料化学是燃料电池技术发展的基础，电极、电解质、电催化剂的选择决定了燃料电池的性能、稳定性与成本。深入认识不同类型燃料电池的化学反应机理，建立燃料电池反应过程动力学模型，可以为燃料电池的特性研究奠定坚实的基础。通过电催化剂载体及制备方法的优化以控制燃料电池电催化剂的形貌，并寻找性能良好、稳定性强、成本低的电极、电解质、电催化剂等材料，可以实现燃料电池发电效率的提高及抗衰减能力的增强，从而推进燃料电池技术在动力电源、分散式发电装置、便携式电源等各领域的应用。

1.2.5.3　超级电容器

化石能源的短缺与污染问题使得人们不断探索可替代的电池产品，但传统化学电源存在

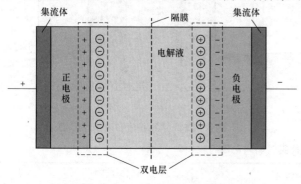

图 1-9　超级电容器的组成与双电层现象

寿命短、污染环境、温度特性差和成本高等缺点。超级电容器与传统的化学电源有所不同，是由具有高比表面积的多孔电极材料、集流体、隔膜、电解液及外壳构成，结构如图 1-9 所示。超级电容器根据储能机理的不同可分为两类，分别为双电层电容器、法拉第准电容器（或称法拉第赝电容器）。双电层电容器的工作原理：电容器在充电时外加电场使固体电极表面与电解液接触界面上的电荷重新进行定向排列，电解液中的阴离子向正电极迁移、阳离子向负电极迁移，因此在电极表面形成了双电层，在充电完成、撤销外加电场后电容器电极上的正负电荷分别与溶液中的阴、阳离子相吸引，从而形成了稳定的双电层结构，得到了相对稳定的电位差。而在法拉第准电容器上，如金属氧化物等电活性物质在活性电极材料表面、近表面或体相中发生快速、可逆的电沉积与氧化还原反应。法拉第准电容器的电荷储存路径同时包含了双电层现象以及固定电极上电活性物质与电解液离子之间发生的氧化还原反应。

在超级电容器的结构中，电极材料的比电容量及其在电解液中的工作电压决定了其能量密度大小，因此，电极材料及电解液的选择与开发是超级电容器研究的重点内容。根据工作原理的不同，超级电容器采用的电极材料主要有碳基材料、金属氧化物以及导电聚合物等。碳基电极材料通常是双电层超级电容器的电极材料，主要利用材料表面的吸附物理作用进行储能，因此，该类超级电容器存在能量密度偏低的问题。为了提高双电层电容器的能量密度，需要结合多种化学、物理方法对碳基材料的孔结构与其他理化性质进行改性调节，并开发制备多种类新型碳基材料，通过表征、实验测试手段明晰不同种类碳基电极材料的化学组成与结构分布对超级电容器性能的影响。金属氧化物及导电聚合物电极材料主要应用于法拉第准电容器中，除了双电层现象外，法拉第准电容器主要是通过电极材料表面、近表面或体相中的氧化还原反应来实现储能。虽然法拉第准电容器具有较高的比电容量，但存在循环性能差、内阻值高等问题，需要具体明确法拉第准电容器上电极材料储能的化学原理，采用改性手段调控法拉第准电容器电极材料的结构与物化特性，开发具备长循环寿命、高比电容量的电极材料，优化超级电容器的电化学性能。在恰当选择电极材料的基础上，同时需要结合改性、表征方法以选择与之匹配的电解液，保证超级电容器的高工作电压。

我国社会与经济正面临着重要的发展机遇，这给能源发展与环境保护带来了巨大的压力，但同时也为我国能源清洁利用与新能源和可再生能源的发展带来了重要机遇。我们需要利用化学知识来解决传统能源利用的环境污染与成本控制的问题，提高传统化石燃料的品位

及利用率，开发新能源材料与技术，研发清洁替代燃料。化学在能源清洁利用与新能源的发展中显露出越来越重要的作用。因此，我们需要系统性地认识与学习能源化学知识，为能源未来发展奠定基础，助力我国的可持续发展。

思 考 题

1. 一次能源与二次能源的区别和联系有哪些？
2. 传统化石能源与新能源的发展趋势是什么？
3. 煤炭清洁利用过程中化学的主要作用有哪些？
4. 储能化学主要模式和应用领域是什么？
5. 能源与化学对碳达峰和碳中和有什么积极作用？

参 考 文 献

[1] 袁权. 能源化学进展［M］. 北京：化学工业出版社，2005.
[2] 高胜利. 化学·社会·能源［M］. 北京：科学出版社，2012.
[3] 李传统. 新能源与可再生能源技术［M］. 2 版. 南京：东南大学出版社，2012.
[4] 袁振宏，吴创之，马隆龙. 生物质能利用原理与技术［M］. 北京：化学工业出版社，2016.
[5] 麻友良. 新能源汽车动力电池技术［M］. 北京：北京大学出版社，2016.
[6] 詹弗兰科·皮斯托亚，赵瑞瑞. 锂离子电池技术：研究进展与应用［M］. 北京：化学工业出版社，2017.
[7] 毛宗强. 燃料电池［M］. 北京：化学工业出版社，2005.
[8] 魏颖. 超级电容器关键材料制备及应用［M］. 北京：化学工业出版社，2018.
[9] 丁明洁. 煤资源综合利用化学与技术研究［M］. 西安：西安交通大学出版社，2019.
[10] 胡文韬. 煤炭加工与洁净利用［M］. 北京：冶金工业出版社，2016.
[11] 沈本贤. 石油炼制工艺学［M］. 2 版. 北京：中国石化出版社，2017.
[12] （美）. Maples R E 著. 石油炼制工艺与经济［M］. 2 版. 吴辉，译. 北京：中国石化出版社，2002.
[13] British P. Statistical Review of World Energy 2019［R］. London：British pctroleum，2019.
[14] British P. Statistical Review of World Energy 2020［R］. London：British pctroleum，2020.

第 2 章 化 学 热 力 学

化学热力学主要研究物质系统在各种条件下的物理和化学变化中所伴随着的能量变化，从而对化学反应的方向和进行的程度作出准确的判断。化学反应进行的过程中总是伴随着能量的吸收或释放，通过化学反应来实现化学能与其他形式能量的转化是化学反应的基本特征之一。本章从化学热力学中的功、热、熵、焓等基本概念出发，讲述物质与能量之间的转换规律。其中，热力学第一定律反映了不同形式的能量在传递与转化过程中需遵循能量守恒的规律，而热力学第二定律为能量转化的方向和限度的判断提供了重要依据。通过化学反应平衡计算，可以系统研究温度、压力、反应物浓度对于最终产率的影响。能源利用离不开化学热力学的分析运用，燃烧、气化、甲烷化反应等能源转化过程与温度、焓等因素息息相关。

2.1 基 本 概 念

2.1.1 化学反应的热力系统

为了研究方便，热力学中常把被研究的对象从环境中独立出来，以分析它与周围物质间的能量和物质的传递。这种被人为独立出来的、具有一定种类和一定质量的物质所组成的整体称为热力系统（简称系统，也称体系）。在系统之外与系统发生质能交换的部分称为外界（也称环境），系统和外界之间的分界面称为边界，界面可以是真实的或假设的，也可以是固定的或移动的。根据热力系统和外界之间质能交换的情况，如图2-1所示，热力系统可分为四种类型。

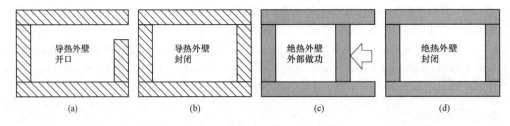

图 2-1 热力系统的四种类型示意
(a) 敞开系统；(b) 封闭系统；(c) 绝热系统；(d) 孤立系统

（1）敞开系统：系统与外界之间既有物质交换，又有能量交换。

（2）封闭系统：系统与外界之间没有物质交换，只有能量交换。

（3）绝热系统：系统与外界之间无热量交换。

（4）孤立系统：系统与外界之间既无物质交换，又无能量交换。

自然界中不存在孤立系统，这是热力学研究抽象出来的概念，当把非孤立系统和发生质能交换的外界联合起来就成了孤立系统。孤立系统一定是绝热系，但是绝热系不一定是孤立系。

化学反应过程中系统的物质组分会发生变化，因此，化学反应方程式在分析化学反应的

热力过程时必不可少。比如,甲烷完全燃烧的化学反应方程式为

$$CH_4 + 2O_2 \longrightarrow CO_2 + 2H_2O \tag{R2-1}$$

甲烷和氧气反应后生成二氧化碳和水。反应式(R2-1)中各反应物和生成物前的系数称为化学计量系数,可根据质量守恒(反应前后原子数不变)确定。这种配有化学计量系数且无多余反应物的理论反应方程式也被称为化学计量方程。

2.1.2 平衡状态

热力学状态(简称状态)是指在热力学变化过程中,在某一瞬间系统所呈现的宏观物理状态。在不受外界干扰的条件下(重力场除外),某一系统的状态若能够在长时间内保持不变(即不随时间变化),那么该系统的这种状态称为平衡状态。

对于简单的可压缩系统,其热力学变化过程仅涉及物理变化,当处于平衡状态时,各部分具有相同的压力 p、温度 T 和体积 V 等参数,且这些参数服从状态方程式,即

$$f(p, V, T) = 0 \tag{2-1}$$

那么,用两个独立的状态函数就可以确定该系统的平衡状态。

但是对于有化学反应发生的系统,其物质组成和物质浓度也会发生变化,所以确定其平衡状态往往需要两个以上的独立参数,故而化学反应一般在定温定压或定温定容等条件下进行分析。

2.1.3 热力过程

热力学系统从某一状态转变为另一状态所经历的全部状态变化称为热力过程。一切过程都是平衡被破坏的结果,在系统经历的实际过程中,这些由于系统和外界间相互作用(包括力相互作用、热相互作用和化学相互作用)所导致的非平衡状态无法简单地用少数几个状态函数来描述,这给热力学分析带来很大困难。为了简化计算,我们通常将热力过程理想化为准静态过程和可逆过程。

准静态过程也称为准平衡过程,是实际过程进行得非常缓慢时的极限,在平衡被破坏后系统有足够的时间恢复平衡,任何时刻都不显著偏离平衡状态,即整个过程可看作是由一系列非常接近平衡态的状态组成。例如,原来气缸内处于平衡态的气体受到压缩后再达到平衡态所需要的时间(即弛豫时间)大约是 10^{-3} s 或更小,如果在实验中压缩一次所用的时间是 1s,这时间是上述弛豫时间的 10^3 倍。在整个压缩过程的任何时刻进行观察,系统都有充分的时间达到平衡态,那么气体这一压缩过程就可以认为是准静态过程。

可逆过程则是指系统在完成某一过程后,可以沿相同的路径逆行而恢复到初始状态,并使相互作用中涉及的外界也恢复到初始状态,没有留下任何影响的过程。准静态过程只针对系统内部的状态变化,过程进行时可能发生能量耗散。而可逆过程则分析系统与外界相互作用产生的总效果,不仅要求工质内部平衡,还要求工质与外界的作用可以无条件地逆复,过程进行时不存在任何能量的耗散。所以说,一个可逆过程首先应该是准静态过程。

一切含有化学反应的实际过程都是不可逆的,可逆过程仅是理想的极限。少数特殊条件下的化学反应,如电池的充放电,接近可逆,而燃烧反应则是强烈的不可逆过程。以氢气燃烧为例,当氢气燃烧时,氢分子和氧分子原有的分子结构被破坏,结合成水分子,这时大量电子由众多的氢原子杂乱无章地流向氧原子。系统释放的化学能经过电子的杂乱运动,以热能的形式释放,该过程是不可逆的。但若把氢和氧分隔开,以氢为阳极反应物、氧为阴极反应物应用于原电池,这样就构成了以氢为"燃料"的燃料电池,结构如图 2-2 所示,其将

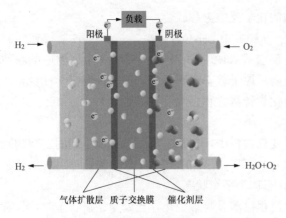

图 2-2　质子交换膜氢氧燃料电池结构示意

化学能直接转化为电能。在一定条件下，燃料电池中的反应可接近可逆。

实际热力设备中所进行的一切热力过程，或多或少都存在一些不可逆因素。研究可逆过程使人们将注意力集中在影响系统内热功转换的主要因素上，在理论上具有重要意义。

2.1.4　过程功和热

系统的状态发生变化时，系统和外界之间必然伴随着能量的交换，而能量交换的形式可以概括为"热"和"功"。在热力学中，把系统与外界之间因温度的不同而交换或传递的能量称为热，除了热以外的一切交换或传递的能量都称为功，常见的功有体积变化功、电功等。热力学常用符号 Q 表示热，并规定系统从外界吸收热量为正（$Q > 0$），放出热量为负（$Q < 0$）；用符号 W 表示功，系统对外界做功为正（$W > 0$），外界对系统做功为负（$W < 0$）。

热和功不是状态函数。我们不能说系统具体有多少功或热，只能说系统与外界交换了多少功和热。交换的功和热的大小不仅与系统的始末状态有关，还与系统的变化过程有关，所以热和功也叫过程函数。

2.1.5　理想气体

自然界中的气体分子总是在持续不断地做无规则的热运动，它们本身具有一定体积，相互之间存在作用力。对于其复杂的运动我们很难进行精确的描述，所以，为了便于分析和计算，诞生了理想气体的概念。

理想气体是一种实际上不存在的假想气体，其假设分子是弹性的、不具有体积的质点；分子间没有相互作用力。基于这两点假设，气体分子的运动规律被极大地简化了，这不仅可以定性分析某些气体的热力学现象，而且也可计算出状态函数间的简单函数关系。我们知道，在高温低压的条件下，气体密度小、比体积大，当气体分子本身的体积远小于其活动空间，且分子间平均距离又大到相互作用力极其微弱时，气体的状态就非常接近理想气体了。也就是说，理想气体是气体压力趋于零（$p \rightarrow 0$）、体积趋于无穷大（$V \rightarrow \infty$）时的极限状态。

理想气体的状态方程为

$$pV = nRT \qquad\qquad (2-2)$$

式中：p 为压力，Pa；V 为体积，m^3；n 为物质的量，mol；R 为摩尔气体常数（又称理想气体常数），其值约为 8.314 $J \cdot mol^{-1} \cdot K^{-1}$；$T$ 为温度，K。

对于单原子或双原子气体，比如氩、氖、氦、氢、氧、氮、一氧化碳等，在温度不太低、压力不太高时均远离液态，理想气体模型通常是很好的近似，其误差不会超过百分之几。比如，空气在室温下的压强达 10MPa 时，按理想气体状态方程计算的体积误差在 1% 左右；而锅炉产生的水蒸气、制冷剂蒸气、石油气等在工作温度及压力下的状态均离液态不远，因而不能被用作理想气体来进行分析。是否将某种气体看作理想气体要根据实际情况所允许的误差范围来定。

2.2　热力学第一定律

能量守恒与转换定律是自然界的基本定律之一，其指出，自然界的一切物质都具有能量，能量既不会凭空产生，也不会凭空消失，它只能从一种形式转化为另一种形式，或者从一个物体转移到另一个物体，在转化或转移的过程中，能量的总量不变。热力学第一定律就是能量守恒与转换定律在热现象中的应用，它确定了热力过程中系统与外界进行能量交换时，各种形式能量在数量上的守恒关系。19 世纪中期，在长期生产实践和大量科学实验的基础上，经过迈尔（Julius Robert Mayer）、焦耳（James Prescott Joule）等多位物理学家验证，它才以科学定律的形式被确立起来。

2.2.1　热力学能和总能

任何物质都具有能量。对于做宏观运动的物体，我们很明显可以看出其具有机械能；而对于宏观静止的物体，其内部的分子、原子等微观粒子其实也在不停地做着热运动。根据气体分子运动学说，气体分子在不断地做着不规则的平移运动，对于多原子分子，其还有旋转运动和振动运动，这些因热运动而具有的内动能是温度的函数。此外，由于分子间相互作用力的存在，分子间还具有位能，称为内位能，由气体的体积和温度决定。内动能、内位能、维持一定分子结构的化学能、原子核内部的原子能以及电磁场作用下的电磁能等一起构成热力学能，也称为内部储存能，用符号 U 表示。在一定的热力状态下，系统具有一定的热力学能，与达到这一热力状态的路径无关，因此热力学能是状态函数。

一个系统的总能量 E 除了热力学能外，还包含有系统整体宏观运动的动能以及系统在外力场中的势能，分别用 E_k 和 E_p 表示，$E=U+E_k+E_p$。在保守力学系统中，涉及的能量形式只有动能和势能，能量守恒表现为机械能守恒。在化学热力学中，通常研究宏观静止、无整体运动的系统，即 $E_k=0$。如果不存在特殊的外力场（如电磁场等）并忽略地球引力场的影响，则 $E_p=0$，这时系统的总能就是热力学能 U。

2.2.2　热力学第一定律解析式

热力学第一定律是对化学过程进行能量平衡分析的理论基础，可理解为如下形式，即

系统储存的能量的增加 ＝ 进入系统的能量 － 离开系统的能量

1. 封闭系统

对于有化学反应的封闭系统，热力学第一定律的解析式可以表达为

$$\Delta U = Q - W \tag{2-3}$$

式中：ΔU 为系统热力学能的变化量；Q 为化学反应过程中系统与外界交换的热量，即反应热，吸热为正，放热为负；W 为系统与外界交换的功，对外做功为正，反之为负。

忽略宏观动能和势能的变化，式（2-3）可转化为

$$Q = (U_2 - U_1) + W_{ex} + W_u \tag{2-4}$$

式中：U_2 为所有生成物的热力学能总和；U_1 为所有反应物的热力学能总和；W_{ex} 为系统的体积变化功，是指由于系统体积变化而与环境交换的功；W_u 为系统所做的有用功，也被称为非体积功，是指除了气体膨胀或压缩做功以外的所有其他形式做的功，如使用电磁炉对一恒定体积的容器进行加热。系统向外输出总功 $W_{tot} = W_{ex} + W_u$。

在多数的化学反应过程中，系统不产生有用功，此时式（2-4）可转换为

$$Q = (U_2 - U_1) + W_{ex} \tag{2-5}$$

对于许多的实际化学反应过程，系统压力会近似保持不变。比如燃料的燃烧过程，系统压力视为恒定，体积变化功 $W_{ex} = p(V_2 - V_1)$。那么，式（2-5）变为

$$\begin{aligned} Q_{(p)} &= (U_2 - U_1) + p(V_2 - V_1) \\ &= (U_2 + pV_2) - (U_1 + pV_1) \\ &= \Delta(U + pV) \end{aligned} \tag{2-6}$$

定义一个物理量"焓"，用符号 H 表示，则

$$H \equiv U + pV \tag{2-7}$$

任一状态下，U、p、V 都有确定值，那么 H 也有确定值，与到达这一状态的路径无关，这符合状态函数的定义，所以焓也是状态函数。

最终，式（2-6）可写成

$$Q_{(p)} = H_2 - H_1 = \Delta H \tag{2-8}$$

用文字描述就是，一个只能做体积功的封闭系统，在等压反应过程中的焓变数值上等于该过程系统吸收或放出的热量。

如果化学反应过程中系统的容积保持不变，那么系统与外界没有体积变化功的交换，$W_{ex} = 0$，则式（2-5）变为

$$Q_{(V)} = U_2 - U_1 = \Delta U \tag{2-9}$$

用文字描述就是，一个不做有用功的封闭系统，在定容反应过程中的热力学能变数值上等于该过程系统吸收的热量。

2. 敞开系统

对于有化学反应的稳态稳流敞开系统，当忽略由于化学变化引起的其他功时，热力学第一定律可表达为

$$Q = \sum H_P - \sum H_R + W_t \tag{2-10}$$

式中：Q 为敞开系统与外界交换的反应热；$\sum H_R$ 和 $\sum H_P$ 分别为进入系统的反应物的总焓和反应后流出系统的生成物的总焓；W_t 为技术功，是指技术上可利用的功，表达式为

$$W_t = \frac{1}{2} m \Delta c^2 + mg \Delta z + W_i \tag{2-11}$$

式中：$\frac{1}{2} m \Delta c^2$ 和 $mg \Delta z$ 分别为进、出敞开系统的物质的动能变化量和位能变化量，W_i 为敞开系统对外界做的功。

2.2.3　反应热效应

1. 反应热效应的概念

反应热效应是指在一定温度下，系统在变化过程中放出或吸收的热量。反应过程中系统不产生有用功时，系统的反应热效应可根据式（2-8）和式（2-9）得

$$Q_p = H_2 - H_1 = U_2 - U_1 + p(V_2 - V_1) \tag{2-12}$$

$$Q_V = U_2 - U_1 \tag{2-13}$$

式中：Q_p 和 Q_V 分别为定压反应热效应和定容反应热效应。

此处的 Q_p 和 Q_V 与式（2-8）和式（2-9）的 $Q_{(p)}$ 和 $Q_{(V)}$，虽然表达式是一样的但本质是有区别的。式（2-8）和式（2-9）中没有规定反应必须是定温过程，式中的 $Q_{(p)}$ 和 $Q_{(V)}$

是反应过程中热量变化，为过程量。而式（2-12）和式（2-13）规定反应必须在定温下进行，Q_p 和 Q_V 专指一定温度下反应过程不做有用功时的反应热，是状态量，仅取决于初终态，与反应过程无关。

根据反应性质不同，热效应具有不同的名称。比如，燃料完全燃烧时的定压热效应称为燃料的"燃烧热"，对于单位质量或体积的燃料，其燃烧热的绝对值称为燃料的"热值"（也称发热量），燃烧热在生活中的应用已经非常广泛，比如利用垃圾的燃烧热进行发电。对于反应产物可能是液态也可能是气态的燃烧反应，燃料的热值有高位热值和低位热值之分。比如，对于含有 H 元素的燃料来说，其燃烧时与空气中的 O_2 结合生成 H_2O。H_2O 为气态时，燃料的热值称为低位热值；H_2O 为液态时，燃料的热值称为高位热值。两者的差值为反应产物从气态凝结成液态时放出的潜热。在实际的燃烧中，燃烧后产生的烟气排出装置时温度仍相当高，一般都超过 $100℃$，并且水蒸气在烟气中的分压又比大气压低很多，所以燃烧产生的 H_2O 为水蒸气状态，其凝结的潜热无法被利用。因此，低位热值更切合实际情况，在实际工程应用中，燃料热值都采用低位热值。由元素最稳定的单质化合生成化合物时的热效应称为该化合物的"生成热"，定压条件下的生成热又称为"生成焓"；化合物分解成单质时的热效应称为该化合物的"分解热"，同一化合物的分解热与生成热的绝对值相等，符号相反。物质溶解的过程一般也伴随着热效应，比如苛性钠溶于水产生放热现象，硝酸铵溶于水产生吸热现象，这是因为在形成溶液时，粒子间的相互作用导致能量变化，且以热的形式和环境交换。

2. 定压反应热效应和定容反应热效应的关系

若物系从同一初态分别经过定温定压和定温定容过程完成同一化学反应，且反应物和生成物均可看作理想气体，那么根据式（2-12）和式（2-13）得

$$Q_p - Q_V = U_2 - U_1 + p(V_2 - V_1) - (U_2 - U_1) = p(V_2 - V_1) = \Delta nRT \quad (2-14)$$

式中：$\Delta n = n_P - n_R$，是反应前后系统总摩尔数的变化量。如果 $\Delta n > 0$，则 $Q_p > Q_V$；如果 $\Delta n < 0$，则 $Q_p < Q_V$；如果 $\Delta n = 0$，则 $Q_p = Q_V$。若反应前后均无气相物质出现，由于可以忽略固相和液相的体积变化，从而可以认为 $Q_p \approx Q_V$。其实，ΔnRT 的数值与 Q_p 和 Q_V 相比是微不足道的，对于一般燃料燃烧来说可忽略不计，因此，在实际测定燃料热值时，往往不考虑定压热值和定容热值的区别。

3. 标准反应热效应

反应热效应的数值与温度、压力相关。因此，为了便于计算，需要规定一个状态作为比较的标准。所谓标准状态，是在指定标准压强 p 下该物质的状态，简称标准态。一般指的是温度 T、压力 $100kPa$。由于标准态只规定了压力 p，而没有指定温度。为了便于比较，国际纯粹与应用化学联合会（IUPAC）推荐选择 298.15 K 作为参考温度系统在标准状态下进行化学反应时的反应热效应称为标准反应热效应。标准状态下的燃烧热和生成热分别称为"标准燃烧焓"和"标准生成焓"，分别用 $\Delta H_c^{\ominus}$ 和 $\Delta H_f^{\ominus}$ 表示。

2.2.4 反应热效应的计算

在实际工作中，我们通常会对即将进行研究的反应进行热力学计算和分析，以此来预测反应所需要的条件以及实际操作中有关能量的一些问题。例如，在甲醇制汽油的反应中，会放出大量的热量，因此，反应时必须考虑热量的排除或转化问题，否则将会使催化剂局部温升过快，致使催化剂失活。再比如，对于通过计算发现是强吸热的反应，我们在设置反应条

件时，通常需要提供高温热源。

1. 赫斯定律（Hess's law）

1840 年，俄国化学家赫斯（Germain Henri Hess）根据一系列的实验事实提出化学反应热效应恒定定律：如果一些原始物质可以通过不同的过程得到同样的产物，且对应的各物质的状态一致，那么这些具有不同反应途径的化学反应具有相同的热效应。也就是说，只要给定反应前后物质的种类，那么不论反应途径如何，热效应只取决于系统反应前后的状态。如图 2-3 所示，系统从状态 A 变化到状态 B，不论反应是一步完成，还是分几个阶段完成，其焓变的值是一定的。可以看出，赫斯定律实际上是"热力学能和焓是状态函数"这一结论的进一步体现。利用这一定律，可以由已知的热效应来计算难以测量的反应热效应。

【例 2-1】　碳不完全燃烧产生一氧化碳的反应热效应难以直接测量，因为碳的燃烧必然会生成二氧化碳。但碳和一氧化碳完全燃烧的反应热可以分别通过实验测得，那么通过赫斯定律我们可以间接得到碳不完全燃烧生成一氧化碳的反应热，图 2-4 展示了两种反应路径。

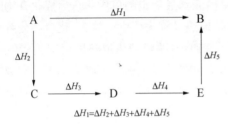

$$\Delta H_1 = \Delta H_2 + \Delta H_3 + \Delta H_4 + \Delta H_5$$

图 2-3　赫斯定律示意

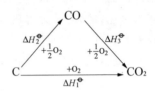

图 2-4　碳燃烧的赫斯定律示意

计算过程为

$$C(s) + O_2(g) \longrightarrow CO_2(g) \qquad \Delta H_1^\ominus = -394 kJ \cdot mol^{-1}$$

$$CO(g) + \frac{1}{2}O_2(g) \longrightarrow CO_2(g) \qquad \Delta H_3^\ominus = -283 kJ \cdot mol^{-1}$$

$$C(s) + \frac{1}{2}O_2(g) \longrightarrow CO(g) \qquad \Delta H_2^\ominus = ?$$

根据赫斯定律，有 $\Delta H_1^\ominus = \Delta H_2^\ominus + \Delta H_3^\ominus$，那么

$$\Delta H_2^\ominus = \Delta H_1^\ominus - \Delta H_3^\ominus = -394 - (-283) = -111 kJ \cdot mol^{-1}$$

赫斯定律使人们可以通过已经深入了解的反应系列得到指定反应的反应热效应，具有很大的实用性。它是大量实验数据的总结，为热力学第一定律的发现提供了许多重要的实验根据。

2. 生成焓

标准摩尔生成焓是指在标准状态下，由元素最稳定的单质生成 1mol 化合物时的生成焓，用符号表示为 $\Delta_f H_m^\ominus$。在使用标准摩尔生成焓时需注意以下三个要点：

（1）标准摩尔生成焓在使用时必须注明温度。标准状态是指一定温度和标准压力条件，所以要指明具体温度，通常手册中给出的温度条件为 298.15K。

（2）稳定单质的标准摩尔生成焓为零。一些元素可以具有几种结构性质不同的单质，如 $O_2(g)$ 的 $\Delta_f H_m^\ominus = 0$，是稳定单质，而 $O_3(g)$ 的 $\Delta_f H_m^\ominus = +143 kJ \cdot mol^{-1}$，不是稳定单质。稳定单质大体包括（标准状态）全部金属单质、惰性气体单质、第二周期元素常见单质（臭

氧除外）、卤族元素单质、某些元素同分异构体［包括石墨（C）、白磷（P）、斜方硫（S）］等。

（3）除了 NO、NO_2、C_2H_2（g）等少数物质以外，绝大多数常见化合物的标准摩尔生成焓都是负值。这反映一个事实，即由单质生成化合物时一般都是放热的，而化合物分解成单质时通常是吸热的。

根据赫斯定律，化学反应的标准反应热效应可以根据所有产物和反应物的标准生成焓进行计算，即

$$\Delta_r H_m^{\ominus} = \left[\sum n_p \Delta_f H_{m,p}^{\ominus}\right]_P - \left[\sum n_r \Delta_f H_{m,r}^{\ominus}\right]_R = \sum_B \nu_B \Delta_f H_{m,B}^{\ominus} \qquad (2-15)$$

式中：n_p 和 n_r 为产物和反应物的化学计量数；B 为反应中的任意物质；ν_B 为反应物和产物的化学计量系数，对于反应物 ν_B 为负，对于产物 ν_B 为正；$\Delta_f H_{m,p}^{\ominus}$ 为产物中任一物质的标准摩尔生成焓；$\Delta_f H_{m,r}^{\ominus}$ 为反应物中任一物质的标准摩尔生成焓；$\Delta_f H_{m,B}^{\ominus}$ 为反应中任一物质的标准摩尔生成焓；$\Delta_r H_m^{\ominus}$ 为标准摩尔反应热效应。

【例 2-2】 天然气先转化为合成气再转化为醇烃类燃料和高价值化学品是天然气综合利用的热点之一。其中，甲烷的二氧化碳重整是甲烷干气重整制取合成气的主反应，其反应方程式为

$$CH_4(g) + CO_2(g) = 2CO(g) + 2H_2(g)$$

试计算甲烷的二氧化碳重整反应在 298.15K 时的标准摩尔反应热效应。

由热力学手册查得反应中各物质的标准摩尔生成焓，见表 2-1。

表 2-1 反应中各物质的标准摩尔生成焓

物质	$CH_4(g)$	$CO_2(g)$	$CO(g)$	$H_2(g)$
$\Delta_f H_{m,B}^{\ominus}(298.15K)$ /kJ·mol^{-1}	−74.4	−393.51	−110.53	0

根据式（2-15）得

$$\Delta_r H_m^{\ominus} = \sum_B \nu_B \Delta_f H_{m,B}^{\ominus} = [2 \times (-110.53) - (-74.4) - (-393.51)] kJ \cdot mol^{-1}$$

$$= 246.85 kJ \cdot mol^{-1}$$

该反应在标准状态下是一个吸热的反应。

3. 压力和温度对反应热效应的影响

实际情况中，很多反应并不是在标准状态下进行的，而是需要一定的压力和温度，那么我们就有必要了解压力和温度对化学反应热效应的影响。

首先讨论压力的影响。由于焓是一个状态函数，体系的焓变与反应途径无关。那么，对于 298.15K、任意压力 p 状态下的化学反应 $aA+bB \to cC+dD$，我们可以设计另一条具有相同始末状态的反应路径，如图 2-5 所示。首先，在理论上使反应物 A 和 B 从（298.15K，p）的状态变为（298.15K，101.325kPa）。然后，使反

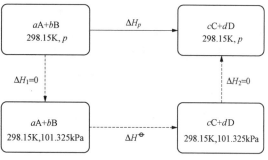

图 2-5 任意压力下的化学反应

应物在标准条件下反应得到产物 C 和 D。最终生成的 C 和 D 由（298.15K，101.325kPa）的状态再变为（298.15K，p）。根据赫斯定律，有

$$\Delta H_p = \Delta H_1 + \Delta H^{\ominus} + \Delta H_2 \qquad (2-16)$$

式中：ΔH_1 和 ΔH_2 分别为反应物体系和生成物体系定温加压或降压时的焓变（反应物体系：$p \to 101.325\text{kPa}$；生成物体系：$101.325\text{kPa} \to p$）。

对于理想气体，焓是温度的单值函数，那么在此定温过程中，有

$$\Delta H_1 = \Delta H_2 = 0 \qquad (2-17)$$

所以，最终可得到如下结果

$$\Delta H_p = \Delta H^{\ominus} \qquad (2-18)$$

也就是说，对于理想气体物系，压力对反应的焓变没有影响，可以认为在任何压力下反应的焓变和在标准压力下的焓变是一样的。

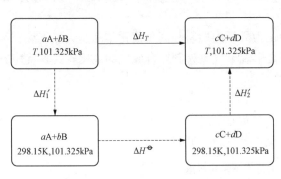

图 2-6　任意温度下的化学反应

考察温度对反应焓的影响，也可以按同样的原则处理。对于标准压强、任意温度 T 状态下的反应 $a\text{A}+b\text{B} \to c\text{C}+d\text{D}$，设计图 2-6 所示的反应路径使系统始末状态相同：首先，在理论上使反应物 A 和 B 的状态从（T，101.325kPa）变到（298.15K，101.325kPa）。然后，使反应物在标准条件下反应生成 C 和 D。最终，使生成的 C 和 D 由（298.15K，101.325kPa）的状态再变到（T，101.325kPa）。根据赫斯定律，这两条途径的焓变相等，即

$$\Delta H_T = \Delta H_1' + \Delta H^{\ominus} + \Delta H_2' \qquad (2-19)$$

式中：$\Delta H_1'$ 和 $\Delta H_2'$ 分别为反应物系和生成物系定压加热或冷却（反应物系：$T \to 298.15\text{K}$；生成物系：$298.15\text{K} \to T$）时的焓变，与化学反应无关。对于理想气体，其值可利用比定压热容值进行计算得到。

比热容的定义为单位量的物质温度升高 1K 所需的热量，其定义式为

$$c = \frac{\delta q}{\text{d}T} \qquad (2-20)$$

其中单位量物质吸收的热量为 q，当存在化学反应时，量的单位常选择摩尔（mol），此时摩尔比热容用符号 c_{m} 表示，单位为 $\text{J} \cdot \text{mol}^{-1} \cdot \text{K}^{-1}$。

前已述及，热量是过程量，因而比热容也和热力过程特性有关。实际的热力过程往往在接近压力不变或体积不变的条件下进行，因此比定压热容 $c_{p,\text{m}}$ 和比定容热容 $c_{V,\text{m}}$ 最为常用。

对于理想气体，比定压热容和比定容热容符合一定关系。其推导过程为，将理想气体的焓 $H=U+n\text{R}T$ 对 T 求导，则

$$\frac{\text{d}H}{\text{d}T} = \frac{\text{d}U}{\text{d}T} + n\text{R} \qquad (2-21)$$

代入式（2-20），则有

$$c_{p,\mathrm{m}} - c_{V,\mathrm{m}} = \mathrm{R} \tag{2-22}$$

该等式称为迈耶公式。

式（2-19）中 $\Delta H_1'$ 和 $\Delta H_2'$ 的求解，涉及的是比定压热容。因此，可以得

$$\Delta H_1' = n_\mathrm{A} \int_T^{298.15\mathrm{K}} c_{p,\mathrm{m,A}} \mathrm{d}T + n_\mathrm{B} \int_T^{298.15K} c_{p,\mathrm{m,B}} \mathrm{d}T \tag{2-23}$$

$$\Delta H_2' = n_\mathrm{C} \int_{298.15\mathrm{K}}^T c_{p,\mathrm{m,C}} \mathrm{d}T + n_\mathrm{D} \int_{298.15\mathrm{K}}^T c_{p,\mathrm{m,D}} \mathrm{d}T \tag{2-24}$$

进而，式（2-19）可整理为

$$\Delta H_T - \Delta H^{\ominus} = \left[\sum n_p \int_{298.15\mathrm{K}}^T c_{p,\mathrm{m,k}} \mathrm{d}T \right]_\mathrm{P} - \left[\sum n_r \int_{298.15\mathrm{K}}^T c_{p,\mathrm{m,j}} \mathrm{d}T \right]_\mathrm{R} \tag{2-25}$$

不难理解，式（2-25）可延伸为任意两个温度下反应焓的差值，即

$$\Delta H_{T'} - \Delta H_T = \left[\sum n_p \int_T^{T'} c_{p,\mathrm{m,P}} \mathrm{d}T \right]_\mathrm{P} - \left[\sum n_r \int_T^{T'} c_{p,\mathrm{m,R}} \mathrm{d}T \right]_\mathrm{R} \tag{2-26}$$

当温度差 $\Delta T = (T' - T)$ 趋近于零时，得

$$\left(\frac{\partial \Delta_\mathrm{r} H_\mathrm{m}}{\partial T} \right)_p = c_\mathrm{P} - c_\mathrm{R} \tag{2-27}$$

式（2-27）为基尔霍夫定律的一种表达形式。基尔霍夫定律表示了反应焓变随温度的变化率等于生成物系和反应物系的总热容 c_P 和 c_R 之差。

实验证明：理想气体的比热容是温度的复杂函数，通常其经验关系式可表达为

$$c = a_0 + a_1 T + a_2 T^2 + a_3 T^3 \tag{2-28}$$

式中：a_0、a_1、a_2、a_3 为与气体性质有关的经验常数。

常用气体在理想气体状态下的比定压热容的经验关系式已被前人总结。将式（2-28）代入式（2-23）和式（2-24），通过查找热力学手册和求解积分即可获得 $\Delta H_1'$ 和 $\Delta H_2'$ 的数值。

另一种求解的方法是利用平均比热容计算。热量计算可表达为

$$Q = \int_{T_1}^{T_2} c \, \mathrm{d}T \tag{2-29}$$

根据定积分中值定理，在 T_1 到 T_2 区间内必然存在函数 c 的某值 $c \mid_{T_1}^{T_2}$，使得

$$Q = \int_{T_1}^{T_2} c \, \mathrm{d}t = c \mid_{T_1}^{T_2} (T_2 - T_1) \tag{2-30}$$

$c \mid_{T_1}^{T_2}$ 称为 T_1 到 T_2 区间内的平均比热容。由于 $c \mid_{T_1}^{T_2}$ 与 T_1 和 T_2 均有关系，若将其编制成表格会工程浩繁。所以，根据定积分知识，式（2-30）可转换为

$$Q = \int_{0℃}^{T_2} c \, \mathrm{d}T - \int_{0℃}^{T_1} c \, \mathrm{d}T = c \mid_{0℃}^{T_2} T_2 - c \mid_{0℃}^{T_1} T_1 \tag{2-31}$$

于是

$$c \mid_{T_1}^{T_2} = \frac{c \mid_{0℃}^{T_2} T_2 - c \mid_{0℃}^{T_1} T_1}{T_2 - T_1} \tag{2-32}$$

式中：$c \mid_{0℃}^{T_1}$ 和 $c \mid_{0℃}^{T_2}$ 分别表示温度自 0℃到 T_1 和 0℃到 T_2 的平均比热容值。

同一种气体的 $c \mid_{0℃}^T$ 只取决于终态，进而减少了制表工作量。

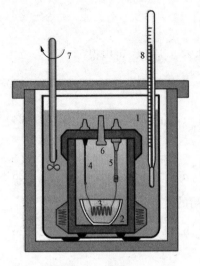

图 2 - 7　弹式量热计

1—钢弹；2—样品盘；3—电热丝；
4—电极；5—进气管兼电极；
6—排气管；7—搅拌棒；8—温度计

4. 定容热效应测量

许多化学反应的热效应可以通过一定方法直接测量。测量热效应的装置称为量热计。图2-7是一种可以精确测量恒容热效应的装置——弹式量热计。在弹式量热计中有一个用高强度钢制成的钢弹，钢弹放在装有一定量水的绝热恒温浴中，在钢弹中装有反应物和加热丝，通电加热便可引发反应。测量时，把参与反应的一定量物质密封在一个钢弹内部，将钢弹沉入热量计内的水中。钢弹内的反应被引发后，放出的热量被传递给水和钢弹，记录反应前后水的温度差，即可计算反应的热效应。由于钢弹内的反应是定容条件下进行的，用钢弹热量计测量的热效应就是化学反应的定容热效应。

$$Q_V = c_{H_2O}m_{H_2O}\Delta T + c_d\Delta T$$
$$= (c_{H_2O}m_{H_2O} + c_d)\Delta T \qquad (2 - 33)$$

式中：c_{H_2O} 为水的比热容（质量热容），$c_{H_2O} = 4.184 \text{J} \cdot \text{g}^{-1} \cdot \text{K}^{-1}$；$m_{H_2O}$ 为水的质量；c_d 为钢弹的热容。

2.3　热力学第二定律

热力学第一定律指出了能量的守恒和转化过程中各种能量之间的关系，但是热力学第一定律并不能给出能量转换过程的全部特性。因此，我们需要有另外的基本定律来表明能量传递的方向、条件和限度。热力学第二定律就是揭示热力过程进行的方向、条件和限度的规律。所有热力过程必须同时满足热力学第一定律和热力学第二定律才能实现。

2.3.1　状态函数熵

熵是描述系统中微观粒子离散度或混乱度的物理量。热胀冷缩是物体的普遍属性，物体的熵通常随温度的下降而减小。熵是与热力学第二定律密切相关的状态函数，可用于判断实际过程的方向、是否可以发生、是否可逆等，并对热力学第二定律的量化分析等方面具有重要作用。

1. 熵的定义

1865 年，德国科学家克劳修斯（Rudolf Julius Emanuel Clausius）根据可逆过程的热温熵值决定于始末态而与路径无关这一事实，首次定义了"熵"这个函数，用符号 S 表示，单位为 $J \cdot K^{-1}$，定义式为

$$dS = \frac{\delta Q_{rev}}{T} \qquad (2 - 34)$$

式中：δQ_{rev} 表示系统在微元可逆过程中的换热量；T 为系统的热力学温度；dS 为微元过程中系统的熵变。熵的本质是一个系统内在的混乱程度。单位质量物质的熵变为

$$ds = \frac{\delta q_{rev}}{T} \qquad (2 - 35)$$

那么，对于有限过程，有

$$\Delta S_{1-2} = S_2 - S_1 = \int_1^2 \frac{\delta Q_{\text{rev}}}{T} \quad\quad (2\text{-}36)$$

2. 统计熵

熵的物理本质究竟是什么一直是个不解之谜。直到 1877 年，奥地利物理学家玻尔兹曼（Ludwig Edward Boltzmann）指出，熵和分子空间分布的热力学概率具有一定关系。热力学概率是一个表示系统混乱度的统计学量，体现某一宏观状态所对应的微观状态数，用 Ω 表示。Ω 增大，表示无序性增大，混乱程度增大。熵和热力学概率的关系式称为 Boltzmann 公式，表述为

$$S = k_B \ln\Omega \quad\quad (2\text{-}37)$$

式中：k_B 为玻尔兹曼常数，$k_B = 1.380658 \times 10^{-23} \text{J} \cdot \text{K}^{-1}$。

由 Boltzmann 公式计算得到的熵称为统计熵。Boltzmann 公式将宏观与微观相联系起来，奠定了统计热力学的基础。由于分子的空间分布是大量分子无序运动的结果，所以熵就被看成是一个描述系统无序程度或混乱度的物理量。

根据 Boltzmann 公式，熵应当具有下列基本特征。

（1）熵的加和性。把一个系统的空间 V 分成 V_1 和 V_2 两部分，若有 p 个分子在空间 V_1 中分布的概率为 Ω_1；q 个分子在空间 V_2 中分布的概率为 Ω_2。那么 $p+q$ 个分子在空间 V 中分布的总概率是这两个独立事件的概率的乘积，即

$$\Omega = \Omega_1 \times \Omega_2 \quad\quad (2\text{-}38)$$

因此，对于空间 V 的系统，总熵为

$$S = k_B \ln\Omega = k_B \ln(\Omega_1 \times \Omega_2) = k_B \ln\Omega_1 + k_B \ln\Omega_2 = S_1 + S_2 \quad\quad (2\text{-}39)$$

这就是说，整个系统的熵是它的各部分熵的总和。简而言之，熵具有加和性。

（2）不可逆过程熵增加。当分子在空间 V_1 和 V_2 的分布发生变化时，它们在整个空间的宏观分布状态就要发生变化，空间分布的热力学概率也会有变化。在孤立系统内，分子的空间分布最终趋向于实现热力学概率最大的最概然分布。这一事实意味着分子空间分布的变化趋势是 $d\Omega$ 大于零，即

$$d\Omega = d(\Omega_1 \times \Omega_2) = \Omega_1 d\Omega_2 + \Omega_2 d\Omega_1 > 0 \qu\quad (2\text{-}40)$$

式（2-40）同除 $\Omega_1\Omega_2$，由微分知识可得

$$d\ln\Omega_1 + d\ln\Omega_2 > 0 \qu\quad (2\text{-}41)$$

所以，有

$$dS = k_B d\ln\Omega = k_B(d\ln\Omega_1 + d\ln\Omega_2) > 0 \qu\quad (2\text{-}42)$$

孤立系统内，分子最终要趋于均匀分布，而已经均匀分布于整个空间的分子不会自动地集中到空间的某个角落里去。这就是说，这种变化过程是不可逆的。由此得出一个重要结论：一切不可逆过程，熵总是增加。

3. 绝对熵和相对熵

热力学第二定律给出了计算熵变的方法，Boltzmann 公式计算的是统计熵，两者都没有给出熵的绝对值。那么，熵的零点在哪呢？

1906 年，能斯特（Walther Hermann Nernst）在研究各种化学反应在低温下的性质时提出："任何凝聚物系在接近绝对零度时所进行的定温过程中，物系的熵接近不变"，其数学表达式为

$$\lim_{T \to 0} (\Delta S)_T = 0 \qquad (2-43)$$

1911 年，普朗克（Planck）假定：在 0K 时，一切纯物质的熵值为零。这个结论可以通过统计热力学进行解释：温度为 0K 时，纯物质的所有粒子都处于基态能级，此时 $\Omega = 1$，那么根据玻尔兹曼公式，当 $\Omega = 1$ 时，熵值 $S = 0$。

因为非晶体、混合物、固体溶体（如玻璃）等物质在绝对零度时的熵应该比绝对零度时纯粹物质完整晶体的熵大，所以不等于零。

因此，基于以上几点，提出了一种严格的说法，即"在绝对零度下任何纯粹物质完整晶体的熵等于零"。这就是热力学第三定律的一种常见的表述形式。

这样，各种物质的绝对熵可以从绝对零度为起点开始算起，即

$$s_{p,T} = s_0 + \int_0^{p,T} \frac{\delta q}{T} \qquad (2-44)$$

式中：$s_{p,T}$ 为在 p、T 状态下单位质量物质熵的绝对值。$s_0 = 0$ 为 0K 时的单位质量物质的熵值。对于 1mol 物质在标准状态计算出的熵值称为标准摩尔熵，符号是 $S_m^{\ominus}$，单位是 $J \cdot mol^{-1} \cdot K^{-1}$。

若是规定一个参照状态（基准点）下的熵值为某一确定值，由该熵值为起点得到的熵为相对熵。在 p、T 状态下熵的相对值为

$$s_{p,T} = s_{p_0,T_0} + \int_{p_0,T_0}^{p,T} \frac{\delta q}{T} \qquad (2-45)$$

式中：s_{p_0,T_0} 为参照状态（基准点）下的熵值。

参照状态不同，熵的相对值不同，但熵变值是一样的。对于化学成分不变的系统，通常只需知道始末态的熵差，采用相对熵即可。但对于化学反应物系，必须采用绝对熵计算。

因为熵是状态函数，并且具有加和性，所以赫斯定律的计算方法同样适用于熵变计算，即一个化学反应的标准熵变等于所有产物的标准熵之和与所有反应物的标准熵之和的差，即

$$\Delta_r S_m^{\ominus} = \sum_B \nu_B S_{m,B}^{\ominus} \qquad (2-46)$$

2.3.2 热力过程的方向、条件和限度

通过观察不难发现，自然过程都是具有方向性的。比如，热可以自动地从高温物体流向低温物体，而它的逆过程即热从低温物体流向高温物体，则是不能自动发生的；高压的气体可以自动地膨胀为低压气体，而它的逆过程即气体的压缩过程则不会自动进行；各部分浓度不同的溶液会自动地扩散至浓度均匀，而浓度已经均匀的液体不会自动地变成浓度不均匀的液体，如图 2-8 所示。从这些例子可以看出，一切自发变化都有一定的变化方向，并且都是不会自动逆向进行的。

自然过程中，凡是可以独立、不借助外界条件自动进行的过程，称为自发过程。需要外界帮助才能进行的过程称为非自发过程，所以说，一些热力过程的进行是有条件的。

热力过程的限度，对于化学反应而言，就是反应物的转换率问题。在一定条件下，有些化学反应可以进行得较为彻底，而有些反应是不彻底的，我们研究化学平衡就是想要知道在某一条件下化学反应所能达到的最大限度。

对于热力过程进行的方向、条件和限度的规律，热力学第二定律作了准确的描述。

图 2-8　分子倾向于在空间均匀分布

2.3.3　热力学第二定律的经典表述

针对不同的具体问题，热力学第二定律有各种形式的表述。经典的表述是 19 世纪 50 年代从工程应用角度归纳总结出来的两种说法。

一个是从热量传递的角度被提出的克劳修斯说法：热不可能自发地、不付代价地从低温物体传递至高温物体。

另一个是从热功转换的角度提出的开尔文 - 普朗克说法：不可能制造出从单一热源吸热，使之全部转换为功而不留下任何变化的热力发动机。

2.3.4　热力学第二定律的数学表达

本节从循环出发推导热力学第二定律的数学表达式。

卡诺定理指出，对于在相同的热源（T_1）和冷源（T_2）之间工作的循环，不可逆循环的热效率一定小于可逆循环，并且不论可逆循环的类型和物质是否相同，其热效率是一样的，该值为 $\eta_{rev} = 1 - T_2/T_1$。则有

$$\eta \leqslant \eta_{rev} \tag{2-47}$$

将循环的热效率公式 $\eta = 1 + \dfrac{Q_2}{Q_1}$ 代入，即有

$$1 + \frac{Q_2}{Q_1} \leqslant 1 - \frac{T_2}{T_1} \tag{2-48}$$

式中：Q_1 为工质与热源间的换热量（为正）；Q_2 为工质与冷源间的换热量（为负）。式（2-48）可变形为

$$\frac{Q_1}{T_1} + \frac{Q_2}{T_2} \leqslant 0 \tag{2-49}$$

那么对于任意循环有

$$\oint \frac{\delta Q}{T} \leqslant 0 \tag{2-50}$$

式中：δQ 表示工质在微元过程中与热源的换热量；T 为热源温度。

这就是判断循环是否可逆的热力学第二定律的数学表达式，即克劳修斯不等式。式中，不等号适用于不可逆过程，等号适用于可逆过程。

那么根据式（2-50）再结合式（2-36），可以得出

$$\int_1^2 \frac{\delta Q}{T} \leqslant S_2 - S_1 \tag{2-51}$$

这就是判断热力过程是否可逆的热力学第二定律数学表达式的微分形式。对于微元过程，热力学第二定律的数学表达式则为

$$dS \geqslant \frac{\delta Q}{T} \tag{2-52}$$

2.3.5 热力学第二定律的实质——孤立系统熵增原理

1. 熵方程

（1）封闭系统熵方程。取封闭系统为研究对象，那么对于可逆过程，有

$$\delta Q_{rev} = TdS = dU + \delta W \tag{2-53}$$

与上述可逆过程具有相同始末态的其他过程，有

$$\delta Q' = dU + \delta W' \tag{2-54}$$

热力学能为状态函数，与过程无关，因此，整理式（2-53）和式（2-54），有

$$dS = \frac{\delta Q'}{T} + \frac{\delta W - \delta W'}{T} \tag{2-55}$$

令 $\delta S_{f,Q} = \frac{\delta Q'}{T}$，称为热熵流，代表系统与外界换热（不论是否可逆）引起的系统熵变，吸热为正，放热为负，绝热为零。

令 $\delta S_g = \frac{\delta W - \delta W'}{T}$，称为熵产，是不可逆因素对系统造成的熵增加，$\delta W - \delta W'$ 是不可逆造成的做功能力的损失。δS_g 在过程不可逆时为正，可逆时为零，绝不可能为负。可以说，熵产是过程不可逆的标志，其值的大小可作为不可逆程度的量度。

（2）敞开系统熵方程。敞开系统不仅与外界交换热量，还交换物质。因此，相比于封闭系统，我们不仅要考虑热熵流，还要考虑由物质传递而引起的熵流，即质熵流。进入敞开系（控制体积）的物质带入的熵为 $\sum_i s_i \delta m_i$，输出敞开系的物质带走的熵为 $\sum_j s_j \delta m_j$，因此，有质熵流 $\delta S_{f,m} = \sum_i s_i \delta m_i - \sum_j s_j \delta m_j$。那么敞开系的熵方程可以表达为

$$dS_{CV} = \delta S_{f,m} + \delta S_{f,Q} + \delta S_g \tag{2-56}$$

2. 孤立系统熵增原理

任何一个热力系统总是可以连同与其进行质、能交换的一切物质复合成一个孤立系统。那么，有

$$\Delta S_{iso} = \Delta S_{sys} + \Delta S_{sur} \tag{2-57}$$

式中：ΔS_{iso} 为孤立系统的熵变；ΔS_{sys} 为热力系统的熵变；ΔS_{sur} 为相关外界的熵变。

不难理解孤立系统是一个封闭绝热系，根据封闭系统熵方程，因为有 $\delta S_{f,Q} = 0$，可以得出

$$dS_{iso} = \delta S_g \geqslant 0, \Delta S_{iso} = \Delta S_g \geqslant 0 \tag{2-58}$$

该式说明，孤立系统内发生不可逆变化会导致熵增大，发生可逆变化时熵保持不变，使孤立系统熵减小的过程不存在。这一结论就是孤立系统熵增原理。

因为实际的热力过程均是不可逆的，所以实际热力过程总是朝着使孤立系统总熵增大的方向进行，熵增原理阐明了过程进行的方向。随着过程的进行，孤立系统内部由不平衡逐渐向平衡的方向发展，总熵增大，当孤立系统的总熵达到最大值时，过程即停止，此时系统达到相应的平衡状态，有 $dS_{iso} = 0$，这就是平衡判据，因此，熵增原理指出了过程进行的限度。如果某一过程导致热力系的熵减小，那么该过程不可能单独进行，必定

有熵增大的过程作为补偿，使孤立系的总熵增大或至少不变，从而熵增原理也指出了过程进行的条件。

孤立系统熵增原理全面、透彻地指出了热力过程进行的方向、限度和条件，而这些正是热力学第二定律的实质，所以说热力学第二定律的各种说法都可归结为熵增原理。$dS_{iso} \geqslant 0$ 是热力学第二定律数学表达式的最基本形式。

2.3.6　化学反应方向判据和平衡条件

孤立系统熵增原理具有极大的概括性，对于有化学反应的过程同样适用。但是利用孤立系统熵增原理分析实际问题时不仅要考虑目标系统，还要考虑相关外界的变化，这对于实际应用是极为不便的。多数化学反应都是在定温定压或定温定容条件下进行的，根据热力学性质推导出这两种情况下的方向判据及平衡条件将使问题得以简化。

1. 定温定容反应

对于封闭系统平衡态，根据热力学第一定律有

$$\delta Q = dU + \delta W_{tot} \tag{2-59}$$

由热力学第二定律可知

$$dS \geqslant \frac{\delta Q}{T}$$

合并上述两式，有

$$\delta W_{tot} \leqslant T dS - dU \tag{2-60}$$

对于定温反应，因为过程中温度 T 保持不变，且平衡时系统与外热源（环境）达到热平衡，所以有 $T=$ 常数。因此，有

$$\delta W_{tot} \leqslant -d(U - TS) \tag{2-61}$$

定义亥姆霍兹（Helmholtz）函数，即亥姆霍兹自由能：$F = U - TS$

那么，有

$$-dF_T \geqslant \delta W_{tot,T} \tag{2-62}$$

$$-\Delta F_T = F_1 - F_2 \geqslant W_{tot,T} \tag{2-63}$$

进一步考虑系统容积恒定，体积变化功为零，总功即为有用功，因此有

$$-\Delta F_{T,V} = F_1 - F_2 \geqslant W_{u,T,V} \tag{2-64}$$

该式说明：在定温定容过程中，理想可逆时系统做的有用功最大，其值等于 F 的减小，实际不可逆反应中，有用功小于 $F_1 - F_2$。可以理解为 F 体现了可逆定温定容条件下系统做功的本领。也可以看出，即便是理想的可逆定温定容过程，也不可能将热力学能 U 全部转化为有用功。其中可能转化为有用功的能量，即 $F = U - TS$，我们称之为"自由能"，而 TS 这部分我们称之为"束缚能"。

式（2-64）还指出，对于自发进行的定温定容反应（不可逆），体系的亥姆霍兹自由能总是减小的，反应向亥姆霍兹自由能减小的方向进行，当亥姆霍兹自由能达到最小时，系统达到化学平衡状态，此时系统的亥姆霍兹自由能不再改变。因此，对于定温定容的化学反应系统，可以用亥姆霍兹自由能 F 判断过程进行的方向以及平衡条件。

定温定容反应的方向判据：$dF_{T,V} < 0$。

定温定容反应的平衡条件：$dF_{T,V} = 0$ 且 $d^2 F_{T,V} > 0$。

在一般的定温定容化学反应过程中，系统并不产生有用功，$W_{u,T,V} = 0$，此时有

$$\Delta F_{T,V} \leqslant 0 \tag{2-65}$$

2. 定温定压反应

对于定压反应，有

$$\delta W_{\text{tot},p} = \delta W_{\text{u},p} + p\,\mathrm{d}V = \delta W_{\text{u},p} + \mathrm{d}(pV) \tag{2-66}$$

将式（2-66）代入式（2-61），移项整理得

$$\delta W_{\text{u},T,p} \leqslant -\mathrm{d}(H - TS) \tag{2-67}$$

定义吉布斯（Gibbs）函数（吉布斯自由能）：$G = H - TS$

那么，有

$$-\mathrm{d}G_{T,p} \geqslant \delta W_{\text{u},T,p} \tag{2-68}$$

$$-\Delta G_{T,p} = G_1 - G_2 \geqslant W_{\text{u},T,p} \tag{2-69}$$

式（2-69）说明：在定温定压过程中，理想可逆时系统做的有用功最大，其值等于 G 的减小，实际不可逆反应中，有用功小于 $G_1 - G_2$。能够自发进行的定温定压反应（不可逆）都是向着吉布斯自由能减小的方向进行的，当吉布斯自由能达到最小时，系统达到化学平衡状态。因此，定温定压过程的方向判据以及平衡条件如下：

定温定压反应的方向判据：$\mathrm{d}G_{T,p} < 0$。

定温定压反应的平衡条件：$\mathrm{d}G_{T,p} = 0$ 且 $\mathrm{d}^2 G_{T,p} > 0$。

对于不产生有用功的系统，在定温定压条件下，有

$$\Delta G_{T,p} \leqslant 0 \tag{2-70}$$

3. 标准生成自由能

化学反应大都在定温定压条件下进行，因此吉布斯自由能变化量的计算尤为重要。一种计算方法是利用反应的标准焓变和标准熵变，通过关系式间接计算反应的标准吉布斯自由能变化。另一种计算方法是与反应焓变的计算类似，定义物质的标准生成自由能（也称标准生成吉布斯自由能），再由物质的标准生成自由能计算反应的标准吉布斯自由能变化。化合物的标准摩尔生成自由能一般是指标准摩尔生成吉布斯自由能，意为在规定温度（T）和标准压力 p 下，由稳定单质生成 1mol 化合物的吉布斯自由能的变化量，通常情况 T 为 298.15K，符号为 $\Delta_f G_m^{\ominus}$。所有稳定单质的标准摩尔生成自由能为零，许多化合物的标准生成自由能可以从热力学手册中查得。有了各种物质的标准摩尔生成自由能，便可按下式计算反应的标准吉布斯自由能变化，即

$$\Delta_r G_m^{\ominus} = \sum_B \nu_B \Delta_f G_{m,B}^{\ominus} \tag{2-71}$$

【例 2-3】　合成气直接合成乙醇的反应式为 $2CO(g) + 4H_2(g) \longrightarrow C_2H_5OH(g) + H_2O(g)$，由热力学手册查得 CO、H_2、C_2H_5OH 和 H_2O 的标准摩尔生成自由能分别为 -137.16、0、-163.0、$-228.61\text{kJ} \cdot \text{mol}^{-1}$。计算该反应的标准吉布斯自由能变，并判断发生该反应的自发性。

由式（2-71）得

$$\Delta_r G_m^{\ominus} = [-163.0 - 228.61 - 2 \times (-137.16)]\text{kJ} \cdot \text{mol}^{-1} = -117.29\text{kJ} \cdot \text{mol}^{-1}$$

$\Delta_r G_m^{\ominus} < 0$，故该反应在标准状态下能自发进行。

4. 化学平衡的普遍判据

前面已经指出，化学反应系统是多组分系统，有两个以上的独立状态函数，因此，吉布

斯函数 G 可表示为

$$G = G(T, p, n_1, n_2, \cdots, n_k) \tag{2-72}$$

全微分形式为

$$dG = \left(\frac{\partial G}{\partial T}\right)_{p,n_i} dT + \left(\frac{\partial G}{\partial p}\right)_{T,n_i} dp + \sum_{i=1}^{k} \left(\frac{\partial G}{\partial n_i}\right)_{T,p,n_j(j \neq i)} dn_i \tag{2-73}$$

式中：$\left(\frac{\partial G}{\partial T}\right)_{p,n_i} dT$、$\left(\frac{\partial G}{\partial p}\right)_{T,n_i} dp$ 为多元系的温度和压力变化导致的系统吉布斯自由能的变化量；$\left(\frac{\partial G}{\partial n_i}\right)_{T,p,n_j(j \neq i)} dn_i$ 为多元系中第 i 种物质的变化导致的系统吉布斯自由能的变化量。

根据热力学函数间的关系，可以推导出

$$\left(\frac{\partial G}{\partial T}\right)_p = -S \left(\frac{\partial G}{\partial p}\right)_T = V$$

因此，有

$$dG = -SdT + Vdp + \sum_{i=1}^{k} \left(\frac{\partial G}{\partial n_i}\right)_{T,p,n_j(j \neq i)} dn_i \tag{2-74}$$

令

$$\mu_i = \sum_{i=1}^{k} \left(\frac{\partial G}{\partial n_i}\right)_{T,p,n_j(j \neq i)} dn_i \tag{2-75}$$

式中：μ_i 为组元 i 的化学势。

因此式（2-74）可以表示为

$$dG = -SdT + Vdp + \sum_{i=1}^{k} \mu_i dn_i \tag{2-76}$$

对于定温定压反应过程，式（2-76）的前两项为 0，所以有

$$dG = \sum_{i=1}^{k} \mu_i dn_i \leqslant 0 \tag{2-77}$$

从而，$\sum_{i=1}^{k} \mu_i dn_i \leqslant 0$ 可以作为定温定压化学反应方向及化学平衡的普遍判据。

根据质量守恒原理，有

$$dn_i = \nu_i d\varepsilon \tag{2-78}$$

式中：ν_i 为化学计量系数，对于反应物为负，对于生成物为正；$d\varepsilon$ 为化学反应度，即化学反应进行的程度。

所以，得

$$\sum_{i=1}^{k} \nu_i \mu_i \leqslant 0 \tag{2-79}$$

式（2-79）说明化学反应总是向着系统总化学势减小的方向进行，在总化学势达到最小值时达到化学平衡。

若是将反应物和生成物的总化学势分开书写，那么式（2-79）可变成

$$\sum_{P} \nu_i \mu_i - \sum_{R} \nu_i \mu_i \leqslant 0 \tag{2-80}$$

此处 ν_i 取正数。

式（2-80）是定温定压化学反应方向及化学平衡普遍判据的另一种表达方式。其中，$\sum\limits_{P}\nu_i\mu_i$ 与 $\sum\limits_{R}\nu_i\mu_i$ 分别为生成物和反应物的化学势之和。当 $\sum\limits_{P}\nu_i\mu_i < \sum\limits_{R}\nu_i\mu_i$ 时，正向反应自发进行；当 $\sum\limits_{P}\nu_i\mu_i = \sum\limits_{R}\nu_i\mu_i$ 时，反应达到平衡；当 $\sum\limits_{P}\nu_i\mu_i > \sum\limits_{R}\nu_i\mu_i$ 时，逆向反应自发进行。可以看出，化学势差是推动化学反应（质量传递）的驱动力，只有当生成物和反应物的化学势相等时反应才会达到平衡。

2.4 化 学 平 衡

2.4.1 化学平衡的定义及平衡常数

化学反应是物质相互转化的过程，当反应物分子被破坏生成新物质的同时，这些新物质的分子也会被破坏而重新生成原来的反应物，因此，不会存在某一反应物完全消失的情况。化学反应方程式可以表示为

$$a\text{A} + b\text{B} \rightleftharpoons c\text{C} + d\text{D} \qquad\qquad (\text{R2-2})$$

式中：A、B 代表反应物；C、D 代表生成物。

在 A、B 反应生成 C、D 的同时，C、D 也会反应生成 A、B。根据反应条件的不同，有时 A、B 反应生成 C、D（正向反应）的速率大于 C、D 反应生成 A、B（逆向反应）的速率，那么总体呈现的就是反应从左向右进行；有时逆向反应的速率大于正向反应，那么总体呈现的就是反应从右向左进行；若是正向反应速率和逆向反应速率相等，那么反应就达到了化学平衡。简言之，总体呈现的反应方向取决于正向反应和逆向反应的速率之间的对比。

根据化学反应的质量作用定律，反应速率与反应物浓度有如下关系，即

$$v_1 = k_1 c_\text{A}^a c_\text{B}^b,\ v_2 = k_2 c_\text{C}^c c_\text{D}^d$$

式中：v_1、v_2 分别为正向反应的速率和逆向反应的速率；k_1、k_2 分别为正向反应和逆向反应的速率常数，对于某一特定反应在一定温度下为常数；c_A、c_B、c_C、c_D 为反应物的浓度。

如果把各物质的平衡浓度用小写符号 c_A、c_B、c_C、c_D 表示，那么根据平衡时 $v_1 = v_2$，有

$$k_1 c_\text{A}^a c_\text{B}^b = k_2 c_\text{C}^c c_\text{D}^d \qquad\qquad (2-81)$$

令 $K_c = \dfrac{k_1}{k_2}$，称之为平衡常数，于是

$$K_c = \frac{k_1}{k_2} = \frac{c_\text{C}^c c_\text{D}^d}{c_\text{A}^a c_\text{B}^b} = \prod_\text{B}(c_\text{B})_e^{\nu_\text{B}} \qquad\qquad (2-82)$$

从式（2-82）可以看出，当 $k_1 \gg k_2$ 时，自左向右的反应可以进行得接近于完全，平衡时 A、B 的剩余量会非常少；当 $k_1 \ll k_2$ 时，自右向左的反应可以进行得接近于完全，平衡时 C、D 的剩余量会非常少。需要指出的是，式（2-82）只适用于气态物质的单相化学反应。当化学反应物系中还存在固态或液态物质时，反应之所以进行是因为固态或液态物质由于升华或蒸发而与气态物质相互作用。蒸汽的减少由固体升华或液体蒸发来补偿，只要固体或液体物质没有耗尽，就可以认为蒸汽的浓度保持不变。所以，在计算平衡常数时，不计入固体或液体的浓度变化，其对反应的影响合并在速率常数中考虑。

对于理想气体物系，有 $p_i V = n_i RT$，那么就有

$$c_i = \frac{n_i}{V} = \frac{p_i}{RT} \tag{2-83}$$

可见，气体的浓度 c_i 与分压力 p_i 成正比。将式（2-83）代入式（2-82），有

$$K_c = \frac{c_C^c c_D^d}{c_A^a c_B^b} = \frac{p_C^c p_D^d}{p_A^a p_B^b} (RT)^{-(c+d-a-b)} = K_p (RT)^{-\sum_B \nu_B} \tag{2-84}$$

其中，$K_p = \dfrac{p_C^c p_D^d}{p_A^a p_B^b} = \prod_B (p_B)^{\nu_B}$，是用气体分压表示的平衡常数，和 K_c 一样，对于指定物系其数值只与温度相关；$\sum_B \nu_B = c+d-a-b$ 为反应前后物系的物质的量的变化数值。

2.4.2　化学反应定温方程式

因为许多化学反应都可以看作是定温定压条件下进行的，所以吉布斯自由能是研究化学反应系统非常关键的函数，其可以用来确定化学反应的平衡常数。

根据吉布斯方程（建立于只有体积变化功的基础上）

$$dG = Vdp - SdT \tag{2-85}$$

对于定温条件下的理想气体，有

$$dG = Vdp = nRT \frac{dp}{p} \tag{2-86}$$

那么将式（2-86）从 1 标准大气压（$p^\ominus$）到 p 积分后有

$$G_m = G_m^\ominus + RT \int_{p_0}^{p} \frac{dp}{p} = G_m^\ominus + RT \ln \frac{p}{p^\ominus} \tag{2-87}$$

式中：G_m 代表压力 p 下气体的摩尔吉布斯自由能；$G_m^\ominus$ 代表标准状态气体的摩尔吉布斯自由能。$G_m^\ominus$ 和 G_m 的温度条件相同。

对于理想气体的定温定压反应，则

$$aA + bB \Longrightarrow cC + dD \tag{R2-3}$$

各组分的初始分压力用 p_A、p_B、p_C、p_D 表示，那么有

$$\Delta_r G_m = G_C + G_D - G_A - G_B$$

$$= c\left(G_{C,m}^\ominus + RT \ln \frac{p_C}{p^\ominus}\right) + d\left(G_{D,m}^\ominus + RT \ln \frac{p_D}{p^\ominus}\right) - a\left(G_{A,m}^\ominus + RT \ln \frac{p_A}{p^\ominus}\right) - b\left(G_{B,m}^\ominus + RT \ln \frac{p_B}{p^\ominus}\right)$$

$$= \Delta_r G_m^\ominus + RT \ln \frac{\left(\frac{p_C}{p^\ominus}\right)^c \left(\frac{p_D}{p^\ominus}\right)^d}{\left(\frac{p_A}{p^\ominus}\right)^a \left(\frac{p_B}{p^\ominus}\right)^b} \tag{2-88}$$

式中：$\Delta_r G_m$ 为反应吉布斯自由能；$\Delta_r G_m^\ominus = cG_{C,m}^\ominus + dG_{D,m}^\ominus - aG_{A,m}^\ominus - bG_{B,m}^\ominus$ 为标准反应吉布斯自由能。

定温定压条件下，达到化学平衡时，有 $\Delta_r G_m = 0$，那么

$$\Delta_r G_m^\ominus = -RT \ln \frac{\left(\frac{p_C}{p^\ominus}\right)^c \left(\frac{p_D}{p^\ominus}\right)^d}{\left(\frac{p_A}{p^\ominus}\right)^a \left(\frac{p_B}{p^\ominus}\right)^b} = -RT \ln K_p^\ominus \tag{2-89}$$

式中：p_A、p_B、p_C、p_D 表示化学平衡时各组分的分压力；$K_p^\ominus = K_p \cdot (p^\ominus)^{-\sum_B \nu_B}$，量纲为 1。

令

$$Q = \frac{\left(\dfrac{p_C}{p^\ominus}\right)^c \left(\dfrac{p_D}{p^\ominus}\right)^d}{\left(\dfrac{p_A}{p^\ominus}\right)^a \left(\dfrac{p_B}{p^\ominus}\right)^b} = \prod_B \left(\frac{p_B}{p^\ominus}\right)^{\nu_B} \tag{2-90}$$

式中：Q 称为分压熵（又称为反应熵），量纲为 1。

那么，有

$$\Delta_r G_m^\ominus = \Delta_r G_m^\ominus + RT\ln Q = -RT\ln K_p^\ominus + RT\ln Q = RT\ln\left(\frac{Q}{K_p^\ominus}\right) \tag{2-91}$$

式（2-91）被称为理想气体的化学反应定温方程式，其在化学反应的平衡理论中具有重要意义。

当 $Q > K_p^\ominus$ 时，有 $\Delta_r G_m > 0$，化学反应不能沿正向进行，只能反向进行。

当 $Q < K_p^\ominus$ 时，有 $\Delta_r G_m < 0$，化学反应沿正向进行。

当 $Q = K_p^\ominus$ 时，有 $\Delta_r G_m = 0$，化学反应处于平衡状态。

如果反应的物质是实际气体、理想溶液或实际溶液，那么定温方程式也要做相应的修改，实际气体的平衡分压用各气体平衡时的逸度（实际气体的有效压强）表示；理想溶液中各物质的浓度用质量摩尔浓度或物质的量浓度表示；实际溶液中各物质的浓度用活度（非理想溶液的有效浓度）表示。

需要注意的是，$\Delta_r G_m$ 的值决定化学反应的方向，而 $\Delta_r G_m^\ominus$ 则与标准平衡常数相联系，表示的是反应进行的限度，平衡时不一定为零。通常不能用 $\Delta_r G_m^\ominus$ 来判断反应的方向，但如果 $\Delta_r G_m^\ominus$ 的绝对值很大，则可由 $\Delta_r G_m^\ominus$ 判定反应的方向。一般认为：

（1）当 $\Delta_r G_m^\ominus > 40 \text{kJ} \cdot \text{mol}^{-1}$ 时，就可以判断反应是不可能正向进行的。如 $T = 298.15\text{K}$ 时，有

$$\ln K^\ominus = -\frac{\Delta_r G_m^\ominus}{RT} = -\frac{-40 \times 1000\text{J} \cdot \text{mol}^{-1}}{8.314\text{J} \cdot \text{mol}^{-1} \cdot \text{K}^{-1} \times 298.15\text{K}} = -16.14$$

$$K^\ominus = 9.8 \times 10^{-8}$$

这个反应的标准平衡常数如此之小，要想改变 Q 使反应的吉布斯自由能变化小于零，几乎不可能。

（2）当 $\Delta_r G_m^\ominus < -40 \text{kJ} \cdot \text{mol}^{-1}$，$K^\ominus$ 的数值很大，反应能正向进行。

（3）当 $-40\text{kJ} \cdot \text{mol}^{-1} < \Delta_r G_m^\ominus < 40\text{kJ} \cdot \text{mol}^{-1}$，有可能改变条件使 Q 值减小，只要达到 $Q < K^\ominus$ 的条件，反应即可正向进行，这需要具体问题具体分析。

2.4.3　温度与压力对化学反应平衡的影响

1. 温度的影响

根据吉布斯方程，在定压条件下有

$$dG = -SdT \tag{2-92}$$

那么有

$$d\Delta G = -\Delta SdT \tag{2-93}$$

根据吉布斯自由能的定义式 $G = H - TS$，在定温定压时，有

$$\Delta G = \Delta H - T\Delta S = \Delta H + T\left(\frac{d\Delta G}{dT}\right) \tag{2-94}$$

等式两边同时除以 T^2，整理得

$$-\frac{\Delta H}{T^2} = -\frac{\Delta G}{T^2} + \frac{\mathrm{d}\Delta G/\mathrm{d}T}{T} = \frac{\mathrm{d}(\Delta G/T)}{\mathrm{d}T} \qquad (2\text{-}95)$$

式（2-95）称为吉布斯-亥姆霍兹方程，它描述了定压条件下吉布斯自由能和温度的关系。

由于 $\Delta_r G_m^\ominus = -RT\ln K^\ominus$，将其代入式（2-95），有

$$\frac{\mathrm{d}(\ln K^\ominus)}{\mathrm{d}T} = \frac{\Delta_r H_m^\ominus}{RT^2} \qquad (2\text{-}96)$$

式（2-97）描述了温度对化学反应平衡常数的影响。对于吸热反应，$\Delta_r H_m^\ominus > 0$，$K^\ominus$ 随温度升高而增大；对于放热反应，$\Delta_r H_m^\ominus < 0$，$K^\ominus$ 随温度升高而减小。

当温度变化范围不是很大时，$\Delta_r H_m^\ominus$ 可视为常数。那么将式（2-96）进行不定积分有

$$\ln K^\ominus = -\frac{\Delta_r H_m^\ominus}{RT} + C \qquad (2\text{-}97)$$

式中：C 为积分常数。

若已知某一温度 T_1 的平衡常数 $K_1^\ominus$，在有 $\Delta_r H_m^\ominus$ 数据时，可以求得另一温度的平衡常数 $K_2^\ominus$ 值，即

$$\ln\left(\frac{K_2^\ominus}{K_1^\ominus}\right) = \frac{\Delta_r H_m^\ominus}{R}\left(\frac{1}{T_1} - \frac{1}{T_2}\right) \qquad (2\text{-}98)$$

如果温度变化范围较大时，温度对反应焓的影响就不能忽略，在对式（2-98）积分时就不能把 $\Delta_r H_m^\ominus$ 移到积分号外，积分时需要考虑取决于产物与反应物之间热容差的反应焓与温度的关系。

2. 压力的影响

根据吉布斯方程，在定温条件下有

$$\mathrm{d}G = V\mathrm{d}p \qquad (2\text{-}99)$$

那么有

$$\mathrm{d}\Delta G = \Delta V\mathrm{d}p \qquad (2\text{-}100)$$

由于 $\Delta_r G_m^\ominus = -RT\ln K^\ominus$，将其带入式（2-100），有

$$\frac{\mathrm{d}\ln K^\ominus}{\mathrm{d}p} = -\frac{\Delta V}{RT} \qquad (2\text{-}101)$$

式（2-101）描述了压力对化学反应平衡常数的影响。对于多数固相和液相，体积受压力的影响极小，通常忽略压力对固相或液相反应平衡的影响，仅考虑压力对气体反应平衡的影响。对于理想气体，式（2-101）可整理为

$$\frac{\mathrm{d}\ln K^\ominus}{\mathrm{d}\ln p} = -\sum_B \nu_B \qquad (2\text{-}102)$$

式（2-102）表明，对于相对分子数减少的气体反应，$\sum_B \nu_B < 0$，$K^\ominus$ 随压力降低而增大；对于相对分子数增大的气体反应，$\sum_B \nu_B > 0$，$K^\ominus$ 随压力升高而减小。

【例2-4】　在 298.15K 和 1 标准大气压下，C（石墨）$\longrightarrow$ C（金刚石）的 $\Delta_r G_m^\ominus = 2900$ $J\cdot mol^{-1}$，石墨和金刚石的密度分别为 $2.260g\cdot cm^{-3}$ 和 $3.513g\cdot cm^{-3}$。问在多大压力下石墨才有可能转化成金刚石？

要想使石墨转化为金刚石，该反应过程的 $\Delta_r G_m$ 必须小于零，根据式（2-100）有

$$\Delta_r G_m^{\ominus}(p,T) = \Delta_r G_m^{\ominus}(T) + \int_{p^{\ominus}}^{p} \Delta V \mathrm{d}p < 0$$

假设石墨和金刚石的体积不随压力的变化而变化，那么上式可写成

$$\Delta_r G_m^{\ominus}(T) + \Delta V(p - p^{\ominus}) < 0$$

而

$$\Delta V = \left(\frac{12}{3.513} - \frac{12}{2.260}\right)\mathrm{cm}^3 \cdot \mathrm{mol}^{-1} = -1.894\ \mathrm{cm}^3 \cdot \mathrm{mol}^{-1}$$

所以

$$p - p^{\ominus} > -\frac{2900\mathrm{J} \cdot \mathrm{mol}^{-1}}{-1.894\ \mathrm{cm}^3 \cdot \mathrm{mol}^{-1}} = 1.53 \times 10^9\ \mathrm{Pa}$$

即

$$p > p^{\ominus} + 1.53 \times 10^9\ \mathrm{Pa} \approx 1.53 \times 10^9\ \mathrm{Pa}$$

以上计算说明，要使石墨转化成金刚石，在常温下压力至少需要达到 $1.53 \times 10^9\ \mathrm{Pa}$，通过其他计算还可以证明，当温度升高时，所需压力可以降低，近年来，也可利用爆炸产生的高温高压使石墨转化为金刚石。

思 考 题

1. 试归纳热力过程中存在的不可逆因素。

2. 试描述对"理想气体"的认识，说明实际气体和理想气体之间区别产生的原因。

3. 水蒸气是常用的工质，试举例说明不同状态下的水蒸气何时可以被当作理想气体，何时不可以，为什么？

4. 试分析图 2‐2 中氢氧燃料电池的能量分布和转化。

5. 试描述至少两种可以用来预测标准反应焓的方法，并讨论每种方法的优缺点。

6. 系统的熵变、熵流（热熵流和质熵流）和熵产分别与系统达到初、终态之间的关系是什么？

7. 试分析孤立系统熵增与能量品质衰减的关系。

8. 平衡判据有哪些？试描述自由能、自由焓和熵三种判据之间的关系。

9. 勒夏特列原理可用于定性预测化学平衡点，试详细解释勒夏特列原理，并阐述它的局限性。

10. 试对实际案例如 CO_2 甲烷化反应进行热力学分析与计算。

参 考 文 献

[1] 谭羽非，吴家正，朱彤. 工程热力学 [M]. 6 版. 北京：中国建筑工业出版社，2016.

[2] 高执棣. 化学热力学基础 [M]. 北京：北京大学出版社，2006.

[3] 曾丹苓，敖越，张新铭，刘朝. 工程热力学 [M]. 3 版. 北京：高等教育出版社，2002.

[4] 傅献彩，沈文霞，姚天扬. 物理化学 [M]. 5 版. 北京：高等教育出版社，2005.

[5] 蔡振兴，李一龙，王玲维. 新能源技术概论 [M]. 北京：北京邮电大学出版社，2017.

[6] 杨晓占，冯文林，冉秀芝. 新能源与可持续发展概论 [M]. 重庆：重庆大学出版社，2019.

[7] 沈维道，童钧耕. 工程热力学 [M]. 4 版. 北京：高等教育出版社，2007.

[8] MORAN M J，SHAPIRO H N，BOETTNER D D，et al. Fundamentals of engineering thermodynamics [M]. New York：John Wiley & Sons，Inc.，2010.

[9] TASSIOS D P. Applied chemical engineering thermodynamics [M]. Berlin：Springer Berlin Heidelberg，2013.

[10] SMITH E B. Basic chemical thermodynamics [M]. Fifth Edition. London：Imperial College Press，2004.

[11] KORETSKY M D. Engineering and chemical thermodynamics [M]. Second Edition. New York：John Wiley & Sons，Inc.，2012.

[12] 张旭，王子宗. CO_2 甲烷化制替代天然气热力学计算与分析 [J]. 石油化工，2016，45 (8)：951-956.

[13] AWASTHI A，ARYA A，GUPTA P，et al. Adsorption of reactive blue - 13, an acidic dye, from aqueous solution using magnetized activated carbon [J]. Journal of Chemical and Engineering Data，2020，65 (4)：2220-2229.

[14] BEJAN A. Evolution in thermodynamics [J]. Applied Physics Reviews，2017，4 (1)：011305.

第3章 化学反应动力学

任何化学反应都会涉及两个基本问题：一个是化学反应实现的可能性，即反应进行的方向和限度；另一个是反应完成或者达到预期目标需要的时间，即化学反应速率。前者属于化学反应热力学的范畴，后者是化学反应动力学需要解决的问题。热力学是从静态的角度研究体系的平衡状态，而动力学是从动态的角度研究反应发生、发展、消亡的过程。化学反应动力学的基本任务是研究各种因素（如物质浓度、温度、压力、催化剂、溶剂、光等）对反应速率的影响规律，揭示化学反应的机理，研究物质结构与反应性能的关系。研究化学反应动力学的目的就是为了能控制化学反应，使反应按预期的反应速率进行，并得到相应的目标产物。其中，质量作用定律及阿伦尼乌斯方程推动了化学反应动力学成为一门独立的学科，至今已有一百多年，其发展经历了三个阶段，包括宏观反应动力学阶段、基元反应动力学阶段和分子反应动力学阶段。

3.1 化学反应速率

3.1.1 化学反应速率的定义

化学反应速率是指在一定条件下，由反应物转变成生成物的快慢程度。化学反应速率以单位时间内，反应物的浓度（或分压）的减少或生成物的浓度（或分压）的增加来表示。浓度的单位以 $mol \cdot m^{-3}$ 或 $mol \cdot L^{-1}$ 最为常见，时间单位常用 s、min 等表示。如下述反应

$$3H_2(g) + N_2(g) \longrightarrow 2NH_3(g) \tag{R3-1}$$

若反应速率以反应物 N_2 浓度的减小来表示，则

$$\bar{v}_{N_2} = \frac{c_{N_2, t_1} - c_{N_2, t_2}}{t_2 - t_1} = -\frac{c_{N_2, t_2} - c_{N_2, t_1}}{t_2 - t_1} = \frac{-\Delta c_{N_2}}{\Delta t} \tag{3-1}$$

若以生成物 NH_3 浓度的增加来表示反应速率，则

$$\bar{v}_{NH_3} = \frac{c_{NH_3, t_2} - c_{NH_3, t_1}}{t_2 - t_1} = \frac{\Delta c_{NH_3}}{\Delta t} \tag{3-2}$$

式（3-1）和式（3-2）表示的反应速率是 N_2 和 NH_3 各自的平均反应速率。当反应方程式中反应物和生成物的化学计量系数不等时，用反应物或生成物浓度（或分压）表示的反应速率的值也不相等。如上述反应中

$$-2\Delta c_{N_2} = \Delta c_{NH_3}$$

所以

$$\bar{v}_{NH_3} = 2\,\bar{v}_{N_2}$$

如果我们将考察浓度变化的时间间隔无限缩小，那么平均速率的极限值就是化学反应在 t 时的瞬时速率，即

$$v_{NH_3} = \lim_{\Delta t \to 0} \frac{\Delta c_{NH_3}}{\Delta t} = \frac{dc_{NH_3}}{dt} \tag{3-3}$$

而这个瞬时速率也就是浓度－时间关系图中曲线在 t 时间点的切线的斜率，即对应物质的反应速率，如图 3-1 所示。由此，可以通过实验方法测定各反应的速率。

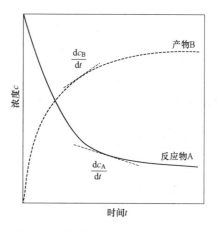

需要注意的是对于某一特定反应，该反应的反应速率 v 为一确定值，而该反应的反应物 A 的消耗速率 v_A 和产物 C 的生成速率 v_C 与化学计量方程中的各自化学计量数 a、c 的绝对值成正比，即

$$v = \frac{v_A}{a} = \frac{v_C}{c} \qquad (3-4)$$

图 3-1　反应物及产物浓度－时间关系图

3.1.2　基元反应和非基元反应

事实上，绝大多数化学反应中，反应物并非按照化学计量方程式所示途径直接反应一步生成产物，而是经历一系列原子或分子水平上的具体反应形成活泼组分，反应过程中的活泼组分最终完全消耗实现产物的生成，而活泼组分也不出现在化学计量反应方程式中。例如，氢气与氯气反应生成氯化氢的化学反应，从过去理解的直接碰撞转化为氯化氢分子，转变为包含氯自由基等活泼组分转化过程的"总反应"。上述总反应及其包含的具体步骤示意如下：

$$H_2 + Cl_2 \longrightarrow 2HCl \qquad (R3-2)$$
$$Cl_2 \longrightarrow 2Cl\cdot \qquad (R3-2a)$$
$$Cl\cdot + H_2 \longrightarrow HCl + H\cdot \qquad (R3-2b)$$
$$H\cdot + Cl_2 \longrightarrow HCl + Cl\cdot \qquad (R3-2c)$$
$$2Cl\cdot + M \longrightarrow Cl_2 + M \qquad (R3-2d)$$

式中：M 表示 H_2、Cl_2 或其他气相中存在的分子；H· 表示氢自由基；Cl· 表示氯自由基，其中的黑点"·"表示未配对的价电子。

反应式（R3-2a）～反应式（R3-2d）反应中，反应物分子（或离子、原子、自由基等微观粒子）直接作用生成新的物质，也就是所谓的基元反应。由此可见，基元反应是组成化学反应的基本单元。需要注意的是，基元反应必须生成新的物质，如微观粒子碰撞后仅发生能量转移而不产生新物质的过程就不能称其为基元反应。化学反应动力学所研究的反应机理一般指的是宏观反应进程中包含的所有基元反应。如上述反应式（R3-2a）～反应式（R3-2d）组成了氯化氢气相合成的反应机理。此外，反应过程中各基元反应不是逐级进行，而是同时进行的。

参与基元反应的反应物粒子数目称为反应分子数。根据反应分子数的多少，可将基元反应分为单分子反应、双分子反应和三分子反应。绝大多数的基元反应都是双分子反应，且理论分析得出四分子以上的反应发生的可能性微乎其微，目前也未在实际反应中检测到。而化学反应方程一般都是计量方程式，如反应式（R3-1）中的 3∶1∶2 并非表示三个氢分子与一个氮气分子相互碰撞直接生成两个氨分子，而是表示反应过程中氢气、氮气和氨气的量变化的比例关系，是针对宏观而言的。

根据实际反应中所包含的基元反应数量，化学反应可以分为两大类：反应途径简单的基元反应和由两个或两个以上基元反应组合而成的总反应，也被称为非基元反应或复合反应。多数化学反应都是复合反应，反应途径较为复杂，反应物分子要经过几步反应才能转化为生成物。

3.2 速 率 方 程

不同的化学反应具有不同的反应速率，这是由反应物的特性决定的，反应物的特性是影响反应速率的内因。对于同一个反应，当反应条件如浓度、温度等发生改变时，反应速率也会发生改变，这就是外因对反应速率的影响。当反应温度不变时，反应物的浓度对化学反应速率有较大的影响。反应物浓度与反应速率之间的定量关系式称为化学反应速率方程。

3.2.1 基元反应的速率方程

实验表明，基元反应的速率方程比较简单，可以直接由化学反应计量方程式得出，在恒温条件下，反应速率与反应物浓度的乘积成正比，各浓度的指数也与反应物的系数相一致。对于任意基元反应，即

$$aA + bB \longrightarrow cC + dD \qquad (R3 - 3)$$

其反应速率方程可以表示为

$$v = kc_A^a c_B^b \qquad (3 - 5)$$

式（3-5）表明，在一定温度下，基元反应的反应速率与反应物浓度的幂的乘积成正比，其中每种反应物浓度的指数就是反应式中各相应反应物的化学计量系数。基元反应的这个规律称为质量作用定律，式（3-5）也称为质量作用定律的数学表达式。

式（3-5）中的 k 称为反应速率常数，它在数值上等于各反应物浓度均为单位浓度（即 $1.0 \text{mol} \cdot \text{L}^{-1}$）时反应的瞬时速率。$k$ 与反应物的浓度无关，而与反应物的特性、温度、催化剂等有关。不同反应的 k 值不同，k 值的大小可以反映出反应进行的快慢，因此在化学反应动力学中，k 是一个重要的参数。

式（3-5）所表示的质量作用定律只适用于基元反应，这是因为基元反应直接代表了反应物分子间的相互作用，而对于复合反应，总反应则代表反应的总体计量关系，它并不代表反应的真实途径。

对于复合反应，其反应速率方程只能通过实验来确定，对于一般化学反应式（R3-3），其反应速率方程可以表示为

$$v = kc_A^\alpha c_B^\beta \qquad (3 - 6)$$

式（3-6）中 α 和 β 称为反应级数，若 $\alpha = 1$，则对于反应物 A 是一级反应；若 $\beta = 2$，则对于反应物 B 是二级反应，此时 $\alpha + \beta = 3$，则总反应级数是 3。反应级数反映了浓度对反应速率的影响程度，级数越大，反应速率受浓度的影响越大。对于复合反应，α 和 β 的值不一定等于化学计量系数，而是需要通过实验来确定。比如，CO 和 NO_2 反应生成 CO_2 和 NO 的反应，可以在实验中选择一系列起始浓度不同的 NO_2-CO 体系进行实验，测定反应速率，然后求得反应速率方程。

【**例 3 - 1**】表 3 - 1 所示为 NO_2-CO 体系中反应物浓度与反应速率之间的关系。

反应式为

$$CO(g) + NO_2(g) \longrightarrow CO_2(g) + NO(g)$$

由实验结果可知，当 NO_2 浓度相同时，反应速率与 CO 的浓度成正比，而当 CO 浓度固定时，反应速率与 NO_2 浓度成正比。因此，该反应速率与 CO 和 NO_2 浓度乘积成正比，即

$$v = -\frac{dc_{CO}}{dt} = -\frac{dc_{NO_2}}{dt} = kc_{CO}c_{NO_2}$$

表 3-1　　　　　　　　　NO$_2$—CO 体系中反应物浓度与反应初速率之间的关系

Ⅰ组			Ⅱ组			Ⅲ组		
$c_{CO}/$ mol·L^{-1}	$c_{NO_2}/$ mol·L^{-1}	$v_0/$mol· L^{-1}·s^{-1}	$c_{CO}/$ mol·L^{-1}	$c_{NO_2}/$ mol·L^{-1}	$v_0/$mol· L^{-1}·s^{-1}	$c_{CO}/$ mol·L^{-1}	$c_{NO_2}/$ mol·L^{-1}	$v_0/$mol· L^{-1}·s^{-1}
0.10	0.10	0.005	0.10	0.20	0.010	0.10	0.30	0.015
0.20	0.10	0.010	0.20	0.20	0.020	0.20	0.30	0.030
0.30	0.10	0.015	0.30	0.20	0.030	0.30	0.30	0.045
0.40	0.10	0.020	0.40	0.20	0.040	0.40	0.30	0.060

3.2.2　速率方程的积分形式

式（3-6）是化学反应速率方程的微分形式，可明显地表达出浓度因素对反应速率的影响规律。由于反应速率并不是反应系统的状态参数，而一般实验中测定的是反应系统中的状态参数，包括组分浓度、压力等。且在动力学研究及实际运用中，往往需要知道实现某一转化率所需要的时间或是经过了一段时间反应系统中的产物的生成量为多少，就需要对速率方程进行积分，从而获得物质的浓度 c_A 与反应时间 t 的函数关系，这就是速率方程的积分形式。

零级反应，即反应速率与反应物无关的反应，对于下式

$$A \longrightarrow cC + dD$$

列出其零级反应速率方程为

$$-\frac{dc_A}{dt} = kc_A^0 = k \tag{3-7}$$

求式（3-7）积分，则

$$-\int_{c_{A,0}}^{c_A} \frac{dc_A}{c_A} = k\int_0^t dt$$

得
$$c_{A,0} - c_A = kt \tag{3-8}$$

式中：$c_{A,0}$ 为反应物 A 的初始浓度；c_A 为 t 时刻反应物 A 的浓度。

对于反应速率与反应物 A 浓度的一次方成正比的一级反应，$k = k_A$，其速率方程为

$$-\frac{dc_A}{dt} = k_A c_A \tag{3-9}$$

将式（3-9）进行积分，则

$$-\int_{c_{A,0}}^{c_A} dc_A = k_A \int_0^t dt$$

得

$$\ln c_A = -k_A t + \ln c_{A,0} \tag{3-10}$$

表明一级反应 $\ln c_A$-t 为直线关系，将 $c_A = \frac{c_{A,0}}{2}$ 代入式（3-10），整理可得一级反应的半衰期为

$$t_{1/2} = \frac{\ln 2}{k_A} \tag{3-11}$$

化学反应的半衰期的定义为反应物浓度 c_A 衰减至二分之一所需要的时间，记为 $t_{1/2}$，是评判化学反应快慢的重要参数，由式（3-11）可见一级反应的半衰期与反应物的初始浓度无关。

对于二级反应则存在两种情况，即单一组分或双组分反应，反应式为

$$a\text{A} \longrightarrow c\text{C} + d\text{D}$$

或

$$a\text{A} + b\text{B} \longrightarrow c\text{C} + d\text{D}$$

对于单一组分为反应物的情形，反应速率与反应物 A 浓度的平方成正比，速率方程可表示为

$$v_A = av = -\frac{dc_A}{dt} = akc_A^2 = k_A c_A^2 \tag{3-12}$$

其速率方程的积分式为

$$\frac{1}{c_A} - \frac{1}{c_{A,0}} = k_A t \tag{3-13}$$

对于反应物为双组分的情形，反应速率与反应物 A 与 B 浓度的乘积成正比，其速率方程为

$$v = -\frac{1}{a}\frac{dc_A}{dt} = kc_A c_B \tag{3-14}$$

式（3-14）可分为两类进行讨论：①反应物 A 与 B 的初始浓度之比等于计量系数之比；②两组分初始浓度无关联。

对于①类条件，$\frac{c_{B,0}}{c_{A,0}} = \frac{b}{a}$，则任何时刻时都有 $\frac{c_B}{c_A} = \frac{b}{a}$，式（3-14）可转化为

$$-\frac{dc_A}{dt} = \frac{b}{a}akc_A^2 = k_B c_A^2 \tag{3-15}$$

则①类条件下，速率方程的积分形式同式（3-13），即

$$\frac{1}{c_A} - \frac{1}{c_{A,0}} = k_B t \tag{3-16}$$

对于②类条件，$\frac{c_{B,0} - c_B}{c_{A,0} - c_A} = \frac{b}{a}$，即 $c_B = \frac{b}{a}c_A + \left(c_{B,0} - \frac{b}{a}c_{A,0}\right)$，将其代入式（3-14）中，整理可得

$$-\frac{dc_A}{c_A} \cdot \frac{1}{bc_A + (ac_{B,0} - bc_{A,0})} = k\,dt \tag{3-17}$$

对式（3-17）求积分得其速率方程的积分形式为

$$\frac{1}{ac_{B,0} - bc_{A,0}} \ln \frac{c_B c_{A,0}}{c_A c_{B,0}} = kt \tag{3-18}$$

表 3-2 为反应速率微分方程符合通式 $-\frac{dc_A}{dt} = k_A c_A^n$，且反应级数 $n=0$、1、2、3、n 的动力学速率方程及动力学特征，可见只有一级反应的半衰期只和反应速率常数有关，与反应物初始浓度无关，而其他级数的反应半衰期除和反应速率常数有关外，还受反应物初始浓度的影响。

表 3-2 各级反应的动力学方程及特征

级数	速率方程		动力学特征	
	微分形式	积分形式	直线关系	半衰期 $t_{1/2}$
0	$-\dfrac{dc_A}{dt}=k_A$	$c_{A,0}-c_A=k_At$	c_A-t	$\dfrac{c_{A,0}}{2k_A}$
1	$-\dfrac{dc_A}{dt}=k_Ac_A$	$\ln c_{A,0}-\ln c_A=k_At$	$\ln c_A-t$	$\dfrac{\ln2}{k_A}$
2	$-\dfrac{dc_A}{dt}=k_Ac_A^2$	$\dfrac{1}{c_A}-\dfrac{1}{c_{A,0}}=k_At$	$\dfrac{1}{c_A}-t$	$\dfrac{1}{k_Ac_{A,0}}$
3	$-\dfrac{dc_A}{dt}=k_Ac_A^3$	$\dfrac{1}{2}\left(\dfrac{1}{c_A^2}-\dfrac{1}{c_{A,0}^2}\right)=k_At$	$\dfrac{1}{c_A^2}-t$	$\dfrac{3}{2k_Ac_{A,0}^2}$
$n\,(\geqslant2)$	$-\dfrac{dc_A}{dt}=k_Ac_A^n$	$\dfrac{1}{n-1}\left(\dfrac{1}{c_A^{n-1}}-\dfrac{1}{c_{A,0}^{n-1}}\right)=k_At$	$\dfrac{1}{c_A^{n-1}}-t$	$\dfrac{2^{n-1}-1}{(n-1)k_Ac_{A,0}^{n-1}}$

3.3　温度对反应速率的影响

温度对反应速率的影响比较复杂，但对于大多数反应来说，反应速率随温度升高而加快。范特霍夫曾根据实验总结出一条近似规律：在一定温度范围内，温度每升高 10℃，反应速率增加 2～4 倍。此经验规律虽不够精确，但当数据缺乏时，也可用来作粗略估计。

3.3.1　温度与反应速率之间的经验关系

大量实验表明，温度对反应速率的影响是通过改变速率常数 k 的值达成的。1889 年，阿伦尼乌斯（Arrhenius）总结了大量实验数据，提出了温度对反应速率常数 k 影响的经验公式，即：阿伦尼乌斯公式

$$k = A\exp\left(-\frac{E_a}{RT}\right) \tag{3-19}$$

式中：A 为常数，称为指前因子，单位与速率常数相同，R 为摩尔气体常数，8.314J·mol^{-1}·K^{-1}；T 为热力学温度，K；E_a 称为活化能，J·mol^{-1}，对某一给定反应来说，E_a 为一定值。当温度变化不大时，E_a 和 A 不随温度变化而变化。

从式（3-19）可见，k 与 T 成指数关系，对于同一反应，温度越高，k 值越大，反应速率也就越快，且活化能越高，反应速率对温度越敏感。

将式（3-19）取对数，得

$$\ln k = -\frac{E_a}{RT} + \ln A \tag{3-20}$$

由式（3-20）可知，测出不同温度下某反应的速率常数，以 $\ln k$ 对 $\dfrac{1}{T}$ 作图，可以得到一条直线，由直线的斜率和截距，就可以得出 E_a 和 A 的值。

将式（3-20）对温度微分，得

$$\frac{\mathrm{d}\ln k}{\mathrm{d}T} = \frac{E_a}{RT^2} \tag{3-21}$$

将式（3-21）分离变量，在温度变化不大时，由 T_1 积分到 T_2，则有

$$\ln\frac{k_2}{k_1} = -\frac{E_a}{R}\left(\frac{1}{T_2} - \frac{1}{T_1}\right) \tag{3-22}$$

　　若已知两个温度 T_1、T_2 下的速率常数 k_1、k_2，代入式（3-22），就可以求出活化能 E_a。或已知 E_a 和 T_1 下的 k_1，利用式（3-22）可以求出温度 T_2 下的 k_2。

　　阿伦尼乌斯方程讨论了温度对反应速率影响的一般情况，但现实存在多种反应速率与温度关系更为复杂的情况，如表 3-3 所示。

表 3-3　　　　　　　　　　　　　　　温度与反应速率关系的几种特殊情形

序　号	图　形	描　述
1		反应速率随温度上升反而下降，这类反应较少，譬如 $2NO + O_2 \longrightarrow 2NO_2$，其反应机理仍不明确
2		温度不太高时，反应速率随温度的升高而加快，达到一定温度时，随温度上升速率反而下降。这类反应包括温度太高或太低都不利于生物酶活性的酶催化反应，以及某些反应速率受吸附速率控制的多相催化反应
3		开始时，温度对反应速率影响不大，达到某一温度时，反应速率突然增大，这类情形主要表示爆炸反应，温度达到燃点时，反应以爆炸形式极快进行
4		该反应比较复杂，如碳的氧化，首先受氧气在碳表面吸附作用先增强后减弱的影响，反应速率同步变化，而当温度高于 700℃ 时，碳与 CO_2 发生气化，反应速度随温度升高而增大

3.3.2　活化能

　　对于基元反应，活化能 E_a 有较明确的物理意义。阿伦尼乌斯指出：在基元反应中，并不是反应物分子之间的任何一次碰撞都能发生反应，只有少数能量较高的分子间的碰撞才能发生反应。这些能量较高的分子称为活化分子。活化分子的能量比普通分子的能量超出的值称为反应的活化能。后来理查德·托尔曼（RichardTolman）用统计力学证明，活化能是活

化分子的平均能量与普通分子平均能量的差值，也就是普通分子变成能够发生反应的活化分子所需要的能量，这就是活化能的物理意义。

对于复合反应，E_a 就没有明确的物理意义了，利用平衡近似法进行推导可证明，具体见 3.4.4，复合反应的活化能数值实际上等于组成该反应的各基元反应活化能的代数和，也称为表观活化能或实验活化能。

在阿伦尼乌斯公式中，由于 E_a 在指数上，所以 E_a 值的大小对反应速率的影响很大。例如，对 300K 时发生的某一反应，若 E_a 降低 $4kJ \cdot mol^{-1}$，则可得

$$\frac{k_2}{k_1} = \exp\left(\frac{E_{a1} - E_{a2}}{RT}\right) = \exp\left(\frac{4000}{8.314 \times 300}\right) \approx 5$$

即反应速率是原来的 5 倍，若降低 $8kJ \cdot mol^{-1}$，则反应速率是原来的 25 倍，若降低 $50kJ \cdot mol^{-1}$，则反应速率将达到原来的 5×10^8 倍，可见活化能的变化对反应速率的影响很大。

当温度一定时，活化能越小，反应速率越大。若反应系统中同时存在两个反应，那么在升高温度的时候，活化能大的反应速率增加的程度大，而活化能小的反应速率增加的程度小。

3.4　典型复合反应

3.2.2 讨论了简单级数的反应，其速率方程可以表达为 $v = k c_A^\alpha c_B^\beta \cdots$，这类简单级数反应还可以通过进一步的组合成为更为复杂的复合反应，主要的复合反应有对行反应、平行反应和连续反应。

3.4.1　对行反应

反应如果存在逆向反应，则原反应与逆向反应的集合构成的整体，称为对行反应或对峙反应，又称为可逆反应。区别于热力学中的"可逆过程"，化学动力学中的"可逆"一词意为可以逆向进行。实际上，一切反应都是可逆反应，只是当反应状态偏离平衡态很远时，逆向反应通常被省略。

有些化学反应的平衡常数很大，反应到达平衡时，反应物几乎完全转化为产物。即其逆向反应的速率常数很小，比之正向反应速率常数可以忽略不计。对于这类反应，动力学上往往将其作为"单向反应"来处理，前面讨论过的简单级数反应就在此列。对行反应的特征是反应的平衡常数不是很大，逆向反应速率常数比较大，不能忽略不计。对于对行反应而言，反应的平衡状态不是指反应的终止，而是正、逆反应的动态平衡，其速率比值即为 K_c。

3.4.2　平行反应

当反应物中某一组分可同时进行两个或以上的基元反应时，这种复杂反应称为平行反应，也称并联反应或竞争反应。在平行反应中，生成主要产物的反应称为主反应，其余反应称为副反应，其产品为副产物。最简单的平行反应是由两个一级基元反应组成的。

$$(R3-4)$$

式中：k_C和k_D分别为生成产物 C、D 的速率常数。若 $k_C \gg k_D$，则主要产物为 C，而 D 为副产物；反之，若 $k_C \ll k_D$，则主要产物为 D，C 为副产物。

由于两个反应都是一级反应，则速率方程为

$$\frac{dc_C}{dt} = k_C c_A \qquad\qquad (3-23a)$$

$$\frac{dc_D}{dt} = k_D c_A \qquad\qquad (3-23b)$$

设反应开始时，$c_C = c_D = 0$，则按反应方程的计量关系可得

$$c_A + c_C + c_D = c_{A,0}$$

联立式（3-23a）、式（3-23b）可得包含两个平行反应的总包反应的速率方程为

$$-\frac{dc_A}{dt} = \frac{dc_C}{dt} + \frac{dc_D}{dt} = k_C c_A + k_D c_A$$

即

$$-\frac{dc_A}{dt} = c_A(k_C + k_D) \qquad\qquad (3-24)$$

从式（3-24）可知，反应物 A 的消耗的总包反应也为一级反应，其速率常数为 $k_C + k_D$。对式（3-24）进行积分，得总包反应速率方程的积分形式为

$$-\int_{c_{A,0}}^{c_A} \frac{dc_A}{c_A} = \int_0^t (k_C + k_D)dt$$

即

$$\ln c_{A,0} - \ln c_A = (k_C + k_D)t \qquad\qquad (3-25)$$

则总包反应的速率常数可简单通过 $\ln c_A - t$ 直线关系获得。

分别对式（3-23a）、式（3-23b）求积分，并代入初始条件 $t = 0$ 时，$c_{C,0} = 0$、$c_{D,0} = 0$，得

$$c_C = \frac{k_C c_{A,0}}{k_C + k_D}[1 - e^{-(k_C + k_D)t}] \qquad\qquad (3-26a)$$

$$c_D = \frac{k_D c_{A,0}}{k_C + k_D}[1 - e^{(k_C + k_D)t}] \qquad\qquad (3-26b)$$

将式（3-26a）除以式（3-26b），得

$$\frac{c_C}{c_D} = \frac{k_C}{k_D} \qquad\qquad (3-27)$$

即在任何时刻，两产物的浓度之比都等于两反应速率常数之比。事实上，该结论对于级数相同的平行反应均成立，是这类平行反应的典型特征。从式（3-27）还能推出，在同一时刻 t，测出两产物浓度之比即可得 k_C/k_D，结合 $\ln c_A - t$ 直线关系得到的总包反应速率常数 $k_C + k_D$ 的值，即可求出 k_C 和 k_D。

在实际生产过程中，往往希望提高主产物产率，抑制副产物生成，通过选择合适的温度或添加催化剂可控制反应进程，这是由于几个平行反应的活化能不同，升高温度有利于活化能大的反应，降低温度则有利于活化能小的反应；而不同的催化剂有时只能加速其中某一种反应的发生。

3.4.3 连续反应

若某一组分既作为某个基元反应的产物又作为另一基元反应的反应物，这样的反应称为连续反应。以最简单的一级连续反应为例，即

$$A \xrightarrow{k_1} B \xrightarrow{k_2} C \qquad\qquad (R3-5)$$

B 在反应开始前和反应结束后均不出现，即为中间体。则该连续反应的速率方程为

$$-\frac{\mathrm{d}c_A}{\mathrm{d}t} = k_1 c_A \tag{3-28a}$$

$$\frac{\mathrm{d}c_B}{\mathrm{d}t} = k_1 c_A - k_2 c_B \tag{3-28b}$$

$$\frac{\mathrm{d}c_C}{\mathrm{d}t} = k_2 c_B \tag{3-28c}$$

对式（3-28a）直接求积分，可得

$$c_A = c_{A,0} \mathrm{e}^{-k_1 t} \tag{3-29}$$

将式（3-29）代入式（3-28b）中，整理可得

$$\frac{\mathrm{d}c_B}{\mathrm{d}t} = k_1 c_{A,0} \mathrm{e}^{-k_1 t} - k_2 c_B \tag{3-30}$$

将式（3-30）乘以 $\mathrm{e}^{k_2 t}$，则

$$\mathrm{e}^{k_2 t} \frac{\mathrm{d}c_B}{\mathrm{d}t} = k_1 c_{A,0} \mathrm{e}^{(k_2-k_1)t} - k_2 c_B \mathrm{e}^{k_2 t}$$

整理可得

$$\frac{\mathrm{d}(c_B \mathrm{e}^{k_2 t})}{\mathrm{d}t} = k_1 c_{A,0} \mathrm{e}^{(k_2-k_1)t} \tag{3-31}$$

对式（3-31）求积分，则

$$c_B \mathrm{e}^{k_2 t} = \frac{k_1 c_{A,0}}{k_2 - k_1} \mathrm{e}^{(k_2-k_1)t} + C \tag{3-32}$$

式（3-32）中 C 为积分常数，代入初始条件 $t=0$、$c_B = c_{B,0} = 0$，得

$$C = -\frac{k_1 c_{A,0}}{k_2 - k_1}$$

最终获得

$$c_B = \frac{k_1 c_{A,0}}{k_2 - k_1} (\mathrm{e}^{-k_1 t} - \mathrm{e}^{-k_2 t}) \tag{3-33}$$

式（3-33）为 $k_2 - k_1 \neq 0$ 时的解，当 $k_1 = k_2$ 时，则

$$\frac{\mathrm{d}(c_B \mathrm{e}^{k_1 t})}{\mathrm{d}t} = k_1 c_{A,0}$$

从而得

$$c_B = k_1 c_{A,0} \mathrm{e}^{-k_1 t} \tag{3-34}$$

将式（3-33）代入式（3-28c）中，当 $k_1 \neq k_2$ 时，得速率方程积分式为

$$c_C = c_{A,0} \left[1 - \frac{1}{k_2 - k_1} (k_2 \mathrm{e}^{-k_1 t} - k_1 \mathrm{e}^{-k_2 t}) \right] \tag{3-35}$$

将式（3-34）代入式（3-28c）中，当 $k_1 = k_2$ 时，得积分式

$$c_C = k_2 c_{A,0} (1 - \mathrm{e}^{-k_1 t}) \tag{3-36}$$

对于一级连续反应，结合式（3-28a）可知，反应物 A 浓度随时间变化符合一级反应规律，产物 C 浓度随时间逐渐增加，生成速率变化与 k_1 和 k_2 的值相关。中间体 B 浓度随时间变化规律可分为两段，初始时，反应物 A 转化为中间体 B，此时 c_A 大于 c_B，B 浓度的增加的速率大于转化为 C 消耗的速率，随着反应的进行，c_A 逐渐减小，而 c_B 逐步增大，B 的消耗

速率与增加速率趋于一致，此时中间体 B 的 c_B-t 关系曲线则会出现一个极大值，随后 c_B 逐渐减小。若以中间体 B 为目标产物，为获得产物最大浓度 $c_{B,max}$，当反应到达极大值所对应的 t_{max} 时间时需立即停止反应，对极值点进行求解可得

$$t_{max} = \frac{\ln\left(\frac{k_1}{k_2}\right)}{k_1 - k_2} \qquad c_{B,max} = c_{A,0}\left(\frac{k_1}{k_2}\right)^{\frac{k_2}{k_2-k_1}} \tag{3-37}$$

3.4.4 复合反应活化能

基元反应中的活化能的物理意义是指分子转化为活化分子所需越过的能垒，而复合反应的活化能则没有具体的物理意义，但仍可通过阿伦尼乌斯经验式表示反应速率常数与温度间的关系，式中的活化能由实验测定得出。

本节讨论复合反应活化能与基元反应活化能的关系，复合反应由多个基元反应组成，典型的复合反应已被介绍，但实际的复合反应是由多个典型复合反应耦合而成，随着反应组分及反应步骤的增加，求解难度大幅增加，甚至出现无法求解的情况。常用的解决方法是对反应速率方程进行近似处理。常见的近似处理方法包括平衡态近似法、稳态近似法、选取控制步骤法等。此处使用平衡态近似法对复合反应活化能与基元反应活化能关系进行说明。

平衡态近似方法用于研究包含对行反应与连续反应的复合反应中，假定对行反应处于化学平衡状态，且认为反应中间体 C 的生成比中间体 C 反应生成产物 D 更容易，即 $k_{1+} \gg k_2$，则连续反应为控制步骤，具体反应机理为

$$A + B \underset{k_{1-}}{\overset{k_{1+}}{\rightleftharpoons}} C \tag{R3-6}$$

$$C \xrightarrow{k_2} D \tag{R3-7}$$

式（R3-6）中，1+ 和 1- 分别表示第一步反应的正向和逆向反应，第一步的对行反应处于平衡态，正、逆反应速率近似相等，则

$$k_{1+}c_A c_B = k_{1-}c_C$$

即

$$\frac{c_C}{c_A c_B} = \frac{k_{1+}}{k_{1-}} = k_C \tag{3-38}$$

复合反应的总速率等于控制步骤的总速率，则

$$\frac{dc_D}{dt} = k_2 c_C \tag{3-39}$$

将 $c_C = k_C c_A c_B$ 代入式（3-39）得

$$\frac{dc_D}{dt} = \frac{k_{1+}k_2}{k_{1-}}c_A c_B = k c_A c_B \tag{3-40}$$

上述三个基元反应的阿伦尼乌斯方程为

$$k_{1+} = A_{1+}\exp\left(-\frac{E_{a,1+}}{RT}\right) \tag{3-41a}$$

$$k_{1-} = A_{1-}\exp\left(-\frac{E_{a,1-}}{RT}\right) \tag{3-41b}$$

$$k_2 = A_2\exp\left(-\frac{E_{a,2}}{RT}\right) \tag{3-41c}$$

通过平衡态近似法推导得出上述复合反应总反应速率常数 k 与三个基元反应的反应速率关系，将式（3-41a）～式（3-41c）代入得

$$k = A\mathrm{e}^{\frac{E_a}{RT}} = \frac{k_{1+}k_2}{k_{1-}}$$

$$= \frac{A_{1+}\mathrm{e}^{\frac{E_{a,1+}}{RT}} A_2 \mathrm{e}^{\frac{E_{a,2}}{RT}}}{A_{1-}\mathrm{e}^{\frac{E_{a,1-}}{RT}}}$$

$$= \frac{A_{1+}A_2}{A_{1-}}\mathrm{e}^{\frac{E_{a,1+}-E_{a,1-}+E_{a,2}}{RT}}$$

得 $$A = \frac{A_{1+}A_2}{A_{1-}} \quad E_a = E_{a,1+} + E_{a,2} - E_{a,1-} \tag{3-42}$$

由式（3-42）得，复合反应的活化能数值实际上等于组成该反应的各基元反应活化能的代数和，因此，表观活化能虽无明确的物理意义，但仍具有能垒的含义。

3.5 反 应 速 率 理 论

在阿伦尼乌斯方程中，引入了两个反应动力学参数：活化能与指前因子。相比于活化能，指前因子 A 的理论分析是反应速率理论的主要内容。反应速率理论包含两大类，即碰撞理论和过渡态理论。经典碰撞理论尝试给予指前因子以定量的解释，对于活化能则基本保持了阿伦尼乌斯方程中固有概念并引入了概率因子对理论计算与实验间的偏离进行校正。在统计力学和量子力学基础上提出的过渡态理论，不再使用碰撞理论中具有局限性的刚性球模型，而是认为发生反应需形成活化络合物，相比于碰撞理论，过渡态理论对反应过程的描述更正确、详细。

3.5.1 经典碰撞理论

1918 年，路易斯在阿伦尼乌斯理论提出活化状态和活化能的基础上，提出了分子碰撞理论，认为分子要发生反应，首先必须相互接触碰撞。由于碰撞而生成的中间活化状态，必须具有超过某一数值的内部能量，并具有一定的空间结构。

路易斯提出两种碰撞模型：弹性钢球模型和质心点模型。分子碰撞的弹性钢球模型是路易斯最初采用的模型，假定分子是刚性的实心球体，分子占有一定体积，不考虑分子作用力，分子不能压缩，分子的碰撞是弹性碰撞，该假设存在钢球模型与实际分子的结构相距甚远的缺点；质心点模型假定分子为一个质点，分子间的相互作用来源于质点的质心力。分子间作用能的大小为质点间距离的函数，相比之下这种模型更接近实际分子，但所需的数学知识较多，处理实际问题十分繁杂。但这种模型使用起来比较简单，因此本节的讨论将基于弹性钢球模型。

分子碰撞理论认为分子在单位时间内的有效碰撞数就是反应速率。若用 Z 代表反应系统中单位体积、单位时间内分子之间的总碰撞数，用 q 代表有效碰撞在总碰撞数中所占的百分数，那么反应速率就可写为

$$v = -\frac{\mathrm{d}c}{\mathrm{d}t} = Zq \tag{3-43}$$

对于双分子气体反应，则

$$A + B \longrightarrow 产物 \tag{R3-8}$$

　　因此，求出单位时间、单位体积内 A、B 分子间的碰撞数，以及活化碰撞数占上述碰撞数的分数，即可导出双分子气体反应的反应速率方程。以刚性分子模型进行分析，分子间的碰撞服从能量守恒定律和动量守恒定律，且球体半径不变。设 B 分子静止仅有 A 分子运动，且将分子间的擦碰也计算在碰撞数中，则其碰撞截面如图 3-2 所示。r_A、r_B 为 A、B 分子的半径，则碰撞半径 $r_{AB}=r_A+r_B$，而碰撞截面 $\sigma_{AB}=\pi r_{AB}^2$，即图 3-2 中虚线所围面积。

　　设 A 分子运动速度为 v_A，则单位时间内 A 分子的运动距离 $L=v_A$。显然，当 A 与 B 之间的距离 d_{AB} 小于或等于碰撞半径 r_{AB} 时，A 和 B 发生碰撞。当以 A 为中心的碰撞截面，沿 A 的运动方向前进时，单位时间内在空间中将扫过一个圆柱体积，称为碰撞体积，其值 $V=\pi r_{AB}^2 v_A$，如图 3-3 所示。

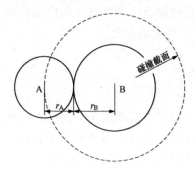

图 3-2　刚性分子 A、B 间的碰撞截面

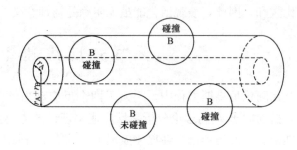

图 3-3　单位时间内碰撞截面 σ_{AB} 在空间扫过的体积
（外实线圆柱体）

　　碰撞体积 V 中 v_A 为某个分子的运动速度，而所有 A 分子的运动速度并不均一，因此碰撞体积中的速度应为 A 分子的平均速度，根据分子运动论可得 $\overline{v}_A=\left(\dfrac{8k_BT}{\pi M_A}\right)^{\frac{1}{2}}$，式中 k_B 为玻尔兹曼常数，M_A 为 A 分子的摩尔质量。事实上，B 分子不可能静止，上式的 $\overline{v}_A$ 应由 A、B 分子间的平均相对速度 $\overline{v}_{AB}$ 代替，则、

$$Z=\pi r_{AB}^2\ \overline{v}_{AB}\ \frac{N_A}{V}\cdot\frac{N_B}{V}=r_{AB}^2\left(\frac{8\ \pi k_BT}{\mu}\right)^{\frac{1}{2}}c_Ac_B \qquad (3-44)$$

$$\overline{v}_{AB}=(\overline{v}_A^2+\overline{v}_B^2)^{\frac{1}{2}}=\left(\frac{8k_BT}{\pi M_A}+\frac{8k_BT}{\pi M_B}\right)^{\frac{1}{2}}=\left(\frac{8k_BT}{\mu\pi}\right)^{\frac{1}{2}}$$

式中：μ 为折合质量，其值 $\mu=\dfrac{M_AM_B}{M_A+M_B}$。

　　如图 3-3 所示，凡是中心在碰撞体积内的 B 分子都能与 A 分子发生碰撞。则反应物 A 与 B 两分子间的碰撞，在单位体积、单位时间内的总碰撞数为

$$Z=\pi r_{AB}^2\ \overline{v}_{AB}\ \frac{N_A}{V}\cdot\frac{N_B}{V}=r_{AB}^2\left(\frac{8\ \pi k_BT}{\mu}\right)^{\frac{1}{2}}c_Ac_B \qquad (3-45)$$

式中：V 为碰撞体积；N_A、N_B 为 A、B 分子在碰撞体积内的分子数；c_A、c_B 为单位体积内 A、B 分子浓度。

　　碰撞数 Z 的数目一般都是巨大的，若每次碰撞都是有效的，那么任何反应都能瞬间完成，显然，事实并非如此，这是因为碰撞必须满足一些条件才能使反应发生。当温度一定时，气体分子具有一定的平动能，但对大多数平动能在平均值附近或比平均值低的气体分子

来说，它们之间的碰撞不足以引起反应的发生，这种碰撞称为"弹性碰撞"。且 A、B 分子的总平动能高不意味着剧烈碰撞，只有 A、B 分子质心连线方向上相对平动能足够高的气体分子，才能提供足够的能量使旧化学键松动和断裂并形成新的化学键，从而生成产物，这种碰撞被称为有效碰撞。当两分子在质心连线方向上的相对平动能超过某一数值时方能发生反应，这一数值就是化学反应的临界能，也称阈能，用 ε_c 表示。临界能与活化能在简单碰撞理论里的关系式为

$$\varepsilon_c L = E_c \tag{3-46}$$

式中：L 为阿伏伽德罗常数；E_c 为活化能。

需要注意的是，相比于阿伦尼乌斯公式中活化能的定义，这里的活化能的意义是在发生有效碰撞时，反应物分子在质心连线上相对平动能所需的最低能量。由分子运动论可知，有效碰撞分数为

$$q = e^{-\frac{E_c}{RT}} \tag{3-47}$$

路易斯沿用了阿伦尼乌斯方程中活化能，这里的 E_c 虽然与阿伦尼乌斯方程中的 E_a 概念不同，但数值近似相等，计算 q 值时就借用了阿伦尼乌斯的实验活化能，则反应速率为

$$v = -\frac{\mathrm{d}c_A}{\mathrm{d}t} = Z e^{-\frac{E_c}{RT}} \tag{3-48}$$

由质量作用定律得

$$v = -\frac{\mathrm{d}c_A}{\mathrm{d}t} = k' c_A c_B \tag{3-49}$$

式中：k' 为用分子数表示的速率常数。

将式（3-47）与式（3-48）进行比较，可得

$$k' = \frac{Z}{c_A c_B} e^{-\frac{E_c}{RT}} = r_{AB}^2 \left(\frac{8\pi k_B T}{\mu}\right)^{\frac{1}{2}} e^{-\frac{E_c}{RT}} \tag{3-50}$$

将式（3-49）、式（3-50）求对数后求导，设 $k = k'$ 并代入阿伦尼乌斯方程得

$$E_a = RT^2 \frac{\mathrm{d}\ln k}{\mathrm{d}T} = E_c + \frac{1}{2}RT \tag{3-51}$$

式（3-51）表明 E_c、E_a 并不相等，但数值接近，当反应温度较低且 E_a 不是很小的情况下，两者可视为相等。简单碰撞理论基本沿了阿伦尼乌斯方程中的活化能，且这里的 E_c、E_a 可视为相等，则指前因子 $A = z_{AB} = \frac{Z}{c_A c_B}$，$z_{AB}$ 为碰撞频率因子。但由于碰撞理论并没有理论计算出 E_c，而是用实验值 E_a 代替，则必然存在实验值与理论值的偏差，因此实际上 A 与 z_{AB} 存在偏差，为此引入了概率因子 P，即

$$P = \frac{A}{z_{AB}} \tag{3-52}$$

经典碰撞理论实际上只适用于双分子反应，对于三分子反应，若使用弹性钢球模型，分子间的碰撞应在瞬时完成，而同时发生三个分子直接碰撞的概率几近为零，因此经典碰撞理论直接应用存在困难。这就需要重新理解三分子碰撞的定义，存在两种理解：①只要分子间距离达到某一范围之内就可认为碰撞已发生；②两个分子相互碰撞后，生成络合物，再与第三个分子发生碰撞。三分子反应非常少，常见的有：①少数一氧化氮的反应，如 $2NO + O_2 \rightarrow 2NO_2$；②第三物体（M）存在下原子或自由基的化合反应，如 $A + A + M \rightarrow A_2 + M$。

3.5.2　势能面和过渡态理论

1931—1935 年，艾林（Eyring）、埃文斯（Evans）和波拉尼（Polanyi）分别提出过渡态理论，也称活化络合物理论。其基本观点认为当两个具有足够能量的反应物分子相互接近时，会发生分子的价键的重排以及能量的重新分配，从而形成新的产物，反应会经过过渡态，处于过渡态的反应系统称为活化配合物。反应物分子通过过渡态的速率就是反应速率。

过渡态理论中使用的势能面是由反应体系中粒子间的相互作用能与粒子间距离的关系绘制出来的，根据量子力学理论，两个粒子间的作用能即势能，是两个粒子间的函数。对于双原子体系，只需一个核间距 r_{XY} 就可表示 X 和 Y 的相对位置，因此平面图就可以描述 $E=f(r)$；但对于三原子体系，必须知道 r_{XY}、r_{XZ}、r_{YZ} 或 r_{XY}、r_{YZ} 以及 $\angle XYZ$ 三个参数，则其势能图为四维空间的几何图形。

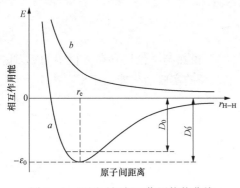

图 3 - 4　双原子间相互作用势能曲线

下面以伦敦（London）通过 H_2 的薛定谔方程得到的两种状态：成键状态、反键状态为例介绍原子间的相互作用，如图 3 - 4 所示。

（1）成键状态——φ_a 曲线，当两个 H 原子靠近时，由于原子中的电子云成反平行重叠而形成共价键，使势能在核间距为 r_e 时出现最小值 ε_0，并形成稳定的氢分子，分子的平衡解离能为 D_0'；当双原子间距离为无穷大时，原子间不再相互作用，其势能为 0。实际上，由于 H_2 分子处于振动量子数 $\nu=0$ 的基态谐振状态，平衡解离能与实验所测解离能有一个差值。由一维谐振子能级公式可得，$\varepsilon_{\nu=0}=\dfrac{1}{2}h\nu$，因此，实验测得的 H_2 分子解离能为 $D_0=D_0'+\dfrac{1}{2}h\nu$。

（2）反键状态——φ_b 曲线，当两个 H 原子靠近时，由于原子中的电子云呈平行重叠，导致两个 H 原子相互排斥而远离，并不形成价键。动力学研究一般针对成键状态而言，反键状态为非稳态特征。

为简化三原子体系问题的讨论，将原子 X 与分子 YZ 作为反应系统，并限制 X、Y、Z 在同一直线上发生共线碰撞，则此时的势能面为三维空间曲面，其反应历程可表示为

$$X+Y-Z \longrightarrow X\cdots Y\cdots Z \longrightarrow X-Y+Z$$

为方便讨论，将立体的势能曲面投影到 r_{XY} 和 r_{YZ} 平面上，将势能相同的点连成等势能线，如图 3 - 5 所示。$X\cdots Y\cdots Z$ 状态则为过渡态理念中最为基础的概念之一——活化络合物或过渡态，一般用 $[X\cdots Y\cdots Z]^{\neq}$ 表示。

图 3 - 5 中，等势能线上标注的数值为相对值，值越大则势能越高，等势能线越密则表示势能变化越快。M 点表示 r_{XY} 和 r_{YZ} 很大时，X、Y、Z 三原子呈分子状态，势能较高，但变化程度缓慢。R 点表示 X 原子与 Y—Z 分子相分离，为反应的始态，P 点表示 Z 原子与 X—Y 分子相分离，为反应的终态。Q 点称为马鞍点，为 $[X\cdots Y\cdots Z]^{\neq}$ 活化络合物所在位置，沿线 RQP 看过去，Q 点为能量最高点，相比反应物及产物具有更高的能量；但沿 Q 点处垂直于线 RQP 的方向来看，过渡状态的活化络合物 Q 点为该区能量最低处，处于相对稳

定的状态。此时 RQP 为反应路径，其所需翻越的能垒最小，为最有可能实现的反应路径。

　　将等高线图沿着反应坐标 RQP 剖开，以 RQP 为横坐标，则可得到反应路径的势能剖面图，如图 3-6 所示。当始态的 X 原子与 Y—Z 分子及马鞍点的 X⋯Y⋯Z 均处于基态时，它们之间的势能差为温度在 0K 下条件下反应的活化能。

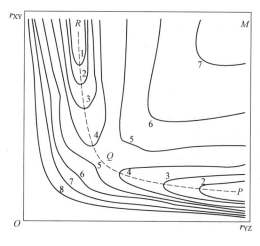

图 3-5　三原子系统的等高线示意

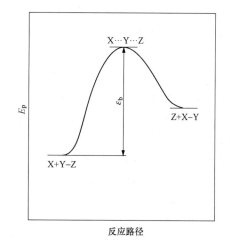

图 3-6　反应路径的势能面
E_p—分子总势能

　　过渡态理论认为，反应物分子在经过足够能量的碰撞后转化为活化络合物，活化络合物可转化为原始反应物，并迅速达到平衡，也可能转化为产物，但生成产物的步骤为控制步骤。依旧以一个原子与一个分子发生的置换反应为例，如上述，则同比于平衡态近似法，此时易得

$$-\frac{\mathrm{d}c_X}{\mathrm{d}t} = k_2 c_{M^{\neq}} \tag{3-53}$$

$$k_C^{\neq} = \frac{c_{M^{\neq}}}{c_X c_{YZ}} \tag{3-54}$$

式中：$M^{\neq}$ 为 $[X\cdots Y\cdots Z]^{\neq}$，且根据统计热力学可得 $k_2 = \dfrac{k_B T}{h}$，其中 k_B 为玻尔兹曼系数，h 为普朗克系数。

　　将式（3-52）代入式（3-51）消去 $c_{M^{\neq}}$，得

$$-\frac{\mathrm{d}c_X}{\mathrm{d}t} = \frac{k_B T}{h} c_{M^{\neq}} = \frac{k_B T}{h} k_C^{\neq} c_X c_{YZ} \tag{3-55}$$

由质量作用定律可得

$$-\frac{\mathrm{d}c_X}{\mathrm{d}t} = k c_X c_{YZ} \tag{3-56}$$

比较式（3-55）及式（3-56），得

$$k = \frac{k_B T}{h} k_C^{\neq} \tag{3-57}$$

式（3-57）为艾林（Eyring）方程，用于过渡态理论计算双分子反应速率常数，即原则上若能获得 $K_c^{\neq}$ 即可获得反应速率常数 k。

　　相比于简单碰撞理论不能计算活化能的理论值，也无法定量解释频率因子的含义，过渡态理论将反应速率与反应物分子的微观结构结合起来，艾林方程的热力学表达式提供了计算活化能及活化熵理论值的可能性。过渡态理论的提出让动力学反应速率理论前进了一大步，但活化配合物的实际结构仍未通过实验确定，有待于进一步探索和研究，反应速率理论仍需要进一步完善。

3.6 链 式 反 应

　　传统动力学认为一个活化分子只能引起一个基元反应，而在 1913 年，马克斯·博登斯坦（Max Bodenstein）在光照卤化氢（HCl、HBr）合成反应时发现一个光子就能引起几万甚至十几万基元反应的发生，为解释这一化学反应动力学现象，博登斯坦提出了链式反应的概念。链式反应是具有特殊规律的复合反应，链式反应过程包含自由基的生成和消失，一般通过光照、加热或者加入引发剂等方式使反应开始进行。在现代化工生产中，高分子化合物的聚合、石油裂解、碳氢化合物的氧化和卤化以及燃烧、爆炸反应等都与链式反应有关。链式反应的研究始于自由基，目前已延伸至以慢中子为链载体的核裂变反应与生物化学等领域中。

3.6.1　链反应的基本原理

　　1918 年，能斯特在博登斯坦提出链式反应及链长等概念的基础上，对 HCl 合成机理做了进一步阐释。

$$Cl_2 + M \longrightarrow 2Cl \cdot + M \qquad (R3 - 9a)$$

$$Cl \cdot + H_2 \longrightarrow HCl + H \cdot \qquad (R3 - 9b)$$

$$H \cdot + Cl_2 \longrightarrow HCl + Cl \cdot \qquad (R3 - 9c)$$

$$Cl \cdot + M \longrightarrow Cl_2 + M \qquad (R3 - 9d)$$

式中：M 为第三体，不参与反应，只起传递能量的作用，可以为容器壁或是气相中其他分子。

　　从 HCl 合成反应来看链式反应一般包含三个阶段：链的引发 [式（R3 - 9a）]，链的传递 [式（R3 - 9b）～式（R3 - 9c）]，链的终止 [式（R3 - 9d）]。

　　（1）式（R3 - 9a）链的引发。链式反应中产生链载体的过程称为引发过程，其中最常见的引发过程是稳定分子分解产生自由基（包含自由原子）的过程，如式（R3 - 9c）Cl_2 与光子反应生成 Cl·，这是一个形式简单但不易进行的反应。链的引发过程需要使化学键发生断裂，这类过程所需的活化能很大，一般为 $200 \sim 400 kJ \cdot mol^{-1}$，因此，反应需要通过一定方式提供稳定分子分解所需的能量。键断裂反应一般可表示为

$$XY \longrightarrow X \cdot + Y \cdot \qquad (R3 - 10)$$

　　（2）式（R3 - 9b）～式（R3 - 9c）链的传递。链传递过程是链反应中最活跃、最基本的过程，是指旧的链载体消亡和新的链载体生成的过程，再生的链载体使得反应不断地进行下去。消亡的链载体与新生的链载体可以是同种的，也可以是不同种的。

　　链反应的传递可分为单分子传播和双分子传播。单分子传播过程分为分解反应和重排反应；双分子传播过程分为取代反应、加成反应、氧化-还原反应三类，表 3-4 列出了相关例子。

表 3 - 4　　　　　　　　　　　　链反应的传递过程示例

类型	通式/案例		特征
单分子传播过程	分解反应：$AB \cdot \longrightarrow A \cdot + B$		由一个链载体的自由基分解产生一个不饱和的稳定分子和一个较小的链载体自由基
	重排反应：$Cl_3C\overset{\cdot}{C}H_2 \longrightarrow Cl_2\overset{\cdot}{C}CH_2Cl$		一个链载体自由基进行内部基团的转移，并放出能量，转化为较为稳定的新的链载体自由基
双分子传播过程	取代反应：$A \cdot + BC \longrightarrow AB + C \cdot$		一个单价原子或自由基作为链载体攻击反应物分子使反应物分子破裂，一部分与进攻的链载体结合形成新的稳定分子，另一部分碎片形成新的链载体
	加成反应：$A \cdot + B \longrightarrow AB \cdot$		自由基链载体 $A \cdot$ 加成到具有 π 电子体系的反应物上形成新的自由基链载体
	氧化－还原反应： $R_2\overset{\cdot}{C}OH + O{=}C(C_6H_5)_2 \longrightarrow$ $R_2C{=}O + HO\overset{\cdot}{C}(C_6H_5)_2$		链载体上的一个氢原子或电子转移到稳定的分子上去，使稳定的分子转化为新的自由基链载体，过程中，旧自由基链载体被氧化，稳定的反应物分子被还原

（3）式（R3-9d）链的终止。链载体转化为稳定分子而消失，导致原始传递物引发的链反应中断的过程称为链反应的终止过程，与链的引发过程相对照，常为互为正逆的对行反应。链终止反应的通式为

$$X \cdot + Y \cdot \longrightarrow XY \tag{R3-11}$$

链的引发需要输入很大的能量，而链的终止会放出大量的能量，一般需要能量受体分子来转移能量，因此大部分链终止为三元碰撞过程。链的终止方式一般可分为三类：①均相终止，包括链载体与体系中分子或原子碰撞，借助外添加的阻化剂或引入电荷实现电荷中和等。②复相终止，可分为两种情况，一是链载体与固相表面存在的自由价结合；二是原子或自由基附着在器壁上后化合为稳定分子。③二次终止反应，可分为两种类型，一是重化合反应，借助能量受体分子转移生成的能量或通过自身振动自由度的分散转移能量；二是歧化反应，中间体歧化反应生成稳定分子。

3.6.2　单链反应与支链反应

链载体反应时，不仅存在自由价保持不变（链的传递）和自由价消耗（链的终止）的情况，还存在自由价的增加的过程，称为链的分支过程。由此，链式反应还可分为直链反应（不包含分支过程）和支链反应（包含分支过程）两类，如图 3-7 所示。

非链反应、直链反应和支链反应存在不同的动力学特征，相比于非链反应，链反应的反应速率较大，尤其是支链反应。支链反应是瞬时的快速反应，有时甚至会发生爆炸反应。图 3-8 展示了非链反应、直链反应和支链反应的反应速率随时间变化的特征曲线。虚线表示反应物浓度恒

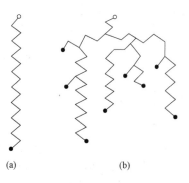

图 3-7　直链反应与支链反应
（a）直链反应；（b）支链反应

定时的速率曲线，实线表示反应物浓度非恒定时所对应的速率曲线。相比于非链反应，链式反应由于在初始时不易产生载体，所以存在诱导期，在反应初期，反应物浓度对其反应速率曲线的影响可忽略。

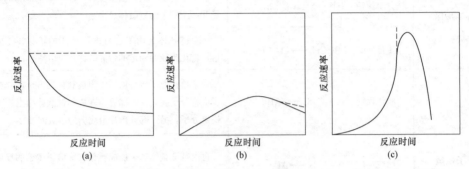

图 3-8　非链反应、直链反应和支链反应的反应速率随时间变化的特征曲线
(a) 非链反应；(b) 直链反应；(c) 支链反应

　　下面以 HBr 的合成反应为例，用稳态近似法推导单链反应的反应速率方程。其中稳态近似法是指由于自由基等中间产物极活泼，浓度低，寿命又短，可以近似地认为在反应达到稳定状态后，它们的浓度基本上不随时间而变化，即 $\dfrac{d[M]}{dt}=0$，式中 M 为中间产物。

　　1906 年，博登斯坦通过实验测定了 HBr 合成反应的速率方程为

$$\frac{d[HBr]}{dt}=\frac{k[H_2][Br_2]^{\frac{1}{2}}}{1+k'[HBr]/[Br_2]} \tag{3-58}$$

1919 年，克里斯滕森（Christiansen）等人提出了 HBr 合成反应的反应机理为

链的引发
$$Br_2 \xrightarrow{k_1} 2Br\cdot \tag{R3-12a}$$

链的传递
$$\begin{cases} Br\cdot+H_2 \xrightarrow{k_2} HBr+H\cdot & \text{(R3-12b)} \\ H\cdot+Br_2 \xrightarrow{k_3} HBr+Br\cdot & \text{(R3-12c)} \end{cases}$$

链的阻滞
$$H\cdot+HBr \xrightarrow{k_4} H_2+Br\cdot \tag{R3-12d}$$

链的终止
$$Br\cdot+Br\cdot \xrightarrow{k_5} Br_2 \tag{R3-12e}$$

依据上述提出的反应机理，集合稳态近似法推导速率方程。

　　与 HBr 有关的反应包括反应式（R3-12b）～反应式（R3-12d），则得到速率方程为

$$\frac{d[HBr]}{dt}=k_2[Br\cdot][H_2]+k_3[H\cdot][Br_2]-k_4[H\cdot][HBr] \tag{3-59}$$

　　与 Br· 有关的反应包括反应式（R3-12a）～反应式（R3-12e），则得到速率方程为

$$\frac{d[Br\cdot]}{dt}=2k_1[Br_2]-k_2[Br\cdot][H_2]+k_3[H\cdot][Br_2]+$$
$$k_4[H\cdot][HBr]-2k_5[Br\cdot]^2 \tag{3-60}$$

　　与 H· 有关的反应包括反应式（R3-12b）～反应式（R3-12d），则得到速率方程为

$$\frac{d[H\cdot]}{dt}=k_2[Br\cdot][H_2]-k_3[H\cdot][Br_2]-k_4[H\cdot][HBr] \tag{3-61}$$

对式（3-60）和式（3-61）应用稳态近似法，得

$$\frac{d[Br\cdot]}{dt} = 2k_1[Br_2] - k_2[Br\cdot][H_2] + k_3[H\cdot][Br_2] +$$

$$k_4[H\cdot][HBr] - 2k_5[Br\cdot]^2 = 0 \tag{3-62a}$$

$$\frac{d[H\cdot]}{dt} = k_2[Br\cdot][H_2] - k_3[H\cdot][Br_2] -$$

$$k_4[H\cdot][HBr] = 0 \tag{3-62b}$$

将式（3-62a）和式（3-62b）相加，整理可得

$$[Br\cdot] = (k_1/k_5)^{\frac{1}{2}}[Br_2]^{\frac{1}{2}} \tag{3-63}$$

将式（3-63）代入式（3-62b），整理可得

$$[H\cdot] = \frac{k_2(k_1/k_5)^{\frac{1}{2}}[H_2][Br_2]^{\frac{1}{2}}}{k_3[Br_2] + k_4[HBr]} \tag{3-64}$$

将式（3-59）与式（3-61）相减，消去$[Br\cdot]$，再代入式（3-64），消去$[H\cdot]$，移项整理可得

$$\frac{d[HBr]}{dt} = \frac{2k_2(k_1/k_5)^{\frac{1}{2}}[H_2][Br_2]^{\frac{1}{2}}}{1 + (k_4/k_3)[HBr]/[Br_2]} \tag{3-65}$$

将式（3-59）与式（3-65）进行对比，使得$k = 2k_2(k_1/k_5)^{\frac{1}{2}}$、$k' = k_4/k_3$，则通过上述机理推导得出的速率方程与实验结果相符，验证了克里斯滕森等人提出的 HBr 合成反应的反应机理的正确性。

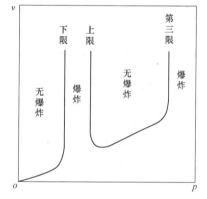

图 3-9　一定温度下支链反应的反应速率与压力关系

支链反应通过链的分支过程，产生两个或更多的链载体，随着反应进程的发展，反应迅猛发展，以至于瞬间就可达到爆炸的程度。不同于热爆炸的特性：放热反应在小空间内进行，使得体系温度迅速上升，反应速率急剧加快，循环往复导致短时间内发生爆炸。支链反应导致的爆炸只在一定范围内发生，即存在爆炸的上限和下限，超出压力范围时，反应可平稳进行，如图 3-9 所示。特殊的是图中的第三限仅为 H_2 与 O_2 反应系统所特有，第三限以上的爆炸原因目前存在多种说法，有人认为是热爆炸，也有人认为是 $HO_2\cdot$ 基团未扩散至器壁发生湮灭而是与 H_2 反应生成 $HO\cdot$ 基团及 H_2O 导致的爆炸。

3.7　应　用　案　例

3.7.1　化学反应速率和活化能的测定与分析

对不同反应条件和催化反应体系下的化学反应速率及反应活化能等进行动力学分析，有助于加深人们对化学反应特性的认识，并对反应效率作出重要判断，可为反应条件优化、工艺开发和催化剂研制提供理论指导和实践依据。其过程主要有以下几个步骤：

（1）根据现有研究或实验测定，得出反应速率方程，确认反应级数。

（2）针对反应速率方程，作出浓度变化与时间关系图，获得反应速率常数 k。

（3）根据阿伦尼乌斯公式的对数形式 $\ln k = -\frac{E_a}{RT} + \ln A$，作出 $\ln k \sim \frac{1}{T}$ 关系图，由直线

斜率计算活化能数据。

(4) 对所获得的结果进行分析和讨论。

木质纤维素类生物质能够通过热解、水热转化等工艺制备各种各样的绿色化学品与液体燃料，极具能源潜力。糠醛是一种由生物质半纤维素通过水热转化等方法得到的生物质基平台化合物，被广泛应用于溶剂生产、合成医药与农药等领域。有学者对半纤维素组分之一的阿拉伯糖转化为糠醛的过程进行了反应动力学分析研究并提出了改进的阿拉伯糖转化模型，如图 3-10 所示。结果表明，其主要反应过程包括阿拉伯糖转化为中间体、中间体转化生成糠醛、糠醛降解三个步骤，

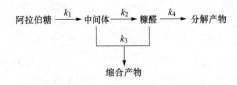

图 3-10　改进的阿拉伯糖脱水转化模型

副反应主要来自糠醛与阿拉伯糖脱水中间体间的缩合副反应，而糠醛自身的降解反应对其产率的影响较小。

由图 3-11 (a) 可以看出反应温度的变化对阿拉伯糖转化率和糠醛产率有重要影响。当反应温度为 120℃ 时，阿拉伯糖的转化速度最慢，反应进行 60min 时转化率达到 96%，尚未完全转化。当反应温度提升至 130℃ 时，30min 时转化率即可达到 96%。当反应温度继续升高时，相同时间内阿拉伯糖已经完全转化。升高反应温度同样可以显著促进糠醛生成。当反应温度为 120、130℃ 时，糠醛产率在 10~60min 时间范围内单调上升，并在 60min 时分别取得最大产率 45% 与 56%。

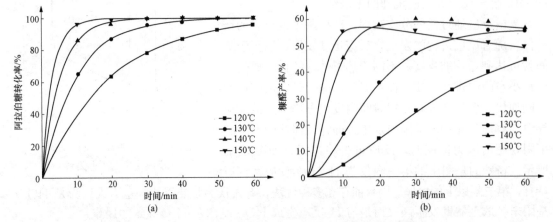

图 3-11　不同反应温度下阿拉伯糖的转化率和糠醛的产率
(a) 不同反应温度下阿拉伯糖的转化率；(b) 不同反应温度下糠醛的产率

对于阿拉伯糖转化、中间体转化、中间体与糠醛缩合、糠醛降解等过程可以列出如下反应速率方程式，即

$$\frac{dc_{ARA}}{dt} = -k_1 c_{ARA} \tag{3-66}$$

$$\frac{dc_{INT}}{dt} = k_1 c_{ARA} - k_2 c_{INT} - k_3 c_{INT} c_{FUR} \tag{3-67}$$

$$\frac{dc_{FUR}}{dt} = k_2 c_{INT} - k_3 c_{INT} c_{FUR} - k_4 c_{FUR} \tag{3-68}$$

式中：k_1、k_2、k_3、k_4 为反应速率常数；c_{ARA} 为阿拉伯糖浓度；c_{FUR} 为糠醛浓度；c_{INT} 为中间

体浓度。

将图 3-11 中的实验数据通过公式进行拟合，以获得 4 个反应速率常数。反应速率常数的估测结果如表 3-5 所示。其中 k_2/k_3 代表了中间产物向糠醛或副产物转化的趋势，其值越大表明中间产物向糠醛转化路径的选择性越高。

表 3-5 阿拉伯糖脱水动力学参数

| 反应温度/℃ | 反应速率常数（×10⁻³） | | | | k_2/k_3 | 残差平方和① （×10⁻²） |
	k_1/s^{-1}	k_2/s^{-1}	$k_3/mol \cdot L^{-1} \cdot s^{-1}$	k_4/s^{-1}		
120	0.86	0.43	0.36	0.008	1.20	0.053
130	1.72	0.96	0.72	0.021	1.33	0.034
140	3.23	3.35	2.26	0.029	1.48	0.053
150	5.46	6.25	4.54	0.063	1.38	0.019

① 使用阿拉伯糖与糠醛浓度实验值拟合后的残差平方和。

根据阿伦尼乌斯公式及其改写形式，将不同反应温度下的 $-\ln k$ 与 $\frac{1}{T}$ 进行线性拟合，可以得到阿拉伯糖脱水转化中各反应对应的表观活化能 E_a 及线性拟合决定系数，公式为

$$k = A\exp\left(-\frac{E_a}{RT}\right) \tag{3-69}$$

$$-\ln k = \frac{E_a}{RT} - \ln A \tag{3-70}$$

将所得到的糠醛浓度通过公式进行拟合，以获得糠醛降解反应速率，在获得反应速率常数的基础上，将 $\ln k \sim \frac{1}{T}$ 关系作图，可得到如图 3-12 所示的直线。直线的斜率为 $-\frac{E_a}{R}$，因而可以根据斜率计算获得反应的活化能数据，其值为 $87.45 kJ \cdot mol^{-1}$。

3.7.2 热分析计算动力学参数

热重分析（TGA）是指在程序控制温度下测量物质的质量与温度关系的一种技术，是热分析的一种常用手段。热重曲线（TG 曲线）连续记录了质量与温度的函数关系，为进一步分析失重过程，通常将质量对时间或温度求导得出微熵热重曲线（DTG 曲线），从而获得反应速率与温度的对应关系。

下面我们以研究生物质三组分（纤维素、半纤维素、木质素）分解的热重分析为例，介绍如何处理热重分析数据，并获得动力学参数。图 3-13 所示为生物质三组分的 TG/DTG 曲线，曲线具有不同特征表明生物质三组分随着热解温度的升高呈现出不同的热解反应特性。纤维素结构规整，分解路径单一，热失重温度范围最小，约为 50℃。半纤维素（木聚糖）中存在大量热不稳定的氧乙酰基等侧链，受热易断裂，失重范围为 220～530℃。而在木质素中含有大量醚键（β—O—4），在 250～350℃时很容

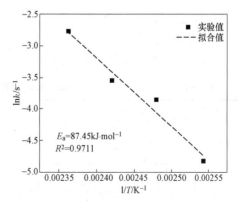

图 3-12 糠醛分解反应的 $\ln k \sim \frac{1}{T}$ 关系图

易发生断裂，且木质素脱挥发分反应的反应区间最大，从205℃一直延伸到560℃。

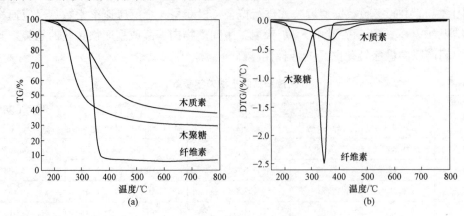

图 3-13　生物质三组分的 TG/DTG 曲线

(a) TG 曲线；(b) DTG 曲线

生物质的热解过程可简单表示为

$$A(s) \longrightarrow B(s) + C(g) \tag{R3-13}$$

热解过程中反应转化率 α 可用下式表示，即

$$\alpha = \frac{m_0 - m_t}{m_0 - m_\infty} \tag{3-71}$$

式中：m_0 为样品的初始质量；m_t 为 t 时刻样品的质量；m_∞ 为程序升温结束后剩余的固体质量。

对于线性升温的热重过程，时间 t 与温度 T 的关系式为

$$T = T_0 + \beta t \tag{3-72}$$

$$\beta = \frac{\mathrm{d}T}{\mathrm{d}t} \tag{3-73}$$

式中：T 为 t 时刻的热解温度；T_0 为初始温度；β 为升温速率。

生物质热解动力学速率方程为

$$\frac{\mathrm{d}\alpha}{\mathrm{d}t} = k f(\alpha) \tag{3-74}$$

式中：$f(\alpha)$ 为能反应生物质热解反应机理的函数模型。

为使计算拟合结果更接近实验值，还可使用多种固相反应动力学模型进行线性拟合。表 3-6 所示为几种常见的固相反应动力学模型表达式。

表 3-6　　　　　　　　　　　几种常见的固相反应动力学模型表达式

代码	反应模型	$f(\alpha)$	$G(\alpha)$
P4	幂律	$4\alpha^{3/4}$	$\alpha^{1/4}$
P3	幂律	$3\alpha^{2/3}$	$\alpha^{1/3}$
P2	幂律	$2\alpha^{1/2}$	$\alpha^{1/2}$
P2/3	幂律	$2/3\alpha^{-1/2}$	$\alpha^{3/2}$
D1	一维扩散	$1/2\alpha^{-1}$	α^2

续表

代码	反应模型	$f(\alpha)$	$G(\alpha)$
D2	二维扩散	$[-\ln(1-\alpha)]^{-1}$	$(1-\alpha)\ln(1-\alpha)+\alpha$
D3	三维扩散	$3/2(1-\alpha)^{2/3}[1-(1-\alpha)1/3]^{-1}$	$[1-(1-\alpha)^{1/3}]^2$
F1	随机形核-快速生长	$1-\alpha$	$-\ln(1-\alpha)$
A4	阿弗拉米·埃罗费夫方程	$4(1-\alpha)[-\ln(1-\alpha)]^{3/4}$	$[-\ln(1-\alpha)]^{1/4}$
A3	阿弗拉米·埃罗费夫方程	$3(1-\alpha)[-\ln(1-\alpha)]^{2/3}$	$[-\ln(1-\alpha)]^{1/3}$
A2	阿弗拉米·埃罗费夫方程	$2(1-\alpha)[-\ln(1-\alpha)]^{1/2}$	$[-\ln(1-\alpha)]^{1/2}$
R3	三维界面反应（球状颗粒）	$3(1-\alpha)^{2/3}$	$1-(1-\alpha)^{1/3}$
R2	二维界面反应（柱状颗粒）	$2(1-\alpha)^{1/2}$	$1-(1-\alpha)^{1/2}$

根据式（3-19），将阿伦尼乌斯方程及 $\beta=\dfrac{\mathrm{d}T}{\mathrm{d}t}$ 代入，得热解反应动力学方程为

$$\frac{\mathrm{d}\alpha}{\mathrm{d}T}=\frac{A}{\beta}\mathrm{e}^{-\frac{E}{RT}}f(\alpha) \tag{3-75}$$

设 $G(\alpha)=\displaystyle\int_0^\alpha\frac{\mathrm{d}\alpha}{f(\alpha)}$，对式（3-75）进行积分得

$$G(\alpha)=\int_0^\alpha\frac{\mathrm{d}\alpha}{f(\alpha)}$$

$$=\frac{A}{\beta}\int_0^T\mathrm{e}^{-\frac{E}{RT}}\mathrm{d}T=\frac{AE}{\beta R}\int_u^\infty u^{-2}\mathrm{e}^{-u}\mathrm{d}u=\frac{AE}{\beta R}p(u) \tag{3-76}$$

式中：$u=E/RT$；$p(u)$ 为温度积分，$p(u)=\displaystyle\int_u^\infty u^{-2}\mathrm{e}^{-u}\mathrm{d}u$。$p(u)$ 是不收敛积分，无精确解析解，但可通过采用不同的近似式，获得近似解析解，可采用的近似式有很多，如 Frank-Kameneshii 近似式、Coats-Redfern 近似式等。

这里采用 Frank-Kameneshii 近似式，则

$$p(u)=u^{-2}\mathrm{e}^{-u} \tag{3-77}$$

则可将式（3-77）转化为表观活化能 E 与指前因子 A 相关的线性表达式，则

$$\ln\frac{\beta g(\alpha)}{RT^2}=\ln\frac{A}{E}-\frac{E}{RT} \tag{3-78}$$

通过对 $\ln\dfrac{\beta g(\alpha)}{RT^2}$ 和 $-\dfrac{1000}{RT}$ 数据进行线性拟合获得活化能及指前因子，并利用相关系数 R^2 判断线性拟合效果。采用一阶反应模型（F1），求解生物质三组分动力学参数，如表 3-7 所示，一步全局反应模型对主失重区的拟合效果良好，相关系数为 0.99 以上。

表 3-7　　　　　　　　　　　不同生物质组分的热解动力学参数

生物质三组分	动力学参数		相关系数
	指前因子 A/s^{-1}	活化能 $E_a/\mathrm{kJ}\cdot\mathrm{mol}^{-1}$	
纤维素	1.1×10^{19}	248.0	0.9964
木聚糖	4.6×10^9	123.6	0.9913
木质素	1.3	36.8	0.9971

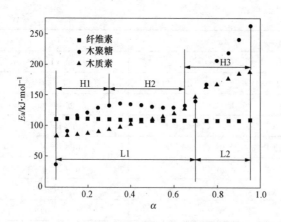

图 3-14 不同转化率下纤维素、木聚糖和

木质素 E_a-α 图

H—半纤维素；L—木质素

一步全局反应模型对主失重区域的拟合效果良好，其结果与选取的反应模型关系密切，且会受到动力学补偿效应影响，导致通过一步反应模型获得的动力学参数可能与实际相差较大。除一步反应模型外，还可利用计算更加复杂的等转化率法、分布式活化能模型（DAEM）等方法获得更加准确的热裂解过程动力学参数。如利用 KAS 等转化率法获得了 5、10、20、40℃·min^{-1} 升温速率下纤维素、木聚糖和木质素在转化率为 0.15～0.85 时的活化能分别为 108.0～111.4、115.1～275.0、85.3～176.4kJ·mol^{-1}。如图 3-14 所示，不同转化率下纤维素、木聚糖和木质素 E_a-α 的关系表明，纤维素利用一步全局反应模型可获得良好的拟合结果，而木聚糖与木质素则由于反应存在多个阶段，一步全局反应模型则很难获得可靠的拟合结果。

思 考 题

1. 使用阿伦尼乌斯估算，当某一反应使用催化剂使其活化能从 100kJ·mol^{-1} 降低到 80kJ·mol^{-1}，并将反应温度从 200℃ 上升至升温 220℃ 时，其反应速率相较于改变条件前，反应速率的变化情况。

2. 影响反应速率的因素有哪些？分别是通过什么方式影响的反应速率？

3. 碰撞理论和过渡态理论的基本要点是什么，两者有何区别？

4. 已知反应 $2NO(g) + 2H_2(g) = N_2(g) + 2H_2O(g)$ 的速率方程为

$$v = kc_{NO}^2 c_{H_2}$$

尝试说明以下各种条件变化对反应速率的影响。

（1）NO 的浓度增加 2 倍；

（2）使用催化剂对反应进行催化；

（3）升高温度；

（4）将容器体积扩大 2 倍。

5. 直链反应有什么特点？

6. 试列举几种求活化能的方法。

7. 简述化学反应动力学和化学反应热力学的区别。

8. 为什么不同的反应升高相同的温度，速率的变化不同？

9. 一级反应 A ⟶ B+C，已知 A 的起始浓度为 0.5mol·L^{-1}，速率常数为 5.3×10^{-3}s^{-1}，求反应进行 180s 后，A 的浓度。

参 考 文 献

[1] 天津大学物理化学教研室. 物理化学 [M]. 北京：高等教育出版社，2009.

[2] 许越. 化学反应动力学 [M]. 北京：化学工业出版社，2005.

[3] 赵学庄. 化学反应动力学原理 [M]. 北京：高等教育出版社，1990.

[4] 唐有祺. 化学动力学和反应器原理 [M]. 北京：科学出版社，1974.

[5] 刘红雷. 几类重要化学反应的机理及动力学性质的理论研究 [M]. 成都：四川大学出版社，2012.

[6] 甘孟瑜，曾政权，张云怀，等. 大学化学 [M]. 重庆：重庆大学出版社，2014.

[7] MORTIMER M, TAYLOR P G, LESLEY E S, et al. Chemical Kinetics and Mechanism [M]. london：Royal Society of chemistry, 2007.

[8] ROBERTSON S H. Comprehensive Chemical Kinetics, volume 43：Unimolecular Kinetics [M] Amsterdam. Elsevier. 2019.

[9] SCHMALZRIED H. Chemical Kinetics of Solids [M]. Weinheim：Wiley - VCH Verlag GmbH & Co. KGaA, 1995.

[10] 高胜利，陈三平，胡荣祖，等. 化学反应的热动力学方程及其应用 [J]. 无机化学学报，2002（4）：362 - 366.

[11] 廖艳芬，王树荣，骆仲泱，等. 纤维素热裂解过程动力学的试验分析研究 [J]. 浙江大学学报（工学版），2002（2）：60 - 64＋77.

[12] COATS A W, REDFERN J P. Kinetic parameters from thermogravimetric data：4914 [J]. Nature, 1964, 201（4914）：68 - 69.

[13] WANG S R, LIN H Z, RU B, et al. Kinetic modeling of biomass components pyrolysis using a sequential and coupling method [J]. Fuel, 2016, 185：763 - 771.

[14] ZHAO Y, XU H, LU K F, et al. Experimental and kinetic study of arabinose conversion to furfural in renewable butanone - water solvent mixture catalyzed by lewis acidic ionic liquid catalyst [J]. Industrial & Engineering Chemistry Research, 2019, 58（36）：17088 - 17097.

[15] VYAZOVKIN S, BURNHAM A K, CRIADO J M, et al. ICTAC kinetics committee recommendations for performing kinetic computations on thermal analysis data [J]. Thermochimica Acta, 2011, 520（1）：1 -19.

第 4 章 物 质 结 构

物质结构是研究物质的微观结构以及结构与性能之间关系的科学，它的研究对象包括原子结构、分子结构和晶体结构等。作为物质结构理论的基础，原子结构理论研究的主要任务是探索核外电子的运动规律。对原子结构认识的日益深入又促使人们将化学键的本质归结到电子结构上，并建立起多种现代化学键理论。对于能源化学中常见的有机分子，其结构中还存在着决定化学反应性的官能团，研究这些官能团的结构与性质可以帮助我们掌握有机分子的化学反应规律。另外，得益于现代计算机技术的巨大进步，量子化学在化合物结构研究中的应用也越来越广泛。应用量子力学基本原理，通过数值模拟计算，可以帮助探索化学变化的规律性和微观本质。

4.1 经典原子结构模型

化学变化通常是指组成原子的电子运动状态发生改变，从而导致分子中原子的结合方式发生了变化。因此，要了解物质的性质及其变化规律，首先必须了解原子结构。

4.1.1 原子的组成

1803 年，英国的约翰·道尔顿（John Dalton）提出了原子论，他认为物质由原子构成，原子在一切化学变化中是不可再分的最小单位；同种元素的原子性质和质量都相同，不同元素的原子性质和质量各不相同；不同元素化合时，原子以简单整数比结合。鉴于认知条件有限，在相当长的一段时间内，人们认为原子是不可再分的。

1833 年，英国的迈克尔·法拉第（Michael Faraday）基于电流通过导电溶液的实验，认为在电解过程中导电溶液的原子或原子团会携带一定量的电荷，并将其称为离子。在实验上确认电子存在的是英国的约瑟夫·约翰·汤姆孙（Joseph John Thomson）。1897 年，他通过真空阴极射线实验，证明了阴极射线是带负电的物质粒子，且这种粒子质量与电荷的比值（m/e）要远小于电解的氢离子。1899 年，汤姆孙采用斯坦尼提出的"电子"一词来表示发现的新粒子。

质子与中子则分别是英国的欧内斯特·卢瑟福（Ernest Rutherford）与詹姆斯·查德威克（James Chadwick）发现的。1919 年，卢瑟福用 α 粒子轰击氮原子发现了有质子从氮原子核中被打出。1932 年，查德威克在用 α 粒子轰击铍，再用铍产生的穿透力极强的射线轰击氢、氮时，打出了氢核和氮核。由于 γ 射线不具备将质子从原子中打出所需的动量，查德威克断定这种射线不可能是 γ 射线，并根据卢瑟福的猜想将其命名为中子。至此，原子的构成基本清楚。

4.1.2 原子结构经典模型的发展

4.1.2.1 汤姆孙——葡萄干蛋糕模型

原子为电中性，其中正电荷总数必定与所有电子携带的负电荷总数相等。但电子的质量仅占极小部分，因此，正电荷应是通过某种方式与原子的质量联系在一起。汤姆孙于 1904

年提出了"葡萄干蛋糕模型",即原子中的正电荷均匀地分布于半径为 a(数量级为 10^{-10} m)的小球中,电子则镶嵌于原子球内,每个电子所受正电荷的吸引力与其所受其他电子的排斥力互相平衡。在气体放电过程中,电子吸收能量脱离原子核的束缚,它们在电场作用下能加速形成电子流,即阴极射线。

4.1.2.2 卢瑟福——行星模型

1911 年,汤姆孙的学生卢瑟福为了进一步确认"葡萄干蛋糕模型",完成了用 α 粒子轰击金属箔的实验。实验中观察到多数粒子穿过金箔后发生轻微偏转,但极小部分粒子的偏转角度特别大甚至反弹回来,汤姆孙的模型无法解释 α 粒子的这种大角度散射。卢瑟福在经过大量实验验证与理论计算后提出了原子的"行星式"有核模型,即原子中心有一个带正电荷的密度极大、体积极小的核(其尺度约为原子的万分之一,直径约为 10^{-15} m),原子核集中了原子中所有的正电荷,其质量几乎等于原子的全部质量,电子则在核外空间绕原子核沿不同轨道运转,电子在运转时产生的离心力与原子核对电子的吸引力相平衡。

卢瑟福原子模型存在的致命弱点在于模型中的原子是不稳定的。根据经典电磁学理论,电子做圆周运动时会辐射电磁波,能量损失后,运动半径变小,最终会落入核中。此外,根据经典物理学理论,电子辐射的电磁波频率等于其机械运动频率。而电子向核运动过程中其机械运动频率不断变化,其辐射的电磁波频率或者波长则应是连续分布的,即原子光谱应该是连续的,但实际上原子光谱的谱线是离散的。

4.1.2.3 玻尔——量子化的行星模型

1913 年,丹麦的尼尔斯·玻尔(Niels Henrik David Bohr)将量子化的概念引入原子系统中,提出了玻尔氢原子模型。他在卢瑟福模型的基础上做出三个假设:①定态假设——原子中存在"定态",即存在某些运动状态上的电子虽然作加速运动,但不会持续释放电磁波从而失去能量,且定态对应的能量 E_1、E_2、E_3…是不连续的;②跃迁假设——原子从一定态向另一定态跃迁时,就要发射(或吸收)一个频率为 ν 的光子,$|E_{n'} - E_n| = h\nu$($E_{n'}$ 为定态 n' 对应的能量;E_n 为定态 n 对应的能量;h 为普朗克常数,$h \approx 6.626 \times 10^{-34}$ J·s)为跃迁频率条件;③轨道角动量量子化假设——电子做圆周运动时,其角动量 L 必须是 $h/2\pi$ 的整数倍,即 $L = n\hbar = n\dfrac{h}{2\pi}$($n$ 为整数,称为量子数;$\hbar = h/2\pi$)。

1. 电子轨道半径的量子化

由电子定态轨道角动量满足量子化条件 $m_e r_n v_n = n\hbar$ 和电子的圆周运动 $m_e \dfrac{v_n^2}{r_n} = \dfrac{e^2}{4\pi\varepsilon_0 r_n^2}$ 推得

$$r_n = \frac{4\pi\varepsilon_0 \hbar^2}{m_e e^2} n^2 = a_0 n^2 \quad (n = 1, 2, 3, \cdots) \tag{4-1}$$

式中:v_n 为电子运动速度;r_n 为轨道半径;m_e 为电子质量;ε_0 为真空介电常数;$a_0 = \dfrac{4\pi\varepsilon_0 \hbar^2}{m_e e^2}$。

$n = 1$ 时的轨道 r_1 称为氢原子的第一玻尔半径,则

$$r_1 \equiv a_0 \approx 0.053 \text{nm}$$

2. 能量量子化和原子能级

将轨道半径的表达式(4-1)和电子做圆周运动的总能量表达式 $\left(E_n = \dfrac{1}{2} m_e v_n^2 - \dfrac{e^2}{4\pi\varepsilon_0 r_n}\right)$ 联立得

$$E_n = -\frac{1}{n^2}\left[\frac{m_e e^4}{(4\pi\varepsilon_0)^2 2\hbar^2}\right] \approx -\frac{13.6}{n^2}\text{eV} \qquad (4-2)$$

$n=1$ 时为氢原子的最低能级，称为基态能级；$n>1$ 时的各定态称为受激态（或激发态）；$n\rightarrow\infty$ 时，$E_\infty=0$ 称为电离态。氢原子从基态（$n=1$）迁跃到激发态（$n>1$）时所需的能量被称为激发能。图 4-1 所示为氢原子能量量子化和原子能级图。

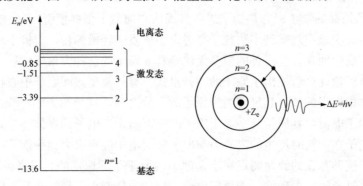

图 4-1　氢原子能量量子化和原子能级图
$+Z_e$—原子核所带电荷数

当电子稳定地存在于某一能量状态时称为定态，电子从一个定态跃迁到另一个定态时，都会以电磁波的形式放出或吸收能量，则

$$h\nu = \Delta E = E_{n'} - E_n \qquad (4-3)$$

式中：ν 为电磁波的频率。

将轨道能量的表达式（4-2）代入式（4-3），可得

$$\frac{1}{\lambda} = -\frac{m_e e^4}{8\varepsilon_0^2 h^3 c}\left(\frac{1}{n'^2} - \frac{1}{n^2}\right) = R\left(\frac{1}{n^2} - \frac{1}{n'^2}\right) \qquad (4-4)$$

式中：λ 为电磁波的波长；c 为电磁波的波速；$R=\dfrac{m_e e^4}{8\varepsilon_0^2 h^3 c}$，称为里德伯常数。

玻尔理论成功地解释了氢原子光谱不连续的特点，并从理论上计算出了里德伯经验常数，其结果与实验高度符合。但玻尔理论仅求出了氢原子及类氢原子的光谱频率，对较为复杂的原子（如氦原子）则无法计算能级与光谱频率。同时，对谱线的强度、宽度、偏振等一系列问题都无法解释，对氢原子谱线的精细结构以及微观粒子结构也无法做出解释。此外，玻尔的氢原子模型是半经典半量子理论的产物，它把微观粒子视为经典力学中的质点，人为地允许某些物理量（电子运动的轨道角动量和电子能量）"量子化"，只是在经典力学的基础上做了一些局部的修正。而电子运动并不遵守经典物理规律，而是一个全新的量子力学规律。

此后，法国的路易·维克多·德布罗意（Louis Victor de Broglie）于 1924 年提出微观粒子的波粒二象性，奥地利的埃尔温·薛定谔（Erwinschrödinger）于 1926 年在此基础上对电子的运动做了适当的数学处理，提出了二阶偏微分的薛定谔方程，可用于计算电子云径向分布和角度分布，标志着近代量子力学理论的建立。

4.1.3　现代原子结构模型

4.1.3.1　波函数

由于微观粒子的位置和动量无法同时确定，所以经典物理学的观测方法已经不再适用。

量子力学引入波函数（Ψ）来描述微观系统状态。波函数的实质为概率波，没有直接的物理意义，但是，空间中每一点处波函数模的平方（$|\Psi|^2$）描绘了粒子在该处出现的概率密度。这种统计学的诠释验证了量子力学中的不确定性——即便已知一个粒子的波函数，也无法精确预言该粒子会出现的位置。

由于粒子肯定存在于空间中，将波函数的平方对全空间积分，就得到粒子在空间各点出现概率之和，结果应等于 1，这个性质被称为波函数的归一化特性。

$$\int_{-\infty}^{+\infty} |\Psi(x,t)|^2 \mathrm{d}x = 1 \tag{4-5}$$

表达粒子量子态的波函数必须满足归一化条件，当 $|\Psi|^2$ 的全空间积分不为 1 时，波函数的统计诠释将没有意义，也不能用于描述微观粒子的状态。

4.1.3.2 薛定谔方程

薛定谔方程是用于求解波函数的工具。通过求解薛定谔方程，可以得到粒子的分布概率以及概率随时间的变化规律。

一维薛定谔方程为

$$i\hbar \frac{\partial \Psi}{\partial t} = -\frac{\hbar^2}{2m} \frac{\partial^2 \Psi}{\partial x^2} + V\Psi \tag{4-6}$$

三维薛定谔方程为

$$i\hbar \frac{\partial \Psi}{\partial t} = -\frac{h^2}{2m}\left(\frac{\partial^2 \Psi}{\partial x^2} + \frac{\partial^2 \Psi}{\partial y^2} + \frac{\partial^2 \Psi}{\partial z^2}\right) + V\Psi \tag{4-7}$$

式中：i 为 -1 的平方根；t 为时间，s；m 为质量，kg；x、y、z 是空间的位置变量；V 为势能；Ψ 为待求解的波函数。

当势能函数 V 不随时间变化时，粒子为定态，具有确定的能量，薛定谔方程的表示形式可以进一步简化为定态薛定谔方程，即

$$E\Psi = -\frac{\hbar^2}{2m} \nabla^2 \Psi + V\Psi \tag{4-8}$$

定态薛定谔方程在数学上属于本征方程，式中 E 为本征值，是粒子定态能量。$\nabla^2 \Psi$ 表示波函数梯度的散度。从数学观点来看，对任何能量 E 值，式（4-8）都有解，但要使方程的解具有物理意义，它还需要满足以下四个条件。

（1）Ψ 是 x、y、z 的连续函数，因为在实际的物理问题中，找到粒子的概率不可能发生突变；

（2）Ψ 对 x、y、z 的一阶导数也是连续函数，若该条件不满足，则二阶导数 $\nabla^2 \Psi$ 将没有意义；

（3）Ψ 是 x、y、z 的单值函数，若 Ψ 在空间某一点存在多个不同的值，粒子在该点出现的概率密度也会有多个不同的值，显然不符合实际。

（4）Ψ 是平方可积的，即积分 $\int_\tau |\Psi|^2 \mathrm{d}\tau$ 是有限的，因为在整个空间找到粒子的概率不可能等于无穷大。另外，由波函数归一化条件知粒子一定存在空间中，$\int_\tau |\Psi|^2 \mathrm{d}\tau = 1$。

为了满足以上四个条件，薛定谔方程中的常数 E 就必须受到一定的限制，这样就自然而然得到了能量量子化的结果。此时得到的波函数 Ψ 就是薛定谔方程的合理解，它表示粒子运动的某一稳定状态，而这个解对应的常数 E，就是粒子在这一稳定状态的能量。

薛定谔方程揭示了微观粒子运动的基本规律，能够解释几乎所有的原子现象。但该方程

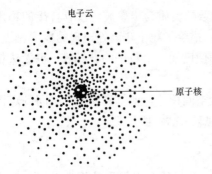

图 4-2 氢原子的电子云模型

本身是一种假设，其正确性只能靠实验来确定。并且该方程只适用于非相对论粒子，当涉及相对论效应时，薛定谔方程被相对论量子力学方程所取代。

4.1.3.3 原子结构的电子云模型

为了描述电子的运动，量子力学采用了一种"电子云"模型表示某一时刻电子在核外空间各处出现的概率。如图 4-2 所示，小点密处电子出现的概率大，小点疏处电子出现的概率小。

通过求解原子的单电子薛定谔方程可以得到描述单电子运动的波函数 Ψ，它们又被称为原子轨道。原子轨道具有特征形状，通常描述成球形（如 1s、2s 轨道）或哑铃形（如 2p 轨道）。简单来说，原子轨道可以形象地认为是有 90% 可能发现电子的空间区域，它的形状可以用电子云来形容。由于空间每一点波函数模的平方 $|\Psi|^2$ 描绘了电子在该处出现的概率，所以电子云又可以看成是 $|\Psi|^2$ 在空间的分布。

4.2 化 学 键

原子之间的结合方式分为两大类：一种是无电子交换的物理键合方式，包括范德华力和氢键；另一种是伴随着电子交换的化学键合方式，包括离子键、共价键和金属键。键参数是表征化学键性质的物理量，主要包括键长、键角、键能等。随着对化学键的深入研究，人们先后提出了价键理论、杂化轨道理论、分子轨道理论、能带理论等诸多理论。

4.2.1 离子键

离子键是指阴阳离子通过静电作用形成的化学键，它通常形成于金属与非金属之间。在成键过程中，原子间首先发生电子转移形成阴、阳离子，它们由于静电引力会相互吸引，当吸引力和排斥力达到平衡时，便形成稳定的离子键。

离子键无方向性，离子的电荷是球形对称分布的，不存在某一特定方向上吸引力更强的问题。同时，离子键无饱和性，在空间条件允许的情况下，每一个离子可以吸引尽可能多的带相反电荷的离子。离子键具有较高的键能，断键需要吸收大量能量，因此大多数离子化合物的熔沸点较高。

图 4-3 给出了部分元素的电负性，元素的电负性越大，表示其原子在化合物中吸引电子的能力越强。离子键所对应的两种元素电负性之差一般要求大于 1.7。离子键的强度与阴、阳离子的电价之积成正比，与阴、阳离子间的距离的平方成反比，可以用式（4-9）表示，即

$$F \propto \frac{q_1 \cdot q_2}{r^2} \qquad (4-9)$$

式中：F 为静电引力，N；q_1、q_2 分别为阴阳离子所带的电荷量，C；r 为阴阳离子的核间距，m。

4.2.2 共价键

当两个或多个原子相互接近时，由于原子轨道重叠，相邻原子共用自旋方向相反的电子对，使体系能量降低，而形成共价键。1916 年，美国的吉尔伯特·牛顿·路易斯（Gilbert Newton Lewis）首先提出了共价键的概念和"八隅规则"，他指出原子的电子可以配对成

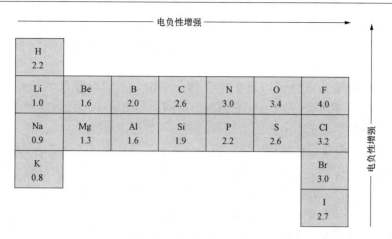

图 4 - 3　部分元素的电负性

键，使原子的价层都拥有八个电子，从而形成一种稳定的惰性气体的电子构型（对于第一周期元素，价层拥有两个电子便被充满，达到稳定）。

　　靠近元素周期表中心的元素难以得到或失去足够的电子以生成惰性气体结构，因此，它们会通过共用电子对的方式（形成共价键）使每个原子最外层达到八个电子（或两个电子）。以氢气分子和甲烷分子为例，H_2 中 H 与 H 结合形成共价键，CH_4 中 C 与 H 结合形成共价键。H 外层具有两电子的惰性气体 He 的构型，C 外层具有八电子的惰性气体 Ne 的构型。氢气分子与甲烷分子如图 4 - 4 所示。

　　价键数是指原子最外层电子中可用来形成共价键的数目，如碳原子，最外层有 4 个电子，可以和其他原子形成 4 对共用电子对，也就是 4 个价键。当碳的成键数目小于 4 时，碳原子中会存在未配对的电子，例如甲基自由基（$H_3C\cdot$）和碳烯（$H_2C\colon$），它们的化学性质十分活泼，极易发生化学反应。

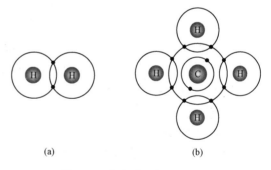

图 4 - 4　氢气分子与甲烷分子
(a) H_2；(b) CH_4

　　在共价键形成过程中，每个原子能够提供的未成对电子数目是一定的，它们能够通过共用电子对与其他原子形成的共价键数目也是一定的，因此，共价键具有饱和性。另外，原子间总是尽可能沿原子轨道的最大重叠方向成键，这种特点决定了共价键具有方向性。具有饱和性和方向性，这是共价键借以区别离子键的重要特点。以 HCl 和 NaCl 为例，如图 4 - 5 所示，在 H—Cl 分子中，H 与一个 Cl 结合以后，不能再与第二个 Cl 成键，同样，Cl 也不能再与第二个 H 化合。然而，NaCl 却可以形成二聚乃至高聚分子，这是因为离子键不具有饱和性。

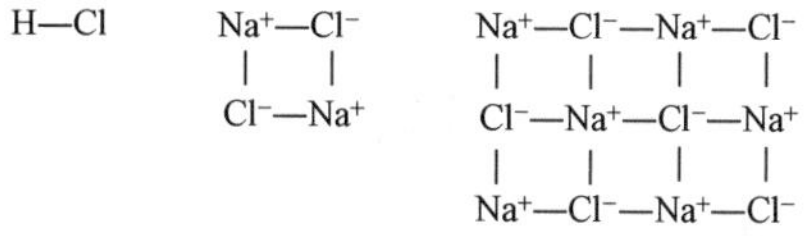

　　共价键按成键极性可以分为非极性共价键、极性共价键和配位共价键。

　　（1）非极性共价键简称非极性键，是分子中同种原子间形成的共价键，两个原子吸引电子的能力相同，

图 4 - 5　HCl 与 NaCl 不同的成键特点

共用电子对对称分布于两个原子之间，不偏向任何一个原子，成键的原子都不显电性。非极性键可以存在于单质分子中（如 H_2 中 H—H 键），也可以存在于化合物分子中（如 C_2H_4 中的 C=C 键）。

（2）极性共价键简称极性键，是在化合物分子中，不同种原子间形成的共价键（如 CH_4 中的 C—H 键），两个原子吸引电子的能力不同，共用电子对靠近吸引电子能力较强的原子一方，显负电性，而吸引电子能力较弱的原子一方显正电性。

（3）配位共价键简称配位键或配键，在两个原子形成共价键时成键电子全部由一个原子提供，另一个原子只提供空轨道。提供成键电子的称为"配体"，提供空轨道接纳电子的称为"受体"。配位键可以用 A→B 表示，A 为配体，B 为受体，箭头方向表示电子配给的方向（如 NH_3 和 BF_3 形成的配位化合物中的 N→B 键）。

共价键还可以按成键原子数分为双原子共价键和多原子共价键。双原子共价键是由 2 个原子共用若干电子形成的共价键，大多数共价键属于这一类。多原子共价键是由多个原子共用若干电子形成的共价键，例如苯分子的 π 键即为 6 个 C 共用 6 个电子的共价键。

4.2.3 金属键

金属键是金属中自由电子与金属阳离子之间的强烈相互作用，是使金属原子结合成金属晶体的一种化学键。金属键可以认为是共价键的极限情况，当多原子共价键中原子的数目多达 10^{20} 个时，键的性质就会发生变化，成为金属键。

金属原子最外层电子很容易脱离原子核的束缚而成为自由电子，然后自由地在金属阳离子产生的势场中运动，这些自由电子与金属阳离子相互吸引，使原子紧密堆积起来，形成低能量密堆结构的金属晶体。正是由于金属键的作用，金属具有良好的导电、导热性能，以及较好的延展性。

与共价键不同，金属键没有方向性和饱和性，金属原子价电子层的 s 轨道是呈球形对称的，其价电子云可以与任意数目原子的价电子云重叠。由于金属只有少数价电子能用于成键，在形成晶体时倾向于构成极为紧密的结构，使每个原子都有尽可能多的相邻原子。金属键的自由电子为金属晶体内所有金属阳离子共有，可以在整个晶体内自由运动，但无法越出晶体表面。

4.2.4 键参数

键参数是能表征化学键性质的物理量。共价键的键参数主要有键长、键角和键能。

键长是分子中两个键合原子核间的平衡距离。一般情况下，对于 X 和 Y 两个原子组成的化学键，成键的数目越多，键长越短。在原子晶体中，原子半径越小，键长越小。当形成共价键的两原子之一相同时，另一个原子与该原子的电负性差值越大，共价键的键长越小。同时，键长的大小也与成键类型及强度有关。表 4 - 1 列出了一些常见分子的共价键的键长。

表 4 - 1 　　　　　　　　　　　一些常见分子的共价键的键长　　　　　　　　　　　pm

分 子	键	键 长	分 子	键	键 长
HF	H—F	92	H_2O	O—H	96
HCl	H—Cl	127	甲烷	C—H	109
HBr	H—Br	141	乙烯	C—H	107
HI	H—I	161	乙炔	C—H	105
F_2	F—F	141	苯	C—H	108

分　子	键	键　长	分　子	键	键　长
Cl_2	Cl—Cl	199	烷烃	C—C	154
Br_2	Br—Br	228	烯烃	C=C	134
I_2	I—I	267	炔烃	C≡C	120
H_2	H—H	74	甲醚	C—O	144
N_2	N≡N	110	甲醛	C=O	121

　　键角是分子内同一原子与其他两个原子形成的两个共价键之间的夹角。除少数规则构型分子的键角与分子中心原子价层中电子对的排布一致外，绝大多数分子的键角偏离标准键角。影响分子键角偏离的因素很多，但主要因素是中心原子价层中电子对的类型和成键原子的电负性。表 4 - 2 列出了一些常见分子的共价键键角。

表 4 - 2　　　　　　　　　一些常见分子的共价键键角

分　子	角	键　角	分　子	角	键　角
PH_3	∠HPH	93°18′	乙烯	∠HCH	118°
NF_3	∠FNF	102°	乙炔	∠CCH	180°
NH_3	∠HNH	107°18′	苯	∠CCH	120°
H_2O	∠HOH	104°45′	丙烯	∠CCC	180°
甲烷	∠HCH	109°28′	环己烷	∠CCC	109°28′
乙烯	∠CCH	121°			

　　键能是指在 101.3kPa、25℃ 的条件下，将 1mol 理想气体分子 AB 拆开为中性气态原子 A 和 B 所需要的能量，用 E_{A-B} 表示，单位为 $kJ \cdot mol^{-1}$。一般情况下，键长越小，键能越大，键越牢固。表 4 - 3 列出了一些常见共价键的键能。

表 4 - 3　　　　　　　　　一些常见共价键的键能　　　　　　　$kJ \cdot mol^{-1}$

共价键	键　能	共价键	键　能
H—H	435.1	C—N	305.4
H—C	414.2	C—O	359.8
H—N	389.1	C—F	485.3
H—O	464.4	C—Cl	339.0
H—F	564.8	C—Br	284.5
H—S	347.3	C—I	217.6
H—Cl	431.0	N—N	163.2
H—Br	364.0	N≡N	946.0
C—C	347.3	O—O	196.6
C=C	602.0	Cl—Cl	242.7
C≡C	835.0	Br—Br	192.5

4.2.5 其他作用力

4.2.5.1 分子间作用力

在物质的聚集状态中，分子与分子之间还存在一种较弱的非化学键长程作用力，称为分子间作用力，又称范德华力。分子间作用力无方向性和饱和性，它是永远存在于分子或原子之间的一种吸引力，作用能只有几到几十千焦每摩尔，比化学键的能量小一到两个数量级。

分子间作用力虽然很微弱，但它是决定物质的熔点、沸点、溶解度、汽化热、熔化热、表面张力、黏度等物理化学性质的一个重要影响因素。一般情况下，对于组成和结构相似的物质，分子量越大，分子间作用力越大，熔点、沸点越高。对于分子量相近的物质，分子的极性越大，分子间作用力越大，熔点、沸点越高。单质气体分子和惰性气体分子的溶解度主要取决于溶质分子和溶剂分子之间的色散力，组成和结构相似的溶质或溶剂的极化率越大，溶解度越大。

4.2.5.2 氢键

氢键是一种特殊的分子间或分子内相互作用，其强度介于化学键与分子间作用力之间，其大小与 H 两侧原子的电负性有关。以 HF 为例，H 和 F 以共价键结合，因为 F 的电负性较大，电子云密度中心会向 F 移动，使得 H 一方显正电性。由于 H 半径很小，又只有一个电子，当电子强烈地偏向 F 后，H 几乎成为一个"裸露"的质子，正电荷密度很高，可以和相邻的 HF 中的 F 产生静电吸引作用，形成氢键。

氢键具有两种不同的含义。第一种指的是一个整体结构，用 X—H⋯Y 表示。比如 HF 的氢键可以表示为 F—H⋯F，其键长为相邻两个 F 中心间的距离。第二种指的是 H⋯Y 的结合，比如氢键的键能指的是将 H⋯Y 结合分解成 H 和 Y 所需的能量。

氢键可以分为分子间氢键和分子内氢键。分子间氢键是指一个分子的 X—H 键与另一个分子的 Y 原子结合形成氢键，典型的有水分子之间形成的氢键。分子内氢键是指一个分子的 X—H 键与它内部的 Y 原子结合形成氢键，例如邻二苯酚，一个羟基中的氧与相邻羟基中的氢可以形成分子内氢键。

分子间存在氢键的物质，在熔融或气化过程中需要提供额外的能量破坏氢键，因此其熔沸点在同类化合物中异常偏高。分子内部生成氢键，则会减小分子间作用力，降低物质的熔沸点。例如存在分子内氢键的邻二苯酚的熔点（105℃）和沸点（245℃）要小于对二苯酚的熔点（172~175℃）和沸点（286℃）。

氢键具有方向性和饱和性。H 两侧电负性极大的原子的负电荷排斥作用使得氢键的方向在尽可能的范围内与 X—H 键的方向相同。氢键的饱和性表现在 X—H 只能和一个 Y 原子结合，这是因为 H 的体积很小，而 X 和 Y 体积通常较大，如果有另一个 Y 原子接近它们，其所受到 X 和 Y 的斥力要大于受到 H 的吸引力。

在极性溶剂中，如果溶质分子与溶剂分子之间可以形成氢键，则溶解度增大。若溶质分子形成分子内氢键，则在极性溶剂中的溶解度减小，而在非极性溶剂中的溶解度增大。以邻硝基苯酚（存在分子内氢键）和对硝基苯酚为例，其在 20℃ 水中的溶解度之比为 0.39，而在苯中的溶解度之比为 1.93。此外，分子间氢键可以使溶液的密度和黏度有所增加，分子内氢键则不会。

4.2.6 化学键的理论发展

4.2.6.1 价键理论

价键理论是最早发展起来的化学键理论，该理论认为分子由原子组成，原子在未化合之前含有未成对电子，若这些电子自旋方向相反，则可以两两耦合成电子对，形成共价键。以 H_2 为例，德国的沃尔特·海特勒（Walter Heinrich Heitler）和菲列兹·伦敦（Fritz London）认为，当两个 H 原子从无穷远处彼此接近至一定距离时，如果它们含有自旋方向相反的未成对电子，就会发生交换作用，即每一个氢原子核会吸引另一个氢原子核的电子。当核间距减小至吸引力等于排斥力时，就会形成一个稳定的共价键，体系的总能量降到最低值。

价键理论可以定性地推广到其他双原子分子和多原子分子，其主要内容包括：

（1）如果两个原子各有一个自旋方向相反的未成对电子，则可以耦合配对形成共价单键。如果两个原子各有两个或三个未成对电子，则可以两两配对形成共价双键或三键。因此，在多数情况下，原子的未成对电子数就是该原子的价数。以 Cl_2、O_2 和 Ar 为例，Cl 只有一个未成对电子，只能形成共价单键，因此，Cl_2 是以单键结合的；O 含有两个未成对电子，可以形成共价双键，O_2 也正是以双键结合的；Ar 没有未成对电子，因此，两个 Ar 相互接近时不能形成共价键。

（2）如果一个原子的未成对电子已经与另一个原子的未成对电子配对，则不能再与其他原子的未成对电子配对，即共价键具有饱和性。如果原子 A 具有 n 个未成对电子，原子 B 只有 1 个未成对电子，则原子 A 可以和 n 个原子 B 结合形成分子 AB_n。以 H_2O 为例，O 有两个未成对电子，H 只有一个未成对电子，因此，O 可以和两个 H 结合形成 H_2O。

（3）共价键的键能与电子云的重叠程度成正比，这也被称为电子云最大重叠原理或原子轨道最大重叠原则。根据这一原则，共价键的形成在可能的范围内一定采取电子云密度最大的方向，即共价键具有方向性。如图 4-6 所示，在同一原子壳层中，p 轨道的电子云密度在它的对称轴方向比 s 轨道的电子云密度

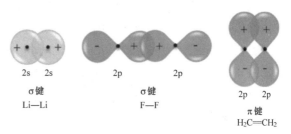

图 4-6 原子轨道的重叠

大，因此，p 轨道形成的 σ 键一般比 s 轨道形成的 σ 键更稳定，以 F_2 和 Li_2 为例，F_2 是 F 的 2p 轨道形成的 σ 键，键能为 $154.8kJ \cdot mol^{-1}$，而 Li_2 是 Li 的 2s 轨道形成的 σ 键，键能只有 $105kJ \cdot mol^{-1}$。当两个原子的 p 轨道平行时，侧面电子云有最大的重叠，可以形成 π 键，其电子云密度在两个原子键轴平面的上方和下方较高，键轴周围较低。由于 σ 键的电子云密度大于 π 键，所以 σ 键比 π 键更稳定。

价键理论可以解释共价键的本质，以及共价键具有的饱和性和方向性特点。然而，价键理论也有其局限性，比如不能解释分子的几何构型；不能解释分子的磁性；只能用来表示两个原子相互作用而形成的共价键，不能解释单键、双键交替出现的现象，也无法表示共轭双键；价键理论认为基态分子的电子都是配对的，是单重态，而 O_2 的基态是三重态，价键理论无法解释。

4.2.6.2 杂化轨道理论

1931 年，美国的莱纳斯·卡尔·鲍林（Linus Carl Pauling）和约翰·斯莱特（John

Cslater）首先提出了杂化轨道理论，杂化轨道是指同一原子中若干不同类型且能量相近的原子轨道混合重新组成的一组新轨道，也是原子轨道。例如：sp 杂化轨道是由 s 轨道和 p 轨道组合成的杂化轨道；spd 杂化轨道是由 s 轨道、p 轨道和 d 轨道组合成的杂化轨道。

随着周期数的增加，原子轨道的能级大小呈现出一定的周期性规律，原子轨道的能级由低到高依次为 1s、2s、2p、3s、3p、4s、3d、4p、5s、4d、5p、6s、4f、5d、6p、7s、5f、6d、7p，其中能级相近的轨道才能组合成杂化轨道。

杂化轨道理论的主要内容有：

（1）原子轨道的杂化只有在形成分子的过程中才会发生，并且只能发生在能级接近的轨道之间。如 Ni 的 3d 轨道的能级为 $-10eV$，4s 轨道的能级为 $-7.64eV$，4p 轨道的能级为 $-4.66eV$，这些轨道的能级很近似，因此，可以组成 dsp 杂化轨道。能量相近的原子轨道进行杂化后，组成能量相等的杂化轨道，使得原子的成键能力更强，成键后的分子更稳定，体系能量更低。

（2）各种杂化轨道的形状均为葫芦形，由分布在原子核两侧的大小叶瓣组成，图 4-7 所示为 B 的一个 2s 轨道与两个 2p 轨道杂化形成的 sp^2 杂化轨道。

（3）杂化轨道的数目等于参与杂化的轨道的总数，即轨道数守恒。例如：一个 s 轨道和一个 p 轨道发生杂化，则重新组成两个 sp 杂化轨道；一个 s 轨道和 3 个 p 轨道发生杂化，则重新组成 4 个 sp^3 杂化轨道。

（4）杂化轨道成键时，要满足原子轨道最大重叠原理。一般杂化轨道的成键能力比各原子轨道的成键能力更强，因为与 s 轨道和 p 轨道相比，杂化轨道具有更强的方向性，即电子云向一个方向聚集。若以该方向与另一个原子的适当轨道重叠，要比没有方向性的 s 轨道和方向性不强的 p 轨道更加有效，因此，形成的共价键更稳定。

（5）杂化轨道成键时，要满足化学键间最小排斥原理，键角越大，排斥力越小。杂化轨道类型不同，成键时键角不同，分子的空间结构也不同。

（6）杂化轨道可以分为等性杂化轨道和不等性杂化轨道。等性杂化轨道是指若干原子轨道组合形成的能量和成分都完全相同的杂化轨道，如 C 的 sp^3 杂化，4 条 sp^3 杂化轨道完全相同。不等性杂化是指若干原子轨道组合形成的不完全相同的杂化轨道，如 O 的 sp^3 杂化，4 条 sp^3 杂化轨道的能量不相等。C 和 O 的 sp^3 杂化如图 4-8 所示。

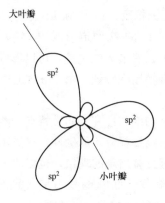

图 4-7　B 的 sp^2 杂化轨道

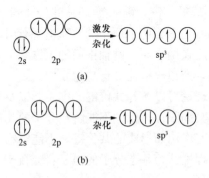

图 4-8　C 和 O 的 sp^3 杂化

(a) C 的 sp^3 杂化；(b) O 的 sp^3 杂化

4.2.6.3 分子轨道理论

分子轨道理论又称为分子轨道法，是原子轨道理论的自然推广，1932 年由美国的罗伯特·马利肯（Robertsanderson Mulliken）及德国的弗里德里希·洪特（Friedrich Hund）提出。不同原子中原子轨道的重叠产生分子轨道。分子轨道理论着重在分子的整体性，它认为分子中的电子不属于某些特定的原子，而是在整个分子内运动。每个电子的运动状态可以用波函数 ψ 来描述，整个分子的波函数是各个单电子波函数的乘积。原子中的单电子波函数称为原子轨道，分子中的单电子波函数 ψ 称为分子轨道，ψ^2 表示分子中电子在空间各处出现的概率密度。

分子轨道是由能量相近的原子轨道线性组合而成的，例如 H_2 中的两个 H，有两个 1s 轨道，可以组合成两个分子轨道。尽管分子中的电子可以在整个分子内运动，但它们不是等概率地出现在空间各处，如果某个分子轨道上的电子大部分时间靠近某个原子核运动，则该分子轨道一定接近于该原子的原子轨道。为了有效地组成分子轨道，所参与的原子轨道必须满足以下条件：

（1）能量相近条件。当参与成键的原子轨道能量相近时，可以有效地组成分子轨道；当两个原子轨道的能量相差较大时，不能有效地组成分子轨道。

（2）对称性匹配条件。不同类型的原子轨道有不同的形状，它们对于某些点、线、面等有着不同的空间对称性。为了有效地组成分子轨道，要求原子轨道的对称性匹配。

（3）轨道最大重叠条件。为了有效地组成分子轨道，参与成键的两个原子轨道重叠越多越好。

分子轨道可以分为成键轨道、反键轨道和非键轨道。我们知道，分子轨道由原子轨道重叠而成，而原子轨道是原子中的单电子波函数，波函数存在同相和反相区域。当两个波函数发生同相重叠时，它会得到加强，电子在这一区域出现的概率密度增加，体系能量降低，此时组合得到的分子轨道称为成键分子轨道；而当波函数发生反相重叠时，它们会互相削弱，电子出现在该区域的概率密度降低，体系能量升高，组合得到的分子轨道称为反键分子轨道。若组成分子轨道的原子轨道的空间对称性不匹配，原子轨道之间未有效重叠，组合得到的分子轨道的能量与组合前原子轨道的能量没有明显差别，则称为非键轨道。

成键分子轨道与反键分子轨道总是成对出现，如图 4-9 所示。以 H 原子为例，它的 1s 轨道上存在一个未成对电子，当两个 H 互相靠近时，原子轨道互相重叠会形成一个成键轨道和一个反键轨道。两个 H 原子的电子会全部进入成键分子轨道，使体系的总能量降低，结果是 H_2 分子比单独的 H 原子更加稳定。

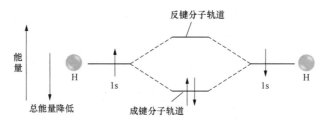

图 4-9　两个 H 原子形成分子轨道

对于 He 原子，如果要形成 He_2 分子会涉及两个电子充满的 1s 轨道的重叠。如图 4-10

所示，结果是形成的成键分子轨道与反键分子轨道都被电子占据，体系的总能量不变，成键并不会让体系更加稳定，因此，He 总是以单原子的形式存在。

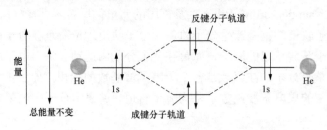

图 4-10　两个 He 原子形成分子轨道

分子轨道理论不在相邻的原子之间设置离散的、定域的键，而是着重考虑分子的整体性，对共轭 π 体系的处理有着价键理论不可比拟的优势。分子轨道理论可以说明分子的成键情况、键的强弱和分子的磁性，但是不能解决构型问题，此时需要将杂化轨道理论与分子轨道理论结合起来说明这一问题。

4.2.6.4　分子构型与价层电子对互斥理论

1. 分子构型

分子构型是指分子中的原子或基团在空间分布的几何形状，主要由分子中化学键的键长和键角决定。

对于等性杂化，分子构型与杂化轨道的几何构型一致，例如：CH_4 的 C 为 sp^3 杂化，CH_4 的分子构型与 sp^3 杂化轨道的几何构型均为正四面体，∠HCH 与 sp^3 杂化轨道之间的夹角均为 $109°28'$；BF_3 的 B 为 sp^2 杂化，BF_3 的分子构型与 sp^2 杂化轨道的几何构型均为正三角形，∠FBF 与 sp^2 杂化轨道之间的夹角均为 $120°$；$BeCl_2$ 的 Be 为 sp 杂化，$BeCl_2$ 的分子构型与 sp 杂化轨道的几何构型均为直线型，∠ClBeCl 与 sp 杂化轨道之间的夹角均为 $180°$。

对于不等性杂化，分子构型与杂化轨道的几何构型不一致，例如：NH_3 的 N 为 sp^3 杂化，然而 NH_3 的分子构型不是正四面体，而是三角锥，∠HNH 为 $107°18'$；H_2O 的 O 为 sp^3 杂化，然而 H_2O 的分子构型也不是正四面体，而是 V 形，∠HOH 为 $104°45'$。不同分子的几何构型如图 4-11 所示。

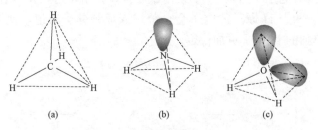

图 4-11　不同分子的几何构型
(a) CH_4；(b) NH_3；(c) H_2O

2. 价层电子对互斥理论

1940 年，英国的西奇威克（Vincent Sidgwick）等人相继提出了价层电子对互斥理论，简称 VSEPR 法，用于判断分子的几何构型，该法适用于主族元素间形成的 AB_n 型分子或离子。价层电子对是指分子中的成键电子对和原子最外层未成键的孤电子对。价层电子对互斥理论认为，当一个中心原子 A 和 n 个配位原子或原子团 B 形成 AB_n 型分子或离子时，其几何构型总是采取价层电子对相互排斥力作用最小的结构。以 $BeCl_2$ 为例，这是一个三原子分子，中心原子 Be 与两个 Cl 原子成键。当其分子结构为线性时，价层电子之间的排斥力最小，因为这时成键电子对和孤电子对之间的空间排布达到最远，所以 $BeCl_2$ 的空间结构为直线形。

对于只含单键的 AB_n 型分子或离子，若中心原子 A 的价层有 m 个孤电子对，则其价层电子对总数为 $m+n$。当中心原子 A 与配位原子或原子团 B 之间通过双键或三键结合时，双键和三键都被当作一个单键处理，每个键只计算其中的一对 σ 电子。

价层电子对相互排斥力作用的大小取决于电子对的成键情况。一般情况下，孤电子对与孤电子对之间的排斥力作用最大，成键电子对与成键电子对之间的排斥力作用最小，孤电子对与成键电子对之间的排斥力作用介于两者之间。三键的排斥力作用最大，双键次之，单键最小。电子对之间的排斥力作用越大，键角越大。正是由于成键电子对与孤电子对的排斥力作用大小不同，中心原子采用不等性杂化时，其分子构型与杂化轨道的几何构型不一致。以 H_2O 为例，中心原子 O 采用 sp^3 杂化，$\angle HOH$ 本该为 $109°28'$。但由于有单电子的 sp^3 杂化轨道与 H 的 1s 轨道成 σ 键，有孤电子对的 sp^3 杂化轨道不成键，O 采用的是不等性杂化。由于成键电子对的排斥力作用小于孤电子对，所以 $\angle HOH$ 变小为 $104°45'$。O 的 sp^3 杂化如图 4-12 所示。

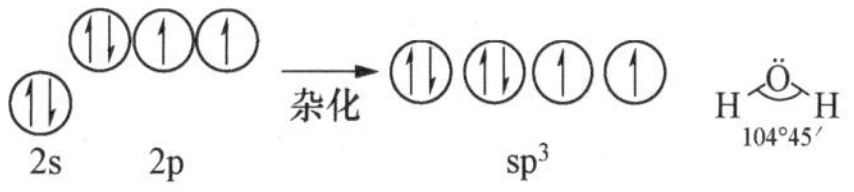

图 4-12 O 的 sp^3 杂化

给出了一些常见 AB_n 型分子或离子的几何构型，见表 4-4。

表 4-4 AB_n 型分子或离子的几何构型

价层电子对数	n	m	分子构型	实例
2	2	0	直线形	$BeCl_2$、CO_2
3	3	0	平面三角形	BF_3、BCl_3、CO_3^{2-}、NO_3^-
	2	1	V 形	SO_2、O_3、NO_2、NO_2^-
4	4	0	四面体	CH_4、CCl_4、NH_4^+、SO_4^{2-}
	3	1	三角锥	NH_3、PF_3、H_3O^+、SO_3^{2-}
	2	2	V 形	H_2O、H_2S、SF_2、SCl_2
5	5	0	三角双锥	PF_5、PCl_5、AsF_5
	4	1	变形四面体	SF_4、$TeCl_4$
	3	2	T 形	ClF_3、BrF_3
	2	3	直线形	XeF_2、I_3^-、IF_2^-
6	6	0	正八面体	SF_6、SiF_6^{2-}、AlF_6^{3-}
	5	1	四角锥	ClF_5、BrF_5、IF_5
	4	2	平面正方形	XeF_4、ICl_4^-

4.2.6.5 能带理论

能带理论是讨论金属晶体中电子运动状态的一种重要的近似理论，其核心思想是金属中的电子是离域的，所有电子都属于整个金属晶体，而不是某个特定的原子，这些电子的运动受到晶格原子势场的影响，它们被称为共有化电子。

　　这里以金属 Li 为例来讨论能带的形成，当两个 Li 形成双原子分子 Li_2 时，它们是以 σ 键结合的。根据分子轨道理论，两个 Li 的 2s 轨道会线性组合形成一个能量较低的成键轨道和一个能量较高的反键轨道，即发生了能级分裂。当成键的 Li 原子越来越多，由于原子之间离得很近，所以每个电子不仅受自身原子核的作用，还受到相邻原子核的作用，它的轨道和能量都会发生相应变化，成为共有化电子。这种共有化的结果使电子能级发生更多分裂，且相互之间能量差越来越小，最终形成一个几乎连成一片的具有一定上下限的能级，这就是能带。能带的形成如图 4 - 13 所示。

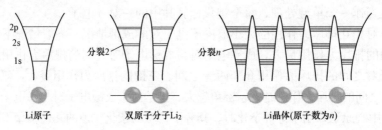

图 4 - 13　能带的形成

　　能带可以被分为价带、导带、满带和空带。价带是价电子能级分裂后形成的能带，价带既可以是导带，也可以是满带。导带是电子部分填充的能带，在外电场作用下，电子可以进入同一能带的空轨道，从而形成电流。满带是各能级都被电子填满的能带，满带中的电子不能参与宏观导电过程。空带是没有电子填充的能带，由原子的激发态能级分裂而成，价带和满带中的电子可以被激发进入空带，发生电子转移形成电流，因此，空带也是一种导带。此外，能带之间还存在能量间隙区，电子的能量不允许落在这个范围，这些区域称为禁带，电子难以从满带跨越这些间隙区进入导带。能带的分类如图 4 - 14 所示。

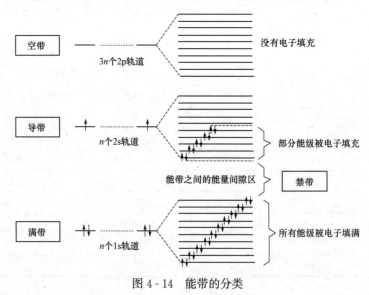

图 4 - 14　能带的分类

　　能带理论可以用来解释金属键的特性，以 Li 晶体为例，它的 2s 轨道组成的能带中电子半充满，是导带，其中的电子很容易从占据的分子轨道进入同一能带空的分子轨道，故而使

Li 呈现出良好的导电性。Li 的各个能带是互不交叠的，但对于 Na、Al、K、Cu、Ag 等金属，它们的空带与满带或导带之间会发生重叠，构成一个电子未满的导带，因而也具有良好的导电性。此外，由于共享电子的"胶合"作用，金属晶体在受到外力使晶体中正离子发生位移时不至于断裂，从而呈现出良好的延展性与可塑性。

能带理论还可以阐释导体、绝缘体和半导体的特性。导体的能带结构中存在电子未充满的导带，在外电场的作用下，电子容易从同一能带低能级跃迁到高能级，形成定向电流。

半导体和绝缘体一般只存在满带和空带。对于半导体而言，满带与空带之间的禁带宽度较小。一般的热激发、光激发以及弱的外加电场就能让满带中的电子越过禁带进入空带中，从而形成电流。如果在纯净的半导体中适当掺入杂质，会产生杂质能级，当杂质能级位于禁带上方靠近导带（空带）底部时，杂质能级中的电子很容易进入导带；而杂质能级位于禁带下方靠近价带（满带）时，价带中的电子很容易进入杂质能级中填补空位。因此，杂质的掺入可以改变半导体的导电机制，提高半导体的导电能力。

对于绝缘体而言，禁带宽度比半导体要大很多。一般的热激发、光激发等外部作用很难让满带中的电子越过禁带进入空带中，因此，导电性能很差。只有当外加电场非常强时，电子才有可能越过禁带跃迁到上面的空带中，从而形成电流，此时，绝缘体被击穿而成为导体。

4.3　有机官能团及其特性

有机物分子的结构有两个重要特征，一是碳原子形成的分子骨架，二是连接在碳骨架上的活性基团，这些活性基团又称为官能团，它们决定了有机分子的化学反应性。按官能团的不同可以对有机分子进行分类，表 4-5 列出了一些常见的官能团和对应的物质举例。

表 4-5　　　　　　　　　常见的官能团及其对应物质举例

官能团名称	官能团结构	物质举例
羟基	—OH	乙醇 C_2H_5OH
醛基		乙醛 CH_3CHO
酮基		丙酮 CH_3COCH_3
羧基		乙酸 CH_3COOH
酯基		乙酸乙酯 $CH_3COOC_2H_5$
醚键	R_1—O—R_2	二甲醚 CH_3OCH_3
碳碳双键	C＝C	乙烯 CH_2＝CH_2
碳碳叁键	C≡C	乙炔 CH≡CH
苯基		

在能源利用过程中，煤、石油、天然气和生物质等是重要的化学能源物质。其中，石油是由上亿年前残留的植物、海藻和细菌等经过漫长的变化形成的。未经加工的原油是一种黏稠的深褐色液体，其主要成分是各种烷烃、环烷烃以及芳香烃。烷烃的分子通式为 C_nH_{2n+2}，它只具备有机分子的基本碳骨架，而没有任何官能团。环烷烃和芳香烃属于环状结构烃类，环结构包括单环和多环，环烷烃的分子通式为 C_nH_{2n}，芳香烃中平均每个碳原子连接的氢原子数较少，例如苯的同系物分子通式为 C_nH_{2n-6}。

通过催化重整、催化加氢、催化裂化和热裂化等加工过程，石油炼制工业可生产出种类繁多的石油产品。例如，轻质油品石脑油经催化重整后可获得苯、甲苯、二甲苯等重要的芳烃化合物；石脑油或重质油经过催化裂化可获得重要的化工支柱产品乙烯和丙烯，它们是生产聚乙烯、聚氯乙烯和聚酯树脂等重要高分子化合物的原料。

生物质能是人类最早使用的能源，也是世界上最普遍的可再生能源之一。纤维素、半纤维素和木质素是生物质的三大主要组分，它们共同构成了植物细胞壁的主要成分。纤维素是一种高分子多聚糖，其聚合单体为纤维二糖。半纤维素是一种杂聚多糖，其基本糖单元包括木糖、甘露糖、半乳糖和阿拉伯糖等。木质素是由三种苯基丙烷单体以非线性的、随机的方式连接组成的生物高分子，组成木质素的三种单体含有不同官能团，使得木质素的结构十分复杂。由于组成与结构的差异，生物质三大组分在热化学转化性能和产物分布上表现出很大的差别。对生物质热解可以获得富含醛、酮、酸、酚和糖类等物质的生物油，经过后续分离和改性可以获得烃类燃料和高价值化学品。

在上述的一系列化学变化中，除了有机物分子碳链骨架的变化，更重要的就是分子中官能团的变化。下面将重点介绍能源化学相关的一些官能团性质。

4.3.1 羟基

羟基可以分为两类：醇羟基和酚羟基。醇羟基是醇类化合物中的特征官能团，它决定着这一类化合物的化学反应性。醇类可以用通式 ROH 表示，其中 R 通常为烃基。例如：

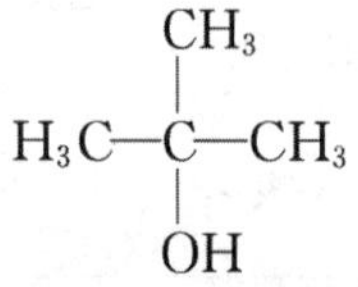

叔丁醇 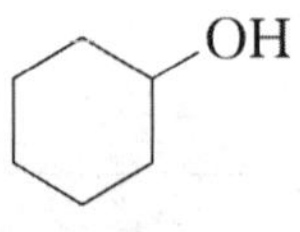　　　　环己醇 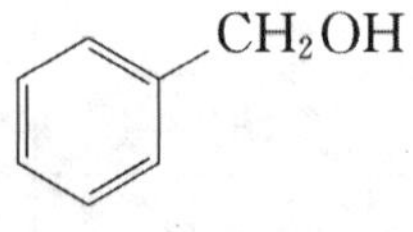　　　　苯甲醇 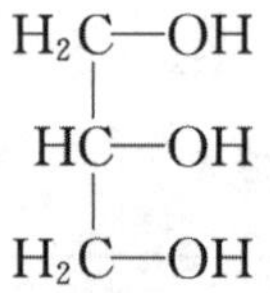　　　　丙三醇

酚羟基是酚类的官能团，它直接连在酚类物质的芳香环上，例如，生物油中常见的苯酚和儿茶酚：

苯酚 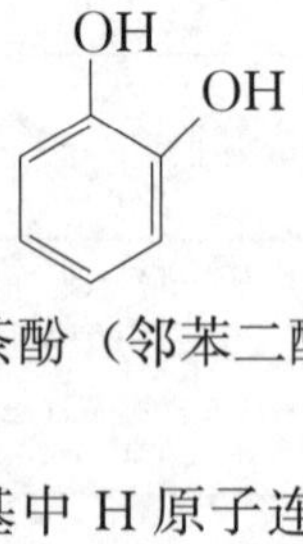　　　　　儿茶酚（邻苯二酚）

4.3.1.1 醇和酚的物理性质

醇羟基在很大程度上决定了醇的物理性质，羟基中 H 原子连接在具有强电负性的氧原子上，它可以和另一个醇分子上的氧原子形成氢键。这一特征使得醇的沸点升高，在水中的溶解度增加。例如，正戊烷的相对分子质量与正丁醇相近，正戊烷沸点为 36℃，

正丁醇沸点却达到 118℃。醇的沸点还会随相对分子质量的增大而升高，在同系列中，少于 10 个碳原子的相邻两个醇的沸点差为 18～20℃，高于 10 个碳原子者，沸点差较小。氢键还显著提高了醇类在水中的溶解度，和烃类化合物显著不同，低级的醇能与水混溶，醇羟基与水分子的羟基之间形成氢键。对于高级醇，烷基对整个分子的影响越来越大，其物理性质将与烷烃接近。醇的烷基部分越大，它在水中的溶解度越小。甲醇、乙醇和丙醇可与水以任何比例互溶；含 4～11 个碳的醇为油状液体，可部分溶于水；高级醇为无臭、无味的固体，不溶于水。对于多羟基醇，由于分子中有两个以上的位置可以形成氢键，因此在水中有更好的溶解性，而沸点也更高，如乙二醇的沸点为 197℃，而丙三醇的沸点高达 290℃。

酚类能形成分子间氢键，因而具有较高的熔点和沸点。常温下，除少数烷基酚是高沸点液体外，大多数的酚都是无色晶体。酚能与水形成氢键，因此，在水中也有一定的溶解度，一元酚微溶或不溶于水，多元酚易溶于水，其在水中溶解度随羟基数目增多而增大。酚类还能溶于乙醇、醚等有机溶剂。

4.3.1.2 醇羟基的化学性质

醇的反应涉及两种键的断裂，分别是碳氧键 C···OH 的断裂和氧氢键 O···H 的断裂。另外，与羟基相连的碳原子容易被氧化，生成醛、酮或酸。

1. 脱水反应

在强酸催化下，醇可发生分子内脱水生成烯烃，也可发生分子间脱水生成醚。醇在与强酸共热条件下可发生分子内脱水生成烯烃，该反应属于消除反应。脱水所需的温度和酸浓度以及醇的结构有关。

例如：乙醇脱水生成乙烯，1-丁醇脱水生成 1-丁烯和 2-丁烯。

$$
\underset{\text{醇}}{\overset{\begin{array}{cc}\beta\text{-H} & \alpha\text{-H}\\ CH_2 & CH_2\\ | & |\\ H & OH\end{array}}{}} \xrightarrow[175℃]{\text{浓}H_2SO_4} CH_2{=}CH_2 \tag{R4-1}
$$

$$
HO\underset{1\text{-丁醇}}{\diagup\diagup\diagup} \xrightarrow[250℃]{75\%H_2SO_4} \underset{\text{次要产物}}{\overset{1\text{-丁烯}}{}} + \underset{\text{主要产物}}{\overset{2\text{-丁烯}}{}} \tag{R4-2}
$$

一般认为醇脱水反应机理为碳正离子机理：醇在酸的作用下发生质子化，质子化的醇脱水形成碳正离子，随后碳正离子脱质子形成烯烃，如式（R4-3）所示。

$$
\underset{\text{醇}}{\overset{\begin{array}{cc} | & |\\ -C{-}C-\\ | & |\\ H & OH\end{array}}{}} \xrightarrow{H^+} \underset{\text{质子化的醇}}{\overset{\begin{array}{cc} | & |\\ -C{-}C-\\ | & |\\ H & \overset{+}{O}H_2\end{array}}{}} \xrightarrow{-H_2O} \underset{\text{碳正离子}}{\overset{\begin{array}{cc} | & |\\ -C{-}\overset{\oplus}{C}-\\ | &\\ H &\end{array}}{}} \xrightarrow{-H^+} \underset{\text{烯烃}}{\overset{\begin{array}{cc} | & |\\ -C{=}C-\\ &\end{array}}{}} \tag{R4-3}
$$

质子化的醇脱水后形成的碳氢化合物中含有一个中心碳原子，它带有一个正电荷，与其他三个基团相连，同时，最外层只有六个价电子，此结构即为碳正离子。碳正离子上的碳原子属于缺电子结构，需要完成惰性气体构型使其稳定。因此，任何给电子因素均能使正电荷分散而稳定，任何吸电子因素均能使正电荷集中而不稳定。一些不稳定的碳正离子可以通过碳骨架重排，形成更稳定的碳正离子，式（R4-4）为 3,3-二甲基-2-丁醇的脱水消除反应。由于甲基具有给电子效应，初始生成的二级（2°）碳正离子容易发生碳骨架重排，形成更加稳定的三级（3°）碳正离子，并发生两种 β-H 的消除反应，生成 2,3-二甲基-1-丁烯和 2,3-二甲基-2-丁烯。

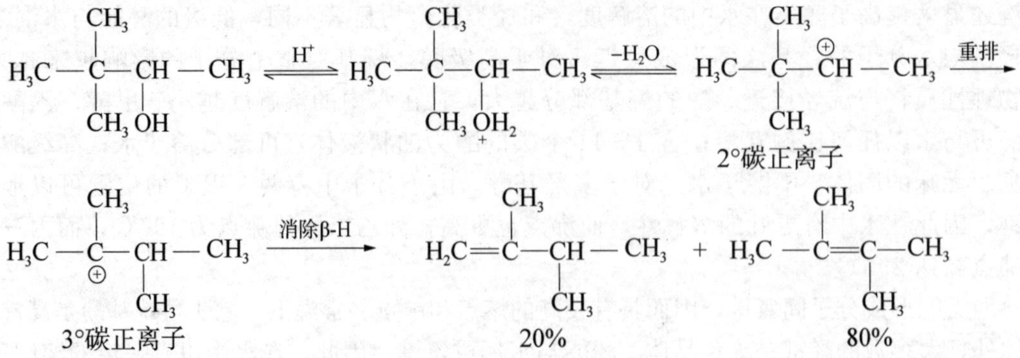

（R4-4）

在酸的作用下，醇也可以发生分子间脱水生成醚。例如，甲醇的分子间脱水生成二甲醚，乙醇的分子间脱水生成乙醚。一般来说，在较高温度下，提高酸的浓度有利于分子内脱水生成烯烃；用过量的醇在较低温度下则有利于分子间脱水生成醚。如乙醇在 140℃ 和浓硫酸条件下发生分子间脱水生成乙醚。

$$CH_3CH_2-OH \xrightarrow[140℃]{浓\ H_2SO_4} CH_3CH_2-O-CH_2CH_3 \qquad (R4-5)$$

生成醚的反应属于亲核取代反应（S_N 反应），一分子醇作为亲核试剂，另一分子质子化醇作为反应底物。比如乙醇分子间的双分子亲核取代（S_N2 反应）

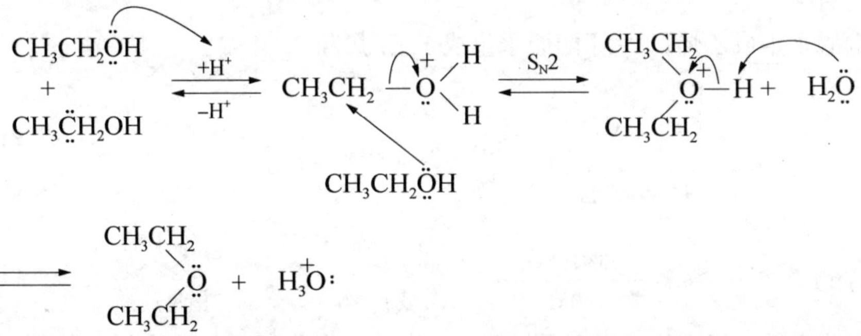

（R4-6）

在一些同时具有酸性和择形性的分子筛催化作用下，甲醇、乙醇等醇类在发生分子间脱水生成醚之后，还可以进一步发生脱水、增碳、重排、成环等反应而获得烃类。比如，甲醇制汽油的反应就是在 400℃ 左右温度条件和 HZSM-5 分子筛催化作用下将甲醇转化为含有芳烃、烷烃和烯烃的汽油组分。

2. 酯化反应

醇与含氧无机酸或有机酸及它们的酸酐反应都可生成酯。酯相当于醇和酸之间失去一个水分子，其余部分相互结合成为一个分子，如

$$CH_3OH + CH_3COOH \xrightarrow{H^+} CH_3COOCH_3 + H_2O \qquad (R4-7)$$
乙酸乙酯

$$CH_3OH + HONO \xrightarrow{H^+} CH_3ONO + H_2O \qquad (R4-8)$$
亚硝酸甲酯

其中，乙酸乙酯是重要的有机溶剂，亚硝酸甲酯则是合成气间接法合成乙醇过程中 CO 氧化偶联生成草酸二甲酯的重要中间反应物。

3. 氧化脱氢反应

一级醇及二级醇的醇羟基相连的碳原子上有氢，可以被氧化成醛、酮或酸。三级醇的醇羟基相连的碳原子上没有氢，不易被氧化，但如在酸性条件下，容易脱水成烯，然后碳键氧化断裂，形成小分子化合物。选用不同的氧化剂，一级醇可以被氧化成醛或羧酸，而二级醇可以被氧化成酮。生成醛或酮的反应也就是醇羟基上的 H 和羟基连接碳原子上的 H 发生脱除的过程。如乙醇在 Cu 催化剂的作用下，发生氧化脱氢反应生成乙醛。

$$CH_3CH_2OH \xrightarrow[250\sim300℃]{Cu/Al_2O_3} CH_3CHO + H_2 \qquad (R4-9)$$

新制备的 MnO_2 可将 β 碳上为不饱和键的一级醇、二级醇氧化为相应的醛和酮，而不饱和键不受影响。

$$CH_2=CHCH_2OH \xrightarrow[25℃]{MnO_2} CH_2=CHCHO \qquad (R4-10)$$

4.3.1.3 酚羟基的化学性质

酚类化合物中羟基直接连接在苯环上，其化学性质受到苯环的影响而表现出一些不同于醇的性质。

1. 酸性

由于苯环的特殊结构产生的电子作用，使得连接在苯环上的酚羟基能解离出质子而显弱酸性，其酸性比羧酸和碳酸弱。这一特征与醇羟基显著不同，醇的酸性比水还弱，只能与 Na 等活泼金属反应放出氢气，不能与 NaOH 等碱发生反应。而苯酚能与 NaOH 溶液发生中和反应，生成能溶于水的苯酚钠，向苯酚钠水溶液加入无机酸能重新得到苯酚和对应的无机盐。酚盐与酚的溶解性相反，能溶于水而不溶于有机溶剂。

$$\underset{\substack{\text{苯酚}\\(\text{酸})}}{\text{OH}} \underset{\text{H}^+}{\overset{\text{OH}^-}{\rightleftharpoons}} \underset{\substack{\text{苯氧离子}\\(\text{盐})}}{\text{O}^-} \qquad (R4-11)$$

酚具有的弱酸性以及酚盐具有的能溶于水的特性，使其在分析和分离上有重要作用。例如，生物油经过分子蒸馏分离出的重质馏分中含有较多的单酚、热解木质素（酚类聚合物）和糖类，可以采用有机溶剂萃取结合酚和酚盐的相互转化提取单酚化合物以及不同聚合度的热解木质素。图 4-15 所示为由生物油提取单酚化合物和热解木质素流程图，室温下将过滤后的生物油加入去离子水中，超声震荡下分离得到水相和有机相；将得到的有机相溶于强碱溶液中，保证 pH>12，并利用有机溶剂萃取分离得到混合溶液中的中性组分；利用稀酸溶液将经过萃取后得到的碱溶液酸化至 pH 值为 5~7，过滤得到高分子热解木质素，滤液经有机溶剂萃取分离得到单酚化合物，将再次萃取后得到的碱溶液酸化至 pH 值为 1~2，过滤得到低分子热解木质素。

2. 成醚反应

与醇羟基可发生分子内脱水生成烯烃、发生分子间脱水生成醚不同，酚羟基只能通过断

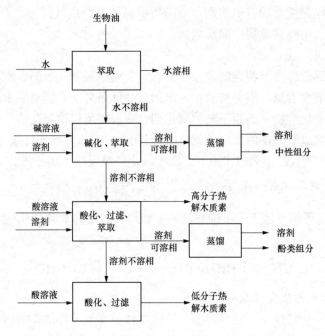

图 4-15 由生物油提取单酚化合物和热解木质素流程图

裂氧氢键与其他物质反应生成醚。其中比较典型的就是与卤代烃反应，如

$$\text{OH} + CH_3CH_2Br \xrightarrow{\text{NaOH 水溶液}} \text{OCH}_2CH_3 + NaBr \quad (R4\text{-}12)$$

3. 成酯反应

相对于醇而言，酚类与羧酸直接发生酯化反应非常困难，制取酚酯一般需要在催化作用下通过酚类与酰氯或酸酐反应，如

$$\text{OH} + \text{（乙酸酐）} \xrightarrow{\text{催化剂}} \text{（苯酚乙酸酯）} + CH_3COOH \quad (R4\text{-}13)$$

4.3.2 醚键

醚官能团是由一个氧原子连接两个烷基或芳基所形成，它的通式为 R1—O—R2。根据醚键是否成环分为直链醚和环醚两大类，其中三元环醚又称为环氧化合物，其他环醚则多采用杂环化合物的命名法。常见的醚类化合物如图 4-16 所示。

4.3.2.1 醚的物理性质

多数醚是易挥发、易燃的液体。与醇不同，醚分子间不能形成氢键，因此，沸点比同组分醇的沸点低得多，如乙醇的沸点为 78.4℃，甲醚的沸点为 -24.9℃；正丁醇的沸点为 117.8℃，乙醚的沸点为 34.6℃。

多数醚不溶于水，二甲醚可以与水互溶，但随着烷基链增大，醚的水溶性降低。另外，常用的四氢呋喃和 1,4-二氧六环也能与水完全互溶，这是由于两种物质中的氧和碳形成了

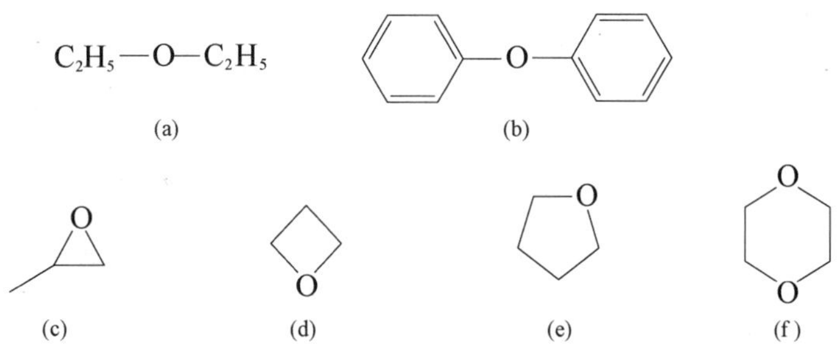

图 4 - 16　常见的醚类化合物

(a) 乙醚；(b) 苯醚；(c) 1,2 - 环氧丙烷；(d) 1,3 - 环氧丙烷；(e) 四氢呋喃；(f) 1,4 - 二氧六环

环状结构，氧原子突出在外，使其易和水形成氢键。乙醚的碳氧原子数虽和四氢呋喃的相同，但却难以和水形成氢键，在水中溶解性差。乙醚、四氢呋喃和 1,4 - 二氧六环都是实验室中常用的溶剂。

4.3.2.2　醚的化学性质

1. 路易斯碱性

根据路易斯提出的酸碱电子理论，能接受外来电子的分子或者离子是路易斯酸，能给出电子对的分子或者离子是路易斯碱。醚键中的氧原子上带有孤对电子，同时由于两个烃基的给电子效应，增大了醚键中氧的电子云密度，从而可以接受强酸中的质子或与路易斯酸反应（提供电子）。因此，与醇相比，醚是一个较强的路易斯碱。

$$R\ddot{O}R + HCl \Longrightarrow [R_2OH]^+Cl^- \tag{R4 - 14}$$

$$R\ddot{O}R + BF_3 \longrightarrow R_2\overset{+}{O}-\overset{-}{B}F_3 \tag{R4 - 15}$$

2. 醚键断裂

虽然醚不能轻易地发生水解反应，但在高温和亲核试剂氢卤酸的作用下，醚能发生 C—O 键的断裂（二苯醚例外），烃氧基被卤原子取代，生成卤代烃和醇（或酚）。两个烃基不同时，一般是较小的烃基生成卤代烷；芳基烷基醚则总是发生烷氧键断裂，生成酚和卤代烷。浓 HI 的作用最强，常温下就可使醚键断裂，氢卤酸的活性次序为 HI > HBr > HCl。

$$C_2H_5—O—C_2H_5 \xrightarrow{\text{HI}} C_2H_5I + C_2H_5OH \tag{R4 - 16}$$

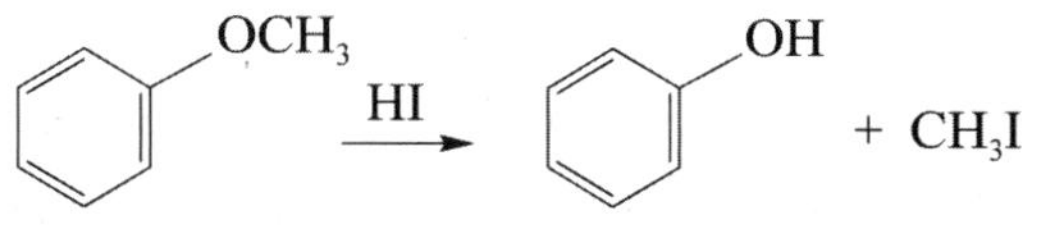

$\xrightarrow{\text{HI}}$ $+ CH_3I$ (R4 - 17)

醚键是生物质木质素中最常见的连接键，其中 β—O—4、α—O—4、γ—O—4 等含量最多，可占到连接键总量的 60% ~ 70%，而 β—O—4 又最为常见，软木和硬木木质素中 β—O—4 可占 43% ~ 50% 和 50% ~ 65%。木质素中含量较高的醚键见图 4 - 17。

当木质素经化学处理时，β—O—4 首先断裂，造成木质素大分子的分解，因此，其在木质素的溶解和解聚过程中起着重要的作用。

此外，木质素及其模化物中的醚键还可以在高温热解的条件下发生断裂，如愈创木酚和紫丁香酚都是含有甲氧基醚键的酚类，在温度高于 400℃ 时发生 O—CH₃ 键的均裂，生成多

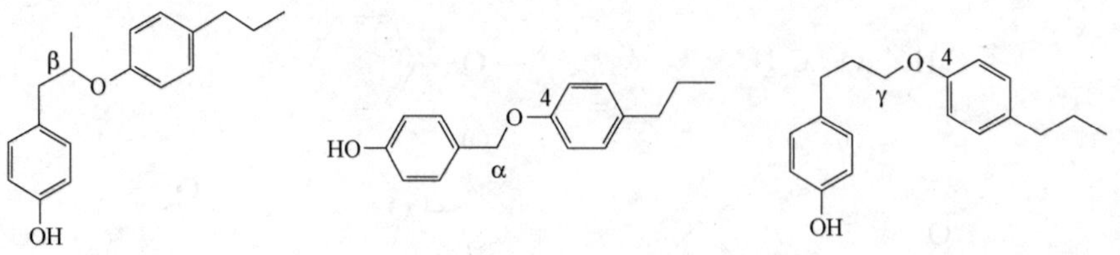

图 4-17　木质素中含量较高的醚键

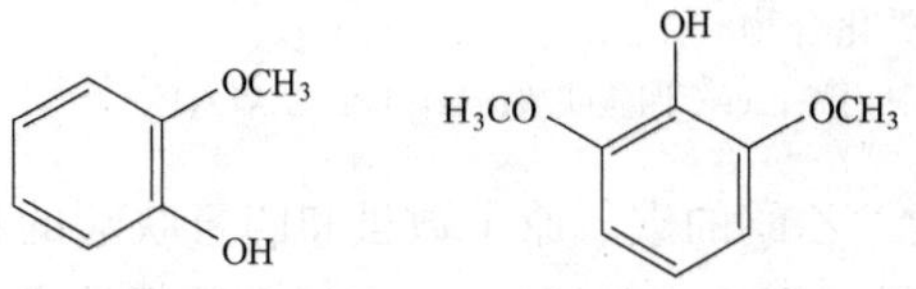

图 4-18　含有甲氧基醚键的酚类

羟基酚类。在生物质热解反应条件下，β—O—4 醚键中的 β—O 键发生断裂，形成对应的酚类物质。含有甲氧基醚键的酚类见图 4-18。

3. 氧化生成过氧化物

醚键中的氧原子具有较强的吸电子效应，从而使得 α 位的 H 原子活性增强，能被空气中的氧（或氧化剂）氧化，致使该 C—H 键断裂生成过氧化物。这种放置在空气中有机化合物中 C—H 键自动被氧化生成 C—O—O—H 基团的反应称为自氧化反应。

$$CH_3CH_2{-}O{-}CH_2CH_3 \xrightarrow{\ O_2\ } CH_3CH_2{-}O{-}\underset{\underset{OOH}{|}}{C}HCH_3 \qquad (R4\text{-}18)$$

过氧化物不稳定，受热易分解发生强烈爆炸。因此，醚类在存放时需加入阻氧剂，如对苯二酚。在蒸馏乙醚时注意不要蒸干，蒸馏前必须检验是否有过氧化物。常用的检查方法是用碘化钾淀粉试剂，若存在过氧化物，将与碘化钾发生氧化还原反应生成单质碘，试剂显示蓝色。利用氧化还原反应，可以向乙醚中加入硫酸亚铁或亚硫酸钠等还原剂以破坏过氧化物。

4.3.3　羰基

根据构成羰基的碳原子另外两个键的不同，可以将羰基化合物分为醛酮类和羧酸类。

（1）醛酮类：R—CH＝O 醛基；R—CO—R 酮基。

（2）羧酸类：R—CO—OH 羧基；R—CO—OR′酯基等。

这些有机化合物中的羰基结构连接 R 基团整体称为酰基（ $R{-}\overset{\overset{O}{\|}}{C}{-}$ ）。

4.3.3.1　醛酮的物理性质

羰基具有偶极矩，增加了分子间的吸引力，沸点比相应相对分子质量的烷烃高，但比醇低。醛酮的氧原子可以与水形成氢键，因此，低级醛酮能与水混溶，高级醛酮随着相对分子质量的增加在水中溶解度降低。如甲醛的沸点为 $-21℃$，易溶于水，而乙醛的沸点为 $21℃$，水中溶解度降低为 16g。丙酮能与水互溶，但是丁酮在水中溶解度降低为 26g。

4.3.3.2　醛酮的化学性质

由于氧的电负性（3.4）大于碳的电负性（2.6），C＝O 键的电子云分布偏向于氧原子；这个特点决定了羰基的极性和化学反应性。如图 4-19 所示，醛和酮的绝大多数反应发生在三个区域：呈路易斯碱性的羰基氧、亲电性的羰基碳与和羰基直接相连的 α - 碳。

1. 亲核加成反应

加成反应是不饱和化合物的一种特征反应；是反应物分子中以重键结合的或共轭不饱和体系末端的两个原子，在反应中分别与由试剂提供的基团或原子以σ键相结合，得到一种饱和的或比较饱和的加成产物的过程。亲核加成反应是指给电子能力强的原子与不饱和键结合所引起的加成反应。碳氧双键中由于C原子的缺电子特征，易受给电子能力强的亲核试剂进攻而发生亲核加成反应。

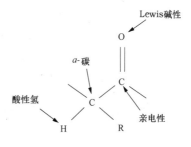

图 4-19 醛和酮的反应活性区域

羰基可与以碳为中心原子的亲核试剂加成，如 HCN 和格氏试剂等。格氏试剂是格林尼亚试剂的简称，是含卤化镁的有机金属化合物，由于含有碳负离子，所以属于亲核试剂，由法国的维克多·格林尼亚（Auguste Victor Grignard）发现，格氏试剂在有机合成上是十分有用的试剂。

$$
\overset{\overset{\displaystyle O}{\|}}{R-C-H} + HCN \xrightarrow{\text{稀碱}} \overset{\overset{\displaystyle OH}{|}}{\underset{\underset{\displaystyle H}{|}}{R-C-CN}} \quad \alpha\text{-羟腈} \qquad (R4-19)
$$

$$
\overset{\overset{\displaystyle O}{\|}}{R-C-R'} + HCN \xrightarrow{\text{稀碱}} \overset{\overset{\displaystyle OH}{|}}{\underset{\underset{\displaystyle CN}{|}}{R-C-R'}} \quad \alpha\text{-羟腈} \qquad (R4-20)
$$

加成生成的 α—羟腈比原来的醛、酮增加了一个碳原子，是增长碳链的方法之一。加成反应中，第一步是负离子或具有孤对电子的基团首先加在碳原子上，这是决定整个反应速率的一步，因此称为亲核加成反应；第二步带正电的离子再加到氧原子上，这一步是离子间的反应，反应瞬时完成。当没有碱存在时，HCN 的加成反应很慢，但是只要加一滴氢氧化钾溶液，反应速率可以增加几百倍。如果在反应体系中加入酸，则反应极难进行。说明羰基加成是 CN⁻ 离子作用的亲核加成反应。因为 HCN 是个弱酸，在溶液中电离度很小，溶液中 CN⁻ 浓度极低，加入碱时，增大了 CN⁻ 浓度，所以反应加快。

$$
HCN \underset{H^+}{\overset{OH^-}{\rightleftharpoons}} H^+ + CN^- \qquad (R4-21)
$$

$$
\overset{\overset{\displaystyle O}{\|}}{H_3C-C-CH_3} + CN^- \longrightarrow \overset{\overset{\displaystyle O^-}{|}}{\underset{\underset{\displaystyle CN}{|}}{H_3C-C-CH_3}} \xrightarrow{H^+} \overset{\overset{\displaystyle OH}{|}}{\underset{\underset{\displaystyle CN}{|}}{H_3C-C-CH_3}} \qquad (R4-22)
$$

利用这个反应不仅可以制备羟腈，还可以进一步水解制备 α-羟基酸，脱水又可以获得 α,β-不饱和酸。

$$
\overset{\overset{\displaystyle OH}{|}}{\underset{\underset{\displaystyle CN}{|}}{H_3C-H_2C-C-CH_3}} \xrightarrow{\text{稀酸水解}} \overset{\overset{\displaystyle OH}{|}}{\underset{\underset{\displaystyle COOH}{|}}{H_3C-H_2C-C-CH_3}} \xrightarrow[\text{加热}]{\text{浓硫酸}} \overset{}{\underset{\underset{\displaystyle COOH}{|}}{H_3C-HC=C-CH_3}}
$$

$$(R4-23)$$

所有的醛、酮都能与格氏试剂发生加成反应，加成产物经水解得到各种不同的醇，是合成醇的好方法之一。格氏试剂的亲核碳显电负性，进攻亲电的羰基碳，双键打开，新的 C—C 键形成。

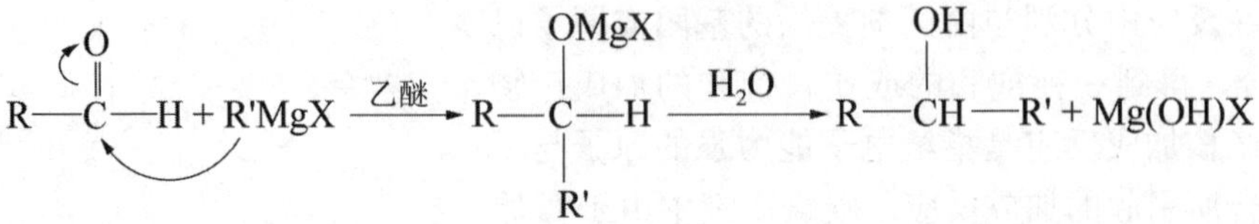

$$R-\overset{\overset{\displaystyle O}{\|}}{C}-H + R'MgX \xrightarrow{\text{乙醚}} R-\underset{\underset{\displaystyle R'}{|}}{\overset{\overset{\displaystyle OMgX}{|}}{C}}-H \xrightarrow{H_2O} R-\overset{\overset{\displaystyle OH}{|}}{CH}-R' + Mg(OH)X$$

(R4-24)

2. α-活泼氢引起的反应

与官能团直接相连的 C 叫 α-C，而 α-C 上的 H 即 α-H。α-H 的活性受与之直接相连的官能团或取代基的影响，通常会表现出特殊的反应活性。羰基中氧原子的电负性较大，超共轭效应使 α-碳氢键上的电子向羰基偏移，使得 α-H 易断键形成 H^+ 离子，因此，α-H 比较活泼。

在稀碱或稀酸的作用下，两分子含 α-H 的醛或酮发生互相作用，其中一个醛（或酮）分子中的 α-H 加到另一个醛（或酮）分子的羰基氧原子上，其余部分加到羰基碳原子上，生成一分子 β-羟基醛或一分子 β-羟基酮。这个反应称为羟醛缩合或醇醛缩合。通过醇醛缩合，可以在分子中形成新的碳碳键，并增长碳链。

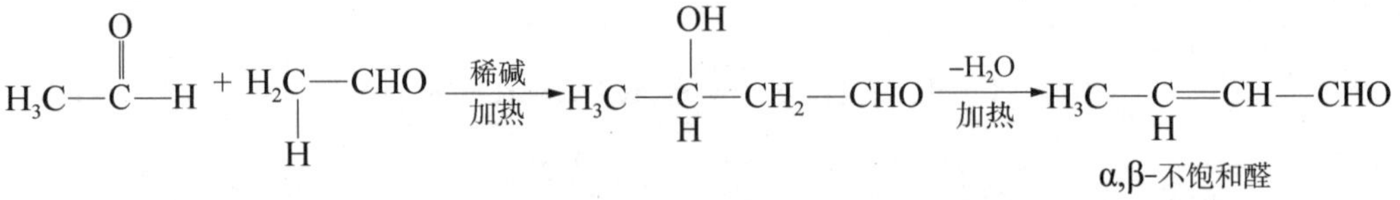

$$H_3C-\overset{\overset{\displaystyle O}{\|}}{C}-H + \underset{\underset{\displaystyle H}{|}}{H_2C}-CHO \xrightarrow[\text{加热}]{\text{稀碱}} H_3C-\underset{\underset{\displaystyle H}{|}}{\overset{\overset{\displaystyle OH}{|}}{C}}-CH_2-CHO \xrightarrow[\text{加热}]{-H_2O} H_3C-\underset{\underset{\displaystyle H}{|}}{C}=CH-CHO$$

α,β-不饱和醛

(R4-25)

式（R4-25）给出了羟醛缩合的反应过程，具有 α-H 的醛或酮，在碱催化下生成碳负离子，然后碳负离子作为亲核试剂对醛或酮进行亲核加成，生成 β-羟基醛，β-羟基醛受热脱水生成 α,β 不饱和醛或酮。

在生物质水热转化制取航空燃油的过程中，羟醛缩合反应起到了很重要的作用。在该过程中，生物质首先在水热条件下降解生成糠醛和乙酰丙酸等平台化合物，然后利用羟醛缩合反应增碳，再通过加氢异构的反应调整产物中各种烃类的比例，如图 4-20 所示。

3. 氧化反应

醛极易氧化，许多氧化剂都能将醛氧化成有机酸。如醛在酸性高锰酸钾溶液中被氧化成对应的羧酸，在弱氧化剂银氨溶液中被氧化成羧酸铵，同时析出银沉淀，容易在容器壁上形成银镜，这也是检验醛的有效方法。而酮极难发生氧化，只有遇强烈氧化剂才会发生碳链断裂形成酸。

4. 还原反应

醛和酮在一定条件下经催化氢化可还原成醇，醛被还原成伯醇，而酮被还原成仲醇，如式（R4-26）和式（R4-27）所示。

$$RCHO + H_2 \xrightarrow[\text{0.3MPa,25℃}]{Pt(\text{或 Pd,Ni})} RCH_2OH$$

(R4-26)

$$\underset{\text{RCR}'}{\overset{\text{O}}{\parallel}} + H_2 \xrightarrow[0.3\text{MPa},25℃]{\text{Pt(或 Pd,Ni)}} \underset{\text{RCHR}'}{\overset{\text{OH}}{|}} \tag{R4-27}$$

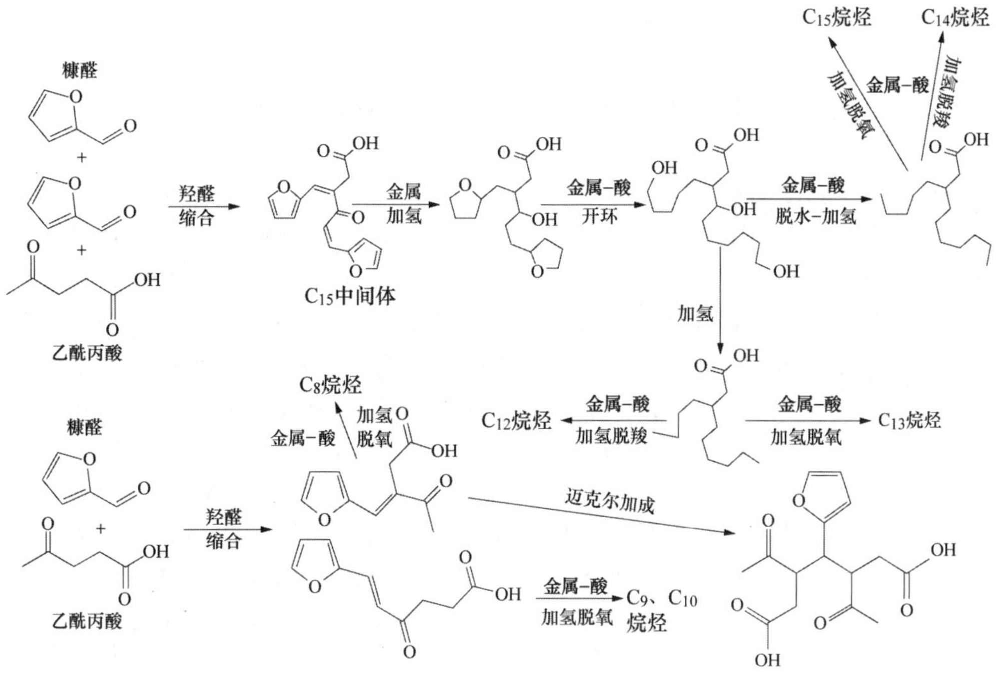

图 4-20　利用羟醛缩合反应制备烃类燃料

4.3.4　羧基

羧基是羧酸的官能团，化学式为—COOH。如醋酸、柠檬酸都含有羧基，称为羧酸。最简单的羧酸是甲酸。

4.3.4.1　羧酸的物理性质

饱和一元羧酸中，甲酸、乙酸、丙酸具有强烈酸味和刺激性。含有 4～9 个 C 原子的具有腐败恶臭味，是油状液体。含 10 个 C 以上的为石蜡状固体，挥发性很低，没有气味。羧基是亲水基，与水可以形成氢键，因此低级羧酸能与水任意比互溶；随着相对分子质量的增加，憎水基（烃基）越来越多，在水中的溶解度越来越小。芳香酸是结晶固体，在水中溶解度不大。羧酸的沸点比相对分子质量相当的烷烃和卤代烷的沸点高，甚至比相近相对分子质量的醇的沸点还要高，这是因为羧酸羰基中氧原子的电负性较强，使电子偏向于氧，并接近另一分子的质子形成氢键，进而形成二聚体。二聚体有较高的稳定性，在固态和液态时，羧酸以二聚体的形式存在，甚至在气态时，相对分子质量较小的羧酸如甲酸、乙酸也以二聚体形式存在。当化合物中有两个羧基存在时，便是二元羧酸。最简单的二元酸是草酸，它存在于许多植物中，如菠菜等。所有二元羧酸都是结晶化合物，低级的溶于水，随着相对分子质量的增加，在水中的溶解度减小。

4.3.4.2　羧酸的化学性质

羧基的性质并非羰基和羟基的简单加和。例如，羧基中的羰基在羟基的影响下变得很不活泼，不跟 HCN、$NaHSO_3$ 等亲核试剂发生加成反应，而它的羟基氢比醇羟基氢更容易解离，显示弱酸性。如在水中：$RCOOH + H_2O \longrightarrow RCOO^- + H_3O^+$。

1. 酸性

羧酸为相对较强的酸，由于极化的羰基碳具有强的吸电子性以及脱去质子后产生共振稳定的羧酸根负离子，其酸性高于对应的醇，可以跟碱反应生成盐和水，与金属反应放出 H_2，如式（R4-28）和式（R4-29）所示。

$$CH_3COOH + NaOH \longrightarrow CH_3COONa + H_2O \qquad (R4-28)$$

$$2CH_3COOH + 2Na \longrightarrow 2CH_3COONa + H_2 \uparrow \qquad (R4-29)$$

2. 羧基上—OH 的取代反应

羧酸分子中的羟基与醇分子中羟基的氢原子结合成水，其余部分互相结合成酯，该反应就是酯化反应：$R—COOH + R'OH \longrightarrow RCOOR' + H_2O$。同位素跟踪实验及光学活性证据表明，酯化反应是形成四面体中间物种的过程。在酯化反应中，存在着一系列可逆的平衡反应步骤。首先是把羧酸的羰基质子化（Ⅰ），使碳带有更多的正电性，醇就更容易发生亲核加成，形成一个四面体中间物（Ⅱ），然后质子转移（Ⅲ），消除水（Ⅳ），再消除质子，形成酯（Ⅴ）。这个反应过程，是羰基发生亲核加成，再消除，是加成-消除过程，总的结果是一个亲核试剂置换了羧基碳上的羟基，是羰基的亲核取代反应。在整个反应过程中，步骤Ⅱ是酯化反应的控制步骤，而步骤Ⅳ是酯水解的控制步骤。在酯化反应中，醇作为亲核试剂对羧基的羰基进行亲核攻击，在质子酸存在时，羰基碳缺电子而有利于醇与它发生亲核加成。如果没有酸的存在，由于羧酸质子的酸性以及醇的碱性，酸与醇的酯化会受到酸碱反应的干扰，从而使羰基碳的亲核加成变得非常困难。

$$(R4-30)$$

3. 脱羧反应

脱羧反应是羧酸失去羧基放出二氧化碳的反应。除甲酸外，乙酸的同系物直接加热都不容易脱去羧基（失去 CO_2），但在特殊条件下也可以发生脱羧反应，如：无水醋酸钠与碱石灰混合强热生成甲烷。

$$CH_3COONa + NaOH（热熔）\xrightarrow{CaO} CH_4 \uparrow + Na_2CO_3 \qquad (R4-31)$$

芳香酸脱羧较脂肪酸容易，因为苯基可以作为一个吸电子基团，有利于碳碳键的断裂。

$$(R4-32)$$

β—羰基酸很容易进行脱羧反应，是通过六中心过渡态进行的，脱羧后形成烯醇结构不

稳定，极易转变成稳定的酮式结构，例如

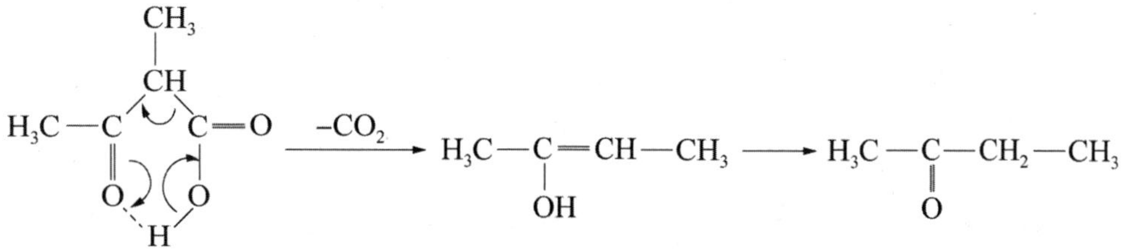

(R4-33)

二元羧酸受热后，由于两个羧基的位置不同而发生不同的反应，有的脱水，有的脱羧，有的同时脱水和脱羧，例如

$$\begin{array}{c}COOH\\|\\COOH\end{array} \xrightarrow{160\sim180℃} HCOOH + CO_2\uparrow \longrightarrow CO\uparrow + H_2O \qquad (R4-34)$$

$$\begin{array}{c}COOH\\|\\CH_2\\|\\COOH\end{array} \xrightarrow{140\sim160℃} CH_3COOH + CO_2\uparrow \qquad (R4-35)$$

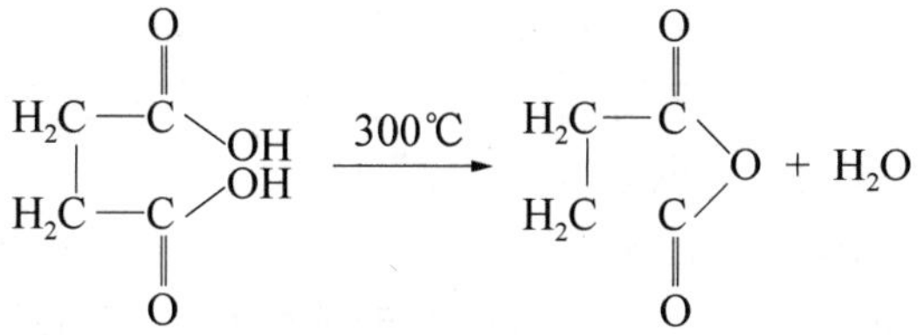

(R4-36)

脱羧反应是一类重要的缩短碳链的反应。

4. 还原反应

羧基的还原需要用很强的还原剂（如 $LiAlH_4$），所以很难控制反应停留在醛基，因为醛很容易在该条件下被还原成醇。

$$RCH_2COOH \xrightarrow{LiAlH_4} RCH_2CH_2OH \qquad (R4-37)$$

4.3.5 酯基

酯基是指羟基和羧基或无机含氧酸发生酯化反应生成的官能团，通常简写为—COO—R（与单键氧原子相连的 R 一般为烷基等其他非 H 基团，如果 R＝H，那便是羧酸）。常见的酯类化合物有乙酸乙酯、苯甲酸甲酯、硬脂酸甘油酯、软脂酸甘油酯和油酸甘油酯等，见图 4-21。

4.3.5.1 酯的物理性质

酯类都难溶于水，易溶于乙醇和乙醚等有机溶剂，密度一般比水小。低级酯是无色、易挥发的芳香液体，可见于植物的花果中，如苹果中含有戊酸异戊酯，香蕉中含有乙酸异戊酯，茉莉花中含有苯甲酸甲酯，酯还可用于香料、香精、化妆品、肥皂和药品等工业。

高级的酯是蜡状固体或很稠的液体，高级饱和脂肪酸单酯常为无色无味的固体，高级脂肪酸与高级脂肪醇形成的酯为蜡状固体。酯的熔点和沸点要比相应的羧酸低。低分子量的酯可以作为许多有机化合物的溶剂，如乙酸乙酯就是有机化学中常用的溶剂，许多带有支链的

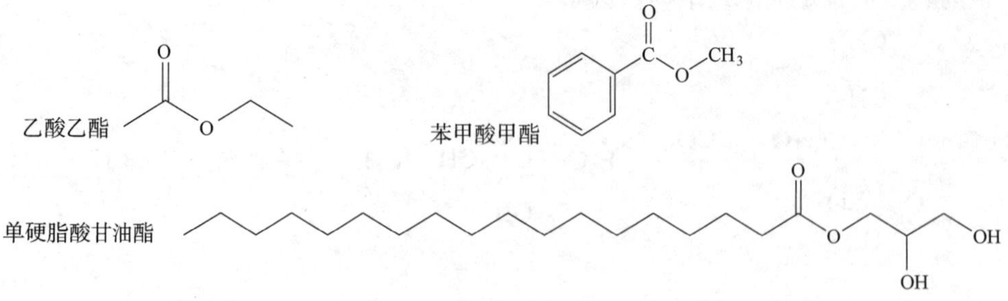

图 4-21　常见的酯类化合物

醇形成的酯是优良的润滑油。

4.3.5.2　酯的化学性质

1. 水解反应

在酸或碱存在的条件下，酯能发生水解反应生成相应的酸或醇。酯在酸催化下的水解反应是酯化反应的逆反应，因此作用不完全。但是碱性条件下酯的水解趋于完全，这是因为碱性条件下，生成的是羧酸盐。

$$R-\overset{\overset{O}{\|}}{C}-OR' + NaOH \longrightarrow R-\overset{\overset{O}{\|}}{C}-ONa + R'OH \qquad (R4-38)$$

许多天然的脂肪、油或蜡经水解可制得相应的羧酸，因为油脂碱性水解生成的高级脂肪酸钠就是肥皂，所以酯的碱性水解也称为"皂化"反应。

与羰基、羧基类似，酯基中的羰基碳是缺电子中心，易受亲核试剂 OH⁻ 进攻。而且酯的水解是酯化反应的逆过程，因此与羧酸的酯化反应机理类似，碱性条件下 OH⁻ 直接对酯进行加成，之后按照加成-消除反应得到羧酸盐与醇，总的结果是一个亲核试剂置换了羧基碳上的烷氧基，是羰基的亲核取代反应。其中的酸碱反应是整个水解过程的驱动力。

2. 醇解反应

在酸或碱的催化作用下，酯可以与醇作用生成新的酯和新的醇，这个反应实际上是一个酯交换的过程。除了亲核试剂是醇不是水外，通过酸和碱催化的酯交换反应机理，类似于相应的酯生成羧酸的水解反应机理。因此，酸催化酯交换反应以羰基氧的质子化开始，接着醇对羰基碳进行亲核进攻。相反，在碱性条件下，醇首先被质子化，所得到的烷氧基负离子再对酯羰基进行加成。生物柴油的制取常用甘油酸酯与甲醇发生酯交换反应的方法。

$$R-\overset{\overset{O}{\|}}{C}-O-R' + R''OH \xrightarrow{\text{酸或碱催化}} R-\overset{\overset{O}{\|}}{C}-O-R'' + R'OH \qquad (R4-39)$$

环酯称为内酯，内酯通过酯交换反应开环生成羟基酯。

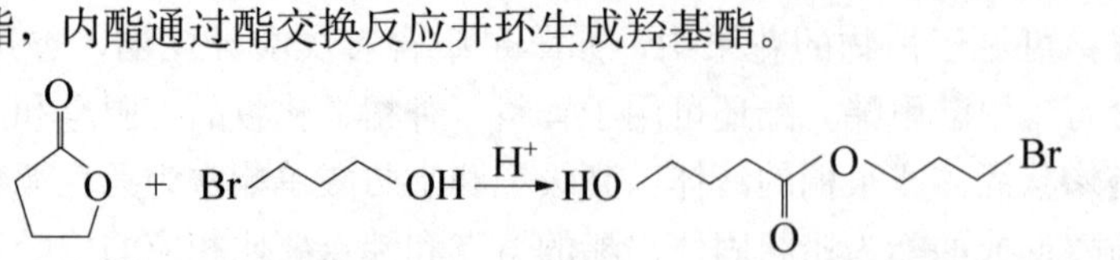

$$\text{（R4-40）}$$

3. 与格氏试剂反应

酯可以与 2 倍计量比的格氏试剂发生反应，一般的酯可被转化成三级醇，甲酸酯则形成二级醇。在该反应过程中，第一步格氏试剂作为亲核试剂进攻酯基中的羰基碳，反应后形成中间产物酮。反应不能停止在这个阶段，因为酮比起始的酯更活泼。第二步格氏试剂继续进攻酮上的羰基碳，经酸性水溶液处理后生成叔醇。如乙酸乙酯在甲基卤化镁的作用下反应生成叔丁醇。

$$
\underset{\substack{\| \\ H_3C-C-O-CH_2CH_3}}{\overset{O}{}} \xrightarrow[H^+]{2CH_3MgX\ H_2O} \underset{\substack{| \\ CH_3}}{\overset{OH}{H_3C-C-CH_3}} + CH_3CH_2OH
$$

$$(R4-41)$$

4. 还原反应

与羧酸化合物不同，酯比较容易被还原成两分子醇。这种方法常用于醇类物质的制取，如草酸二甲酯（乙酯）还原制备乙二醇，乙酸甲酯（乙酯）还原制备乙醇等。

$$(COOCH_3)_2 + 4H_2 \xrightarrow{\text{催化剂}} (CH_2OH)_2 + 2CH_3OH \qquad (R4-42)$$

$$CH_3COOCH_3 + 2H_2 \xrightarrow{\text{催化剂}} CH_3CH_2OH + CH_3OH \qquad (R4-43)$$

在能源领域的实际应用中，往往会遇到复杂的官能团变化，比如甲醇制汽油过程中发生甲醇脱水成二甲醚，并进一步发生脱水、芳构化、异构化等反应生成汽油段烃类，包括烷烃、烯烃、芳烃等多种类别的物质。又如生物质的大分子骨架结构（如纤维素、半纤维素和木质素等）在不同热解温度时发生交联、解聚及芳构化作用形成气体产物合成气、液体产物生物油及固体副产物热解炭。而在催化热解过程中，发生的主要反应包括脱水、脱羰、脱羧、裂化、芳构化、酮基化、重整等反应。

4.4 量 子 化 学 计 算

量子化学是一门应用量子力学的基本原理及方法，研究和分析微观粒子与化学性质之间关系的学科。不同于宏观物体的运动规律，微观粒子具有波粒二象性，其状态用波函数来描述。应用量子力学的基本原理，用"量子化"的概念和"波函数"可以描述电子及核的运动状态，探索化学变化的规律性和微观本质，通过理论模拟或数值计算可以定性或定量地解释或预测化学变化中的可观测量。

在量子力学中，薛定谔方程是描述物理系统的量子态随时间演化的偏微分方程，为量子力学的基础方程。常见的量子化学方法包括分子轨道从头算法和由其演化而来的密度泛函理论。随着计算机技术的发展，我们可以将量子化学涉及的复杂数学公式编制成计算机程序和软件，进行数值计算，从而获得可以与实验结果相比较的结果，用于处理实际问题和研究化学实验体系。特别是近年来，计算机硬件计算速度的提高和量子化学计算软件的不断改进和完善，已经可以在普通微型计算机上完成小规模的量子化学模拟计算。因此，量子化学计算正逐渐成为一种强有力的工具，在化学、能源、材料科学等方面发挥着重要的辅助作用。

4.4.1　分子轨道从头算方法

分子轨道从头计算法（ab initio）是利用电子结构理论进行相关计算，将分子看作是所有原子核以及所有电子的集合体，用"波函数"来描述核和电子的运动状态。Ab initio 是由拉丁文翻译过来的，意为"从头开始"。电子结构的求解方法是在非相对论近似条件下，求解定态薛定谔方程。

$$\hat{H}\Psi(r,R) = E\Psi(r,R) \tag{4-10}$$

式中：$\Psi(r,R)$ 为体系的波函数；E 为体系的总能量；$\hat{H}$ 为体系的哈密顿量。$\hat{H}$ 是能量 E 对应的算符，包含核动能、电子动能、电子与核吸引能、电子间排斥能和核间排斥能，具体形式分别对应如下各项：

$$\hat{H} = -\sum_I \frac{\hbar^2}{2m_I}\nabla_I^2 - \sum_i \frac{\hbar^2}{2m_i}\nabla_i^2 - \sum_i\sum_I \frac{e^2 Z_I}{r_{iI}} + \sum_{i<j} \frac{e^2}{r_{ij}} + \sum_{I<J} \frac{e^2 Z_I Z_J}{r_{IJ}} \tag{4-11}$$

式中：m 是质量；$\hbar$ 是普朗克常数；∇_I^2 是拉普拉斯算符；i，j 为电子的标号；I、J 为核的标号；r 为电子间距离；Z 为核数。

量子化学计算中只有 H_2^+ 分子用椭球坐标获得了薛定谔方程的精确解，一般分子要想获得体系状态波函数与能量，都需要做一些近似处理。

1. 波恩 - 奥本海默（BO）近似

波恩 - 奥本海默近似是简化薛定谔方程最常用的方法之一，其核心思想是将原子核的运动和电子的运动分开处理。在原子中，核的质量比电子大很多，运动也比电子慢得多。因此，在研究电子运动时可以忽略原子核的速度，假定原子核是固定不动的；而在处理核运动时，可以为快速运动的电子建立一个平均化的负电荷分布，认为核在电子的负电荷平均场中运动。BO 近似将复杂的波函数 $\Psi(r,R)$ 求解转变为相对简单的原子核函数求解和电子波函数求解。

$$\Psi(r,R) = \Psi_N(R) \cdot \Psi_{el}(r,R) \tag{4-12}$$

式中：$\Psi_N(R)$ 是描写原子核状态的波函数，它只和所有核的位置有关；$\Psi_{el}(r,R)$ 是描写电子状态的波函数，以原子核位置为参数。BO 近似在大多数情况下的计算结构都十分精确，在凝聚态物理、化学反应动力学领域都有广泛的应用。

2. 单电子近似与平均场近似

由于电子之间存在相互作用，尤其是当电子数较多时，即使在 BO 近似下薛定谔方程仍然很难求解，需要做进一步的简化。最粗糙的近似是假设电子之间没有任何相互作用，也就是单电子近似。简化后先考虑体系中某一个电子，其本征函数为单电子波函数，而多电子体系的波函数为对应 n 个电子波函数的乘积。

$$\psi_{HP} = \varphi_1 \varphi_2 \varphi_3 \varphi_4 \cdots \varphi_n \tag{4-13}$$

单电子近似并不意味着需要完全忽略电子间的相互作用。平均场理论是将数量巨大且有相互作用的多体问题转化成每一个粒子处在一种弱周期场中的单体问题。它假设对某个独立的小个体，所有其他个体对它产生的作用可以用一个平均的量给出，从而使简化后的模型成为一个单体问题。平均场近似的主要思想是将其他分子施加在某个单体的作用通过一个有效场来近似，有时也将这种手段称为分子场近似。这种办法将多体问题转化为近似等效的单体问题。平均场问题很容易求解，可以帮助我们更好地理解系统的行为，而且所耗费计算量也相对较低。

4.4.2　哈特里 - 福克（Hartree-Fock）方程

哈特里 - 福克（HF）方程是从头计算法的理论基础。它以 BO 近似为前提，也是一个应用变分法计算多电子系统波函数的方程，是量子物理、凝聚态物理学、量子化学中最重要的方程之一。在 HF 计算中，电子波函数和它的能量通过迭代求解多粒子系统薛定谔方程（自洽场方法）得到，体系的电子总能量是通过调节一组基函数（单粒子基）的系数的方法使之达到最小化，这组基函数的线性组合构成了该体系的电子波函数的分子轨道。

1930 年，哈特里的学生弗拉基米尔·福克（Vladimir Fock）和约翰·斯莱特（John C. slater）分别提出了考虑泡利原理的自洽场迭代方程和单行列式型多电子体系波函数，这就是哈特里 - 福克方程。多电子体系波函数可以由体系分子轨道波函数构造的单个斯莱特行列式表示

$$\Psi_{SD}(r_1, r_2, r_3, \cdots, r_N) = \frac{1}{\sqrt{N!}} \begin{vmatrix} \varphi_1(1) & \varphi_2(1) & \cdots & \varphi_N(1) \\ \varphi_1(2) & \varphi_2(2) & \cdots & \varphi_N(2) \\ \vdots & \vdots & \ddots & \vdots \\ \varphi_1(N) & \varphi_2(N) & \cdots & \varphi_N(N) \end{vmatrix} \tag{4 - 14}$$

以无相互作用两电子体系为例解释为什么斯莱特行列式能够满足反对称要求。体系 $\hat{H}$ 为单原子 $\hat{h_i}$ 之和，即

$$\hat{H} = \hat{h}_1 + \hat{h}_2 \tag{4 - 15}$$

其中 $\hat{h_i}$ 仅和电子动能和电子间作用力有关。

式（4 - 14）的反对称性是很明显的，因为任意两个粒子坐标的互换，相当于行列式中相应的两列元素的互换，将改变行列式的符号。同时，若有两个或两个以上单粒子波函数相等，则 $\Psi_{SD} = 0$，意味着这样的状态是不存在的，这充分体现了泡利不相容原理。

采用斯莱特行列式表示多体波函数，并结合 Hartree - SCF 自洽场迭代过程，该种计算形式被称为哈特里 - 福克方程。由于 HF 方程计算困难，如何求解成为当时一度困扰科学家们的难题。后来罗特汉（Roothann）提出可以通过基组展开分子轨道，用个数有限且能保证精度的有限项建立了 HF - SCF 的矩阵代数，取代难以求解的积分 - 微分方程组。如果将分子轨道写成一些基函数的线性组合，则单电子哈密顿量在这组基组下可以表示为一个矩阵。常用的基组有原子轨道和平面波。

此时，哈特里 - 福克 - 罗特汉方程为

$$FC_k = ESC_k \tag{4 - 16}$$

式中：S 为轨道重叠矩阵；C_k 为轨道组合系数；E 为能量本征值；F 为 Fock 算符（体系的 Hamilton 算符）。式（4 - 16）中的 F 和 C 有关，因此只能使用自洽场迭代的方法求解。哈特里 - 福克 - 罗特汉方程是多电子体系薛定谔方程引入非相对论近似、BO 近似和单电子近似后的基本表达，原则上，只要合适地选择基函数且自洽迭代的次数足够多，哈特里 - 福克 - 罗特汉方程就一定能收敛得到接近自洽场极限的精确解。

4.4.3　密度泛函理论

密度泛函理论（DFT）将能量视为体系粒子密度的泛函，用电子密度代替波函数作为量子化学研究的基本量。沃尔特·科恩（Walter Kohn）于 1965 年提出 DFT 理论，他发现

分子体系的能量和电子密度有一一对应的关系，其中分子的电子密度仅仅是位置 (x, y, z) 的函数。这样一来，就不用考虑求解复杂的含有 $3n$ 个电子坐标的波函数，使求解 n 个粒子系统的 $3n$ 自由度问题 $\Psi_0(r_1, r_2, r_3, \cdots, r_N)$ 转化为三个自由度 (x, y, z) 的密度 $\delta(r)$ 问题，使问题大大简化。

密度泛函理论建立在两个著名的定理之上。这两个定理是 1964 年 Hohenberg 和 Kohn（HK）在巴黎研究均电子气 Thomas-Fermi 模型的理论基础时提出来的。定理一指出，不计自旋的全同费米子系统非简并基态的所有性质都是粒子密度函数的唯一泛函。该定理保证了粒子密度作为体系基本物理量的合法性，同时也是密度泛函理论名称的由来。定理二给出了密度泛函理论的变分法：对于一个给定的外势，真实电子密度使能量泛函取得最小值。

$$E_{\text{tot}}^0 = E_{\text{tot}}[n^0] = T[n^0] + V[n^0] + U[n^0] \leqslant E_{\text{tot}}[n] \qquad (4-17)$$

式中：E_{tot}^0 为能量泛函的最小值；n^0 为真实电子密度函数；T、V 和 U 分别为多电子系统的动能、电子在外势场中的能量以及电子相互作用的能量。

1965 年科恩和沈吕九提出了构造能量和密度之间关系的方法，即科恩-沈吕九（Kohn-Shan，KS）方程，使密度泛函理论具体可行。他们将复杂的多电子体系（多电子之间存在相互作用）简化为一个没有相互作用的电子在有效势场中运动的问题。这个非相互作用多电子体系具有和原本体系相同的电子密度，因为电子密度一般可以表示成轨道形式，这个假想的非相互作用体系的动能算符期望值可以非常简单地写成各电子动能的和。

$$T_s[n] = -\frac{\hbar^2}{2m} \sum_i^N \int d^3 r \Phi_i^*(r) \nabla^2 \Phi_i(r) \qquad (4-18)$$

式中：$\Phi_i(r)$ 是密度函数对应的科恩-沈吕九（KS）轨道。

将能量泛函对 KS 轨道进行变分可以得到著名的 kohn-Sham 方程，即

$$\left[-\frac{1}{2} \nabla^2 + v_{\text{ext}}(r) + v_{\text{H}}(r) + v_{\text{xc}}(r) \right] \Phi_i = \varepsilon_i \Phi_i \qquad (4-19)$$

式中：$v_{\text{ext}}(r)$、$v_{\text{H}}(r)$、$v_{\text{xc}}(r)$ 分别是外势、Hartree 势和交换相关势。在 KS 方程中，有效势 $v_{\text{eff}} = v_{\text{ext}} + v_{\text{H}} + v_{\text{xc}}$ 由电子密度决定，而电子密度又由方程的本征函数——KS 轨道求得，因此需要自洽求解 KS 方程。

密度泛函理论也是一种完全基于量子力学的从头算理论，但是为了与其他的量子化学从头算方法区分，人们通常把基于密度泛函理论的计算称为第一性原理计算。经过科学家们几十年的不懈努力，作为处理多电子体系的理论方法，密度泛函理论已逐步完善。因密度泛函理论的计算量相对较小，故适用于大型分子体系的模拟计算。

4.4.4 常用量子化学计算软件介绍

目前，常见的量子化学计算软件包括 Gaussian、VASP、MOLPRO、Materialstudio、PWscf 等。

Gaussian 是量子化学领域最著名和应用最广泛的软件之一，由量子化学家约翰·波普（John Anthony Pople）的实验室开发，因高斯型原子局域基组而得名。可以应用从头算方法、半经验计算方法等进行分子能量和结构、过渡态能量和结构、化学键及反应能量、热力学性质、反应路径等分子相关计算。可以在 Windows、Linux、Mac 操作系统中运行，目前最新版本为 Gaussian 16。Gaussian 适用于气相和液相体系的计算，其主要功能包括以下几

个方面：

（1）分子构型的优化。具体包括分子基态、激发态，以及反应激发态的优化等。

（2）能量计算。具体包括分级基态和激发态的能量、化学键的键能、电子亲和能和电离能、化学反应途径和势能面等。

（3）光谱计算。具体包括红外光谱、拉曼光谱、核磁共振（NMR）、吸收/发射光谱以及二阶或三阶非线性光学性质等。

（4）电荷分布和电荷密度。

（5）分子轨道。

（6）偶极矩和超极矩、极化率和超极化率。

（7）热力学性质。

VASP 是维也纳大学哈夫纳（Hafner）小组开发的进行电子结构计算和量子力学 - 分子动力学模拟软件包。它是目前材料模拟和计算物质科学研究中最流行的商用软件之一。VASP 通过近似求解薛定谔方程得到体系的电子态和能量，既可以在密度泛函理论框架内求解 KS 方程，也可以在哈特里 - 福克的近似下求解罗特汉（Roothaan）方程。此外，VASP也支持格林函数方法（GW 准粒子近似，ACFDT-RPA）和微扰理论（二阶 Møller-Plesset）等。

MOLPRO 是一个用于精确从头算量子化学计算的软件包。它由卡迪夫大学的 Peter Knowles 和斯图加特大学的 Hans - Joachim Werner 合作开发。该软件的特点是高度准确的计算，通过多参考配置交互、耦合簇和相关方法广泛处理电子相关问题。Materialsstudio 是 ACCELRYS 公司专门为材料科学领域研究者所设计的一款可运行在 PC 上的模拟软件。它可以帮助你解决当今化学、材料工业中的一系列重要问题。Materialsstudio 使化学及材料科学的研究者们能更方便地建立三维分子模型，深入地分析有机晶体、无机晶体、无定形材料以及聚合物。PWscf 计算软件是意大利理论物理研究中心发布的一个软件包，它是用密度泛函理论和密度泛函微扰理论，进行平面波自恰场电子结构计算的程序。计算使用平面波基组和赝势。可以用于绝缘体、金属以及晶体等材料的研究。

4.4.5 量子化学计算在能源化学领域的应用

量子化学计算在能源化学领域的典型应用之一便是化学反应动力学研究。在 BO 近似中，将体系的薛定谔方程中的核运动与电子运动分开考虑，求解电子运动的薛定谔方程，得到体系的总电子能量。所有可能核构型下的能量集合就构成了所谓的势能面。反应物、中间体、过渡态、生成物均在势能面上。我们若能了解这个曲面，则反应的一切细节都可以了解。势能面上极小点即为平衡几何构型，而一级鞍点（鞍点：在一个方向上具有极大值，而在其他方向上具有极小值的点）相应于势能面上的过渡态。过渡态和反应物之间的能量差就是反应能垒（反应活化能）。例如：半纤维素模化物木糖热解反应途径。

依据实验结果设计如图 4-22 所示的 D-木糖单体的热裂解反应路径图。首先，D-木糖单体发生分子开环生成直链中间体，然后通过不同的反应产生不同的中间体继而生成不同种类的产物。路径 1 为中间体 IM1 经过 C_4—C_5 键的断裂生成甲醛和中间体 IM_2，然后 IM_2 再进行脱水反应并进一步异构化生成呋喃酮类物质二氢 - 4 - 羟基 - 2(3H)-呋喃酮；路径 2 为中间体 IM_2 脱羧基生成 CO 和中间体 IM_4，然后 IM_4 再进一步脱水并异构化生成 1 - 羟基 - 2 - 丙酮。路径 3 则为中间体 IM_1 经过多步脱水生成糠醛。通过反应能垒对比可以发现路径 3 的能垒整体处于最低的水平,因此更有利于糠醛生成。

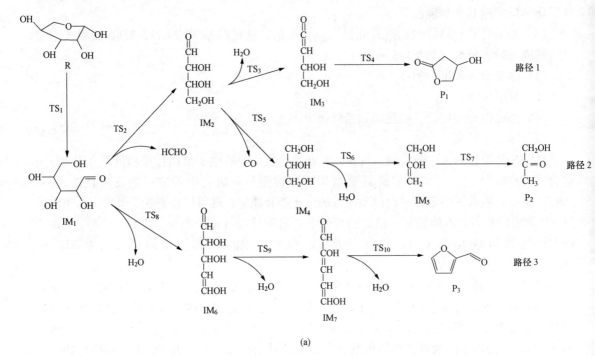

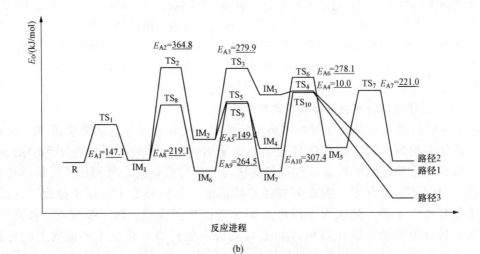

(b)

图 4 - 22   木糖热解反应途径及相应的反应能垒
(a) 木糖热解反应途径;(b) 反应途径对应的反应能垒

1. 氢原子光谱为什么是线状光谱?谱线的波长与能级间的能量差有什么关系?

2. 从化学键的角度分析化学反应的本质是什么？

3. 甲烷和白磷均为正四面体结构，判断甲烷和白磷分子中化学键的键角关系。

4. 已知 H_2S、CO_2、SO_2 的键角分别为 132°、180°、120°，判断其中心原子轨道的杂化类型。

5. 试预测下列各组物质熔沸点的高低。

（1）乙醇和二甲醚；

（2）甲醇、乙醇和丙醇；

（3）乙醇和丙三醇；

（4）HF 和 HCl。

6. 以生活中常见物质为例，说明其中的有机官能团以及特性。

7. 为什么脱羧反应常常在加热和碱性条件下进行？

8. 在日常生活中，我们经常会使用到肥皂，试阐述肥皂制备的基本原理。

9. 试述量子力学方法中分子轨道和密度泛函理论各自的局限性。

参考文献

[1] 文焕邦，刘敬乾. 量子力学 [M]. 成都：四川科学技术出版社，1986.

[2] 李鸿志. 量子化学与人工智能计算在分子键能中的应用 [M]. 长春：吉林人民出版社，2013.

[3] 徐光宪，王祥云. 物质结构 [M]. 2 版. 北京：科学出版社，2010.

[4] 文尚胜，彭俊彪. 固体物理简明教程 [M]. 广州：华南理工大学出版社，2007.

[5] 周祖新. 工程化学 [M]. 2 版. 北京：化学工业出版社，2014.

[6] 邢其毅，裴伟伟，徐瑞秋，等. 基础有机化学：上册 [M]. 3 版. 北京：高等教育出版社，2005.

[7] 尹玉英. 有机化学 [M]. 北京：高等教育出版社，2000.

[8] 刘茜. 有机化学 [M]. 成都：电子科技大学出版社，2016.

[9] 龚跃法，郑炎松，陈东红，等. 有机化学 [M]. 武汉：华中科技大学出版社，2012.

[10] 王树荣，骆仲泱. 生物质组分热裂解 [M]. 北京：科学出版社，2013.

[11] MORRISON R T, BOYD R N. 有机化学：上册 [M]. 复旦大学化学系有机化学教研组译：北京：科学出版，1980.

[12] VOLLHARDT K P, SCHORE N E. 有机化学结构与功能 [M]. 戴立信，席振峰，罗三中等译. 北京：化学工业出版社，2020.

[13] DAVID J G. 量子力学概论 [M]. 贾瑜，胡行，李玉晓译. 北京：机械工业出版社，2009.

[14] BRANDT S, DAHMEN H D. The Picture Book of quantum mechanics [M]. Third Edition New York：Springer Verlag, 2001.

[15] FORESMAN J, FRISCH A. Exploring Chemistry with Electronic Structure Method [M]. Second Edition. Pittsburgh PA：Gaussian Inc, 1996.

[16] 王誉蓉. 基于水萃取和分子蒸馏的生物油分级分离研究 [D]. 浙江大学，2016.

[17] WANG S R, RU B, LIN H Z, et al. Degradation mechanism of monosaccharides and xylan under pyrolytic conditions with theoretic modeling on the energy profiles [J]. Bioresource Technology, 2013, 143：378 - 383.

第5章 能源转换过程的催化原理

能源的合理开发和利用、生态环境的保护和修复以及新产品的合成都离不开催化技术。例如，石油炼制工业建立在多种催化反应的基础之上，煤和生物质等固体燃料转化为高价值液体燃料和化学品的过程也涉及催化剂的研发和反应参数的优化，合成气合成醇、烃、醚等能源化学品更是完全以催化反应为基础。此外，在污染物处理领域，催化技术也发挥着至关重要的作用，如汽车尾气的处理、氮氧化物和挥发性有机物的脱除以及二氧化碳的捕集。因此，明晰催化剂的组成和特性、催化反应机理及反应性能的评价指标是实现能源高效转换的基础。

5.1 催 化 概 述

在长期的实验研究和生产实践中，人们早就认识到某些物质的存在能够加快化学反应的进行。1936年，贝采利乌斯（Jons Jakob Berzelius）率先提出"催化剂"的概念来描述这些物质，将可明显改变化学反应速率，而其本身的数量和化学性质在反应前后不发生变化的外加物质称为催化剂。

在不断的研究中，人们还发现，有些催化剂能使反应按照新的路径或通过一系列新的基元反应进行，其中催化剂是反应初期某些步骤的反应物、反应末期某些步骤的产物，即催化剂有可能参与了反应，但经过一次化学循环后又恢复了原来的组成。

5.1.1 催化循环

催化反应与化学计量反应的区别在于催化反应可建立起催化循环。根据反应物与催化剂的结合形式和状态，可将催化循环分为缔合活化催化循环和非缔合活化催化循环两种类型。如图5-1所示，C代表催化剂，R_1、R_2和P分别代表反应物和产物。在缔合活化催化循环中，催化剂与反应物分子R_1配合形成络合物C—R_1以实现反应物的活化；再由络合物或其衍生活性中间体进一步与反应物R_2反应生成产物，同时催化剂复原，完成一个催化循环。而在非缔合活化催化循环中，催化剂存在两种明显的价态变换，通过催化剂与反应分子间明显的电子转移实现反应物的活化，原始催化剂C与反应物R_1发生电子转移产生了具有不同价态的C′和产物P，随后C′与R_2反应，伴随着催化剂复原。在该过程中，催化活性位的两种价态在反应物的活化过程中保持独立。

以Ni基催化剂催化乙烯加氢为例（见图5-2），吸附于Ni原子表面的乙烯双键发生断裂形成配合物，随后与氢气反应生成乙烷，同时Ni催化剂发生复原。在该催化循环中，不存在第二种价态的催化物种，是典型的缔合活化催化循环。对于V_2O_5催化SO_2氧化反应式（R5-1a）～式（R5-

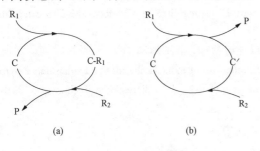

图5-1 催化循环示意
(a) 缔合活化催化循环；(b) 非缔合活化催化循环

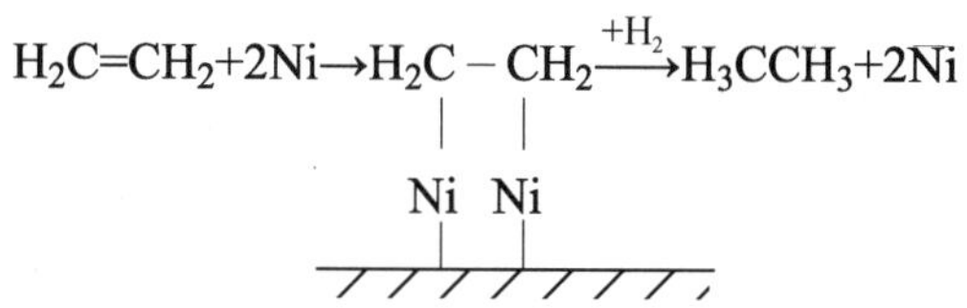

$$H_2C=CH_2+2Ni \rightarrow \underset{\underset{Ni \quad Ni}{\overset{|}{} \overset{|}{}}}{H_2C-CH_2} \overset{+H_2}{\longrightarrow} H_3CCH_3+2Ni$$

图 5-2　Ni 基催化剂催化乙烯加氢示意

1c)，V_2O_5 与反应物 SO_2 发生电子转移形成具有不同价态的 V_2O_4 和产物 SO_3，随后 V_2O_4 与 O_2 反应复原催化剂 V_2O_5，完成非缔合活化的催化循环。

$$SO_2 + 1/2O_2 \overset{V_2O_5}{\longrightarrow} SO_3 \tag{R5-1a}$$

$$SO_2 + V_2O_5 \longrightarrow V_2O_4 + SO_3 \tag{R5-1b}$$

$$V_2O_4 + 1/2O_2 \longrightarrow V_2O_5 \tag{R5-1c}$$

5.1.2　催化剂基本特性

1. 反应前后化学性质保持不变

在反应中，催化剂以缔合和非缔合两种方式参与化学反应，在反应后恢复原来的化学状态和性质，且在反应中不被消耗。

2. 不影响化学平衡

催化剂只是对热力学上可能进行的化学反应进行加速，而不能对热力学上不可能进行的反应实现催化作用。因此，考虑一个反应是否应该加入催化剂加速反应时，应先了解该化学反应在热力学上是否可以发生。对于可逆反应，还应计算平衡常数，在热力学允许的前提下，平衡常数较大的反应才具有加入催化剂来加快反应进行的意义。例如，水在常温、常压且无外加影响的条件下无法分解产生 H_2 和 O_2，因此，在同样条件下加入催化剂对该反应也不起作用。

催化剂只能改变化学反应的速率，而不能改变化学平衡的位置。对于可逆反应，反应前后催化剂的数量及性质均无变化，因此其反应的始态与终态均与催化剂无关，即催化剂不影响化学反应方程式的计量汇总，反应的吉布斯自由能和反应平衡常数均不变。理论上讲，对正方向催化效果较佳的催化剂也能成为催化逆反应的优良催化剂，这给我们的科学研究带来了极大的便利。然而，在实际应用中，需要经过长时间的摸索研究才能确定反方向的催化剂组成和热力学条件。

3. 对反应具有选择性

催化剂对反应具有选择性，是指对反应类型、反应方向和产物以及同一产物的不同反应路径具有选择性。对于反应类型的选择性，以 $SiO_2\text{-}Al_2O_3$ 催化剂为例，其对酸催化反应有效，但对氨合成反应没有催化效果。对反应方向和产物的选择性，是指从同一反应物出发，可以沿多个路径反应生成不同的产物。例如，CO 加氢的反应路径和产物类型随着催化剂的不同而不同，不同催化剂所需的反应条件也不尽相同。如图 5-3 所示，Cu、Rh、Ni 和 Co 等活性金属对 CO 加氢反应路径具有明显的选择性，分别可以获得醇、醚、烃等不同类型的产物，这与活性金属本身所具有的特性密切相关。同时，催化剂载体的性质和助剂的加入也会影响催化剂的整体性能。因此，对于存在竞争反应的反应体系，选择不同的催化剂可以加速不同的反应，从而实现反应物向目标产物的转变。

此外，在不同催化剂的作用下，同一反应物会通过不同反应路径生成同一产物。以葡萄糖水热解聚过程为例，当使用三氟甲基磺酸钪 $Sc(OTf)_3$ 为催化剂时，葡萄糖经过醛糖-酮

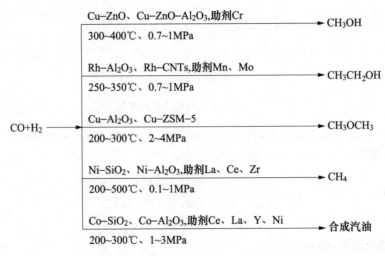

图 5-3 催化剂对反应路径和产物的选择性

糖异构化为果糖，再经历脱水反应生成 5 - 羟甲基糠醛；而使用 TiO_2 为催化剂时，葡萄糖则通过酮 - 烯醇互变异构转化为果糖，后续再生成 5 - 羟甲基糠醛。总而言之，选择性突出了催化剂的特殊性和专一性，是催化剂设计的重要参考。

5.1.3 催化剂分类

1. 根据作用机理分类

根据催化反应机理，催化剂可分为氧化还原型催化剂和酸碱型催化剂。对于氧化还原型催化剂，在催化过程中通过催化剂与反应物分子间发生电子转移而形成中间活性体，如 Cu 基催化剂催化乙酸甲酯加氢制取乙醇；而针对酸碱型催化剂，在催化过程中催化剂与反应物分子间发生电子对授受或高度极化，从而形成中间活性体。例如，在酸催化反应中，反应物 R_1 接受质子 H^+ 形成不稳定的 R_1H^+，然后 R_1H^+ 再与反应物 R_2 反应放出 H^+，并生成产物。

2. 根据反应类型分类

根据具体反应类型，催化剂可分为加氢、氧化、脱水、重整、异构、裂化、羰化、烷基化、聚合和裂解等多种类型。虽然这种分类法涉及化学键变化，但并未涉及催化作用的本质。应用时不可能据此准确地选择催化剂，但可以根据同类反应的特点相同，采用模型法初步预测催化剂性能。

3. 根据催化剂与反应物状态分类

根据催化剂与反应物所处的状态不同，催化反应可分为均相催化和多相催化。若催化剂与反应物处于同一相，称为均相催化反应。均相催化剂以分子或离子水平独立起作用，活性中心性质比较均一，容易与反应物暂时结合，可用光谱、波谱以及同位素示踪法进行检测和跟踪。均相催化剂主要包括酸碱催化剂（Bronsted 酸/碱和路易斯酸/碱）和可溶性过渡金属催化剂（盐类和配合物）两大类。

根据酸碱质子理论，凡是能够提供质子（H^+）的物质均为酸，凡是能够接受质子的物质均为碱，如硫酸和盐酸为常见的 Bronsted 酸。而路易斯酸/碱的定义来源于路易斯酸碱理论：路易斯酸是能接受外来电子对的分子、离子和原子团，也可称作受体，因此路易斯酸必须具有能接受电子对的空轨道。常见的路易斯酸包括正离子、金属离子、缺电子化合物及分子中的极性基团,如烷基正离子、钠离子、氯化铝和羰基。而路易斯碱则为能给予电子对的分子、离子和原子团,又称作给体,因而路易斯碱均具有未共享的孤电子对。常见的路易斯碱包括阴离子和具有共享电子对的化合物,如卤离子、氢氧根离子、胺和醇、醚等化合物。其中,路易斯酸为亲电试剂,路易斯碱为亲核试剂,酸和碱通过共价键连接,不发生电子对的转移。

　　均相催化主要包括液相均相催化和气相均相催化,其中液相催化反应尤为常见。例如,在 CO_2 水合物——碳酸的作用下,果糖异构化形成呋喃果糖,并进一步脱水生成 5 - 羟甲基糠醛,该反应中反应体系和催化剂都处于液相,属于均相催化反应。NO 催化 SO_2 氧化为 SO_3、I_2 蒸汽催化乙醛热分解,属于反应体系和催化剂都处于气相的均相催化反应。

　　若催化剂与反应物不处于同一相,反应在相界面上进行,称为多相催化反应。例如,硫酸改性的金属氧化物 $SO_4{}^{2-}/ZrO_2$ 催化葡萄糖溶液异构化形成果糖,随后连续脱水形成糠醛、5 - 羟甲基糠醛和乙酰丙酸等高价值化学品。反应物和催化剂分别处于液相和固相,属于多相催化反应。多相催化反应中固体催化剂易于分离和再生,因而该类催化反应目前在工业上应用最为广泛。由于这种多相催化作用是通过反应物与催化剂表面接触后发生的,因此又称为接触催化作用,催化剂又可称作触媒。

5.2　固体催化剂的组成

　　理论上,催化剂在使用前后性能和质量保持不变,然而在实际的工业应用中,常出现催化剂性能明显下降和催化剂组分流失的现象。因此,在实际应用中常加入其他成分来增强催化剂的实用性,即固体催化剂往往不止一种组分。除了主要的活性组分,催化剂常常还包括共同起催化作用的共催化剂、增强催化剂理化性能的助催化剂以及主要作为基底的载体。图 5 - 4 所示为固体催化剂基本结构示意。

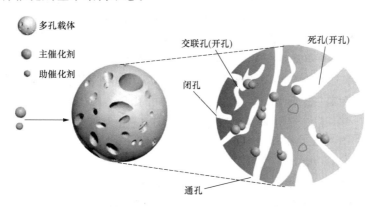

图 5 - 4　固体催化剂基本结构示意

5.2.1　主催化剂

　　主催化剂是催化剂中起主导催化作用的部分,又可称作活性组分,是构成催化剂必不可少的部分。对于绝大多数固体催化剂而言,主催化剂是一些活性金属,以第四、五周期过渡金属最为常见,此外,第六周期的 Pt 和 Au 也是常用的优良活性组分。这些主催化剂往往需呈现颗粒状才能展现出良好的催化活性。例如,铂粉或分散在其他惰性物质上的铂颗粒具有催化活性,但是整块铂金属却不具备明显的活性。此外,一些金属氧化物和非金属氧化物也可直接用作主催化剂。表 5 - 1 列举了一些常见的催化反应主催化剂及活性组分。

表 5 - 1　　　　　　　　　　　常见的催化反应主催化剂及活性组分

类型	反应类型	常见活性组分	应用举例
金属	选择性加氢	Fe、Ni、Pt	苯——→环己烷（Ni、Ru）
	选择性氢解	Pd、Cu、Ni、Pt	大分子烷烃——→甲烷（Ni）
	选择性氧化	Ag、Pt、Cu	乙烯——→环氧乙烷（Ag）
	CO_x加氢	Ru、Ni、Co、Fe	费托合成（Co、Fe）
过渡金属氧化物、硫化物	选择性加氢	ZnO、CuO、NiO、Cr_2O_3	苯乙烯——→苯乙烷（CuO）
	氢解	MoS_2、Cr_2O_3	噻吩——→丁烷（MoS_2）
	氧化	Fe_2O_3- MoO_2	甲醇——→甲醛（Fe_2O_3/MoO_2）
非过渡元素氧化物	异构	Al_2O_3、SiO_2- Al_2O_3	正构烃——→异构烃（Al_2O_3）
	裂化	SiO_2- Al_2O_3、分子筛	大分子烷烃——→烷烃/烯烃（SiO_2/Al_2O_3）
	脱水	分子筛	异丙醇——→丙烯（A 型分子筛）
	氧化	NO	SO_2——→SO_3
非金属	分解	I_2	乙醛热分解

　　需要注意的是，化学反应发生在催化剂中具有活性的特定部位上，这些特定部位称为活性位或活性中心。催化剂表面的错位、位移、缺陷和阶梯等结构可改变表面原子的配位饱和度，形成不饱和度较高的原子，进而形成更多的活性中心，反应物分子的吸附及转化则主要发生在这些特定的活性位或活性区域。在某些情况下，这些活性位点或区域可能是催化剂表面的一组或一簇相邻的原子，也可能是吸附在活性组分上的某一物种。例如，Cu 催化剂常被用于加氢反应，其中 Cu 是主要的活性金属，即主催化剂，但是实际起催化作用的却不一定是 Cu 原子。在 Cu^{2+} 还原后，往往呈现出 Cu^0 和 Cu^+ 共存的情况，而这两种不同价态的 Cu 都可以是反应的活性中心。在酯类加氢还原制取醇类的反应中，Cu^0 能够活化 H_2 并使其解离吸附，Cu^+ 因其亲电子性质而表现出路易斯酸性，主要起到吸附并活化羰基的作用，两者共同作用促进酯类加氢还原。有些固体催化剂的活性成分位置并不固定，会随着电子在晶格中的移动不断地生成和消失。例如，在 Al - SBA - 15 介孔分子筛表面负载 ZrO_2，随后通过磺化制备固体酸催化剂，用于催化葡萄糖脱水转化为 5 - 羟甲基糠醛。ZrO_2 表面缺陷和 Zr^{4+} 的不饱和配位，基底中 SiO_2 与活性组分的相互电子作用，促进了催化剂中强酸位点的形成。

5.2.2　共催化剂

　　一些组分单独使用时对特定的反应没有催化作用或催化活性较低，但与其他组分一起使用时，催化效果会得到明显的提升。这种单独使用时催化效果差、联合催化时却能有效促进化学反应的组分称为共催化剂。例如，MoO_3 和 γ - Al_2O_3 单独应用于脱氢反应时，γ - Al_2O_3 几乎没有活性，MoO_3 的活性也较低，但联合使用时，两者之间会形成 Mo—O—Al 键，在烷烃的氧化脱氢反应中展现出良好的催化活性，因此 MoO_3 和 γ - Al_2O_3 互为共催化剂。值得注意的是，催化剂制备不当时，Mo—O—Al 会分布在相邻的空位上，并通过 Mo—O—Mo 聚合形成表面物种 MoO_x，导致氧化性能降低。因此，为充分发挥催化剂的效果，应当注意催化剂制备过程中的工艺要求。同样，SiO_2 和 γ - Al_2O_3 单独使用时均难以促进石油裂解过程，但两者可以互为共催化剂，高效催化石油裂解过程。除此之外，共催化剂还可与主催化剂联合使用，提升催化活性。以 Cr_2O_3 - Al_2O_3 催化烷烃氧化脱氢制烯烃为例，Cr_2O_3 对脱氢反应具有优良的活性，但 Al_2O_3 活性较低，当两者联合使用时，Al_2O_3 也能发挥氧化脱氢作用，提升催化反应活性。因此，在该催化剂中，Cr_2O_3 是主催化剂，Al_2O_3 是共催化剂。这里的共催化剂应与助催化剂概念加以区分。共催化剂是作为化学反应的活性组分发挥作用，从而提高反应性能，而助催化剂主要提高主催化剂的性能，使活性组分在反应过程中展现出良好的活性、选择性或者稳定性等。

5.2.3　助催化剂

对于大部分反应，单一组分催化剂的性能往往存在活性较低、机械强度不足以及催化剂易中毒等缺陷。为了解决主催化剂在使用过程中出现的各种问题，通常会在催化剂中加入少量的其他组分，以提升催化剂的整体性能。这种外加的少量组分，其本身通常对反应没有活性或只具有较低的活性，但加入后可以有效提高主催化剂的反应活性，改善催化剂的耐热性、抗毒性、机械强度和寿命等性能，这种组分就称为助催化剂或助剂。在催化剂中只要添加少量的助催化剂，即可明显达到改善催化性能的目的，助催化剂的添加量一般为主催化剂用量的 10% 以下，过渡金属、稀土金属以及一些主族金属和非金属都可以作为良好的助催化剂。根据所起的作用，助催化剂又可以分为结构性助催化剂、电子性助催化剂、晶格缺陷助催化剂和选择性助催化剂等。电子性助催化剂和晶格缺陷助催化剂有时又称为调变性助催化剂，其主要特点是从化学反应路径改善催化剂的性能，而结构性助催化剂则更偏重物理方面的改善。

1. 结构性助催化剂

结构性助催化剂能够使催化剂中起主要作用的活性组分粒度变小、表面积增大，并且防止或延缓催化剂因烧结而降低活性，其作用原理为通过提高催化剂的耐高温性能，抑制活性组分在严苛的反应条件下发生聚集，防止活性组分的催化性能下降。

结构性助催化剂的主要作用是增加主催化剂的结构稳定性。例如，有些催化剂的活性组分是低熔点金属，那么在加热的情况下容易发生微晶聚集导致表面积降低，也就是烧结。一旦发生这种现象，催化剂的活性就会急剧下降，并且很难再生。因此，往往需要在这种催化剂中加入少量耐高温材料作为金属之间的"隔板"，以防止小颗粒活性组分的烧结；或使活性组分颗粒尺寸减小，分散度提高，使主催化剂展现出更高的活性。以改性费托合成使用的催化剂 Co/HZSM - 5 为例，Co 活性组分的颗粒平均尺寸为 24.0nm，当分别添加 Ru 和 Ni 两种助催化剂改性后，Co 活性组分的颗粒平均尺寸降低为 18.0nm 和 9.6nm，提高了分散度。此外，添加助催化剂可以调整分子筛的酸性位分布，例如，添加 Ru 后催化剂中的弱酸强度从 $98\mu mol \cdot g^{-1}$ 提高至 $142\mu mol \cdot g^{-1}$。同时，催化剂结构的变化促进了催化性能的提升。540K 时，与 Co/HZSM - 5 催化剂相比，Ni - Co/HZSM - 5 催化剂的 CO 转化率从 70% 提升至 88%，这是因为其活性组分颗粒更小，暴露的活性位数目更多，CO 加氢反应的总表面积更大，而且金属活性位和酸性位之间的距离更近，中间产物可以在两者之间迅速转移以提高活性。此外，由于酸性位的调变，催化剂的寿命也发生了改变。稳定性最高的 Ru - Co/HZSM - 5 催化剂上积碳最少，这是因为该催化剂上不存在容易造成积碳的强酸性位，酸性较弱，积碳程度较轻，使其能够保持稳定的反应活性。相比之下，Ni - Co/HZSM - 5 催化剂上强酸性位数量多，导致积碳量大、失活最快。这个例子也说明，有时助催化剂的功能并不单一。

2. 电子性助催化剂

电子性助催化剂能使电子状态发生变化，从而改变反应分子的吸附能力和总反应的活化能，提高主催化剂的选择性。该类助催化剂往往是通过电子扰动提升原子的配位不饱和度，进而形成更多有效的活性组分。

电子性助催化剂通过调整主催化剂的电子结构，改变催化剂的表面性质或对反应物的吸附能力，从而降低反应活化能和提高反应速率。一般的固体催化剂，尤其是金属催化剂，其催化活性及吸附能力与它表面获得或提供电子的能力有关。如合成氨催化剂 Fe_3O_4 - Al_2O_3 - K_2O，主催化剂 Fe 的电子轨道存在空位，吸附能力强，但不利于产物的解吸；K_2O 为 Fe_3O_4 的电子性助催化剂，发挥电子授体作用，K_2O 将电子传给过渡金属 Fe，占据部分轨道空位，从而提升 Fe 催化剂的催化活性并加速 NH_3 解吸，有利于 NH_3 的合成。同样，在 Pd—Cu 催化体系中，Pd 金属的能级较为重叠，在催化过程中容易发生电子跃迁，出现带空位的电子轨道，这有利于提升 Pd 的吸附能力，但其对产物的解吸能力较差。当加入 Cu 后，能够增加轨道电子数目，弥补 Pd 的轨道电子空位，因此可以稍微降低 Pd 的吸附能力，不仅利于活性中心对反应物的吸附，还促进了对产物的解吸。Cu 调节了 Pd 的电子性质，有效提高了 Pd 的催化活性，因此，Cu 为 Pd 金属催化剂的电子性助剂。

3. 晶格缺陷助催化剂

晶格缺陷助催化剂使活性物质晶面的原子排列无序化，通过增大晶格缺陷浓度提高活性。通过掺入杂原子，原本规整的晶面排序出现不协调，形成新的具有反应活性的晶格缺陷，这些缺陷往往就是一些重要反应的活性位点。

理想的晶体中，原子按照一定规律严格处在空间中规则的、周期性的格点上，然而实际的晶体中原子排列不可能完全规整，往往存在与理想结构偏离的区域，这些与完整周期性点阵结构偏离的区域即为晶格缺陷。表面附近的晶格缺陷是部分氧化物催化剂活性中心的来源，而晶格缺陷数目很大程度上取决于杂质和附加物的添加，助催化剂实际上可看成是加入催化剂中的杂质或附加物。若某种物质加入后可使原氧化物催化剂的晶格缺陷数目明显增加，从而提高了催化剂的活性，则这种催化剂称为晶格缺陷助催化剂，如常用 Sb^{3+} 和 Mn^{2+} 作为晶格缺陷助催化剂通过取代荧光粉中的 Ca^{2+} 离子来活化荧光粉，由于杂原子与 Ca 原子的原子尺寸、键长及价电子均不同，因此会在相邻的原子位点上形成缺陷，这些晶格缺陷能够通过俘获磷光介质的电子来增强荧光粉的发光性能。

4. 选择性助催化剂

选择性助催化剂对不利的副反应加以抑制，提升目标产物的选择性。因其本身的理化性质，这类助催化剂可以有效地抑制副反应的发生或者提高主反应的活性。

选择性助催化剂主要提高目标路线的活性，主要是因为催化剂表面往往含有多种活性组分，加入助催化剂后可以调节不同活性组分的比例，提升主反应的选择性。例如，使用镍基催化剂催化轻油裂化时，由于载体中酸性氧化物的酸性位会导致积碳，因此需要加入碱性氧化物 K_2O 中和酸性位，从而抑制积碳，促进轻油裂化。同样，甲烷氧化催化剂 CeO_2 表面存在两种氧化物，分别促进甲烷选择性氧化和深度氧化，为了提升甲烷的选择性氧化，可通过添加 Ca 和 Sr 助催化剂，有效抑制甲烷深度氧化副反应，使主反应的选择性和原料转化率明显提高。

助催化剂多种多样，一个催化体系中可同时加入多种助催化剂，如氨合成过程中使用的

Fe - Al$_2$O$_3$ - K$_2$O 催化体系，其中 K$_2$O 是电子性助催化剂，Al$_2$O$_3$ 是结构助催化剂，Fe 是主催化剂。当 Fe$_3$O$_4$ 存在时，获得的还原铁催化剂活性较低，同时，存在寿命短和易中毒等问题。当加入少量 K$_2$O 和 Al$_2$O$_3$ 后，催化剂的性能可以显著提高，但同时加入多种组分会导致催化剂的制备复杂，且成本提高，因此助催化剂的选择应综合考虑提升效果、制备难度以及成本等诸多因素。

5.2.4　载体

载体是负载型催化剂的重要组成部分。多相催化发生在固体催化剂的表面，单纯使用主催化剂时，其内部的活性成分起不到明显的催化作用，因此引入载体承载活性成分，可以有效避免资源的浪费，这对金属催化剂尤其是贵金属催化剂的使用具有重要意义。如 Cu/SiO$_2$ 催化剂，就是使用活性较低或者没有活性的 SiO$_2$ 基底承载活性组分 Cu，防止单纯使用 Cu 作为催化剂时，内部的活性组分难以利用而造成浪费。此外，载体还可以调控催化剂的颗粒形状和大小，增大表面积，支撑活性组分并且提供必要的机械强度，同时还可以防止活性成分高温烧结，提高催化剂的耐热性。部分载体还可呈现助催化剂和共催化剂的作用，甚至提供另一种催化功能，形成双功能催化剂或多功能催化剂。载体与助催化剂和共催化剂的主要差别在于，载体在催化剂中的含量远比助催化剂和共催化剂大。大部分载体是没有活性的惰性物质，是活性成分的基底、黏合剂和分散剂。

负载型催化剂为活性组分负载于载体上的催化剂，且活性组分与载体之间存在一定的相互作用，目前研究较多的相互作用主要分为两种。一种是活性组分与载体之间可能会形成金属—载体强相互作用（SMSI），可以使催化剂获得更强的吸附作用，这种吸附作用还能随着处理温度的变化呈现一定的可逆性。SMSI 的普遍性得到了广泛认可，但对其机理研究仍存在许多不足，SMSI 的实质并不清楚，但 SMSI 的研究对负载型催化剂的开发和创新非常重要，尤其是对于结构敏感的催化反应。另一种相互作用称为"溢流"，即吸附于表面的气体能从活性组分中转移至载体中。例如，在 Pt/活性炭负载型催化剂中，大量的氢气从 Pt 粒子形成的活性中心解离吸附，然后溢流到活性炭表面，即为"氢溢流"。氢在吸附和脱附的过程中被活化，并在活性组分和载体的表面上发生一定的反应。

综上所述，载体的主要作用如下：

（1）增大表面积并提供适宜的孔道结构，这是对载体的基本要求，良好的载体能够保证活性成分的分散度高，从而减少活性组分的用量。

（2）为催化剂提供一定的机械强度，保证催化剂具有合适的形状。对于不同的反应器，应从耐压强度、耐磨强度和抗冲刷强度考虑载体的选用。

（3）具有良好的导热性和热稳定性，防止由于局部过热造成催化剂熔融失活或产生副反应等不良影响，并且延长催化剂的寿命。

（4）提供一定的活性位，如部分载体表面的酸性位可以促进异构化。

（5）载体可与活性组分相互作用，提高催化剂性能，部分载体可用作助催化剂。

（6）载体可提高催化剂的抗中毒性能，使活性表面增加，降低对毒物的敏感性，还有分解和吸附有毒物质的作用。

在实际应用中，需要根据化学反应的特点，选择合适的载体。对于需要充分利用催化剂组分并获得高反应活性的反应，可选择多孔性高比表面积的载体，这时载体可为活性组分提供很大的有效表面并增加其稳定性，同时载体的稳定性必须与活性组分的稳定性结合起来考虑。然而，倘若目标产物还会发生副反应，可选择比表面积较小而孔径较大的载体，这样可以较好地调控催化反应的接触时间。为了使用这类载体制得的催化剂具有最大的活性，应采取有效的方法将活性组分分散在载体上。低比表面积的载体主要包括无孔性物质（比表面积小于 $5m^2 \cdot g^{-1}$）和有孔性载体（比表面积小于 $20m^2 \cdot g^{-1}$），这类载体的特点是具有较高的硬度和导热系数，在高温下具有稳定的结构，常用于活性组分非常活泼的反应。其中，刚玉可以通过调整熔烧温度使其比表面积在一定范围内变化。对于碳化硅烧结物及刚铝石等，可以通过无孔的氧化铝和碳化硅经挤压成型，然后加热熔合制成，有时还需加入黏结剂或助熔剂。多孔的金属制品，如多孔的不锈钢及熔结金属也可用作载体，通常将它们制成薄片状，使反应物能均匀通过孔结构而无过大的压降。

5.3　催化作用原理

5.3.1　催化作用一般原理

在化学反应中，催化剂与反应物结合生成不稳定的中间体，改变了反应路径，降低了表观活化能或增大了表观指前因子。当前，基元反应的速率理论主要有碰撞理论和过渡态理论。碰撞理论是在气体分子运动论的基础上形成的，过渡态理论是在统计热力学和量子力学的基础上建立起来的。根据碰撞理论，催化剂的加入降低了化学反应的活化能，从而使体系中的有效碰撞次数增加，导致反应速率增大。

简单碰撞理论假定分子没有结构，对分子在接近和碰撞过程中的能量变化无法定量处理，因此不能从理论上计算反应所需的活化能，要了解化学反应的实质，首先要了解原子间的相互作用。由于吸引力和排斥力的作用，原子在相互靠近的过程中其势能先降低至一个最低值，即处于稳定的构型，随后势能显著增大。因此，在化学反应中，反应物 R 和产物 P 是比较稳定的，其势能较低，而反应过程的中间体具有较高的势能，是处于势能顶点的反应过渡态，为一个不稳定的构型，发生反应需要先克服反应物与过渡态之间的势能差或能垒，这也就是化学反应需要活化能的原因，由此发展的反应速率理论就是过渡态理论。

根据过渡态理论，反应物转变成产物，要先形成高势能的活化络合物，这种活化络合物可能分解为原始反应物，并迅速达到平衡，也可能分解为产物，其中分解为产物的速率即为该反应的速率。当存在多个反应路径时，经势能较低的过渡态形成产物的路径较易发生。由于催化剂的参与，催化反应中形成了新的势能较低的过渡态，从而改变了化学反应的路径，降低了反应活化能，加速了化学反应。对于一个 A 与 B 反应生成 AB 的催化反应

$$A + B \xrightarrow{\ C\ } AB \tag{R5-2}$$

当没有催化剂时，反应的活化能为 E_{a0}。而加入催化剂 C 后，催化剂与 A 形成了不稳定的过渡态（A···C）所需要的活化能为 E_{a1}，（A···C）进一步转化为相对稳定的吸附态 AC 并释放能量，随后 B 与吸附态 AC 形成催化反应过渡态（A···B···C），需要的活化能是 E_{a2}，接着过渡态可转化为 AB 产物的吸附态，经脱附后形成产物 AB，同时催化剂复原。催化反应中，E_{a1} 和 E_{a2} 均明显小于 E_{a0}，即催化反应的路径是一条活化能较低的反应路径，故加快了反应速率。

当然，不同催化剂所经过的催化反应路径不尽相同。在使用催化剂之后，反应速率决定于催化反应进程中各个步骤的速率。如图 5-5 所示的反应，E_{a1} 能量较小，但是 E_{a2} 较大。因

此，对于一个好的催化剂而言，各反应步骤之间的活化能要有恰当的配合，使总能量要求最低。

5.3.2　多相催化反应历程

对于多相催化反应，从与催化剂接触开始，反应物需经历一系列的物理和化学步骤，包括吸附、脱附、物理传输和化学变化等，才能完成整个催化反应，这一系列步骤的序列关系称为多相催化反应的历程，以常见的多孔固体催化多相反应为例，其催化反应历程示意如图 5-6 所示。

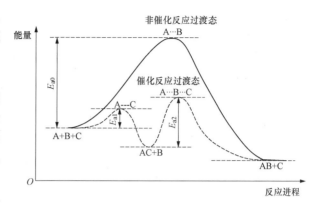

图 5-5　催化反应与非催化反应的能量变化

一个主流流体中的化学物种先要克服流体-固相界面膜的阻力才能扩散到催化剂颗粒的表面，其中大部分物种还要克服催化剂颗粒内部阻力才能扩散到内表面（占整个催化剂表面的绝大部分）所有的孔道中，而产物也要从催化剂表面脱附并从孔道内扩散至气流层中，这就是外扩散和内扩散构成的物理传输过程。其中，反应物或产物从气流层、滞留层向催化剂表面的扩散或其逆过程称

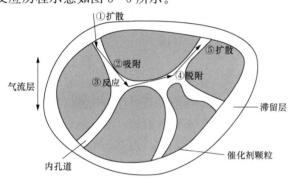

图 5-6　多相催化反应历程示意

为外扩散，从催化剂外表面向内孔道的扩散或其逆过程称为内扩散。化学物种经过外扩散和内扩散到达催化剂表面后，与表面上的活性位发生吸附作用形成吸附物种，进而在表面上反应生成处于吸附态的产物物种，然后再从表面上脱附，这三个过程为化学过程，与催化剂的表面结构、性质和反应条件有关；产物经表面脱附后，经内扩散和外扩散等物理传输过程再返回到主流流体中，以此方式完成整个多相催化过程。其整个催化反应的历程如下：

（1）原料通过边界层向催化剂表面和孔扩散；

（2）孔内表面反应物的吸附；

（3）催化剂表面上的化学反应；

（4）催化剂表面产物的脱附；

（5）产物孔内扩散，脱离催化剂，通过边界层向气流层扩散。

反应历程的五个步骤受到许多影响因素的影响，如催化剂的孔道结构及反应物和产物分子大小对外扩散和内扩散等物理传输过程有显著的影响，而活性组分的分散度、活性以及反应物性质则对吸附、表面反应和脱附等化学过程影响显著。

5.3.3　催化中的吸附作用

吸附是多相催化反应必经的基本步骤，根据推动力的性质差异，可将吸附分为物理吸附和化学吸附。这两种吸附作用在催化反应中同时存在，相互之间有较大的差别，但也有一定的联系。

1. 物理吸附

物理吸附的推动力是范德华力，吸附质分子与固体表面的作用力很弱，物理吸附没有选择性，对固体表面本质的敏感性很小，整个固体自由表面都参加物理吸附，因而可以利用物理吸附测定催化剂的比表面积；吸附分子可以是单分子层吸附，也可以是多分子层吸附，在较高压力下能形成多分子层吸附，在较低压力下形成单分子层吸附；物理吸附在低温下出现，吸附热小，为 $8\sim20\mathrm{kJ\cdot mol^{-1}}$，与气体吸附质的冷凝热相当，吸附速率快，能迅速建立可逆的吸附平衡；吸附分子与液体或气体分子的状态差别很小，且物理吸附不涉及吸附质分子与固体表面之间的化学作用力和电子转移，因此，物理吸附的发生不需要活化能或仅仅需要很小的活化能。

物理吸附在催化中起重要作用的可能性非常小，原因是在催化剂起作用的温度下，这种类型的吸附往往微不足道。在某些催化反应中，催化剂可以促进反应物种的吸附，增加催化剂表面上反应物的浓度，加速催化反应的进行。然而，其原因仅仅是催化剂表面的反应物浓度比液相或气相内的浓度大，因而反应速率的增加非常有限，同时反应活化能也无明显变化。实际上，绝大多数催化反应因活化能显著降低而增加反应速率。

2. 化学吸附

化学吸附的推动力是化学键，吸附质分子与固体表面之间通过化学键形成了较强的相互作用，化学吸附对固体表面性质敏感，具有选择性；由于化学吸附是靠短程的化学键作用，因此只能形成单分子层吸附，化学吸附时固体表面的"自由价"逐渐被饱和；通常低温下化学吸附速率很小，随着温度的升高，吸附速率明显增大；化学吸附热较大，为 $50\sim400\mathrm{kJ\cdot mol^{-1}}$，与化学反应热效应相当；与化学反应相似，化学吸附需要一定的活化能，只有在高温下才能达到真正的可逆平衡，原因是这时解吸速率加快。但也有少数不需要活化能，称为非活化吸附，其吸附和脱附速率都很大。化学吸附分子的状态与液相或气相中分子的状态有本质上的区别。

根据吸附分子发生吸附的状态，化学吸附还可以分为解离吸附和缔合吸附。比如氢分子在金属表面的吸附是以单个 H 原子吸附在表面上，因而属于解离吸附。而对于具有 π 电子或孤对电子的分子，在吸附时常常不发生解离，称为缔合吸附，如单烯烃分子在金属表面的吸附，2 个 $\mathrm{sp^2}$ 轨道再杂化，断开其中一个双键形成 $\mathrm{sp^3}$ 杂化，产生的两个自由价与表面自由价结合，形成两个碳原子同时吸附在金属表面的过渡态物种。图 5-7 所示为氢分子解离吸附和乙烯缔合吸附过程。

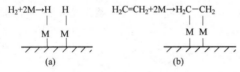

图 5-7　解离吸附与缔合吸附
(a) 解离吸附；(b) 缔合吸附

O_2、CO 等分子可以同时发生上述两种吸附。其中，CO 常见的吸附方式有三种：CO 解离后 C 和 O 物种分别发生吸附，CO 中一个 C—O 键断裂发生 C 和 O 的桥式吸附，或者 C 发生顶式吸附。因为不同的吸附方式将会影响实际的反应路径，所以催化反应研究中，常需针对具体的金属表面研究反应物种的吸附形态。

3. 吸附势能曲线

物理吸附与化学吸附的能量变化可以用吸附势能曲线表示，以氢分子在 Cu 表面的吸附为例，其吸附势能曲线可用图 5-8 说明。

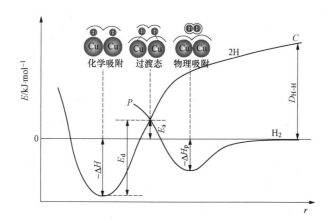

图 5-8 氢分子在 Cu 表面的吸附势能曲线

图 5-8 的横坐标表示氢分子（原子）与吸附表面的距离 r，纵坐标表示吸附质分子的势能 E。

P 线为氢分子物理吸附的势能曲线。当氢分子从无穷远处向 Cu 表面靠近时，氢分子与 Cu 原子之间存在两种相反的作用力，一是范德华力；二是原子核间的排斥力。随着氢分子向 Cu 表面靠近，势能减小，曲线下降，表明吸引力起主导作用，直至能量最低点，此时两力相等，然后曲线又上升，能量增加，表明排斥力起主导作用。能量最低点即为物理吸附的平衡位置。

C 线为氢原子的化学吸附能量曲线，表明 H 原子与催化剂之间的势能随两者之间距离的变化而变化，当氢原子与催化剂相距很远时，氢原子与 Cu 之间无相互作用，氢原子从氢分子中解离出来，因此，应把氢分子与铜相距很远时的势能选为零，由 H_2 变为 2H 时需要解离能 D_{H-H}，即氢分子解离成氢原子的能量状态。当氢原子与催化剂靠近即 r 变小时，曲线逐渐下降，这时催化剂与氢原子之间以吸引为主。当距离等于 Cu 和 H 原子半径之和时，体系的势能最低，氢原子与 Cu 构成一个稳定体系，距离再靠近，曲线逐渐上升，这是由于氢原子与催化剂原子核间的正电排斥增加，使势能上升。吸附出现能量极低值时，为化学吸附的平衡位置，相当于氢与 Cu 化合形成表面活性物种 Cu—H，极值表示 H 在 Cu 上的化学吸附热 $-\Delta H$（ΔH 为吸附熵，其值与吸附热相同，符号相反），远大于物理吸附热 $-\Delta H_p$。

要使氢分子与 Cu 原子生成表面物种，即 $H_2 + 2Cu \longrightarrow 2Cu—H$，存在两种路径：一种路径是 H_2 先解离为氢原子，其解离能 D_{H-H} 高达 432kJ·mol^{-1}，然后沿 C 线与 Cu 原子形成化学吸附 Cu—H；另一种路径是氢分子在表面发生物理吸附，经极低点后再上升与化学吸附线 C 相交，然后沿 C 线至极低点，也可以形成 Cu—H。显然，后者所需的能量小得多。因为物理吸附态的分子可以吸收能量越过能垒进入化学吸附态，以氢分子为基准，吸收 E_a 能量进入化学吸附，所以 E_a 为吸附活化能，其值为 21kJ·mol^{-1}。而从化学吸附状态发生脱附时，曲线方向相反，即从化学吸附态变成物理吸附态，此时需越过能垒 E_d，其值为 55kJ·mol^{-1}，称为脱附活化能。

$$E_d = E_a - \Delta H \tag{5-1}$$

式（5-1）具有普遍性，脱附活化能 E_d、吸附活化能 E_a 和吸附热 $-\Delta H$ 值取决于吸附体系、吸附条件和表面覆盖度。由图 5-8 可知，H_2 分子在金属表面的解离比在气相中需要的能量小很多，在催化剂表面上需要 $21kJ \cdot mol^{-1}$，在气相中需要 $432kJ \cdot mol^{-1}$。因而，分子在催化剂表面上活化比在气相中容易，这就是催化剂吸附活化的重要作用。

5.3.4　催化反应机理

催化反应机理是从分子水平上对催化反应中各个基元反应及其速率决定步骤开展研究和分析，从而掌握催化反应的实际发生过程，并为后续催化剂的优化设计提供重要支撑。要从分子水平上检测和分析，其主要的手段有动力学分析、谱学分析和理论计算等。总体来说，催化反应之间存在一些相似之处，根据反应类型可将表面催化反应机理分为三类：Langmuir - Hinshelwood 机理、Eley - Rideal 机理和 Mars - van - Krevelen 氧化还原反应机理。其中，Langmuir - Hinshelwood 机理是一种以表面反应为控制步骤、两个吸附分子进行表面反应的多相催化机理，即两个反应物先吸附在固体催化剂上，在表面上反应，产物再脱附。表面反应为控制步骤，吸附与脱附速度远大于表面反应速度，反应速度与两个反应物在催化剂表面上的覆盖度成正比。Eley - Rideal 机理是某种反应物被吸附在催化剂上形成过渡络合物，另外的反应物再与之反应形成产物。Mars - Van - Krevelen 氧化还原机理是指反应过程为反应物与催化剂晶格氧离子反应的机理，首先，反应物还原催化剂产生氧空位，随后解离吸附的氧补充催化剂的氧缺位，从而重新氧化再生催化剂。由于第一步中氧化物催化剂被还原，第二步中催化剂被氧化，这种机理也被称为氧化还原机理。对于不同的反应甚至是相似的反应，基元反应存在较大的差异，这也是催化反应机理研究的难点，所以真正清晰掌握的催化反应机理并不多。

5.4　催化剂性能评价

在实际的工业应用中，我们需要了解制备催化剂的性能是否优良，一般需借助反应活性、选择性和稳定性三个指标进行评价，一个优良的催化剂必须具备高活性、高选择性和高稳定性。除了上述三大性能指标之外，随着人们对生态环境保护的日益重视，催化剂制备、应用和后续处理的环境友好性也成为又一主要的考核指标。

5.4.1　反应活性

催化剂的反应活性指的是催化剂对某个化学反应的促进能力，是催化剂加快化学反应进行的一种度量。一定温度、压力和时间条件下，某关键反应物的转化率是催化剂反应活性最常用的性能表述参数。所谓转化率 X 是指反应物的转化量与反应物初始投入总量的百分比，见式（5-2），这个百分比可直观地反映催化剂对一个特定化学反应的强化效果。

$$X = \frac{已转化的某反应物量}{某反应物总量} \times 100\% \qquad (5-2)$$

实际应用中，因为已转化的反应物量难以直接测定，而反应后尚未转化的反应物量却容易测定，所以通常根据反应物总量和未转化的反应物量的差值来计算已转化的反应物量。值得注意的是，转化率并不是催化剂的固有特性，而与反应条件有关，随着反应条件的改变，除了化学反应在热力学和动力学方面的变化以外，催化剂的结构特性、作用机理等都可能因此改变，导致催化活性改变，从而造成转化率的变化。升高反应温度，通常使催化反应速率加快，转化率提升；增加催化剂用量或延长反应时间，使催化反应更加充分，有利于提升转化率。因此，对于转化率的比较，应指明具体反应工况，如催化剂用量、反应物用量、反应时间、温度和压力等。

对于间歇式催化反应，反应时间表现为累积时间，因此，常用相同反应时间下的转化率来比较不同催化剂之间的反应活性，或者用达到相同转化率所需要的反应时间来评价催化剂活性。例如，对于木糖制取糠醛的反应，采用不同比例的 1-丁基-3-甲基咪唑和氯化铁制备得到离子液体催化剂，其中咪唑与氯化铁的比例从 2:1 降低为 1:2，相同条件下反应 30min 后，木糖的转化率从 62% 提升至 80%，说明咪唑与氯化铁比例为 1:2 的离子液体催化剂具有更高的活性。

而对于连续式催化反应，反应时间表现为反应物与催化剂的接触时间或反应物在催化剂上的停留时间，停留时间的变化对转化率有着显著的影响。反应物在催化剂上的停留时间常用空速表示。空速指的是在规定的条件下，单位时间、单位体积（或单位质量）催化剂处理的反应物量，常用单位为 h^{-1}。针对反应物和催化剂的形态，空速有多种表达方式，常用的有气体体积空速（GHSV）、液体体积空速（LHSV）和质量空速（WHSV）。在气-固相或液-固相催化反应中，反应物原料分别为气体和液体，气体和液体物料的体积流速与催化剂的体积之比，分别为气体体积空速和液体体积空速。由于催化剂真实体积不容易测量，所以催化剂也可用质量来表示。液体体积空速描述的是整个溶液体系在催化剂上的停留时间，不能直接反映参加反应的溶质与催化剂的停留时间，因此，需要更有针对性的表示方法，即质量空速，描述的是反应溶液中溶质的质量流速与催化剂质量的比值，也称为溶质质量空速。例如，雷尼镍催化剂催化乙二醇水相重整制取 H_2 的反应中，装填催化剂中含有金属 Ni 的质量为 0.5g，反应原料为 5%（质量分数，wt）乙二醇溶液，其流速为 $0.06g \cdot min^{-1}$，则反应物乙二醇的质量空速为 $0.36h^{-1}$。

在其他条件相同的情况下，空速越高，说明反应物与催化剂所需接触的时间越少，因此也反映催化剂具有更好的反应活性。空速的倒数为反应物料与催化剂接触的平均时间，以 τ 表示，其常用单位为 h 或 min。接触时间和空速之间可以相互换算。

催化剂对反应的促进也可以归结为催化反应速率与非催化反应速率之间的对比。通常情况下，与催化反应速率相比，非催化反应速率可以忽略，因此，催化反应活性也可以直接用催化剂作用下的反应速率来表示。催化反应速率 r 是指单位体积（或质量）催化剂在单位时间内反应物转化量或目标产物生成量，如式（5-3）所示：

$$r = \frac{\text{反应物转化量或目标产物生成量(mol)}}{\text{催化剂的体积或质量} \times \text{时间} [L(g) \cdot s]} \times 100\% \qquad (5-3)$$

催化反应往往发生在催化剂表面，且催化剂表面的活性位点浓度不尽相同，因此，以催化剂中的活性位数代替催化剂量表示反应速率更能描述催化剂的本征反应活性。以这种方式描述催化剂反应活性的参数称为转换频率（TOF），也可称作转换速率，是指在给定温度、压力和一定的转化率下，单位时间单位活性位上发生反应的次数。其中，发生反应的次数可以用反应物的转化量来表示。当活性位数也用物质的量来表示时，转换频率 TOF 的单位就是时间的负一次方，为 h^{-1}、min^{-1} 或 s^{-1}。在固定床反应中，为了消除催化反应的扩散效应、避免宏观结构对活性的影响，一般选择在高空速和低转化率条件下来进行 TOF 的测定。

转换频率的概念，常涉及活性中心数目的测定，目前最常见的测定方法分为两种。一种是利用探针分子选择性吸附在活性位上，通过测定探针分子消耗量来测定活性位数。对于一般的活性金属，H_2 分子在活性位上发生单一的解离吸附，因此 H_2 为最常用的探针分子。不过，对于一些特殊的活性位测定，还需要更加有针对性地选择探针分子。例如，工业中常用的固体酸催化剂，其酸性的测定就是使用碱性的 NH_3 作为探针分子，与固体酸催化剂的酸性位点发生吸附作用，根据 NH_3 的吸附量判断酸性催化剂的活性位数目。再如，尽管 CO 有多种吸附方式，在有 CO 参与的反应中，常常还是使用 CO 作为探针分子进行检测。具体使用时，可根据探针分子在活性金属表面的吸附特征进行活性位数目的计算。大多数情况下，一个探针分子吸附在一个活性位上，那么活性位数目就与吸附的探针分子数目相等；对于发生解离吸附的 H_2 分子，一个 H_2 分子在解离后吸附 2 个金属活性位上，此时，活性位数目是吸附 H_2 分子数的 2 倍。实际应用中，也有学者根据催化剂中活性原子的量来计算 TOF 值，由于负载的活性组分并不全都具有活性，因此据此计算的 TOF 值往往偏小。

在催化剂的反性能研究中，常把具有活性的催化剂组分量占催化剂中该组分总量的百分比，称为活性组分的分散度。因此，也可以根据分散度等信息来计算 TOF 值。例如，Co 基催化剂上的费托反应，催化剂装填量为 1.0g，Co 负载量 L 为 15%（质量分数，wt），Co 的分散度 D 为 4.0%，反应温度和压力分别为 220℃、1.25MPa，CO 的初始转化率为 2.7%，空速为 30000mL·g^{-1}·h^{-1}，反应进料中 CO 的比例为 4/15。其中，分散度 D 为催化剂中活性 Co 占 Co 总量的比值，因此，催化剂的活性分子数为分散度与 Co 总量的乘积。结合反应条件，计算催化剂有效单位活性位的 TOF 的步骤应为

$$TOF = \frac{n \times M_{Co}}{D \times L} = \frac{p \times v \times M_{Co}}{R \times T \times D \times L}$$

$$= \frac{30000 \times 10^{-3} \times 1.25 \times 10^6 \times 2.7\%}{8.314 \times (273.15 + 220) \times 3600} \times \frac{4}{15} \times \frac{58.933}{4.0\% \times 1 \times 15\%}$$

$$= 1.8 \times 10^2 s^{-1}$$

在化学动力学中，量化反应速率变化的参数就是反应速率常数 k 和反应活化能 E_a。催化剂的添加往往改变了化学反应的路径，从而改变反应活化能和反应速率，因此，也可以通过活化能或反应速率常数的比较来评价催化剂的活性。例如，对于 CH_4 和 CO_2 的重整反应，使用 Ni/MgAl 催化剂时，活化能为 51.79kJ·mol^{-1}，而使用 NiPt/MgAl 时，活化能降低至 26.43kJ·mol^{-1}。活化能越低，反应越容易发生，表示催化剂的活性越好。

5.4.2　选择性

催化剂并不是对热力学允许的所有化学反应都有同样的效果，而是对平行竞争反应或连续反应中的某个或者某几个分反应具有更为显著的加速效果，从而造成总体反应过程中产物分布的差异，这就是催化剂的选择性。所消耗的原料中转化成目标产物的比例高，催化剂的选择性也较高。选择性的高低同时影响了反应原料的消耗和反应产物的后处理。面对活性和选择性难以两全的工艺时，应根据实际情况作出选择。换句话说，反应原料价格昂贵或副产物与目标产物难以分离时，应该使用高选择性的催化剂；相反，若原料价格便宜，而且产物与副产物容易分离时，应该选择高转化率的催化剂。催化剂的选择性受其结构影响，与活性组分在催化剂上的分布、微晶的粒度大小以及载体的孔隙结构、孔径分布和孔容等都有关系。

催化剂的选择性有两种表述方法，一种是指已转化的反应物中有多少量转化成目标产物，即

$$S = \frac{目标产物的物质的量}{已转化的某一反应物理论上可得到的目标产物的物质的量} \times 100\% \quad (5-4)$$

下面以苯酚重整制氢为例，介绍选择性的计算方法。进料口处苯酚的流量为 $3g \cdot h^{-1}$，出口混合物中检测到苯酚的流量为 $0.474g \cdot h^{-1}$，氢气的产量为 $0.605g \cdot h^{-1}$，因此，氢气的选择性计算过程如下。

单位时间参加反应的苯酚的物质的量为

$$n_1 = \frac{进口苯酚质量-出口苯酚质量}{苯酚摩尔质量} = \frac{3-0.474}{94} = 26.87 \times 10^{-3} mol$$

单位时间产生氢气的物质的量为

$$n_2 = \frac{生成氢气的质量}{氢气的摩尔质量} = \frac{0.605}{2} = 0.30 mol$$

$$C_6H_6O + 11H_2O \longrightarrow 6CO_2 + 14H_2 \quad (R5-3)$$

如苯酚重整的化学反应方程式（R5-3）所示，1mol 苯酚理论上可产生 $14mol H_2$，因此，将参加反应的苯酚量和生成的 H_2 量代入式（5-4），可得 H_2 的选择性为

$$S = \frac{0.30}{26.87 \times 10^{-3} \times 14} \times 100\% = 79.7\%$$

选择性的另一种表示方法是指目标反应路线在所有反应路线中的比例。如在乙炔加氢制乙烯工艺中，乙烯也会加氢生成乙烷，因此，选择性还可以表示为乙炔选择性加氢为乙烯的反应速率与乙炔加氢转化为乙烷的反应速率之比，可用式（5-5）表示为

$$s = \frac{n_{C_2H_4}}{n_{C_2H_4} + 2 \times n_{C_2H_6}} \times 100\% \quad (5-5)$$

选择性主要是表示反应物转化为目标产物的比例，是评价主反应与副反应相对关系的参数，与选择性相关的还有得率(yield) Y，即

$$Y = \frac{目标产物的物质的量}{起始反应物理论上转化成目标产物的物质的量} \times 100\% \quad (5-6)$$

有时也称单程收率，得率也就是转化率 X 和选择性的乘积，即

$$Y = X \cdot S \quad (5-7)$$

将催化剂的活性、选择性以及反应器的生产能力结合起来考量的性能指标为时空得率（STY），它指的是单位时间内单位体积或质量催化剂上所得目标产物的量。时空得率与操作条件密切相关，在使用该物理量时要注明反应条件。例如，在 CO_2 加氢制甲醇工艺中，反应条件为 $T=240℃$、$p=2.6MPa$、空速 $WHSV=3600h^{-1}$、$CO_2/H_2=1:3$，CO_2 的转化率以及甲醇的选择性分别为 22.3% 和 38.1%，时空得率的计算方法为

$$STY = \frac{WHSV}{M_{CO_2} + M_{H_2}} \times X \times S \times M_{CH_3OH} = \frac{3600}{44+6} \times 22.3\% \times 38.1\% \times 32 = 195.75h^{-1}$$

即每克催化剂上每小时可获得甲醇 195.75g。

5.4.3　稳定性

催化剂稳定性通常以寿命表示，它是指催化剂在使用条件下，维持一定活性水平的时间（单程寿命）或经再生后累计时间（总寿命）。具体而言，催化剂稳定性主要是指对高温热效应的耐热稳定性，对毒化作用的抗毒稳定性和对摩擦、冲击和重力作用的机械稳定性。

5.4.3.1　催化剂失活

根据催化剂的定义，一个理想的催化剂应该可以永久使用，然而实际上，经过一定时间

的运行，催化剂的活性和选择性都会有所下降，当催化剂的反应活性和选择性低于某一特定值后就被认为催化剂失活。

失活的情况分为很多种，根据失活本质，通常将失活分为化学失活、热失活和机械失活三大类，具体见表 5-2。

表 5-2　　　　　　　　　　　　　　常见失活类型、原因及影响

类　型	原　因	影　响
化学失活	结焦	表面积降低，堵塞，活性位减少
	金属污染	
	毒物吸附	
热失活	烧结	表面积降低，催化剂组成改变，活性位减少
	相转变和相分离	
	活性组分被包埋	
	组分挥发	
机械失活	颗粒破裂	催化剂床沟流，堵塞，表面积减少
	结污	

1. 化学失活

引起化学失活的原因主要为结焦、金属污染和有毒物质的吸附。其中结焦又称作积碳，是指催化剂表面形成含碳沉积物，导致孔道堵塞，表面积降低，并包埋活性成分，因此，催化剂活性会明显降低或消失。工业上催化剂的结焦沉积物常为碳氢化合物，可通过取样或模型预测分析其成分，结焦常发生于石油催化裂化、甲醇制烯烃以及天然气制烯烃等化工过程中。研究表明，催化剂的结焦性质受催化剂性质和结构等因素影响。对于金属催化剂，结焦性质受金属颗粒尺寸的影响，如 Pt 颗粒上的结焦研究表明，较小 Pt 颗粒的结焦速率更快，生成的焦中含氢量更低，石墨化程度更高。此外，加入 Sn 后，形成的双金属催化剂结焦速率更高，而且催化剂表面的焦具有更高的石墨化程度，但 Sn 的加入使焦前体及时迁移，防止了 Pt 被焦炭覆盖，反而提高了催化剂的寿命。原油或煤直接液化后，液体中通常含有金属污染物，主要是 V、Ni、Fe、Cu、Ca、Mg、Na 和 K 等，其含量一般在百万分之一数量级。这些金属通常以聚合物的形式沉积在催化剂表面，长时间运行后，会导致催化剂表面金属含量急剧增加、催化剂孔道堵塞和表面积降低。此外，金属原子自身存在催化脱氢和氧化活性，能够促进结焦，而且会产生烧结作用。例如，Ni 具有较高的脱氢活性，促进不饱和烃聚合生成焦炭并沉积在催化剂表面，堵塞孔道、包埋活性组分，导致催化剂的活性明显降低。V 主要以流动 V_2O_5 的形式存在，V^{5+} 可以破坏分子筛的骨架，因此，降低催化剂的活性和选择性。

在反应过程中，催化剂的活性位会吸附少量杂质，使催化剂的活性下降甚至消失的现象称为中毒。中毒可分为可逆中毒和不可逆中毒，其中可逆中毒指毒物与催化剂活性组分之间的相互作用较弱，中毒是暂时的，而且催化剂可再生。例如，合成氨反应中水分子会与 Fe 原子反应生成 Fe_2O_3，发生可逆中毒。而不可逆中毒则是毒物与催化剂活性组分之间的相互作用较强，中毒是永久的，而且催化剂不可再生。例如，合成氨中的 Fe 催化剂会与 H_2S 发生反应生成 FeS，这种变化是不可逆的。不同催化剂的毒物是不同的，固体酸催化剂的毒物

通常为碱性物质，同样，碱性催化剂也会因酸性物质发生中毒。此外，不饱和烃类通常会与金属 d 轨道成键，导致中毒。SCR 脱硝过程中，常发生砷中毒，即在 O_2 存在时，砷或砷的化合物容易被催化剂的酸性位吸附，并且能够还原催化剂的金属氧化物，改变活性金属的价态，破坏催化剂的酸性，从而降低催化剂的活性。

2. 热失活

造成催化剂热失活的原因主要为烧结、相转变和相分离、活性组分被包埋以及组分挥发。烧结即为催化剂微晶尺寸逐渐增大或原生粒子逐渐长大的现象。烧结现象的出现是由热力学推动的，高度分散的活性组分微晶和结构缺陷具有趋于稳定的趋势，自由能降低、表面能降低，因此该变化是自发进行的。当催化剂长期在高温条件下反应时，金属颗粒会在载体表面发生迁移，并由小颗粒聚集形成大颗粒，导致活性组分的比表面积降低，活性位数量减少，因此，催化剂活性明显下降，甚至完全消失。金属与载体的相互作用以及载体的结构性质都会影响金属的颗粒聚集。金属与催化剂的强相互作用可以稳定微小金属颗粒，从而提高活性位数目，提高反应物的转化率和产物的选择性。此外，还可以通过改善催化剂载体的结构提高催化剂的抗烧结性能。

相转变主要是指在升温过程中，有多种相态的分子由高温下不稳定的相态转变为热稳定相态的现象。例如，在高温条件下，活性的 γ - Al_2O_3 和 η - Al_2O_3 会发生烧结和颗粒聚集，转化为热稳定性高、活性低的 α - Al_2O_3。Al_2O_3 有很多种晶型，常见的包括 α、β、γ、δ、θ、η，其中 β、γ 和 η 型是具有多孔性、高分散和高活性的活性 Al_2O_3。Al_2O_3 在高温下常发生相转变，500～600℃时 γ 相为主相，700～900℃时基本为 η 相，1000℃时出现 θ 相，1100℃时转化为 α 相。相分离常出现在合金金属中，由于高温下金属液化分离，容易出现单独成分的富集现象。此外，由于制备工艺的缺陷或不足，也会导致金属分散度差，部分区域出现某种金属的富集现象。如 Ni - Cu 合金出现 Cu 颗粒的富集，由于 Cu 和 Ni 的热行为不同，在不同的加热温度下，Cu 和 Ni 的扩散速度和渗透性也不同，因此当加热温度改变时，会出现 Ni 和 Cu 的富集与分离。

以氧化物为载体的金属负载型催化剂，当反应温度逐渐升高时，金属晶粒会部分陷入氧化物载体中，形成活性组分被载体包埋的状态，从而导致活性组分减少，催化剂活性降低。如图 5 - 9 所示，对于新鲜催化剂，Pt 粒子大部分均分散于 SiO_2 载体的表面，以便活性组分 Pt 粒子能够吸附并转化反应物分子，然而，在较高的反应温度下，Pt 逐渐被变形的 SiO_2 包埋。

图 5 - 9　Pt 被 SiO_2 载体包埋的过程示意

催化剂活性成分与反应气氛生成挥发性物质或可升华的物质，导致活性组分降低。例如，金属可与 CO 反应生成羰基化合物，卤素也可与金属发生反应生成卤化物。在早期的 HCl 催化氧化制氯气的工艺中，铜催化剂得到了较好的应用，但是由于其活性组分铜的氯化物在高温下容易挥发，导致催化剂的寿命降低，因而导致了低温下 HCl 的转化率较低，限制了 Cu 催化剂的工业发展。

3. 机械失活

催化剂在使用过程中受应力的作用，组成或结构发生变化导致机械强度下降、颗粒破碎。例如，在生产聚丙烯时，常出现催化剂破碎的问题，这是因为聚合物生成于多孔催化剂的内外表面，数量不断增加的聚合物产生较大的应力，导致催化剂的孔道结构坍塌和催化剂破碎。

固体杂质碎屑沉积于催化剂颗粒表面，导致催化剂孔道堵塞、表面被遮盖，甚至发生催化剂颗粒间黏结。例如，在催化裂解汽油工艺中，常伴有焦粉、锈渣和杂物，若在进入催化剂前不将焦粉及时脱除，焦粉将会吸附在催化剂表面，导致催化剂活性组分包埋、孔道堵塞，降低催化剂的催化效果及寿命。

5.4.3.2 催化剂失活预防或再生

1. 催化剂结焦再生

在烃类氧化脱氢的化学过程中，由于催化剂脱氢活性高，常会导致碳氢化合物脱氢后缩合形成大分子烃类，直至结焦。结焦后，通常选择通入一定量的空气和水蒸气去除表面焦炭，达到再生的目的。对于长期运行的装置，再生过程具有一定的周期。例如，丁烯氧化脱氢制丁二烯的工艺中，结焦严重时半个月需要烧炭一次。结焦再生的条件也应根据催化剂的性质决定，一般温度越高，所需时间越短，但催化剂长时间处于高温环境下可能发生催化剂的烧结失活，且再生的周期也随结焦的速度变化。高温不一定不利于催化剂的活性，但有利于焦炭的去除，高温再生的催化剂在后续反应中结焦率更低，因此会展现更好的催化活性。综上所述，烧炭的温度和时间应根据结焦严重性和催化剂的变性温度等综合考量。

2. 催化剂金属污染预防及再生

金属污染常出现在石油化工工艺中，且金属污染物主要来源于原料本身，因此催化剂可通过原料加氢脱重金属预处理来延缓或防止金属污染。此外，工业中常加入抗金属催化剂抑制金属污染，这些主要是污染金属的钝化剂和捕获剂。一般使用较多的 Ni 钝化剂为油溶性，锑（Sb）和铋（Bi）钝化剂为水溶性。油溶性的钝化剂可直接添加于原料油中，水溶性的钝剂则可加入汽提段或再生器中。以 Ni 污染的催化剂再生过程为例，通过在载体中加活性氧化铝，使 Ni 与催化剂基质反应生成尖晶石类化合物，使 Ni 钝化。或者，在催化剂基质中加入高效捕获剂以物理包裹 Ni 原子，使之失去活性。对于已经受到金属污染的平衡催化剂，可通过后续脱金属实现再生。例如，有专利报道使用 H_2S 蒸汽使 Ni 转化为硫化物，后续氧化为硫酸盐后洗涤脱除。此外，金属污染的催化剂还可以通过磁力分离法再生，即将金属污染的催化剂置于磁场中，利用磁场将催化剂分离为污染程度较高、活性低的催化剂和污染程度较低、活性高的催化剂，后续可循环使用污染低的催化剂以减少催化剂的消耗。

3. 催化剂毒物吸附预防及再生

对于催化剂的活性成分，常因为吸附毒物被转化为其他化合物，导致活性消失，即为催化剂中毒。石油化工中常见的砷中毒不可逆，因此一般是通过预防手段延长催化剂的使用寿命，常在原料进入进料口之前添加硅铝小球以吸附脱砷、氧化脱砷以及催化加氢脱砷，还可以在催化剂床层之前使用氧化铜或氧化铅等金属氧化物氧化脱砷。此外，催化剂硫中毒现象也十分常见。一般工业中常通过碱洗塔对催化剂进行再生后，即可满足工业生产要求，氧化铜 - 氧化锌系列的脱砷催化剂也有一定的脱硫效果。

4. 催化剂烧结预防

烧结是催化剂在高温下出现结构和性能的变化，这种变化一般是不可逆的，因此，催化剂的烧结失活只能预防或延缓，无法再生。预防烧结的方法主要是制备热稳定性较高的催化剂。例如，研究者通过催化还原法制备的双金属催化剂具有极好的热稳定性。此外，在催化剂制备过程中，可通过加入抗烧结的助剂来提高催化剂的稳定性。例如，对于高温氧化的金属或金属氧化物负载的催化剂，可通过使用分散贵金属的抗烧结六铝酸盐载体或者负载活性过渡金属氧化物等方法，提高催化剂的热稳定性。

5. 相转变和相分离预防

与烧结失活相同，相转变和相分离同样不可逆，因此只能预防。例如，对于固体酸催化剂 SO_4^{2-}/ZrO_2，ZrO_2 存在四方相和单斜相两种相态，其中四方相非常容易与 SO_4^{2-} 结合，为活性相。在反应过程中，ZrO_2 会由四方相逐渐转变为单斜相，但是通过加入助剂 Al_2O_3 可以有效延缓该相转变过程，提高固体酸催化剂的酸性和催化活性。也可以通过加入杂原子提高 Al_2O_3 的热稳定性，如镧系元素（最主要是镧）、碱土金属氧化物、ZrO_2 和 SiO_2。

6. 活性组分包埋预防

活性组分包埋过程常发生在高温条件下，该过程一般不可逆，因此只能预防。反应温度较高时，一般应避免使用软化温度较低的载体，以免反应条件下载体逐渐凹陷，同时热稳定性较差的载体还会在高温下发生孔道坍塌，导致活性明显降低，因此，活性组分的包埋失活主要通过选择热稳定性较好的载体进行预防。

7. 组分挥发预防及再生

活性组分挥发是由催化剂本身的性质导致的，因此一般是通过提高催化剂的热稳定性防止活性组分的挥发。例如，早期应用广泛的 Cu 催化剂，其氯化物比较容易挥发，因此常通过添加低挥发性的稀土金属或氯化钠及氯化钾盐形成低共沸物，减少活性组分的挥发和流失。还可通过提高催化剂在低温下的活性，如可通过添加 V、Bi、Mg、Sb 和 Be 的氧化物提高催化剂的活性，使其在低温下的催化效果达到生产要求。此外，活性组分挥发后，再负载活性组分也是一种经济可行的方法，相对重新制备新鲜的催化剂，再负载过程更加简易，且催化活性不会明显降低。

8. 颗粒破碎预防

催化剂颗粒破碎主要是因为催化剂本身的机械强度较弱，在一定的应力作用下孔道坍塌、颗粒破碎。因此，研究中常通过添加结构型助催化剂增强其机械强度，如在费托合成中，研究者发现在常用的 Fe 基催化剂中加入 ZrO_2 可削弱 Fe 与载体之间的相互作用，提高催化剂的稳定性。或者，还可通过使用机械强度更高的载体，例如，SiO_2 的耐热、耐酸和耐磨性都较高，常被用作催化剂载体。此外，催化剂的制备工艺也可影响催化剂的热稳定性，上述的 Fe/SiO_2 催化剂相关研究表明，焙烧温度高于 400℃时，催化剂的热稳定性可明显提高。

9. 结污预防及再生

结污是否能够再生，主要取决于污垢类型。常规的固态杂质，如铁屑、木屑等，物理黏附于催化剂表面，不会造成催化剂堵塞、活性组分包埋等问题，可通过常规吹扫去除杂质。若污垢黏附力较强，且其中小颗粒可进入孔道，包埋活性成分时，大部分都难以去除。例如，煤或生物质热转化过程中产生的焦油会牢固附着在催化剂表面，导致催化剂快速失活，这一类结污常常难以再生。主要通过原料预处理预防结污，在原料投入生产前将其中的杂质尽量去除，防止其进入催化剂床层。

5.4.4　环境友好性

随着催化化学的迅速发展及人们环境保护意识的日渐提高，"环境友好型催化剂"的概念出现，并日益得到越来越多的科学研究者的重视。环境友好催化剂无疑应满足绿色化学的生产要求，即利用化学的技术和方法减少或消灭那些对人类健康和生态环境有害的原料、催化剂、溶剂和产物及副产物等物质的使用和产生。绿色化学有 12 条原则，其中涉及催化剂的包括：

（1）设计的合成方法应使生产过程中所采用的原料最大量地进入产品之中。

（2）设计合成方法时，不论原料、中间产物和最终产品，均应尽可能对人体健康和环境无毒、无害。

（3）设计的化学产品应在保持原有功效的同时，尽量无毒或毒性很小。

（4）合成方法必须考虑反应过程中能耗对成本与环境的影响，应设法降低能耗，最好采用在常温常压下的合成方法。

（5）在技术可行和经济合理的前提下，采用可再生资源代替消耗性资源。

（6）在可能的条件下，尽量不用不必要的衍生物。

（7）设计的化工产品不应永存于环境中，要能分解成可降解的无害物质。

（8）一个化学过程中使用的物质或物质的形态，应考虑尽量减少实验事故的潜在危险，如气体释放、爆炸和着火等。

根据上述绿色化学原则，绿色环保的催化剂应具备以下几个条件：①催化剂具有密度较高且数目较多的活性中心，能够提高原料转化率和产物选择性；②合成过程简单易操作，制备步骤少；③涉及的原料及产物环保无毒，且原料廉价、来源广；④制备条件温和，节约能源；⑤应防止催化剂在高温下分解，产生有毒气体；⑥催化剂产生的副产物如无法避免，应无毒；⑦可循环使用数次且能维持较高的活性，有较好的稳定性和较长的寿命等性质。因此，一种可回收、可重复使用的固体催化剂正在迅速大规模应用于有机化学反应和合成工业中，这一类催化剂被誉为"环境友好型催化剂"。

思 考 题

1. 写出评价催化剂性能的关键指标，并阐述其含义。
2. 催化剂的基本特性包括哪些？
3. 催化剂是如何改变化学反应速率的？
4. 固体催化剂由哪些组分组成？
5. 催化剂失活的类型有哪些？并分析各自的失活原因。
6. 阐述常见催化剂失活的预防或再生方法。

参 考 文 献

[1] 刘旦初. 多相催化原理 [M]. 上海：复旦大学出版社，1997.
[2] 王尚弟，孙俊全. 催化剂工程导论 [M]. 北京：化学工业出版社，2001.
[3] 陈涌英，王琴. 固体催化剂制备原理与技术 [M]. 北京：化学工业出版社，2012.
[4] 黄仲涛. 工业催化 [M]. 北京：化学工业出版社，1994.
[5] 储伟. 催化剂工程 [M]. 成都：四川大学出版社，2006.
[6] 吴越. 催化化学 [M]. 北京：科学出版社，1990.
[7] 黄开辉，万惠霖. 催化原理 [M]. 北京：科学出版社，1983.

［8］ 干鲷真信. 均相催化与多相催化入门——未来的催化化学［M］. 北京：宇航出版社，1983.

［9］ 吴越，杨向光. 现代催化原理［M］. 北京：科学出版社，2005.

［10］ MORBIDELLI M，GAVRIILIDIS A，VARMA A. Catalyst design：optimal distribution of catalyst in pellets，reactors，and membranes［M］. Cambridge：Cambridge University Press，2001.

［11］ LIN H Z，XIONG Q G，ZHAO Y，et al. Conversion of carbohydrates into 5 - hydroxymethylfurfural in a green reaction system of CO_2 - water - isopropanol［J］. AIChE Journal，2017，63（1）：257 - 265.

［12］ NOMA R，NAKAJIMA K，KAMATA K，et al. Formation of 5 - (hydroxymethyl) furfural by stepwise dehydration over TiO_2 with water - tolerant Lewis acid sites［J］. Journal of Physical Chemistry C，2015，119（30）：17117 - 17125.

［13］ OSATIASHTIANI A，LEE A F，GRANOLLERS M，et al. Hydrothermally stable，conformal，sulfated zirconia monolayer catalysts for glucose conversion to 5 - HMF［J］. ACS Catalysis，2015，5（7）：4345 - 4352.

［14］ WANG S R，YIN Q Q，GUO J F，et al. Improved Fischer - Tropsch synthesis for gasoline over Ru，Ni promoted Co/HZSM - 5 catalysts［J］. Fuel，2013，108：597 - 603.

第6章 催化剂的制备与表征

催化反应在生活中的应用和催化剂的制备有着悠久的历史。古代人们就学会利用酵素酿酒制醋。而催化剂概念在 20 世纪 30 年代才被正式提出，催化化学也取得了很大发展，催化剂制备方法和对催化剂的结构表征手段也层出不穷。催化剂制备方法包含了一系列的操作步骤，根据一些关键核心的步骤对这些制备方法进行归纳，产生了诸如浸渍法、沉淀法、离子交换法、溶胶凝胶法、水热合成法等经典的催化剂制备方法。而且有些制备方法还根据实际操作不同存在一些差异并可进一步分类，比如浸渍法还可分为等体积浸渍和过量浸渍。随着人们在催化剂活性组分分散度对催化性能影响方面认识的不断深入，纳米催化材料的研究和应用获得井喷式的发展，同时产生了一些新型的催化剂制备方法。而催化剂表征技术能够分析催化剂结构和组成，有利于厘清影响催化剂性能的关键因素，促进催化剂性能的提升。催化剂表征不仅针对体相，而且还关注催化反应发生的表面。

6.1 催化剂常用制备方法和处理方式

催化剂制备过程中不同操作程序的组合形成了不同的生产流程，每一种代表性流程可以生产一类催化剂，即形成了催化剂的制备方法。固体催化剂一般是以颗粒状或特殊三维结构形状放置于反应器内，一般可以分为负载型催化剂和非负载型催化剂两大类。

负载型催化剂是指将活性组分负载于载体上的催化剂，常用的载体有氧化铝、硅酸铝、活性炭以及分子筛等。通过选用不同的载体可以调控催化剂的物化特性以及孔道结构，并且可显著提高活性物质的分散度，从而节约活性物质用量。实际应用中，大多数固体催化剂都是负载型催化剂。非负载型催化剂，又称为无载体催化剂，其整体都是催化活性物质，如早期合成氨熔铁催化剂以及石油催化裂化使用的硅酸铝催化剂等。

对于一种催化剂，可以按照其具体的性质要求选用一种或多种操作流程。无论是选择哪个操作流程，都需要考虑以下几个问题：①影响操作的各种因素，如温度、压力、时间、pH 值、物料浓度等；②制备过程中发生的物理或化学变化；③根据实际应用场景，选用的设备以及操作工艺条件是否合适。

6.1.1 负载型催化剂常用制备方法

6.1.1.1 浸渍法

浸渍法是制备单组分或多组分活性物种催化剂的一种常用方法，通常是指将预先制备或选定的载体浸没在含有活性组分的溶液中，待浸渍和吸附平衡后，将剩余液体除去，再经干燥、焙烧、活化等步骤，使活性组分均匀分布在载体上。而其中所使用的载体可以选自天然矿石，比如硅藻土、浮石、堇青石、蒙脱土或工业副产品如粉煤灰等。通过沉淀法、热分解法、水热合成法等方式也可制备催化剂载体，为载体的选择提供更加丰富的渠道。

浸渍法制备催化剂包含三个关键步骤。

（1）浸渍：在一定条件下，将载体与溶有活性组分的浸渍液接触浸泡。

（2）干燥：在一定的温度下，去除浸渍后催化剂中的剩余溶剂。

（3）活化：在一定的温度下，采用空气焙烧或氢气还原等方式活化催化剂。

具有多孔结构的载体在含有活性组分的溶液中浸渍时，溶液在毛细作用下由表面吸入到载体细孔中，溶质的活性组分向细孔内壁渗透、扩散，进而被载体表面的活性点吸附，或通过沉积、离子交换，甚至发生反应使活性组分负载在载体上。当催化剂被干燥时，随着溶剂的蒸发，也会造成活性组分的迁移。这些传质过程不是单纯、孤立地发生，大部分是同时进行而又相互影响的，因此，浸渍过程必须同时考虑吸收、沉积、吸附与扩散的影响。

由于载体对于某一溶质具有一定的饱和吸附值，当吸附量超过饱和吸附值后，即使增大溶液中溶质的浓度也不会再增加吸附量，此时再提高溶液浓度，只是增加了载体孔体积中溶质量，并将在蒸干溶剂后覆盖在吸附物种表面，这种情况下负载的溶质组分与载体的作用力相对较弱。预先了解载体的吸附特征对于选择合适的浸渍液浓度有一定的指导意义。当对活性组分所要求的浸渍量高于饱和吸附量时，采取多次浸渍可以达到较好的结果；反之，当饱和吸附量高于所要求的浸渍量时，而浸渍液浓度高于与其吸附量相对应的平衡浓度时，难以发生均匀吸附，此时载体颗粒外层吸附的溶质量要高于平均吸附量。

浸渍时溶解在溶剂中含活性组分的盐类（溶质）在载体表面的分布，与载体对溶质和溶剂的吸附性能有很大的关系。载体对于活性组分的吸附还存在以下两种比较特殊的情况。

1. 溶质快速被吸附

如果含活性组分的溶质在孔内被载体表面吸附的速率大于溶质的扩散速率和溶液在孔内的渗透速率，那么溶液在孔中向前渗透过程中，活性组分迅速被孔壁吸附，而渗透到孔内部的液体很有可能不含活性组分。如果短时间浸渍后及时分离出多余的浸渍液，并快速将固体干燥，则活性组分只负载在催化剂孔道口及颗粒外表面，显然难以达到均匀分布的效果。若采用静置一段时间后再干燥或慢速干燥则可以有效改善这一问题，这是由于部分被吸附的溶质会发生脱附、扩散和再吸附，且此时孔中仍然充满液体，从而可以使活性组分迁移到孔道深处，并更加均匀地分散在催化剂内壁上。而通过长时间浸渍可以更加有效地解决活性组分分散不均的问题，长时间的浸渍可以使孔道外溶液中的活性组分通过扩散不断补充到孔道中，直至达到平衡，从而使吸附量增加，分布更加均匀。

2. 产生竞争吸附

当在浸渍液中加入第二组分时，载体在吸附第一种组分的同时也吸附第二组分，由此产生竞争吸附。根据不同的催化剂制备需求，有时可以利用竞争吸附，有时却需要规避。比如，对于贵金属负载型催化剂，由于贵金属含量低，为使其在载体表面均匀分布，常在浸渍液中加入适量除该活性组分外的第二组分。由于竞争吸附效应，部分载体表面被第二组分所竞争吸附，这使少量的活性组分不只是分布在载体表面，也能渗透到载体内部，并且加入适量竞争吸附物种可使活性组分分布更加均匀，常用的竞争吸附物种有盐酸、硝酸等。再如用于费托反应的 Ru 修饰的 Co/ZSM-5 催化剂，由于助剂 Ru 的负载量较低，而活性组分 Co 的负载量较高，为了提升催化性能，可利用分步浸渍 Co 和 Ru 活性组分的方法制备催化剂。

当然，实际应用中活性组分可以在载体上形成各种不同形态的分布。以球形催化剂为例，可以有均匀颗粒分布，也可以是核壳形中的蛋壳、蛋黄和蛋白等特殊形态的分布。

浸渍法具有许多优点：①可以使用现成的具备一定外形和尺寸的载体材料，省去成型过程；②可选择合适的载体以提供催化剂的结构特性，如比表面积、孔径和强度等；③由于所浸渍的组分全部分布在载体表面，活性组分用量较少、利用率较高，这对贵金属和稀有材料尤为重要；④所负载的量可由制备条件计算而得。

根据浸渍液的用量，浸渍的方法包括过量浸渍法和等体积浸渍法。为了使活性组分均匀分布，常采用过量浸渍法，即将载体浸泡在体积过量的浸渍液中，待吸附平衡后，过滤、干燥及焙烧后获得催化剂。通常可以通过调节浸渍液的浓度和体积来控制负载量。过量浸渍时，溶液浓度稀，浸渍时间长，有利于活性组分均匀分布，特别是当活性组分用量较少时，更加有利。图 6-1 所示为采用过量浸渍法制备 Co/ZSM-5 催化剂的流程图，将载体加入预先配制好的浸渍液中，经过浸渍后将多余溶剂蒸干，随后经过烘干、焙烧、还原活化的步骤获得成品催化剂，其中，蒸干溶剂步骤也可以用过滤等分离方式取代。

等体积浸渍法是将载体与它可吸收相应体积的浸渍液混合，达到合适的湿润状态，待混合均匀并干燥后，活性组分即可较好地分布在载体表面上，同时可省去过滤和母液回收过程。采用这种方法制备催化剂，浸渍液的用量须要事先经过试验确定。由于受到浸渍液浓度的限制，等体积浸渍法通常用于负载量较低的贵金属催化剂浸渍。比如，对于常用的加氢催化剂 $Pd/\gamma\text{-}Al_2O_3$，实验中首先测出载体的饱和吸附量，随后计算出活性组分和溶剂的用量并配制好浸渍液，再将载体置于浸渍液中并适速搅拌，最后经干燥、焙烧和活化即可制得催化剂。对于负载量较高的催化剂，由于浸渍化合物的溶解度小，一次浸渍无法满足要求，或者为了避免多组分浸渍化合物各组分之间的竞争吸附，可以采用重复多次浸渍、干燥和焙烧获得催化剂。

6.1.1.2 沉淀法

工业上涉及的固体催化剂制备基本都离不开沉淀这一操作步骤，一般是在金属盐的水溶液中加入沉淀剂，将可溶性催化剂组分转变为难溶化合物，然后经过分离、洗涤、干燥和焙烧成型及还原等步骤制成催化剂。沉淀法常被用于制备高含量非贵金属、金属氧化物、金属盐催化剂，也常用于氧化铝、硅胶等常用催化剂载体的制备，图 6-2 所示为典型的采用沉淀法制备 Co/MCM-41 催化剂的工艺流程。

沉淀的形成是一个复杂的过程，伴随有许多副反应的发生。一般情况下，沉淀的形成会经过晶核形成和晶核长大两个过程，可表示为

$$构晶离子 \longrightarrow 晶核 \longrightarrow 沉淀微粒 \longrightarrow 晶形沉淀或非晶形沉淀$$

晶形沉淀内部排列较规则、结构紧密、颗粒较大，易于沉降和过滤；非晶形沉淀颗粒较小、无明显晶格、内部排列杂乱、结构疏松，易吸附杂质，难以过滤和洗涤。晶形沉淀和非晶形沉淀在其形成条件上存在较大差异，根据催化剂表面结构、杂质含量、机械强度等要求不同，部分参数需要通过晶形沉淀来实现，有些性能只有通过非晶形沉淀才能满足。因此，需根据催化剂性能对结构的要求，通过温度、溶液浓度、pH 值、操作方法等因素来调控沉淀类型和晶粒大小。

1. 形成晶形沉淀的条件

一般来说形成晶形沉淀的条件有：

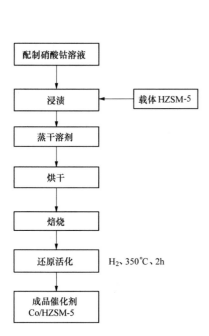

图 6-1　过量浸渍法制备 Co/HZSM-5
催化剂的工艺流程

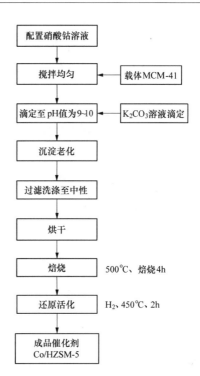

图 6-2　沉淀法制备 Co/MCM-41
催化剂的工艺流程

（1）在适当的稀溶液中进行，溶液的过饱和度较小，从而可使晶核的生成速率降低，有利于晶体长大，但溶液浓度也不能过低，以免增加沉淀物溶解损失。

（2）在热溶液中进行，使沉淀的溶解度增加，过饱和度相对较低，有利于晶体成长。此外，温度越高，吸附杂质越少，沉淀越纯净。

（3）在不断搅拌下加入沉淀剂，使沉淀作用不宜太大而又能维持适当的过饱和，避免发生局部过浓生成大量晶核。

（4）沉淀结束后进行老化，使微小的晶体溶解、粗大的晶体长大。经老化后，可减弱沉淀表面吸附，沉淀物中的杂质较易洗掉，使结晶更为完善。

在沉淀法中一般选择硝酸盐来提供无机催化剂材料所需的阳离子，因为绝大多数硝酸盐都可溶于水并且较易获得。常用的沉淀剂有 NaOH、KOH、Na_2CO_3、NH_3、$NH_3 \cdot H_2O$ 以及 $(NH_4)_2CO_3$ 等碱性物质，其中 NH_3、$NH_3 \cdot H_2O$ 和 $(NH_4)_2CO_3$ 在沉淀后的洗涤和热处理过程中易去除。如果考虑某些催化剂不希望有 K^+ 或 Na^+ 残留，则 NaOH、KOH 等不适合作为沉淀剂使用。但若条件允许，选用 NaOH 或 Na_2CO_3 来提供 OH^- 或 CO_3^{2-} 也是较好的选择。特别是后者，不但价廉易得，而且常常形成晶形沉淀，易于洗涤。

2. 制备催化剂的技术

对于相同的原料，如果制备过程中加料方式不同也会影响成品催化剂的结构和性能。采用沉淀法制备催化剂的主要技术如下。

（1）正加法：沉淀剂加入金属盐溶液的直接沉淀法，该方法最为普遍。

（2）逆加法：金属盐溶液加入沉淀剂中的逆沉淀法。

（3）并加法：两种或多种溶液同时混合在一起引起快速沉淀的超均相共沉淀法，该方法往往可获得颗粒更小、沉淀更均一的催化剂。

与多组分浸渍的浸渍法类似，沉淀法制备催化剂也有多个活性组分的情况，此时可采用共沉淀法制备。共沉淀法是一种将催化剂所需的两个或两个以上的组分同时沉淀的方法，可以一次制备得到几个活性组分分布较为均匀的催化剂。为了避免各个组分的分别沉淀，各金属盐的浓度、沉淀剂的浓度、介质的 pH 值以及其他条件必须同时满足各个组分共沉淀的要求。比如用于合成甲醇的 Cu/ZnO - Al$_2$O$_3$ 催化剂，便是在 Cu(NO$_3$)$_2$、Zn(NO$_3$)$_2$、Al(NO$_3$)$_3$ 混合溶液中加入 Na$_2$CO$_3$，经过滤、干燥、焙烧、成型、还原而得。

3. 沉淀法制备催化剂时的参考原则

为了得到活性组分分布更加均匀的催化剂，还可采用均匀沉淀法。该方法不是将沉淀剂直接加到待沉淀的溶液中，也不是加沉淀剂后立即产生沉淀反应，而是首先使需要沉淀的含有活性组分的溶液与沉淀剂的母体充分混合，形成一个均匀的体系，然后调节温度、pH值，使体系中沉淀剂的母体逐步转变为沉淀剂，使活性组分的沉淀缓慢均匀地进行。尿素和金属与氨水形成的络合物是常用的沉淀剂母体。譬如，采用沉淀法来制备 SiO$_2$ 负载的 Cu 催化剂，可以直接将 Na$_2$CO$_3$ 溶液滴加到硅溶胶和硝酸铜混合物中产生沉淀制备催化剂。此外，这也可以通过均匀沉淀法来制备，在铜离子与氨水形成的铜氨溶液中加入硅溶胶，随后升高温度到 80～150℃。由于氨气蒸发，溶液的 pH 值下降，铜离子逐渐沉淀并沉积在 SiO$_2$ 上，最后通过过滤、洗涤、焙烧和还原即可获得目标催化剂。另外，还可以在硝酸铜溶液中加入尿素和硅溶胶，随后升高温度到 80～150℃。由于尿素水解，溶液的 pH 值上升，铜离子被逐渐沉淀并沉积在 SiO$_2$ 上，最后通过过滤、洗涤、焙烧和还原即可获得目标催化剂。

沉淀法的生产流程较长，存在操作步骤较多、消耗的酸碱量较大等不足之处，并且影响因素较复杂，常使沉淀法制备的催化剂在催化性能评估实验时结果重复性欠佳。下列原则可以作为选用沉淀法来制备催化剂时的参考。

（1）尽可能选用在后续处理中易去除的沉淀剂。在沉淀反应完成后，经洗涤、干燥和焙烧，有的可以通过洗涤除去（如 Na$^+$、SO$_4^{2-}$），有的能转化为挥发性气体逸出（如 CO$_2$、NH$_3$、H$_2$O），不在催化剂中残留，这为制备高纯度的催化剂提供了有利条件。

（2）形成的沉淀物必须便于过滤和洗涤。沉淀可分为晶形沉淀和非晶形沉淀，晶形沉淀带入的杂质少，也便于过滤和洗涤；非晶型沉淀难以洗涤和过滤，但可以得到颗粒较小的沉淀粒子。

（3）沉淀剂的溶解度要大。对于溶解度大的沉淀剂，被沉淀物吸附的量较少，这使残余沉淀剂的洗涤脱除也较为容易。

（4）沉淀物的溶解度应很小。沉淀物溶解度越小，沉淀反应越完全，原料消耗越少，这对贵金属尤其重要。

（5）沉淀剂须绿色环保，不应造成环境污染。

6.1.1.3　离子交换法

离子交换法是利用某些具有离子交换特性的材料（如离子交换树脂、沸石分子筛等）借助于离子交换反应，将所需要的离子交换上去，然后再经过后处理即可制成所需的催化剂。其基本原理是采用离子交换剂作为载体，引入阳离子活性组分，制备负载型金属或金属离子催化剂。

离子交换法所负载的活性组分分散度高、分布均匀，尤其适合低含量贵金属催化剂的制备和需要少量金属修饰的分子筛催化剂。与浸渍法相比，离子交换法制备的活性组分分散度较高，且在活性组分含量相同时，催化剂的活性以及选择性通常比浸渍法要高。由于离子交换反应是在离子交换剂上进行，因此离子交换剂的选择和制备是离子交换法制备催化剂的关键。

分子筛作为常用的载体，一般通过水热法合成，再通过离子交换法引入其他各种金属活性离子进行改性。例如，采用 NH_4^+ 离子交换 Na 型沸石分子筛后，再经焙烧脱氨即可得到 H 型沸石分子筛。再如，二甲醚羰基化制取乙酸甲酯的反应中常用的金属改性丝光沸石催化剂，可用离子交换法将 Cu、Zn 等金属负载于丝光沸石上。金属离子交换负载不仅可获得金属活性组分，还可调控原始分子筛表面的酸性和催化剂的孔道大小。此外，用酸洗交换的方式可将 Na 型离子交换树脂转变成为固体表面酸性的催化剂。离子交换法制备典型改性分子筛催化剂工艺流程如图 6-3 所示。

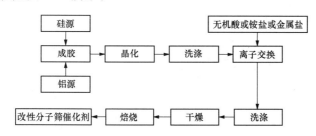

图 6-3　离子交换法制备典型改性分子筛催化剂的工艺流程

最常用的离子交换是在常压和水溶液条件下进行。在进行离子交换时需注意所选用的分子筛是否耐酸，对于耐酸型分子筛可以直接采用酸处理获得 H 型分子筛，但对于不耐酸的分子筛，如需获得 H 型结构可以选用铵盐将其交换为铵型，随后通过焙烧除去 NH_3 即可获得 H 型分子筛。

6.1.2　非负载型催化剂常用制备方法

6.1.2.1　混合法

混合法是多功能催化剂制备中最为简单的方法，其过程是将具有不同功能的两种或多种催化剂组分按照一定比例机械混合，或者是配成浆料后成型干燥，再经活化处理而制备催化剂。混合法设备简单，一般选用球磨机或碾压机进行机械混合，操作方便，可用于制备高含量的多组分催化剂，尤其是混合氧化物催化剂。如一步法合成二甲醚催化剂可以通过将具有甲醇合成功能的 Cu-ZnO-Al$_2$O$_3$ 催化剂和具有甲醇脱水功能的酸性分子筛 HZSM-5 通过机械混合制备。再如合成气直接合成低碳烯烃反应，由于需将产物集中为 C2—C4 的烯烃，因此设计催化剂控制 C—C 偶联和抑制烃基中间体过渡加氢生成甲烷成为关键技术要点。采用 $ZnCrO_x$ 金属氧化物与 MSAPO 分子筛复合，可分别在金属氧化物和分子筛催化剂的活性位上高效实现 CO 活化和 C—C 偶联，而且催化剂经充分机械混合比上下段放置或间隔循环分段放置可获得更高的低碳烯烃选择性。此外，球磨混合法还常被用作制备骨架掺杂修饰的催化剂。如 Mn 掺杂于一种与 ZSM-5 相同拓扑结构的全硅分子筛 Silicalite-1，即 Mn-Silicalite-1 分子筛的合成。为了获得良好的骨架掺杂效果，在一般的 Silicalite-1 分子筛合成之前，先将 Mn_2O_3 和气相 SiO_2 放置于氮化硅球磨罐中进行球磨混合。由于球磨处理改变了锰的配位环境，使锰原子在 SiO_2 网络中以原子尺度分散，所以形成了 Mn-Si 混合氧化物复合材料，其制备流程如图 6-4 所示。

6.1.2.2　熔融法

熔融法是一种特殊的催化剂制备方法，一般是将金属或其氧化物在电炉中高温熔融制成合金或者氧化物的固体溶液，待其冷却后粉碎得到催化剂。熔融法制备催化剂的分散度远远超过一般混合物，且具有高的强度、活性、热稳定性和较长的寿命，但其耗电量大，对电炉设备要求高。如氨解制氢催化剂可采用熔融法制成，将磁铁矿（Fe_3O_4）与 K_2O、Al_2O_3 等氧化物混合，再加入定量 Co_3O_4 在电炉中高温熔融，然后将所得的熔融物粉碎过筛，制得所需粒度的 Fe 基催化剂，如图 6-5 所示。

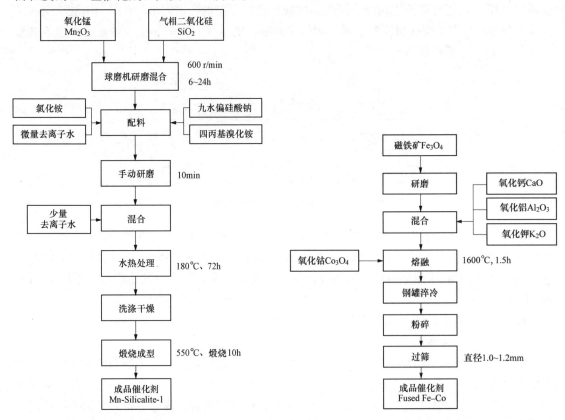

图 6-4　混合法制备金属改性全硅分子　　　　图 6-5　熔融法制备 Fe 基催化剂的工艺流程
　　　　　筛催化剂的工艺流程

6.1.2.3　抽滤法

1925 年雷尼（Raney）首次采用抽滤法制备了骨架镍催化剂，即雷尼镍（Raney nickle）。雷尼镍的制备是将 Ni-Al（50/50）合金经破碎和过筛后，通过 20% NaOH 溶液将合金中大部分的铝溶解，留下具有高表面活性的骨架镍。采用该方法还可制备高分散度的其他活泼金属骨架催化剂，如 Fe、Co、Cu、Cr、Mn、Ag 等。由于除去铝后在骨架上留下的金属原子均处于价键不饱和状态，以及在抽滤时产生大量被吸附在金属原子表面上和溶于金属中的活泼氢，该类催化剂展现了良好的催化活性。

除了上述这些传统的制备方法，在催化剂制备技术中还有化学键合法、纤维化法、溶胶凝胶法、水热法和模板法等。

6.2　纳米催化材料

6.2.1　纳米催化材料的定义

纳米科学研究的是介于"宏观"和"微观"之间所谓"介观"的新领域，其构建材料的基本单元尺寸处于 0.1～100nm 范围。

广义而言，纳米材料是指在三维空间中至少有一维处于纳米尺寸（0.1～100nm）范围或由它们为基本单元构成的材料。实验证明，对构成固体材料的微粒进行由微米级到纳米级的充分细化后，将可能产生"小尺寸效应"和"表面效应"，并由此带来诸多物化性能的突变，从而赋予材料一些特殊的性能，包括光、电、热、化学活性等各个方面。

如表 6-1 所示，铜粒子粒径越小，其外表面积越大，从微米级到纳米级呈几何级数增加。纳米粒子的粒径减小，暴露在表面的原子将明显增加。如果采用超细的铜粒子作为催化剂，这将对气固相反应表面结合能的增大有重要影响。由于表面原子缺少相邻原子，具有不饱和性质，因此易与其他原子结合，从而导致反应性能显著增强。在这样庞大的表面上，键态严重失配，出现许多活性中心，表面台阶和粗糙度增加，晶格缺陷增加，导致表面出现非化学平衡、非整数配位的化学键。这就是导致纳米体系的化学性质与化学平衡体系存在很大差异的原因。

表 6-1　　　　　　　　　　　　　　　铜粒子粒径与表面积

粒径/nm	表面积/$cm^2 \cdot mol^{-1}$	粒径/nm	表面积/$cm^2 \cdot mol^{-1}$
10000	4.3×10^4	1000	4.3×10^5
100	4.3×10^6	10	4.3×10^7
1	4.3×10^8		

6.2.2　纳米催化材料的制备

纳米材料的制备方法众多，而应用于催化领域的纳米材料以纳米颗粒活性物种和纳孔材料载体最为常见，因此下文将重点介绍这两类催化材料的制备。简单的浸渍法和沉淀法可获得活性金属组分颗粒尺寸为纳米级别的催化剂，不过除了负载量较低的贵金属催化剂可以获得比较均一的活性金属分布，对于高负载量的催化剂由于金属颗粒不同程度的团聚，往往使制备的催化剂粒径分布范围较宽。离子交换法由于化学计量比的交换关系，可使交换的金属活性组分颗粒较小，但是负载量受限。除此之外，对于纳米催化材料的制备，还有一些比较有针对性的方法，主要包括控制颗粒形成和析出过程的化学气相沉积法、溶胶-凝胶法、微乳液法、水热合成法等，以及采用具有特殊结构的前驱物，使活性金属在催化剂制备过程中限域在晶格之中从而实现高分散。其中，水热合成法主要应用于合成具有规整纳孔结构的催化剂载体，或者原位合成高分散活性金属掺杂的催化剂，如常用的介孔分子筛 SBA-15、MCM-41、HMS 等，以及微孔分子筛 ZSM-5 等。

6.2.2.1　化学气相沉积法

所谓气相沉积是利用气态物质在固体表面进行化学反应后，在固体表面上生成固态沉积物的过程。整个过程分为 3 个重要阶段：反应气体向基体表面扩散、反应气体吸附于基体表面、在基体表面上发生化学反应形成固态沉积物及产生的气相副产物脱离基体表面。这种方法与液相中的沉淀法不同，它是在均匀的气相中—两个分子在反应后沉积于固体表面，因此该方法具有一些独特的特点：第一，其他分子在完全相同的条件下正好也发生沉积反应于固体表面上，所以活性组分超纯；第二，它是在分子级别上沉积的粒子，所以超细；另外，沉积的细微粒子还可以在固体上用适当工艺引导形成一维、二维或三维的小尺寸粒子、晶须、单晶薄膜、多晶体或非晶形固体。

目前，化学气相沉积法更多是应用在无机材料方面，直接用于制备催化剂的应用较少，但在一些催化材料的载体制备（如碳纳米管和石墨烯）却常有涉及。化学气相沉积法制备碳纳米管是将烃类或含碳氧化物引入到含有催化剂的高温管式炉中，经过催化分解后形成碳纳米管，该法可在较低温度下合成碳纳米管。化学气相沉积法所使用的碳源对碳纳米管的结构具有重要影响。与 CH_4 为碳源相比，以 CO 为碳源，可获得直径较小的碳纳米管。同时，反应温度也是影响碳纳米管形态的重要因素。一般多壁碳纳米管生长温度在 $600\sim900℃$ 之间。单壁碳纳米管具有较小的半径、较高的曲率和应变能，其生长温度范围为 $900\sim1200℃$。下面一些沉积反应机理已经比较清楚，有望用于催化剂制备。

$$用于金属镀 Pt \quad Pt(CO)_2Cl_2（蒸气）\xrightarrow{600℃} Pt\downarrow + 2CO + Cl_2 \qquad (R6-1a)$$

$$用于金属镀 Ni \quad Ni(CO)_4（蒸气）\xrightarrow{140\sim240℃} Ni\downarrow + 4CO \qquad (R6-1b)$$

能保证化学气相沉积顺利进行须满足以下 3 个基本条件：①在沉积温度下，反应物必须有足够高的蒸气压。若反应物在室温下能够全部成为气体，则沉积装置较为简单，若反应物在室温下挥发性很小，就需要对其加热使其挥发；②对于反应生成物，除了所需要沉积物为固态，其余都必须是气态；③沉积物本身的蒸气压应足够低，以保证在整个沉积反应过程中能使其固定在加热的基片上。

6.2.2.2 溶胶 - 凝胶法

溶胶是指胶态颗粒或团簇在液相体系中形成稳定分散体系。在一定条件下这些颗粒间发生聚集而形成三维互联的网络状聚集体，导致分散体系逐渐失去流动性而成为固体胶块，即形成凝胶。溶胶 - 凝胶法是将金属的有机或无机化合物均匀溶解于一定溶剂中形成金属化合物溶液，然后经过水解、缩聚反应，制备具有三维结构的凝胶，并经过干燥和焙烧等处理后获得氧化物。该方法所用的溶剂为水、醇或其他有机溶剂，而其凝胶源物质可以是醇盐或无机盐，正硅酸酯、钛酸酯、异丙醇铝、四叔丁醇锆等都是常用的前驱物。需要注意的是，在催化剂制备过程中需控制条件，以免生成沉淀物。溶液浓度及 pH 值、反应温度及时间等都是溶胶 - 凝胶化过程的重要影响因素。

图 6-6 所示为溶胶 - 凝胶法的主要过程示意，其基本步骤是先将醇盐溶解于有机溶剂中，再加入蒸馏水使醇盐水解形成溶胶，经溶胶凝胶化处理后得到凝胶，再经干燥、焙烧和粉碎，即得粉体。整个制备过程的实质变化为金属醇盐水解生成金属羟基，随后羟基间脱水形成氧化物，即

$$M(OR)_n + H_2O \longrightarrow M(OH)_x(OR)_{n-x} \longrightarrow MOH \longrightarrow MOM \qquad (R6-2)$$

如三叔丁醇铝 $Al(OC_4H_9)_3$ 在 $80℃$ 条件下可水解得到铝的氢氧化物，并在微酸性条件下发生部分脱水形成 AlOOH 溶胶，经水分和丁醇蒸发获得湿凝胶，随后干燥和低温焙烧得到 γ 型或 θ 型 Al_2O_3，再经高温焙烧得到 α - Al_2O_3。

溶胶 - 凝胶法提供了一种新的催化剂合成方法，用此方法可使水解后氧化物达到超微颗

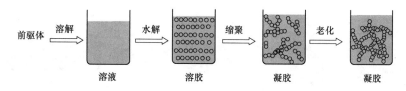

图 6-6　溶胶-凝胶法的主要过程示意

粒混合，并且活性组分可有效嵌入网状结构，不易受外界影响而聚集和长大，对提高催化剂的稳定性和分散性十分有利。

6.2.2.3　微乳液法

乳液是指由两种（或两种以上）不互溶或部分互溶的液体形成的分散系统。普通乳液体系呈浑浊状，其乳液小球粒径一般介于 $0.1 \sim 0.5\ \mu m$，热力学稳定性较差，通过离心即可使之发生分层。微乳液与普通乳液虽较为类似，但仍存在本质区别。微乳液是两种不互溶液体形成的热力学稳定的、各向同性的、外观透明或半透明的分散体系，微观上由表面活性剂界面膜所稳定的一种或两种液体的微滴所构成，其特点是使互不相溶的油、水两相在表面活性剂（有时还需助表面活性剂）的作用下可形成稳定均匀的混合物。微乳液小球粒径多介于 $10 \sim 100\ nm$，热力学稳定性良好，离心无法使其发生分层。

微乳液法是通过双亲物质在油和水形成界面吸附以降低油-水界面张力。利用微乳液的特有结构，可以在油水界面发生化学反应，以获得量子尺寸的纳米晶。油核和水核既可作为连续提供反应原料的"仓库"，还可作为微反应器，起到限制产物晶粒尺寸的作用。

微乳液法制备催化剂首先需将水溶性盐类前驱体与憎水的油性分散剂以及表面活性剂混合分散，随后将金属还原成微晶，再通过加热使之负载于载体上，最后分离、洗涤、焙烧和还原获得催化剂，如通过微乳液法制备氧化锆负载的高活性铑催化剂 Rh/ZrO_2 的流程如图6-7所示。

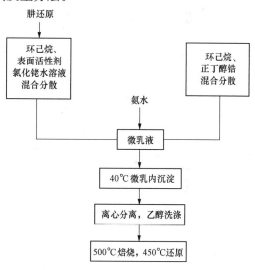

图 6-7　微乳液法制备 Rh/ZrO_2 催化剂的工艺流程

6.2.2.4　水热合成法

水热合成法是指在密闭体系中，以水为溶剂，在一定温度（一般高于 $100℃$）和水的自身压力（大于 $101.3\ kPa$）下，原始混合物（包括醇盐和无机盐等）进行反应的方法，通常是在水热釜中进行。例如，在 Na_2SiO_3 溶液中添加十六烷基三甲基溴化铵（CTAB）模板剂，通过调节 pH 值和控制反应温度，并可通过原位添加助剂以调控硅基材料的物化特性，经过水热晶化过程即可得到经过 Mg 修饰的 MCM-41 介孔分子筛，其制备过程示意如图6-8所示。图 6-8 中 xMg@MCM-41 表示 Mg 添加量为 x 的 MCM-41 分子筛。MCM-41 是一种新型的纳米结构材料，具有孔道呈六方有序排列、大小均匀、孔径可在 $2 \sim 10\ nm$ 范围内连续调节、比表面积大等特点。若对其原位添加金属进行掺杂改性，则可控制金属掺杂在分子筛骨架中，颗粒大小为几纳米。

图 6-8 水热合成法制备 Mg 改性介孔 MCM-41 分子筛催化剂的过程示意

溶液浓度及 pH 值、反应温度及时间是影响水热过程的重要因素。这些因素可能会影响到产物晶形的类别、形貌和尺寸。溶液浓度主要决定水解反应平衡过程和成核速率，还可能影响最终产物的晶形。水热温度一般控制在 110~300℃。反应时间取决于反应物的浓度和水热温度，温度越高，反应时间相应缩短。较长的水热时间有利于形成晶形规整、尺寸均匀的纳米晶。

6.2.2.5 晶格限域法

晶格限域法的核心思想是借助具有特殊配位结构的前驱体对活性金属在还原过程中的限域作用以获得超高分散的催化剂，常用的有尖晶石和钙钛矿结构等前驱体。尖晶石型结构化学通式为 AB_2O_4，A 为 +2 价的阳离子，B 是 +3 价的阳离子，A 和 B 则分别位于氧所构成的四面体或八面体的空隙中，如 $NiAl_2O_4$、$MgAl_2O_4$ 等。钙钛矿型复合氧化物是结构与钙钛矿 $CaTiO_3$ 相同的一类化合物，其结构可用 XYO_3 表示。其中，X 位为碱土金属，阳离子呈 12 配位结构，位于由八面体构成的空穴内；Y 位为过渡金属元素，过渡金属离子与六个氧离子形成八面体配位，如 $LaNiO_3$。以制备 Ni-La_2O_3/SBA-15 催化剂为例进行说明，具体流程如图 6-9 所示，其中通过柠檬酸络合形成具有钙钛矿结构的 $LaNiO_3$ 是该催化剂的关键前驱体。首先将适量的硝酸镍和硝酸镧溶解于去离子水中，并按照一定比例加入柠檬酸和乙二醇混合液，随后将得到的溶液进行超声处理以混合均匀；接着将适量 SBA-15 缓慢加入至上述溶液中，同时搅拌，

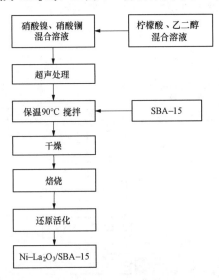

图 6-9 柠檬酸络合法制备晶格限域的 Ni-La_2O_3/SBA-15 催化剂的工艺流程

随后将悬浮液于 90℃继续均匀搅拌，使 Ni^{3+} 和 La^{3+} 形成络合物；将获得的固体样品经过干燥、焙烧获得 $LaNiO_3$ 前驱物，然后经过还原获得 La 改性的负载型 Ni 基催化剂 Ni-La_2O_3/SBA-15。由于前驱体钙钛矿结构对活性金属 Ni 的限域作用，所制备的金属 Ni 具有高分散且抗烧结特性，从而显著提升催化剂活性和寿命。

6.3 催化剂表征

催化剂表征是指应用近代物理化学方法和实验技术，对催化剂的表面及体相结构进行研究，以探讨催化剂的微观结构、宏观性质与催化性能之间的关系。催化剂表征能够揭示催化

作用的本质，特别是催化体系原位表征技术的发展，使人们对催化反应的进程、催化剂与反应物之间的相互作用有了更清晰的认知。催化剂表征对于优化催化剂的组成和结构设计、推测催化反应机理等具有重要作用，其根本目的是为催化剂的设计和开发提供更多的依据，改进原有催化剂或是研制新型催化剂，并推动催化化学理论及应用技术的发展。

催化剂结构表征分析，一方面可以获得催化剂整体的结构组成特点，如元素组成、物相结构、晶体尺寸等；另一方面还可获得催化剂表面的结构特性，如表面形貌、表面积、孔结构、酸碱性等。研究催化剂不同性质时所采用的表征方法也不尽相同。根据获得结构信息的特点，可将催化剂表征大体分为表面性质表征和体相性质表征。

6.3.1　催化剂表面性质表征

催化反应多是在催化剂表面发生的，反应物的吸附和活化、中间产物的形成和迁移、产物的形成和脱附等都与催化剂表面性质密切相关。

6.3.1.1　比表面积测定

催化剂的比表面积是指单位质量催化剂所具有的总表面积。虽然催化剂的化学结构主要决定了催化剂的活性、选择性及稳定性，但比表面积在很大程度上影响着这些性质。一般而言，催化剂的比表面积越大，所含的活性中心也就越多，因此，无论在科学研究还是工业生产中，比表面积的测定都具有重要的意义。

催化剂比表面积的测定通常采用低温物理吸附的方法，该方法是利用样品与气体之间的范德华力所产生的物理吸附作用进行表征，通常采用 N_2 或 Ar 作为吸附质，在相对压力发生变化时，吸附质在催化剂表面发生吸附与脱附，通过测算气体吸附质分子在固体催化剂表面形成一个完整的单层吸附所需的吸附量计算样品表面积，具体测试和计算方法将在常用催化剂表征方法部分介绍。由于物理吸附不具选择性，因此该方法测定的是催化剂的总表面积。

6.3.1.2　表面物种及结构分析

分子光谱技术是表征催化剂表面物质结构以及反应活性等相关定性信息的最佳方法，主要有红外光谱技术（Infrared Spectrometry，IR）与拉曼光谱技术（Raman Spectrometry，Raman）。

分子和原子所具有的能量是量子化的，称之为原了或分了的能级，有平动能级、转动能级、振动能级和电子能级。分子中的基团能够选择性地吸收某些特定波长的辐射能量，并发生振动能级跃迁，而这个辐射能量波长正好落在红外区，因此，通过检测红外吸收的情况可以得到该物质的红外吸收光谱；反之，根据红外吸收光谱可以推断分子特征基团。红外光谱是由于分子振动能级的跃迁而伴随产生的，由于转动能级的激发只需要较低的能量，因此发生振动能级跃迁时，也伴随有转动能级的跃迁。转动能级的能级差较小，因此观察到的红外光谱是由很多距离很近的线组成的一个吸收谱带，而不是一条尖锐的谱线。在催化剂研究中，可利用红外吸收光谱对样品表面物质进行分析鉴定，从而更深入地揭示表面结构的信息。红外光谱技术具有高灵敏度、快速、试样用量少等优点，目前已发展为催化研究中十分普遍且有效的方法。原位红外技术还可以对催化剂表面吸附物种随反应条件变化特性进行深入研究，已成为用于解释催化反应机理的重要研究手段。如果同原位 X 射线、超高辨分析电镜、热分析质谱技术结合，可研究催化剂和功能材料的相变、体相组成结构的变化以及表面官能团的变化。

单色光与分子相互作用时可发生散射现象。根据量子理论，频率为 ν_0 的入射单色光，可看

作是能量为 hv_0 的光子,当光子与分子作用时,可发生弹性碰撞和非弹性碰撞。在弹性碰撞中,光子与分子之间不发生能量交换,光子仅改变运动方向,发生弹性散射,这种与入射光频率相同的散射即为瑞利散射;而在非弹性碰撞中,光子不仅改变运动方向,还与分子之间发生能量交换,具体表现为光子的一部分能量传递给分子使其发生振动或转动,或者光子从分子的振动或转动中获得能量,这种频率发生改变的散射称为拉曼散射。与瑞利散射相比,拉曼散射光强度要弱得多,相差可达 6~9 个数量级。拉曼谱线的频率虽然随入射光频率而变化,但是拉曼散射光频率与瑞利散射光频率之差却基本不随入射光频率的变化而发生变化,其与样品分子的振动和转动能级密切相关。同时,拉曼谱线强度与入射光的强度和样品分子的浓度成正比。根据这一特性,可利用拉曼光谱技术研究催化剂及其表面吸附物种的结构信息。

红外光谱和拉曼光谱都与分子的振动和转动相关,两者具有一定程度的互补性,但是不可以互相替代。在某些实验条件下,拉曼光谱的性能优于红外光谱:红外光谱很难得到低波数区的光谱(通常红外分析大于 $400cm^{-1}$),而拉曼光谱则在低波数区($<100cm^{-1}$)具有良好性能。催化剂的一些结构信息,特别是分子筛催化剂的骨架结构可以在低波数区显示,分子筛拉曼光谱的最强峰一般出现在 $300\sim600cm^{-1}$,通过对各种不同分子筛的研究,人们已经总结出拉曼谱峰与分子筛结构单元的对应关系;常用催化剂载体如 Al_2O_3、SiO_2 等的拉曼散射截面较小,因此,载体对活性物种及表面吸附物种的拉曼光谱干扰较小;水的拉曼散射强度较弱,这使其比红外光谱更适合用于水溶液制备催化剂的研究。当然,拉曼光谱也具有一定的缺陷,如灵敏度低以及易受到荧光干扰等,若能将两种光谱结合起来使用则可更好地研究催化剂的表面性质。

6.3.1.3 表面化学性质表征

与物理吸附不同,化学吸附是在化学键力作用下产生的吸附,一些探针分子能够选择性地吸附在活性金属表面,而不会吸附在载体上。吸附的气体在活性表面生成一层单分子层,通过测定气体的吸附量,再根据已有的模型计算得到活性位数量。常用的吸附质探针分子有 H_2、O_2、CO、N_2O 等,其中 H_2 是最常用的探针分子,比如测定 Pt、Ni 等常用加氢催化剂的表面活性,可以在一定条件下使 H_2 解离吸附在活性金属表面,从而根据 H_2 消耗量计算活性金属的活性位数量。而 N_2O 则是根据其与活性金属之间发生氧化还原反应的特性来测定表面活性,主要适用于负载型 Cu、Ag 催化剂的表面活性测定。

程序升温脱附技术(Temperature Programmed Desorption,TPD)是一种能够将已吸附在催化剂表面的吸附质在程序升温下脱附出来的方法。该方法可以研究催化剂与吸附质之间的相互作用,并通过采用不同的吸附质获取催化剂表面不同的性质。利用碱性气体作为吸附质能够研究催化剂表面的酸性特征,获取表面酸量、酸强度分布等信息,如 NH_3- TPD;利用诸如 H_2、O_2、H_2O 等吸附质能够用于测定催化剂表面活性中心的性质;此外,TPD技术还能得到如分散度、金属与载体相互作用、电子配位体效应等重要信息。

6.3.1.4 其他直接表征技术

此外,还有一些针对催化剂表面的直接表征技术,如 X 射线光电子能谱(XPS)、紫外光电子能谱(UPS)、俄歇电子能谱(AES)、二次离子质谱(SIMS)、离子散射谱(ISS)等。这些表征技术的共同特点都是采用一种高能激发源使催化剂中的粒子受到激发后产生电子或离子,通过检测这些电子或离子,得到催化剂的表面信息。表 6-2 比较了几种常用的催化剂表面表征技术特点。

表 6-2　　　　　　　　　　　　几种常用的催化剂表面表征技术特点

表征技术	激发源	响应信号	获取信息	定量分析
XPS	光子	电子	表面组成、原子特性、键能	定量
AES	电子	电子	表面组成、分布	半定量
UPS	光子	电子	表面组成	半定量
SIMS	离子	离子	表面组成	半定量
ISS	离子	离子	表面组成	—

6.3.2　催化剂体相性质表征

催化剂的物理化学性能与体相性质密切相关，因此，体相性质的表征对催化剂的特性研究至关重要。常用的表征主要有元素组成分析、孔结构分析、催化剂结构分析和热分析等。

6.3.2.1　元素组成分析

元素分析技术多用于分析催化剂体相各种元素的组成。通过分析能够获取催化剂主要组分以及所含杂质的含量与分布。常用的元素组成分析方法有原子吸收光谱、电感耦合等离子体发射光谱、X 射线荧光光谱分析等。

1. 原子吸收光谱

原子吸收光谱（Atomic Absorption Spectrometry，AAS）是利用气态原子可吸收一定波长的光辐射，从而使原子中外层的电子从基态跃迁到激发态。由于各种原子中电子的能级不同，将会有选择性地共振吸收一定波长的辐射光，而这个共振吸收波长恰好等于该原子受激发后发射光谱的波长。因此，原子吸收光谱法是基于样品气相的基态原子对由光源发出的该原子特征辐射线发生共振吸收，而吸收强度在一定范围内与气相中被测元素的基态原子浓度成正比，从而定量被测元素含量的分析方法。该方法具有操作简单、选择性好、灵敏度高、适用范围广等优点，因此受到广泛应用。然而，该方法无法对样品所含的多种元素进行同时测定，并且对于某些元素灵敏度较低。此外，在使用该方法进行分析时，必须将样品原子化，转化成基态原子。

2. 电感耦合等离子体发射光谱

电感耦合等离子体发射光谱（Inductively Coupled Plasma Atomic Emission Spectrometry，ICP-AES）是以电感耦合等离子体焰炬为光源的一种原子发射光谱分析法。样品由载气带入雾化系统进行雾化后，以气溶胶形式进入等离子体的轴向通道，在高温和惰性气氛中被充分蒸发、原子化、电离激发，发射出所含元素的特征谱线。根据特征谱线可对样品进行定性分析，而根据特征谱线强度可确定样品中相应元素的含量，即定量分析。由于温度高，激发能力强，使其具有检出限低、精密度好、化学干扰少、谱线自吸收小等优点。从理论上讲，它可用于测定除氩以外的所有元素。近年来，该方法得以迅速发展，广泛用于众多领域。

3. X 射线荧光光谱

X 射线荧光光谱（X-Ray Fluorescence Spectrometry，XRF）是元素分析的常用方法之一。内层电子在足够能量的 X 射线照射下能够被激发，此时外层电子将发生跃迁填补内层电子被激发而留下的空位，同时以荧光 X 射线的形式释放能量。由于每一种元素的原子能级结构都是特定的，因此它被激发后跃迁时放出的 X 射线的能量也是特定的，即可产生特征荧光 X 射线。不同元素的荧光 X 射线具有各自的特定波长，因此，根据荧光 X 射线的波长可以确定元素的组成。而荧光 X 射线强度与样品中该元素的含量成正比，从而可以对被测元素进行定量。与原子吸收光谱和电感耦合等离子发射光谱法不同，X 射线荧光光谱测试时无需将样品消解，固态样品即可直接测试，且该方法可分析原子序数大于 3 的所有元素，分析速度快、对样品要求低、测量重复性好，便于进行无损分析。

6.3.2.2　孔结构分析

工业催化剂或载体通常具有发达的孔结构，孔的结构与尺寸密切影响着催化剂的比表面积，直接影响到催化剂的性能。孔结构的表征主要包括孔径、孔径分布、孔形态等方面，其中孔径大小是孔结构最基本的性质。根据 IUPAC 定义，一般把孔径小于 2nm 的孔称为微孔，处于 2～50nm 的孔称为介孔，大于 50nm 的孔称为大孔，此外有时也将小于 0.7nm 的微孔称为超微孔。孔结构的表征方法众多，主要有 N_2 低温物理吸附法、压汞法、电子显微镜观察法等，因此需根据具体情况确定表征方法。

在众多孔结构表征方法中，N_2 低温物理吸附法是最为常用的方法。在获悉样品比表面积的同时，可获取样品的孔体积、孔径分布等信息，通常能够测量的孔径范围为 1～50nm。

压汞法是通过测量外压作用下进入样品孔道中汞的量，再通过换算以获取孔结构信息，这一般适用于孔径大于 2nm 的结构表征。与物理吸附法相比，该方法具有速度快、测量范围宽、数据解释简单等特点，但由于汞较难全部回收，对样品具有一定的破坏性。

扫描电子显微镜（Scanning Electron Microscope，SEM）和透射电子显微镜（Transmission Electron Microscope，TEM）可以对样品进行直接观察，对于一些孔径较大的样品，可以通过观察得到孔的形态、孔径大小和分布情况等结构信息。一般而言，为了获取有关孔结构的定性评价以及催化剂形貌和纹理方面的特征，显微镜法是非常重要的一种手段，但该方法的局限是能观察的视野比较小，且对样品具有破坏性。

6.3.2.3　催化剂结构分析

光谱及衍射技术广泛应用于催化剂体相结构表征中，通过不同的技术能够获取催化剂的晶粒大小、骨架结构、配位数、对称性等信息。

红外光谱与拉曼光谱技术不仅可用于分析催化剂表面吸附物种，也可用于表征催化剂的局部结构、功能基团等信息。紫外 - 可见光谱技术（UV - Vis）是一种更为有效地应用于体相表征的分子光谱技术，其利用样品的分子或离子对紫外线和可见光的吸收所产生的紫外可见光谱，常对含过渡元素的催化剂样品的组成和结构进行分析，并能测定过渡元素的氧化态、配位体类型、配位数等，通过观察过渡元素的跃迁现象，获取诸如第一配位层、电子结构等信息。这是一种灵敏的表征手段，但是在电荷跃迁谱带较宽的情况下，谱图的解析具有一定的难度。

X 射线衍射技术（X - Ray Diffraction，XRD）是一种常用的催化剂结构表征方法，可获取催化剂的组分含量、晶粒大小、物相结构等信息。该技术的主要优势有样品用量少、测试不破坏试样；不仅可以单一地分析样品中的元素，还可以进行成分、物相分析，从而得知组分的化学状态，区别物质的不同晶相等，但 X 射线衍射技术所测定的试样必须是结晶态，且难以检测出微量的混合物。对于无定型或非晶态样品往往是出现一个宽化的弥散峰，有效信息非常有限。

核磁共振（Nuclear Magnetic Resonance，NMR）现象于 20 世纪 40 年代中期被发现，后被用于研究物质化学结构以及分子动力学。随着这项技术的日益发展和完善，这逐渐成为研究催化剂结构特性的强大工具。通过核磁共振能够获取催化剂的一些结构信息，比如 Si、Al 等原子、离子的配位信息，OH 基团的排列分布，催化剂上吸附态的性质等。核磁共振技术在分子筛催化剂的骨架结构研究方面得到了广泛的应用。除了用于体相表征，核磁共振技术在催化剂表面性质表征上也提供了强有力的支撑，如研究催化剂表面积碳、表面酸性、孔结构等。

6.3.2.4　热分析

热分析技术主要包含热重分析、差热分析等，其原理主要是通过捕捉样品在升温、降温过程中的性质、状态的变化，并将这种变化表示成函数。通过对样品进行热分析能够揭示催化剂的组成、活性组分与载体之间的相互作用，也可获取物质发生相变、组分分解、氧化还原等信息。在实际的应用中，这还常与其他技术组合使用以满足不同的分析要求。

热重法（Thermogravimetry，TG）是在程序控制温升下测量物质质量与温度关系的一种技术，其适用于在加热过程中存在脱水、升华、蒸发、分解等变化的样品。通过该方法可以获取以质量为纵坐标、以温度（或时间）为横坐标的热重曲线，通过分析热重曲线，可以测定样品的脱水量以及分析热分解反应过程等。

差热分析法（Differential Thermal Analysis，DTA）是在程序控制温度下测量待测物质与参比物质之间的温度差，再根据两者温度差随时间或温度的变化关系曲线以获取样品信息的技术。实验中所采用的参比物质是一种在测量温度范围内不发生任何化学和物理变化的惰性物质。当待测物质发生任何物理或化学变化时，所释放或者吸收的热量使其温度高于或者低于参比物质的温度，从而通过差热分析法获取的曲线上显示为放热或者吸热峰。该方法主要用于定性分析，常用于熔化、结晶转化、氧化还原、裂解过程的热特性研究。

差示扫描量热法（Differential Scanning Calorimetry，DSC）是在差热分析法基础上发展的一种可用于定量的热分析技术，其是在程序控制温度下，通过测量输入到待测物质与参比物质的功率差与时间或温度关系的一种技术，可以表示为热流率即样品吸热或放热的速率与时间或温度的关系。这些测量能够提供关于物质物理变化和化学变化的大量信息，包括吸热、放热、热容变化过程，以及物质相变的定量或定性分析。由于差示扫描量热法测量的是能量变化而不是温度变化，因此该方法更适于测量反应热和比热容，在恒温或极低的加热速率下测量具有不损失灵敏度的优点，对催化剂研究具有很大潜力。DSC 和 DTA 仪器装置相似，不同的是在待测物质和参比物质容器下装有两组补偿加热丝，其目的是通过补偿消除待测样品在加热过程中由于热效应与参比物质之间出现的温度差 ΔT。在该过程中，待测物质在热反应时发生的热量变化由于及时输入电功率而得到补偿，因此实际记录的是待测物质与参比物质通过电热补偿的热流率之差 $\mathrm{d}H/\mathrm{d}t$ 随时间 t 或温度 T 的变化曲线。

6.3.3　常用催化剂表征方法

6.3.3.1　N₂低温物理吸附

低温物理吸附法被广泛应用于催化剂比表面积、孔结构的表征，其基本原理：在一定压力和较低温度下，由于范德华力的存在，被测样品对气体分子具有可逆的物理吸附作用，在该条件下样品对特定气体存在确定的平衡吸附量，通过测定平衡吸附量，再利用特定模型计算获取样品的比表面积、孔径、孔体积等信息。N_2 因其良好的可逆吸附特性及稳定性，是低温物理吸附最常用的吸附质，实验所用为 77K 的液氮。

1. 吸附等温线

在特定温度、压力条件下，当样品的吸附、脱附速度相等时，其表面上吸附的气体量维持动态平衡，这种状态即称为吸附平衡，此时所吸附的气体量称为平衡吸附量。样品的平衡吸附量与压力、温度和样品的性质等因素密切相关，低温与高压有利于样品对气体的吸附，而升高温度、降低压力则有利于提高脱附速率。对于给定的物系，在温度恒定和达到吸附平衡的条件下，将相对压力和被吸附气体体积的关系作图，可以得到吸附等温线，其中相对压力指的是吸附平衡时气相的压力与该条件下的饱和蒸气压（77K 液氮饱和蒸气压为 100kPa）之比。

　　不同类型的吸附等温线反映了样品表面性质的不同以及表面与吸附质相互作用的不同。研究测得的等温线大致可以分为如图 6-10 所示的几种类型。

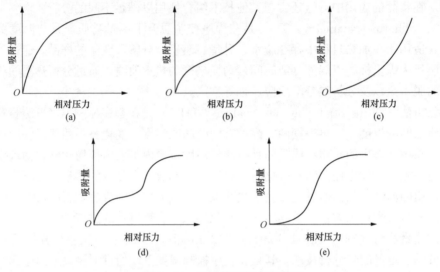

图 6-10　吸附等温线基本类型
(a) Ⅰ型；(b) Ⅱ型；(c) Ⅲ型；(d) Ⅳ型；(e) Ⅴ型

　　Ⅰ型等温线也被称为朗格缪尔（Langmuir）等温线，表现的是典型的微孔样品的单层吸附过程。在相对压力较低时吸附量急剧增加，随后趋于稳定。微孔硅胶、沸石、碳分子筛等物质均会出现此类等温线。

　　Ⅱ型等温线也被称为 S 形等温线，表现的是非孔样品或是大孔样品的多层吸附过程。在相对压力较低时存在一个拐点，归属于单分子层的饱和吸附量，表示此时完成了单分子层的吸附。随着相对压力的增加，开始形成第二层分子层，在饱和蒸气压相同的压力条件下，可吸附的层数可认为是无限大。

　　Ⅳ型等温线是介孔样品的理想吸附等温线。低压区曲线的变化趋势与Ⅱ型等温线相近。在中等压力区，由于毛细凝聚作用，Ⅳ型等温线较Ⅱ型等温线上升更快，但随着相对压力的增大，在达到一定值时斜率开始减小，最后曲线趋于稳定。有时在高压区曲线再次上升，这是因为当中孔毛细凝聚填满后，如果固体样品中还有大孔或者吸附质分子相互作用较强，可能继续吸附形成多分子层。此外，Ⅳ型等温线通常在中等压力区出现回滞环，其形状随吸附体系的不同而不同，具体概念在下一节进行详细解释。

　　Ⅲ型和Ⅴ型等温线一般不具有分析表面积及孔结构的价值，此类样品与气体之间的相互作用非常弱。Ⅲ型等温线起始斜率较小，随着相对压力的增大，斜率逐渐增大；Ⅴ型等温线起始斜率也较小，随着相对压力的增大，斜率呈现先增大后减小的趋势，最后趋于稳定。

2. 回滞环

典型的回滞环常出现在Ⅳ型吸附等温线中，指的是吸附量随相对压力增加时得到的吸附分支曲线与随相对压力减小时所得到的脱附分支曲线，在一定的相对压力范围内不重合从而形成的环状。在相对压力相同的情况下，脱附分支曲线对应的脱附量大于吸附分支曲线的吸附量。

多孔样品一般具有不同半径的毛细孔，若气体在其中的吸附是气体的液化，且液态吸附质可润湿管壁，这将会在毛细孔中形成凹液面，凹液面上的蒸气压低于平液面的蒸气压。因此，当气体压力增大但尚未达到平液面的饱和蒸气压时，就可在较小毛细孔中的凹液面上凝聚；随着气体压力的增大，将逐渐在半径大些的孔中凝聚，直至所有毛细孔被液态吸附质填满，这种现象就称为毛细凝聚。而在脱附时，由于发生毛细凝聚后的液面曲率半径总是小于毛细凝聚前的半径，故在相同吸附量时脱附压力总小于吸附压力。因此，不同孔结构的材料在发生毛细凝聚及形成回滞环的特征上存在一定差异，反过来也可以根据回滞环的类型来判断孔结构特征。图 6-11 展示了几种回滞环的基本类型。

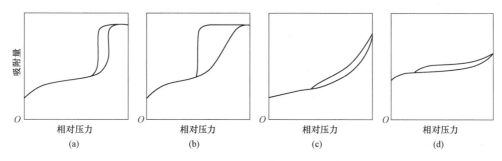

图 6-11　IUPAC 分类的回滞环基本类型
(a) H1 型；(b) H2 型；(c) H3 型；(d) H4 型

H1 型和 H2 型回滞环吸附等温线上有饱和吸附平台，此时吸附量保持不变，表明该孔径分布较均匀。H1 型反映的是两端开口且管径分布均匀的圆柱形孔，常见于孔径分布相对较窄的介孔材料和尺寸较均匀的球形颗粒聚集体，比如 MCM-41、MCM-48、SBA-15 等。而 H2 型反映的孔结构较复杂，可能包括典型的"墨水瓶"孔、孔径分布不均的管形孔和密堆积球形颗粒间隙孔等，其中孔径分布和孔形状可能不好确定，孔径分布比 H1 型更宽。

H3 型和 H4 型回滞环等温线没有明显的饱和吸附平台，表明孔结构很不规整。H3 型回滞环的吸附分支曲线和Ⅱ型吸附等温线类似，脱附分支曲线下限一般位于较低相对压力处，常见于平板狭缝结构、裂缝和楔形结构等，如片状黏土颗粒材料出现的即是 H3 型回滞环。H4 型回滞环相当于是Ⅰ型和Ⅱ型吸附等温线的复合，常见于微孔和中孔混合的吸附剂上和含有狭窄的裂隙孔的固体中，如活性炭、分子筛等。

通过催化剂的 N_2 低温物理吸附可获取催化剂孔结构的相关信息，图 6-12 所示为 SBA-15 与几种以 SBA-15 为载体的催化剂 N_2 吸附-脱附等温线以及孔径分布图。图 6-12 (a) 中所示的等温线均为Ⅳ型等温线，表明这几种样品都具有比较典型的介孔结构，在相对压力（p/p_0）为 0.6~0.9 的范围内，随着相对压力增加，N_2 吸附量显著增加，并且出现了 H1 型回滞环，具有典型的有序介孔催化剂孔结构特点。拐点的位置可以用于表示孔径的大小，其所在位置相对压力（p/p_0）越大，则表示孔径越大。图 6-12 (b) 所示为这几种催化剂的孔径分布，由图可知这几种样品的孔径大小处于介孔范围内，其中 Ni-La$_2$O$_3$/SBA-15（C）的孔径最小，SBA-15 载体的孔径最大。

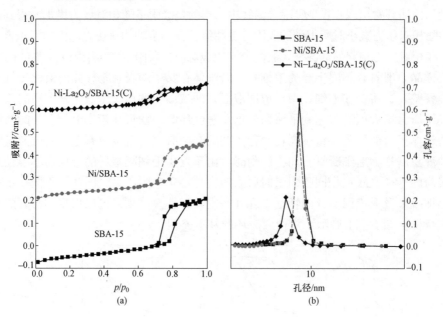

图 6-12　催化剂 N_2 吸附-脱附等温线以及孔径分布图

(a) 催化剂 N_2 吸附-脱附等温线；(b) 孔径分布图

3. 表面积测量方法

在表征过程中，根据所需要的孔、表面信息的不同，采用不同的方法来处理。BET 比表面积测试法是目前采用最多的表面积测量方法之一，对微孔、介孔、大孔样品均适用。BET 方程是建立在布雷纳（Brunauer）、埃米特（Emmett）和泰勒（Teller）三人从经典统计理论推导出的多分子层吸附的公式基础上，如式（6-1）所示：

$$\frac{p}{V(p_0-p)}=\frac{1}{CV_m}+\frac{C-1}{CV_m}\times\frac{p}{p_0} \tag{6-1}$$

式中：p 为平衡压力；p_0 为饱和压力；V 为平衡压力为 p 时吸附气体的总体积；V_m 为单分子层饱和吸附量；C 为吸附相关的常数。

通过实验可测得 p 和 V 的数值，以 $p/[V(p_0-p)]$ 对比压力作图能够得到一条直线，此时 $V_m=1/$（斜率＋截距），以 V_m 作为标准状态下的体积（mL）度量，比表面积 S_g 为

$$S_g=\frac{V_m N_A A_m}{22400m}\ m^2\cdot g^{-1} \tag{6-2}$$

式中：N_A 为阿伏伽德罗常数；A_m 为吸附质的截面面积；m 为吸附质的质量。

当吸附质为 N_2 时，比表面积 S_g 为

$$S_g=4.325V_m\ m^2\cdot g^{-1} \tag{6-3}$$

BET 方程的使用范围在 $p/p_0=0.05\sim0.35$ 之间。当比压力小于 0.05 时，由于压力太小而无法建立多分子层的吸附平衡，甚至单分子层的物理吸附也没有完全形成；当比压力大于 0.35 时，吸附平衡会遭到破坏。

4. 孔径、孔分布处理方法

BJH 方法通常用于获取介孔孔径及分布信息。BJH 方法是巴雷特（Barret）、乔伊纳

(Joyner)、哈兰达（Halenda）三人提出的基于开尔文方程计算介孔材料中孔分布的方法，这也是计算中孔分布最经典的方法。BJH 方法是利用毛细凝聚现象和体积等效代换的原理。该方法是假定一个在已经充满吸附质的孔中，随着压力的下降吸附质逐渐清空的过程，因此可以应用在等温线的吸附分支吸附量下降的方向和脱附分支。图 6 - 12（b）所示为根据 BJH 方法和等温线脱附分支数据获得的孔径分布曲线，这也是催化剂表征中较为常用的方法。

H - K（Horvath - Kawazoe）方法通常用于微孔孔径及分布的分析。由于微孔范围以毛细凝聚为基础的开尔文理论适用性较差，霍瓦思（Horvath）和卡瓦泽（Kawazoe）从吸附作用基础的分子间作用力的角度推导了狭缝型孔的有效微孔半径与吸附平衡压力的关系式，并成功应用于活性炭氮吸附数据微孔分布计算。随后，学者相继推导了圆柱形孔和球形孔的 H - K 方程，以及在此基础上获得改进后的 H - K 方程，使其得到更加广泛的应用。

密度泛函理论（DFT）法适用于介孔、微孔的分布分析。DFT 法是一种分子动力学模拟的方法，能够提供吸附的微观模型，并更加真实地反映孔中流体的热力学性质，其可以分为 LDFT（定域 DFT）法与 NLDFT（非定域 DFT）法两种。LDFT 法是一种常用的方法，但无法精确地对吸附/脱附等温线进行描述，因此所得到的孔径分析不够精确。NLDFT 法是对前者的重要改进，能够从分子水平上描述受限于孔内的流体的行为，并可将吸附质气体的分子性质与它们在不同尺寸孔内的吸附性能关联起来，进而更加准确地进行表征。

t - plot 法常用于微孔体积的表征。t - plot 也被称为 t 曲线，以气体吸附量对吸附膜的统计厚度 t 作图，用于检验样品的吸附行为与标准样品吸附行为的差异，从而得到样品孔体积信息。当样品为无孔材料时，t - plot 是一条过原点直线；当试样中含有微孔、介孔、大孔时，直线就会变成几段折线，需要分别进行分析。

尽管 N_2 是测量 BET 表面积和中孔分布最常用的吸附质，但它并不一定是测量微孔体积的最佳选择，有时选择惰性的球形分子 Ar 可获得更好的结果。

6.3.3.2　电子显微镜技术

电子显微镜技术是指利用电子束对样品进行照射或者扫描，并将电子与目标区域相互作用所产生的特征信号收集起来再进行换算、放大等处理，以获取所需的样品微观区域的信息。电子显微镜的放大倍率可达百万倍，可分辨样品的最小数量级为几埃（10^{-10} m，Å）。

电子显微镜包括扫描电子显微镜（SEM）、透射电子显微镜（TEM）、扫描透射显微镜（STEM）、扫描探针显微镜（SPM）、分析电子显微镜（AEM）等，其中 SEM 与 TEM 是催化剂结构表征中最常用的两种电镜技术。

1. 光学显微镜的局限性

显微镜的工作目标是使样品得到一个放大像，使原来肉眼无法看见的细节能变得清晰可见，其含有两个基本的性能指标：一是分辨率，二是最高放大倍数。分辨率是分辨物体细节的最小极限，用显微镜所能分辨的相邻两个点最小间距来表示，分辨率越高，最小间距值越小，仪器所能够观察到的细节也就越丰富。传统的光学显微镜的分辨率主要取决于光源的波长，约为波长的一半，而可见光的波长在 400～700nm 之间，因此其分辨率一般大于 200nm。最高放大倍数是指观察样品经显微镜放大后，在同一方向上像的长度与物体实际长度的比值，光学显微镜的最高放大倍数约为 2000 倍。

电子束的波长约为可见光的十万分之一，使用电子束可以大幅度地提高显微镜的分辨率。电子束波长与加速电压有关，加速电压越高，波长则越短，获得的分辨率就越佳。

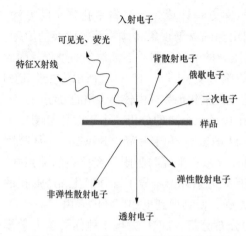

图 6-13　电子束在样品表面产生的作用

2. 电子束与样品的相互作用

要了解电子显微镜的工作原理，需要对电子与样品表面的相互作用有一个初步的了解。当电子束轰击试样表面时，入射电子与试样的原子核和核外电子将产生散射作用，激发出反映试样形貌、结构组成等特征信号，产生如二次电子、背散射电子、特征 X 射线、俄歇电子等。图 6-13 展示了电子束在样品表面产生的作用。

二次电子是样品原子较外层电子电离产生的电子，能量比较低，一般在 50eV 以下，仅在样品表面 5~10nm 的深度内才能够溢出表面。二次电子对样品表面的形貌非常敏感，被收集处理后成像分辨率比较高，一般能够达到 1~10nm，且图像景深大，富有立体感，可以直接观察起伏较大的粗糙表面。一般在不同的表面，二次电子的产生量也不同，产生量大的表面的成像较亮。

背散射电子是由样品反射出来的初次电子，来自样品表层几百纳米的深度范围，其能量接近于入射电子的能量，产生的信号强度与样品的原子序数有关，被收集处理后成像分辨率相对较低，一般在 50~200nm 之间。

如果分析的样品很薄，那么就会有一部分入射电子穿过样品而成为透射电子、弹性散射电子、非弹性散射电子，这个区域的厚度、成分以及晶体结构决定了这几种电子的信号，通过对这几种电子进行收集分析，能够反过来得到这个样品区域的信息。

3. 衬度

电子与样品接触后激发出的特征信号，需要被转化为具有足够衬度的图像信息，以便于人们观察分析。衬度也被称为反差度，指的是图像上不同区域间存在的明暗程度的差异，也正是因为衬度，我们才能看到各种具体的图像。透射电镜的图像衬度主要有三类，分别是振幅衬度、衍射衬度以及相位衬度。

振幅衬度也被称为质厚衬度，是电子显微成像中最常见的衬度。由于试样的质量厚度不同，各部分对入射电子发生相互作用，产生的吸收和散射程度不同，而使得电子束的强度分布不同，形成反差。一般质量厚度小的部分成像较亮，质量厚度大的部分成像较暗。对于粒径比较大的样品（粒径在 1~5nm）的电子图像，振幅衬度是主要的衬度。

衍射衬度指的是当试样为晶体材料时，试样各部分满足布拉格衍射条件（Bragg 方程，在 6.3.3.4 中详细描述）的程度不同而产生的衬度。当入射电子束与晶体试样满足布拉格衍射条件时，会发生电子衍射，产生衍射电子束，衍射电子束成像时因各部分满足条件的差异形成图像反差。当样品与入射电子束角度发生变化时，原先的明暗部分也会随之变化。衍射衬度在研究样品中晶体缺陷时非常有用，可利用研究、解释晶体中的线缺陷和面缺陷，如位错、层错、晶界等。

对于粒径小于 1nm、原子序数小且样品较薄的微粒结构，相位衬度是主要的衬度机制，穿透样品的非弹性散射电子由于能量损失波长而变长，速度变慢，与非散射电子形成相位差，在样品后面产生干涉波，如果干涉波与非散射电子的波不同，就会形成相位衬度。

4. 扫描电子显微镜

扫描电子显微镜的工作原理是将一束电子束照射到所要观测的样品表面上，并进行逐点扫描，通过光束与物质间的相互作用激发特征信号，然后收集变换成像。扫描电子显微镜成像信号可以是二次电子、背散射电子，其中二次电子是最主要的成像信号，也是最常用的成像方式。

SEM 能够直接观察 100nm 以下的样品，新式的 SEM 分辨率可以达到 1nm，放大倍数可达 30 万倍以上。此外，其对于样品的要求也较低，微小颗粒、薄膜或是大块状的样品都可以进行观察。SEM 可用于研究催化剂活性表面结构、表面晶粒形状与催化剂催化活性的关系，此外还常常作为一种辅助手段来推测材料的成型机理。图 6‑14 所示为原料钝顶螺旋藻及不同温度条件活化所制得的生物炭 SNC‑x 样品的 SEM 图。从图 6‑14（a）、（b）中可以看出，原始钝顶螺旋藻的表面光滑，呈凹陷的球状结构，而活化后的 SNC‑x（x 代表活化温度）形成了类似海绵状的多孔结构［图 6‑14（c）～（e）］。其中，SNC‑700 具有相互连接的骨架结构，并具有随机分布的大小为几百纳米的大孔，这种结构将有利于电解质离子的转移，从而提高材料的离子传输能力。随着活化温度的升高，SNC‑x 的石墨化程度逐渐增加，同时在SNC‑800 中可明显观察到石墨状的碳层结构。

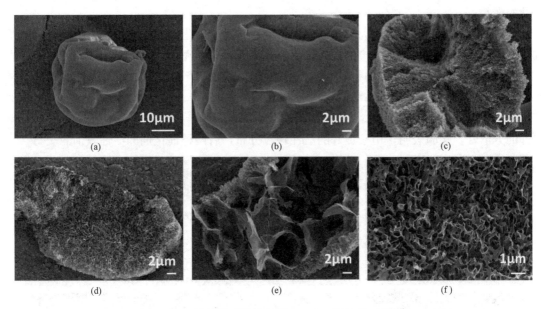

图 6‑14　原料钝顶螺旋藻及 SNC‑x 样品的 SEM 图
（a）原始钝顶螺旋藻；（b）原始钝顶螺旋藻；（c）SNC‑600；
（d）SNC‑700；（e）SNC‑800；（f）SNC‑700

扫描电子显微镜样品制备比较简单，对于导体材料，除了尺寸大小不能超过仪器规定范围外，基本上不需要经过任何处理，只要用导电胶把样品粘在金属制的样品座上放入样品室即可进行观察。但是在催化剂的研究中，大多数的催化剂都是不良导体或绝缘体，在电子束的照射下会使样品上电荷积累（也称为充电现象），影响入射电子束形状变化和二次电子的激发，从而使图像质量下降，甚至无法观察。在这种情况下，常需要对样品的表面进行喷金处理增强导电性。

5. 透射电子显微镜

透射电子显微镜是在 1932 年由德国的科尔（Koll）与鲁斯卡（Ruska）发明的，透射电镜技术是发展最快、应用最广的显微技术之一。透射电子显微镜的分辨率可以达到 0.2nm 以下，部分甚至可达 0.1nm，放大倍数在几万到几百万倍不等，能够实现在原子尺度上对材料的微观结构进行观察，常被用于研究样品的形貌、分散情况以及晶体特征，是催化表征的有效工具。

当电子与试样接触时，有一部分入射电子会穿过试样成为透射电子，由于试样的厚度、成分、晶体结构的不同激发出各种特征信号，这部分信号被转化成像用于后续观察分析，这就是透射电镜成像的基本原理。

为了尽量减少电子穿透试样时的能量损失以获得清晰图像，观测所需的样品应当尽量薄，一般需要小于 100nm；而对于颗粒状的样品，则必须分散均匀，避免严重的叠层。

催化剂研究领域中，透射电子显微镜主要被应用在如物性、表面形态、颗粒大小及分布等的检测研究中。通常来说，不同物相材料的 TEM 图所呈现的特征形态不尽相同。如 γ-Al_2O_3 和 η-Al_2O_3 两种氧化铝，在使用 X 射线衍射表征时两者几乎没有区别，难以区分，而两者的 TEM 图则具有显著的差异：γ-Al_2O_3 为狭长的薄片状颗粒，而 η-Al_2O_3 则为球形、片状的颗粒。

通过研究催化剂活性颗粒大小与活性的关系，有助于催化剂反应机理的研究，从而指导催化剂的制备工艺以及催化反应的条件，以提高催化性能。图 6-15 所示是采用 TEM 表征技术对几种 Ni 催化剂的形貌进行表征所获得的图像，在适当的放大倍数下可由图像进行测量和统计。图 6-15（c）中 C1 可以得到 Ni/CeO_2 催化剂的平均粒径约为 12.4nm，相比起来使用 Al_2O_3 和 ZrO_2 载体负载的 Ni 催化剂具有更小的粒径（分别对应约 3.4nm 和 6.8nm）和更好的分散性，实验表明，由于更好的活性颗粒分布，后两种催化剂的活性较前者更好。

图 6-15　几种不同载体镍基催化剂的 TEM 图
（a）Ni/Al_2O_3；（b）Ni/ZrO_2；（c）Ni/CeO_2

此外，也可以通过 TEM 观察一些晶化程度较高的催化剂的晶格条纹，通过对晶面间距进行分析从而判断物相；对于一些组分较为复杂的催化剂，可以观察不同组分的晶体的生长情况。

6.3.3.3　程序升温技术

程序升温技术是一种简单易行的动态分析技术，其基本原理是将固体物质或是预吸附某些气体的固体物质，在载气流中以一定的升温速率加热（程序升温），从而检测流出气体成分、浓度的变化或者物质表面的物理、化学性质变化，在升温速率受控的条件下，该方法能够连续检测反应体系的输出变化。常见的程序升温技术有程序升温脱附（TPD）、程序升温还原（TPR）、程序升温氧化（TPO）、程序升温表面反应（TPSR）等。在催化研究中，程序升温脱附技术与程序升温还原技术是其中最重要的两种技术。

程序升温脱附技术的原理是将预先吸附了某种气体分子的催化剂在程序升温下，通过稳定流速的气体（通常是某些惰性气体，如 N_2、Ar、He），使预吸附在表面的气体分子脱附出来。随着温度的升高，脱附速率逐渐增大，直至气体脱附完全。在脱附过程中检测器能够检测出气体浓度随着温度变化的关系，获取脱附速率与时间的关系曲线图。通过分析曲线能够得到如吸附物种数目、分布、催化剂活性位数目等信息。

程序升温还原技术的原理是在程序升温的条件下持续通入含有还原性气体的惰性气体（如 $10\%H_2$、$90\%Ar$），使得氧化态的金属催化剂活性组分发生还原反应，得到还原气体浓度与温度变化关系的曲线，从而得到催化剂还原温度、还原速率等信息。

程序升温还原技术能够用于判断催化剂的还原性质，活性组分颗粒较小、分散相对均匀的催化剂比较易于还原，通常在程序升温还原曲线上的峰型也比较窄。程序升温还原还能够提供负载型金属催化剂在还原过程中金属氧化物之间或金属氧化物与载体之间的相互作用的信息。一种纯的金属氧化物具有特定的还原温度，因此可用此温度表征氧化物的性质。当两种金属氧化物混在一起时，假设在升温过程中两者还原温度都保持不变，则两者之间没有发生作用；若升温过程中还原温度发生了变化，则两者之间发生了相互作用，性质发生了改变。

图 6-16 所示为分别采用均匀沉积沉淀法、沉淀法和浸渍法制备的 Cu 基负载型催化剂 TPR 图。Cu/SBA 15（H）催化剂的还原峰出现在 503K，还原温度最低，且峰型较窄，还原温度集中，说明 Cu颗粒均匀且颗粒较小；Cu/SBA-15（D）的还原峰温度较高，为 593K，且峰型较宽；而浸渍法制备得到的催化剂最高还原峰与均匀沉积沉淀法制备的催化剂的还原

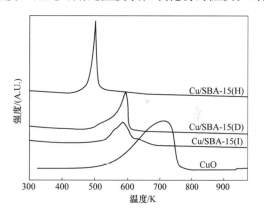

图 6-16　CuO 及几种不同方法制备 Cu 基负载型催化剂的 TPR 图

Cu/SBA-15（H）—均匀沉积沉淀法；Cu/SBA-15（D）—沉淀法；Cu/SBA-15（I）—浸渍法

峰所在温度相近，在 583K，且在 630K 处出现一个肩峰，这个肩峰归属于大的 CuO 颗粒的还原。这说明了通过等体积浸渍法和沉淀法制备的催化剂颗粒粒径较大，还原温度较高，而通过均匀沉积沉淀法制备的催化剂颗粒粒径较小，还原温度较低。

6.3.3.4　X 射线衍射

X 射线衍射技术是一项通过对样品的 X 射线衍射和衍射图谱的分析，获得样品成分、内部原子或分子结构形态等信息的表征技术。X 射线衍射可以分为单晶衍射和多晶衍射。单

晶是指样品中所含分子（原子或离子）在三维空间中呈规则周期性排列的一种固体状态，多晶则是由许多杂乱无章地排列着的小晶体组成。由于催化剂大多是多晶物质，因此在催化剂表征研究中，多晶 X 射线衍射的运用更为广泛。在多晶样品中为了保证有足够多晶体产生衍射，常常采用晶体粉末样品，这被称为粉末法，所得到的衍射图称为粉末衍射图。将 X 射线照射到样品粉末上，假设样品中的某个晶粒中面间距为 d 的晶面与入射的 X 射线夹角

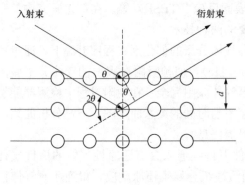

入射束　　　　　　　　　　　衍射束

图 6-17　X 射线发生衍射的原理

为 θ，且满足式（6-4）的关系，则这个晶面能够与入射的 X 射线发生衍射，即 Bragg 方程：

$$2d\sin\theta = n\lambda \qquad (6-4)$$

式中：d 为晶面间距；θ 为入射角；λ 为 X 射线的波长；n 为衍射级数。也就是说只有照射到相邻两晶面的光程差是 X 射线波长的 n 倍时才产生衍射。X 射线发生衍射的原理如图 6-17 所示。

照射到样品粉末上的 X 射线发生衍射，得到样品的衍射图谱，由于不同晶体的原子是按照各自特定规律排列的，晶体本身的不同结构决定了谱线不同的位置、数目和强度。其中的几条较强谱线可以看作这种样品晶相的特征衍射峰，即特征峰。通过对比样品与已知物质的图谱，假设在样品的图谱中观察到某种已知物质的标准图谱，就可认为样品中含有这种物质。分析所测样品是由哪些物质所组成的是 XRD 的主要用途之一。图 6-18 展示了几种不同晶相的 Al_2O_3 的 XRD 谱图。

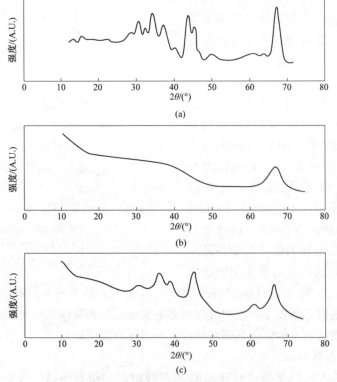

图 6-18　几种不同晶相的 Al_2O_3 的 XRD 谱图

(a) δ-Al_2O_3；(b) ρ-Al_2O_3；(c) γ-Al_2O_3

XRD 可以用于定量计算样品的晶粒大小，其所能测定的下限在几纳米左右，上限是 100nm 左右。晶粒大小指晶体中有序排列的小单晶在某一晶面法线方向的平均厚度。晶粒大小与衍射峰的宽度密切相关，两者之间的关系满足谢乐（Scherrer）公式，即

$$D = \frac{K\lambda}{\beta\cos\theta} \tag{6-5}$$

式中：D 为晶粒大小；K 为晶粒形状因子，对于 β 取半峰宽时其值为 0.89；λ 为入射 X 射线波长，一般使用 Cu 的 $K\alpha$ 线，其值为 0.15418nm；β 为衍射半峰宽；θ 为衍射角。

图 6-19 所示为以 SBA-15 为载体制备的几种催化剂的 XRD 图，这些催化剂分别为浸渍法制备 Ni 质量分数为 10％和 20％的 Ni/SBA-15 和 2Ni/SBA-15，传统的浸渍法制备的负载量为 10％（质量分数）的 Ni-La₂O₃/SBA-15(I) 以及柠檬酸盐络合法制备的镍含量为 10％（质量分数）的 Ni-La₂O₃/SBA-15（C）催化剂。通过图谱的对比，能够看出图

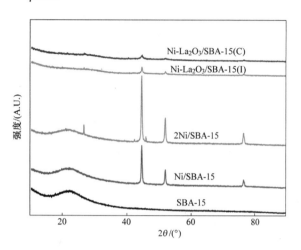

图 6-19　以 SBA-15 为载体制备的几种催化剂的 XRD 图

中 Ni 的衍射峰分别位于 $2\theta = 43.3°$、$52.3°$、$76.6°$ 处，且具有不同的强度与宽度。选择 $43.3°$ 处最强衍射峰的半峰宽及衍射角数据，通过谢乐公式可以计算出几种催化剂中 Ni 的平均尺寸，计算得到 Ni/SBA-15 中的 Ni 的大小为 25nm，2Ni/SBA-15 为 28nm，Ni-La₂O₃/SBA-15(I) 为 21nm，Ni-La₂O₃/SBA-15(C) 为 12nm。

此外，XRD 也可以用于计算样品的相对结晶度。结晶度指的是样品中结晶部分占总质量的百分比，一般将 XRD 谱图中最强衍射峰积分所得的面积(A_s) 作为计算结晶度的指标，将这个值与该物质标准谱图上对应的衍射峰积分所得面积(A_g) 进行比较即可得到相对结晶度。

思　考　题

1. 试对常见的催化剂表征技术 IR、XPS、XRD、UV-Vis、TPD、NMR 进行中文全称解释。

2. 试列举 5 种以上催化剂的制备方法，并对其主要制备流程进行简要阐述。

3. 试简述纳米催化材料的制备方法，并讨论其适用性及优缺点。

4. 试分别举例 3 种催化剂表面性质表征技术和体相性质表征技术，并简述其原理。

5. 根据 IUPAC 定义，催化剂孔结构分为哪几类及其对应的孔径范围分别是多少？并简述 2 种孔径、孔分布的处理方法。

6. SEM 和 TEM 表征作为常用的电子显微技术各有何优缺点，且上机分析前待测样品需要进行的前处理操作有何差异？

7. 试列举 2 种常见的程序升温技术，并简述其原理及可提供的催化剂结构信息。

参 考 文 献

[1] 王尚弟，孙俊全. 催化剂工程导论 [M]. 2 版. 北京：化学工业出版社，2007.

[2] 倪星元，姚兰芳，沈军，周斌. 纳米材料制备技术 [M]. 北京：化学工业出版社，2007.

[3] 刘维桥，孙桂大. 固体催化剂实用研究方法 [M]. 北京：中国石化出版社，2000.

[4] 近藤精一，石川达雄，安部郁夫，等. 吸附科学 [M]. 北京：化学工业出版社，2006.

[5] 陈诵英，孙予罕，丁云杰，等. 吸附与催化 [M]. 郑州：河南科学技术出版社，2001.

[6] GREGG S J，SING K S W，高敬琮. 吸附、比表面与孔隙率 [M]. 北京：化学工业出版社，1989.

[7] THOMAS W J，CRITTENDEN B. Adsorption technology and design [M]. Amsterdam：Elsevier Science & Technology，1998.

[8] RUTHVEN D M. Principles of adsorption and adsorption processes [M]. New York：Wiley，1984.

[9] SUZUKI M. Adsorption engineering [M]. Tokyo：Kodansha，1990.

[10] 刘振宇，郑经堂，王茂章，等. 多孔炭的纳米结构及其解析 [J]. 化学进展，2001，13 (1)：10-18.

[11] WANG S R，YIN Q Q，GUO J F，et al. Improved Fischer-Tropsch synthesis for gasoline over Ru，Ni promoted Co/HZSM-5 catalysts [J]. *Fuel*，2013，108：597-603.

[12] WANG X L，ZHU L J，LIU Y C，et al. CO_2 methanation on the catalyst of Ni/MCM-41 promoted with CeO_2 [J]. Science of the Total Environment，2018，625：686-695.

[13] WANG S R，GUO W W，ZHU L J，et al. Methyl Acetate synthesis from dimethyl ether carbonylation over mordenite modified by cation exchange [J]. Journal of Physical Chemistry C，2015，119 (1)：524-533.

[14] ZHU L J，YIN S，WANG X L，et al. The catalytic properties evolution of HZSM-5 in the conversion of methanol to gasoline [J]. RSC Advances，2016，6 (86)：82515-82522.

[15] JIAO F，LI J J，PAN X L，et al. Selective conversion of syngas to light olefins [J]. Science，2016，351 (6277)：1065-1068.

[16] IIDA T，SATO M，NUMAKO C，et al. Preparation and characterization of Silicalite-1 zeolites with high manganese contents from mechanochemically pretreated reactants [J]. Journal of Materials Chemistry A，2015，3 (11)：6215-6222.

[17] LENDZION BIELUN Z，ARABCZYK W. Fused Fe-Co catalysts for hydrogen production by means of the ammonia decomposition reaction [J]. Catalysis Today，2013，212：215-219.

[18] LIU Y C，ZHU L J，WANG X L，et al. Catalytic methanation of syngas over Ni-based catalysts with different supports [J]. Chinese Journal of Chemical Engineering，2017，25 (5)：602-608.

[19] WANG X L，ZHU L J，ZHUO Y X，et al. Enhancement of CO_2 methanation over La-modified Ni/SBA-15 catalysts prepared by different doping methods [J]. ACS Sustainable Chemistry & Engineering，2019，7 (17)：14647-14660.

[20] LIU Y Y，DAI G X，ZHU L J，et al. Green conversion of microalgae into high-performance sponge-like nitrogen-enriched carbon [J]. ChemElectroChem，2019，6 (3)：646-652.

[21] WANG S R，GUO W W，WANG H X，et al. Effect of the Cu/SBA-15 catalyst preparation method on methyl acetate hydrogenation for ethanol production [J]. New Journal of Chemistry，2014，38 (7)：2792-2800.

第 7 章 碳 一 催 化 合 成

随着社会和经济的快速发展，我国化石能源燃料短缺问题日益凸显。非化石燃料路线获取清洁能源是缓解能源供需矛盾和实现社会可持续发展的重要途径。早在 20 世纪 20 年代，德国就已开始由合成气制烃类的研究工作；20 世纪 30～40 年代，由合成气制取液体燃料的技术如费托合成已得到应用；20 世纪 60 年代末期美国 Mobil 化学公司开发的 ZSM-5 分子筛催化剂成功地应用于甲醇转化制汽油。催化合成能源的核心是碳一化学，主要研究合成燃料和化学品的化学及工艺。合成气是碳一催化合成能源的最主要原料，它来源广泛，经过净化和调变可用于合成甲醇、乙醇、汽柴油和二甲醚等众多燃料。在不同的反应条件和催化剂作用下，合成气历经不同的反应路径转化成不同的目标产物。

7.1 碳一合成的原料——合成气

合成气是以一氧化碳和氢气为主要组分供化学合成用的一种原料气，可由煤炭、天然气、石脑油、生物质等含碳原料转化制得。"合成气制能源"技术指的是以合成气作为原料，应用于合成气发电、多种高附加值化工产品（如乙烯、甲醇、乙醇等）的生产或人工合成液体燃料。合成燃料的优点是不含有硫、氮等杂质，它是非常清洁的燃料，可直接与常规燃料混合或替代常规燃料，能够满足日益苛刻的燃料标准和环境法规。

"合成气制能源"路径可实现化石燃料的清洁高效利用，有助于碳排放的降低与环境压力的减轻，同时，结合我国相对贫油、少气、富煤的能源资源储备现状，该项技术受到了能源行业的广泛关注。

7.1.1 合成气的制备

制造合成气的原料主要有煤、渣油、天然气和生物质等，其中所含 H/C 物质的量之比为 1∶1～4∶1。由这些原料所制得的合成气，其组成比例也各不相同，通常不能直接满足合成产品的需要。

7.1.1.1 煤气化制合成气

煤气化是以煤或焦炭为原料，以氧气（空气、富氧或纯氧）、水蒸气等为气化剂，在高温条件下通过化学反应把煤或焦炭中的可燃部分转化为气体的过程，其有效成分包括 CO、H_2 和 CH_4 等。

煤气化过程的主要反应有

$$C+1/2O_2 \longrightarrow CO \qquad \Delta H^{\ominus}_{298}=-123kJ \cdot mol^{-1} \qquad (R7\text{-}1a)$$

$$C+2O_2 \longrightarrow CO_2 \qquad \Delta H^{\ominus}_{298}=-406kJ \cdot mol^{-1} \qquad (R7\text{-}1b)$$

$$C+H_2O \longrightarrow CO+H_2 \qquad \Delta H^{\ominus}_{298}=131kJ \cdot mol^{-1} \qquad (R7\text{-}1c)$$

$$C+2H_2O \longrightarrow CO_2+2H_2 \qquad \Delta H^{\ominus}_{298}=90.3kJ \cdot mol^{-1} \qquad (R7\text{-}1d)$$

$$C + CO_2 \longrightarrow 2CO \qquad \Delta H_{298}^{\ominus} = 172.6 \text{kJ} \cdot \text{mol}^{-1} \qquad (R7\text{-}1e)$$

$$C + 2H_2 \longrightarrow CH_4 \qquad \Delta H_{298}^{\ominus} = -74.9 \text{kJ} \cdot \text{mol}^{-1} \qquad (R7\text{-}1f)$$

这些反应中,碳与水蒸气反应对合成气的贡献最大,碳与二氧化碳的反应也是重要的气化反应。气化生成的混合气称为水煤气,总过程为强吸热。提高反应温度对煤气化有利,且不利于甲烷的生成。当温度高于 900℃ 时,CH_4 和 CO_2 的平衡浓度接近于零。低压有利于 CO 和 H_2 生成;反之,增大压力有利于 CH_4 生成。煤气化的反应一般操作温度在 1100℃ 以上,压力为 2.5~3.2MPa;H_2O/O_2 比例要视煤气化生产方式来定。气化过程按操作方式来分,有间歇式和连续式。目前,最通用的分类方法是按反应器分类,分为固定床(移动床)、流化床、气流床和熔融床。

7.1.1.2 甲烷重整制合成气

由甲烷和其他烃类制合成气方法主要有水蒸气重整法(SMR)、部分氧化法(POX)和自热重整法(ATR)以及二氧化碳重整法。

1. 水蒸气重整法

水蒸气重整法是在催化剂存在及高温条件下,使甲烷等烃类与水蒸气反应,生成 H_2、CO 等混合气体,该反应为强吸热反应,需要外加供热,此法技术成熟,目前广泛用于生产合成气、纯氢气和合成氨原料气。

甲烷水蒸气转化过程的主要反应有

$$CH_4 + H_2O \longrightarrow CO + 3H_2 \qquad \Delta H_{298}^{\ominus} = 206 \text{kJ} \cdot \text{mol}^{-1} \qquad (R7\text{-}2a)$$

$$CH_4 + 2H_2O \longrightarrow CO_2 + 4H_2 \qquad \Delta H_{298}^{\ominus} = 165 \text{kJ} \cdot \text{mol}^{-1} \qquad (R7\text{-}2b)$$

$$CO + H_2O \longrightarrow CO_2 + H_2 \qquad \Delta H_{298}^{\ominus} = -41.2 \text{kJ} \cdot \text{mol}^{-1} \qquad (R7\text{-}2c)$$

可能发生的副反应主要是析碳反应,它们是

$$CH_4 \longrightarrow C + 2H_2 \qquad \Delta H_{298}^{\ominus} = 74.9 \text{kJ} \cdot \text{mol}^{-1} \qquad (R7\text{-}3a)$$

$$2CO \longrightarrow C + CO_2 \qquad \Delta H_{298}^{\ominus} = -172.5 \text{kJ} \cdot \text{mol}^{-1} \qquad (R7\text{-}3b)$$

$$CO + H_2 \longrightarrow C + H_2O \qquad \Delta H_{298}^{\ominus} = -131.4 \text{kJ} \cdot \text{mol}^{-1} \qquad (R7\text{-}3c)$$

温度、压力和水蒸气配比是重要的工艺参数。由于重整反应是较强的吸热反应,故提高温度可使平衡常数增大,反应趋于完全。从热力学上看,压力升高会降低平衡转化率。从动力学看,在反应初期,增加系统压力,相当于增加了反应物分压,反应速率加快。但到反应后期,反应接近平衡,产物浓度高,加压反而会降低反应速率。所以从化学角度看,压力不宜过高。但从工程角度考虑,适当提高压力对传热有利,如节省动力消耗、提高传热效率、提高过热蒸汽的余热利用价值。综上所述,甲烷水蒸气转化过程一般是加压的,大约为 3MPa。

水蒸气重整甲烷制合成气已经实现工业化几十年,其 H_2/CO 比较高(3∶1),主要为合成氨和加氢重整等工业过程提供氢源。对该反应,贵金属催化剂(Pt、Rh、Ru 等)具有优异的反应活性,但贵金属催化剂价格昂贵,因此,现代工艺中主要采用镍基催化剂。

该工艺还存在诸多缺点:

（1）水蒸气甲烷重整反应是一个强的吸热过程，反应温度一般要在 800℃以上，反应能耗巨大。

（2）由于反应温度较高，反应速率低，因此对反应器的制造及材质的要求较高，导致设备投资巨大。

（3）反应伴随着水汽变换反应的发生（$CO+H_2O \longrightarrow CO_2+H_2$），因此，在石化工业应用中，必须首先脱除二氧化碳。

2. 部分氧化法

甲烷部分氧化制合成气是利用温和的放热氧化反应来驱动甲烷转化的过程，是指加入不足量的氧气，使甲烷发生不完全氧化生成一氧化碳和氢气，其反应方程式可表示为

$$CH_4+1/2O_2 \longrightarrow CO+2H_2 \qquad \Delta H_{298}^{\ominus}=-36kJ \cdot mol^{-1} \qquad (R7-4)$$

甲烷部分氧化反应根据是否采用催化剂分为非催化部分氧化工艺和催化部分氧化工艺。在非催化部分氧化中，反应温度通常为 1000～1500℃，同时伴随着部分甲烷发生完全氧化而生成 CO_2 的燃烧反应，该反应为强放热反应，即

$$CH_4+2O_2 \longrightarrow CO_2+2H_2O \qquad \Delta H_{298}^{\ominus}=-802kJ \cdot mol^{-1} \qquad (R7-5)$$

非催化部分氧化工艺中，原料 O_2/CH_4 比为 0.75，反应出口温度高达 1400℃，这不仅浪费了资源，而且对反应器材质的要求苛刻。然而，在催化剂作用下，甲烷的部分氧化反应在 550～800℃便可获得 90％以上的甲烷转化率，同时还可以避免完全氧化的燃烧反应。相较于传统的甲烷水蒸气重整，甲烷部分氧化制合成气反应可以在高空速下进行；反应器体积小，效率高，能耗低，可以大幅度降低设备投资和生产成本；甲烷部分氧化制得的合成气，H_2/CO 比等于 2，可以直接用于 F-T 合成等过程；甲烷部分氧化过程中产生的二氧化碳的量非常低，为 2％～3％；它还能与蒸汽重整或干气重整等吸热过程联合，使得过程的能量利用更为经济。

但甲烷部分氧化制合成气也存在以下缺点：

（1）甲烷部分氧化制合成气的过程中，容易形成催化剂床层热点，催化剂床层热点使得氧化反应难以控制，易导致催化剂烧结，并且热点的形成也给该反应带来了潜在的危险。

（2）甲烷部分氧化制合成气通常采用纯氧，而使用纯氧不仅给反应带来危险，同时也增加了成本。

（3）甲烷部分氧化制合成气还面临催化剂选择的问题，Ni 基催化剂易失活，而贵金属催化剂则价格昂贵。

3. 自热重整法

自热重整法是将蒸汽重整法和部分氧化法结合在一步进行的合成气制备新工艺，转化反应所需的热量由氧化反应提供，不需要外界提供热量。它具有反应温度低、氧气消耗少、H_2/CO 比为 2、组成适合于制备合成油等优点。

自热重整体系中的化学反应比较复杂，主要有以下几类反应。

（1）甲烷部分氧化反应：甲烷与氧气或富氧空气充分混合后进入转化炉催化剂床层，首先发生部分氧化反应生成 CO 和 H_2O，同时放出大量热量，可使物料温度从 200℃急剧上升到 1000℃。

（2）蒸汽重整反应：在高温下甲烷与水蒸气发生重整反应生成 CO 和 H_2，该反应需要

吸收大量热量。随着反应的进行，物料与催化剂床层温度逐步下降，从而与部分氧化反应形成一个相对平衡的状态。但是实际生产中，由于蒸汽重整反应速率较低，因此达到平衡是一个比较困难的过程。

（3）水煤气变换反应：即部分 CO 与 H_2O 反应生成 CO_2 和 H_2。

除上述主要反应之外，同时还包括烃类裂解、烯烃聚合、析碳和消碳反应等。由于系统是自身热平衡的，省去了热转移系统，自热重整反应器更简单小型化。通过选择合适的水碳比、氧碳比和反应温度，可获得理想的合成油原料气。

4. 二氧化碳重整法

甲烷二氧化碳重整制合成气过程中产生的理论 H_2/CO 约为 1，可直接作为羰基合成及 F-T 合成的原料，即

$$CH_4 + CO_2 \longrightarrow 2CO + 2H_2 \qquad \Delta H_{298}^{\ominus} = 247.3 \text{kJ} \cdot \text{mol}^{-1} \qquad (R7-6)$$

甲烷二氧化碳重整因为同时利用了甲烷和二氧化碳两种最主要的温室气体，所以该反应被认为是处理温室气体最直接的方法。由二氧化碳重整取代水蒸气重整甲烷制合成气不仅可以降低成本，而且以二氧化碳作为原料，对于实现"双碳"目标，改善生态环境的重要意义是不言而喻的。同时，甲烷二氧化碳重整过程具有较大反应热，而反应后储存在合成气中的能量可以在利用时释放出来。重整过程所需的能量可以从太阳能、核能或是矿物燃烧中获取，并以化学能的形式储存在产物中。因此，利用该反应不仅可以改善环境，还可以进行能量储存。

目前，甲烷二氧化碳重整制合成气还存在一定的问题：一方面受水汽变换逆反应的影响，合成气中 H_2/CO 比较低；另一方面是用于该工艺的催化剂表面积碳严重，以上两个方面大大限制了该过程的工业化应用前景。

7.1.1.3　渣油气化制合成气

目前，常用的渣油气化技术是部分氧化法。制合成气用的渣油是石油减压蒸馏塔底残余油，是许多大分子烃类的混合物，氧化剂通常为氧气。当氧气充分时，渣油会完全燃烧生成 CO_2 和 H_2O，只有当氧气量低于完全氧化理论值时，才发生部分氧化，生成 CO 和 H_2 为主的气体。渣油在反应器中经历的变化，首先是渣油分子（C_mH_n）吸热升温、气化，随后气态渣油与氧气混合均匀并发生反应。

如果氧气充足，则发生完全燃烧反应，即

$$C_mH_n + (m+n/4)O_2 \longrightarrow mCO_2 + n/2H_2O （放热） \qquad (R7-7)$$

如果氧气量低于完全氧化理论值，则发生部分氧化，放热量小于完全燃烧

$$C_mH_n + (m/2+n/4)O_2 \longrightarrow mCO + n/2H_2O （放热） \qquad (R7-8a)$$

$$C_mH_n + m/2O_2 \longrightarrow mCO + n/2H_2 （放热） \qquad (R7-8b)$$

渣油部分氧化过程总是有炭黑生成。为了降低炭黑和甲烷的生成，以提高原料油的利用率和合成气产率，一般要向反应系统添加水蒸气，因此，在渣油部分氧化同时，还有烃类的水蒸气转化和焦炭的气化，生成更多的 CO 和 H_2。

7.1.1.4　生物质气化制合成气

相较于煤炭，生物质由纤维素、半纤维素和木质素等组成，挥发分含量高，其比煤炭更容易气化。生物质原料经破碎或压制成型预处理后，在高温和气化剂存在的条件下转化为可燃性的气体，如 H_2、CO、CH_4 和少量小分子烃类气体混合气。通常所用的气化剂有氧气

（空气、富氧或纯氧）或者水蒸气、氢气、二氧化碳等。在生物质气化中，原料的种类、气化剂、操作参数以及气化炉类型的不同都会影响最后得到的气体成分。

根据气化介质的不同，可以分为空气气化、富氧气化、水蒸气气化和混合气气化等。气化介质的不同将决定气化气体的组成以及气化气体的利用方式。空气气化是指采用空气为气化介质，气化效率高，是目前应用最广泛、最经济的一种气化方式。由于气化气体中含有大量的 N_2（体积分数大于 50%），稀释了气体的热值，气化气体的热值较低，而且气化产物中 H_2/CO 比通常小于 1，不适合液体燃料合成，通常用于供气和工业锅炉等。富氧气化是指采用纯氧气作为气化介质，与空气气化相比，反应温度增加，可以得到焦油含量低的中热值气体。但是生产成本也相应提高，制氧设备会增加电耗和生产成本。富氧气化可以应用于大型整体气化联合循环系统。水蒸气气化是指原料在水蒸气下发生气化，包括水蒸气与碳的反应、CO 与水蒸气的反应等。气化气体中 H_2 含量高，H_2/CO 比通常大于 1，比较适合于后续的合成反应，而且气体热值高。整个系统中需要配备蒸汽发生器和一些过热设备，因此一般需要外部提供热源，技术也较复杂。混合的气化介质可以用于产物的 H_2/CO 比例的调变，例如，可以采用空气-水蒸气为气化介质，结合了空气气化设备简单、操作维护简便以及水蒸气气化气中 H_2 含量高的优点，适用于化学品的合成，是比较理想的气化介质。

7.1.2 合成气的净化和调变

合成气的净化和调变是生物质和煤间接合成液体燃料的重要环节。气化得到的气体产物中（以水蒸气气化介质为例）由 H_2、CO、CO_2、CH_4、C_2、C_3 及高级烃组成，同时还含有 NH_3、H_2S、灰和焦油等。因此，在进入合成反应器之前，必须先经过净化处理，以除去杂质气体，保证后续合成的顺利进行，同时可以防止对后续合成催化剂的毒害。

气体中的粉尘将会引起后续工序中催化剂的污染和中毒，因此合成气首先要进行除尘处理，一般可以采用旋风分离器进行气体的除尘，除尘效率达 99%。物料中含有的氮元素在气化后转变为氨，氨在后续反应中可能转变为 NO_x，对环境造成很大的污染。工业上，水洗法是脱除氨的有效、经济、简单的方法。经水洗后的气体中的微量的氨可以采用硅胶和分子筛等吸附剂吸附脱除，经吸附后可以使气体中的氨含量小于 $0.11 \times 10^{-6} \, kg \cdot L^{-1}$。除了氨，合成气中的 H_2S 也必须加以去除，它的存在将造成后续合成反应中的催化剂中毒。根据脱硫过程中是否添加水，以及脱硫产物的干湿形态，可以将脱硫法分为三大类，即湿法、半干法和干法。

除此之外，气化过程中焦油的产生将会对气化和后续利用产生不利的影响。首先，它降低了气化的效率；其次，它在低温下冷凝，容易和水、焦炭等物质混合在一起堵住输气管路，影响气化过程。针对气化过程中产生的焦油的最有效的处理方法就是将其转变为可燃气体，这样不仅可以保证气化的顺利进行，同时可以提高可燃气体产量。目前，可以采用的方法有催化裂解法，最关键的问题是抗失活催化剂的开发。Ni 基和重油裂解催化剂活性高，效果好，但是容易积碳失活；以白云石作为催化剂，制造成本低，在 $800℃$ 以上具有理想的裂解率。经净化后的气体中，还含有少量不需要的碳氢化合物，可以将其转变为需要、可以利用的气体。比如可以采用水蒸气重整、CO_2 重整或水汽变换等方式进行，得到需要的产物 CO、H_2 和 CO_2 等。主要发生的反应为

$$C_m H_n + m H_2O \longrightarrow mCO + (m+n/2)H_2 \tag{R7-9a}$$

$$C_m H_n + m CO_2 \longrightarrow (2m)CO + n/2 H_2 \tag{R7-9b}$$

$$CO+H_2O \longrightarrow CO_2+H_2 \qquad (R7\text{-}9c)$$

经过重整后，气体中的 CO 和 H_2 的比例达到后续合成反应的要求。气体产物的 CO_2 可以采用氨洗涤器进行去除，然后再经过压缩后进合成反应器，经催化合成醇类燃料。

7.2　甲　醇　合　成

常温常压下，纯甲醇是无色透明、易挥发、可燃、略带醇香味的有毒液体。甲醇是强极性化合物，可以和水及乙醇、乙醚等许多有机溶液以任意比例互溶，并与多种有机物形成共沸物，但不能与脂肪烃类化合物互溶。

7.2.1　甲醇的燃料性质

甲醇和汽油、柴油的物理化学性质比较见表 7-1。

表 7-1　　　　　　　　　　　　甲醇和汽油、柴油的物理化学性质比较

性质	甲醇	汽油	柴油
分子式	CH_3OH	$C_5 \sim C_{12}$ 烃类化合物	$C_{10} \sim C_{22}$ 烃类化合物
密度（20℃）/kg·m^{-3}	792	720～775	790～850
凝点/℃	−97.8	−70～−50	−50～5
沸点/℃	64.7	35～205	180～410
闪点（闭口）/℃	11	45	45～55
自燃温度/℃	470	260～370	270～350
汽化潜热/kJ·kg^{-1}	1167	290～315	230～250
低热值/MJ·kg^{-1}	19.93	43.03	42.50
蒸气压（38℃）/kPa	31.9	45～85	—
运动黏度（20℃）/mm^2·s^{-1}	0.60	0.65～0.85	1.8～8.0
着火极限（空气中体积分数）/%	6.7～36.5	1.4～7.6	1.5～8.2
研究辛烷值	114.4	89～95	20～50
十六烷值	4	0～10	47～51
理论空燃比/kg·kg^{-1}	6.5	14.8	14.6
理论空燃比下的混合气热值/MJ·kg^{-1}	2.65	2.78	2.79

注　汽油和柴油属于混合物，不同牌号的产品物理化学性质上存在较大差异。本表结合车用汽油（V）和车用柴油（V）以及燃料性质给出相应的参数。柴油的碳数分布综合了轻柴油和重柴油给出了一个较宽的范围。

甲醇作为燃料具有诸多优点：①甲醇生产技术成熟、资源丰富；②排放性好，甲醇是含氧燃料，燃烧更充分；③动力性能好，甲醇的辛烷值高、抗爆性好，可通过提高发动机压缩比来提高发动机的热效率；④安全性好，甲醇的燃点比汽柴油高，不易于发生火灾事故。甲醇的着火极限比汽油、柴油宽，能够使发动机在较稀的混合气下工作，使得发动机的工作范围比较宽，对排气净化和降低油耗非常有利。

不过，在使用中还需注意甲醇作为燃料也存在一些不足之处，如汽化潜热大，造成低温冷启动困难。甲醇的热值低于汽柴油，行驶同样的里程所需燃料容积更大。甲醇是一种极性有机溶剂，一方面，本身会发生自由基反应产生氧化产物甲酸；另一方面，甲醇吸水性强，

在存储和运输过程中吸收少量水分，从而容易造成某些橡胶和塑料制品的溶胀，并对某些有色金属有腐蚀作用。甲醇的不完全氧化也会产生非常规的甲醛排放物。

甲醇汽油是指国标汽油和甲醇及添加剂按一定的体积（质量）比例经过严格的流程调配而成的一种新型环保燃料，是汽车用燃料替代品，它是新能源的重要组成部分。甲醇掺入量一般为 5%～30%，以掺入 15% 者为最多，称 M15 甲醇汽油。甲醇汽油中的甲醇既是一种能源，又是汽油品质的改良剂和绿色增氧剂。因此，甲醇汽油市场竞争力强，具有极好的发展前景。

7.2.2 甲醇合成原理

目前，工业上几乎都是采用一氧化碳、二氧化碳加压催化氢化法合成甲醇，其反应方程式可表示为

$$2H_2 + CO \longrightarrow CH_3OH \tag{R7-10a}$$

$$3H_2 + CO_2 \longrightarrow CH_3OH + H_2O \tag{R7-10b}$$

实际上，合成甲醇是一个复杂的化学反应体系，除了发生上述主反应以外，还伴随一些副反应的发生，包括生成烃类、高级醇、醛、醚和酸等反应，其反应方程式为

$$nCO + (2n+1)H_2 \longrightarrow C_nH_{2n+1} + nH_2O \tag{R7-11a}$$

$$CH_3OH + nCO + 2nH_2 \longrightarrow C_nH_{2n+1}CH_2OH + nH_2O \tag{R7-11b}$$

$$CO + H_2 \longrightarrow HCHO \tag{R7-11c}$$

$$2CH_3OH \longrightarrow CH_3OCH_3 + H_2O \tag{R7-11d}$$

$$CH_3OH + nCO + 2(n-1)H_2 \longrightarrow C_nH_{2n+1}COOH + (n-1)H_2O \tag{R7-11e}$$

因为甲醇的合成是分子数减少的反应，所以增加压力对反应有利，而根据反应吉布斯自由能变化随温度的变化规律，温度升高吉布斯自由能变化 ΔG 增大，因此，升高温度对合成甲醇反应不利。甲醇的合成是典型的复合气-固相催化反应过程。随着甲醇合成催化剂技术的不断发展，目前总的趋势是由高压向低、中压发展。

高压工艺流程一般指的是使用锌铬（ZnO/Cr_2O_3）催化剂，在 300～400℃、30MPa 高温高压下合成甲醇的过程。锌铬催化剂的耐热性、抗毒性、使用寿命以及机械强度都比较令人满意，但其反应活性温度较高（320～400℃）。一氧化碳和氢气在高温高压下，易生成二甲醚、甲烷、异丁醇等副产物。高压法的缺点是反应温度高、操作压力高、动力消耗大、设备复杂。我国曾开发了 25～27MPa 压力下在铜基催化剂上合成甲醇的技术，出口气体中甲醇含量在 4% 左右。

低压合成甲醇法是采用铜基催化剂、合成压力 5MPa、230～270℃下合成甲醇的技术工艺。由于甲醇合成为可逆放热反应，铜基催化剂的使用条件也较为温和（210～280℃），因此，低压法合成气的产物选择性和含氢量较高。低压法可以分为液相法和气相法，液相法单程转化率高于气相法。

中压法是在低压法研究基础上进一步发展起来的，由于低压法操作压力低，导致设备体积相当庞大，不利于甲醇生产的大型化。因此，发展了压力为 10MPa 左右的甲醇合成中压法。它能更有效地降低建厂费用和甲醇生产成本。凭借耗能低、规模小的优势，甲醇的合成技术走向了以铜基催化剂为基础的中、低压合成路线，高压合成工艺逐渐被淘汰。

7.2.3 甲醇合成催化剂

目前，甲醇气相合成的催化剂主要为铜基催化剂，工业上制备铜基催化剂多以沉淀法为

主。虽然铜基催化剂由于具有活性高、副产物少、使用条件温和等优点，至今仍然在工业上被广泛应用，但是该催化剂的耐热性较差，对原料中的杂质（硫、卤素等）极为敏感。为了解决这些问题，各国研究者主要从改进铜基催化剂的制备工艺和添加各种助催化剂等方面提升催化剂的性能。

此外，由于金属铜的凝聚能很小，对热非常敏感，因而人们希望找到可以代替铜的活性组分。由于铜基催化剂的选择性在99%以上，所以新型催化剂的研制方向在于进一步提高催化剂的活性，改善催化剂的热稳定性以及延长催化剂的使用寿命。在非铜系催化剂中，大都基于过渡金属或贵金属（如 Pd、Pt）等为主的催化剂活性组分。与传统（或常规）催化剂相比较，催化剂的活性并不理想，这也进一步确立了铜-锌-铝、铜-锌-铬催化剂在甲醇合成工业中的主导地位。同时，MoS_2 等钼系催化剂因具有良好的抗硫中毒性能而受到越来越多的关注。

7.3　甲醇下游合成能源化学

以甲醇为原料的下游合成能源燃料包括甲醇脱水制二甲醚、甲醇制汽油（MTG）、甲醇制低碳烯烃（MTO）等。

7.3.1　二甲醚合成

二甲醚（DME）又称甲醚，是结构最简单的醚类，标准相对密度为 0.668，沸点为 −25℃，可以溶于水及醇、乙醚、丙酮和氯仿等有机溶剂。DME 用途广泛，除了作为制冷剂和气雾剂在工业中得到应用以外，还是一种理想的清洁燃料，可以作为民用替代燃料（替代煤气、液化石油气）和柴油替代燃料。表 7-2 比较了二甲醚、液化石油气（LPG）和柴油的一些物理性质。可以看出，DME 作为燃料，其性能相当于 LPG 和柴油，某些方面更具优势。二甲醚的十六烷值高于柴油，具有优良的压缩性，非常适合压燃式发动机。

表 7-2　　　　　　　　　DME、LPG 和柴油的物理性能比较

项目	DME	LPG	柴油
分子式	C_2H_6O	$C_3 \sim C_4$ 烃类化合物	$C_{10} \sim C_{22}$ 烃类化合物
20℃液化压力/MPa	0.5	0.8	—
液相低位热值/MJ·kg⁻¹	28.6	45.9	42.5
液相密度/kg·m⁻³	668	520	790~850
十六烷值	55~60	<10	47~51
爆炸极限/%	3.5~17	1.7~8.9	—
沸点/℃	−25	−162	180~410
硫含量/mg·kg⁻¹	0	0	≤10

目前，合成气合成二甲醚的路线主要有经典的两步法和一步法，以及后来发展的准一步法。两步法是经过合成气合成甲醇和甲醇脱水两步过程得到 DME，一步法是合成气直接生产 DME，准一步法是把甲醇合成与二甲醚合成组合在同一个反应器中，反应器分为上、下两段，中间填装惰性填料，对反应器实行分段控制反应温度。

1. 两步法制二甲醚

两步法制 DME 是以合成气为原料由低压法制得甲醇后，甲醇再经脱水制得 DME，其

主要过程如图 7 - 1 所示。

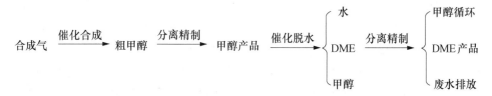

图 7 - 1 两步法合成二甲醚流程简图

其中，甲醇脱水制二甲醚的方法又包括液相甲醇脱水法和气相甲醇脱水法。

液相甲醇脱水法是将甲醇与浓硫酸混合加热使甲醇脱水得到二甲醚，浓硫酸起到催化剂的作用。该法生产的 DME 产品纯度可达 99％以上，反应温度低（130～160℃），甲醇单程转化率高（可达 85％以上），但是产品后处理比较困难，而且浓硫酸的存在使设备腐蚀严重，并且产生大量的废液，带来很大的环境污染，限制了此工艺的发展，目前已基本废除。

气相甲醇脱水法的基本原理是将甲醇蒸气通过固体酸催化剂脱水生成二甲醚。1965年 Mobil 公司率先利用 HZSM - 5 催化剂使甲醇气相脱水制备二甲醚，在常压、200℃反应条件下，该法可获得 80％的甲醇转化率和大于 98％的二甲醚选择性。经过多年发展，甲醇气相脱水生产二甲醚的技术已比较成熟。目前，常用的催化剂主要有沸石、氧化铝、二氧化硅/氧化铝、阳离子交换树脂等。由于甲醇脱水反应是放热反应，因此维持适宜的反应温度是气相甲醇脱水法的关键。典型的反应过程中，新鲜的原料甲醇加压后与循环甲醇混合，用反应物/产品换热器加热，进入固定床反应器，在此脱水生成二甲醚，出反应器的产物经冷却后进入蒸馏塔分馏出 DME。未反应甲醇和副产物水送入甲醇塔分离出甲醇作循环。有一部分气态烃在 DME 塔和甲醇塔均不冷凝，将这部分气体送入气体洗涤罐回收并返回反应器。

两步法制二甲醚的反应条件温和，副反应少，二甲醚的选择性和产品的纯度高。但是由于需要从合成气开始生产甲醇，而合成气的转化率低，生产流程长，并且需要经过甲醇分离精制过程，使得整个工艺的成本增加。

2. 一步法制二甲醚

合成气直接制二甲醚被称为一步法，一步法合成二甲醚由甲醇合成和甲醇脱水两个过程组成。由于受到热力学的限制，甲醇合成反应的单程转化率一般较低，而由合成气一步法合成二甲醚，采用具有合成甲醇和甲醇脱水两种功能的复合催化剂，由于催化剂的协同效应，反应系统内各个反应相互耦合，生成的甲醇不断转化为二甲醚，合成甲醇不再受热力学的限制。与传统的两步法相比，一步法具有流程短、操作压力低、设备规模小、单程转化率高等优点，经济上更加合理，但缺点在于二甲醚的选择性低，产物的纯度不高。

目前，国内外一步法合成二甲醚的反应工艺主要包括固定床工艺和浆态床工艺两大类。固定床一步法制取二甲醚的优点是具有较高的 CO 转化率，但由于二甲醚合成反应是强放热反应，反应所产生的热量如果无法及时移走，致使催化剂床层局部区域产生热点，从而导致催化剂活性降低，甚至失去活性。同时，在目前所使用的催化剂上，具有催化甲醇合成的活性中心和具有催化甲醇脱水功能的酸中心之间存在相互作用，易导致催化剂失活。而且这两个活性中心的最佳反应温度范围不同，致使整个催化剂寿命缩短。

浆态床工艺是指双功能催化剂悬浮在惰性溶剂中，在一定条件下通入合成气进行反应，由于惰性介质的存在，使反应器具有良好的传热性能，反应可在恒温下进行。反应过程中气－液－固三相的接触，使反应与传热相互耦合，有利于反应速度和时空收率的提高。另外，由于液相惰性介质热容大，易实现恒温操作，从而使催化剂积碳现象得到缓解，而且氢气在惰性溶剂中的溶解度大于 CO 的溶解度，因而可利用贫氢合成气作为原料气。

3. 准一步法制二甲醚

针对一步法合成二甲醚生产工艺中由于复合催化剂的活性中心不匹配而导致催化剂寿命缩短的难题，提出了准一步法反应器的概念，即把甲醇合成与二甲醚合成组合在同一个反应器中，反应器分为上、下两段，中间填装惰性填料，对反应器实行分段控制反应温度。即原料气首先经预热器加热后通入上段床层，经过合成反应后生成的甲醇进入下段床层进行脱水反应，生成最终产物二甲醚，对上、下段床层实行分段控温，其温度分别为 270～280℃ 和235～245℃，以便使催化剂各自处于不同的温度进行反应。与传统的一步法制二甲醚相比，准一步法可在同一个反应器中使甲醇合成反应与二甲醚合成反应分别在各自的最佳反应温度下进行，从而有效地提高了催化剂的寿命和稳定性，与两步法相比，装置设计更为简便，减少了占地空间和投资成本。

7.3.2 甲醇制汽油

甲醇制汽油工艺是在一定条件下，使用催化剂，通过脱水、齐聚、烷基化及芳构化等一系列反应，将甲醇转化为碳原子数介于 5～12 的烃类即石化汽油组分的工艺。MTG 过程可简化为如图 7-2 所示的三个步骤。

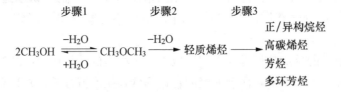

图 7-2 甲醇制汽油化学中涉及的主要反应步骤

（1）甲醇最初脱水成二甲醚。此阶段会生成甲醇、DME 和 H_2O 的混合物。

（2）甲醇、DME 和 H_2O 的混合物转化为 C_2～C_4 范围内的轻质烯烃。

（3）轻质烯烃等混合物被转化为链烷烃、芳烃、多环芳烃和高级烯烃。

反应中的第一步甲醇脱水易在各种固体酸催化剂上发生：首先甲醇在酸性位点脱水，形成水和与表面结合的活性甲氧基中间体；之后甲醇进行亲核攻击，中间体重新产生酸性位，并生成产物 DME；第三步的转化较为复杂，一直以来研究较多也存在多种观点，其中烃池机理是目前普遍被接受的观点。这一转化机理是在 20 世纪 90 年代最先被提出的，所谓烃池是主要由多甲基取代苯吸附于催化剂上的新的催化活性中心。乙烯一旦形成，就很容易形成最初的烃池物种——1,3-二甲基环戊二烯基碳正离子，然后通过甲基化和重排反应形成一系列烃池物种。

作为常用的甲醇制汽油催化剂，HZSM-5 分子筛是一种具有交叉二维孔结构的多孔材料，其独特而丰富的微孔结构是形成汽油产品的关键，但尺寸效应同时易引起催化剂积碳失活。随着反应的进行，HZSM-5 的结晶度逐渐降低并逐渐失活，其过程主要可分为三个典型阶段：第一阶段为反应一段时间后，虽然油相的选择性基本保持不变，但是催化剂酸性位点的数量明显减少，乙烯产率明显上升；第二阶段越来越多的重质芳烃吸附在酸性位上导致催化剂逐渐失活，而且产物中二甲醚的量逐渐增加，同时催化活性随着油相产率的下降而下降；第三阶段发生严重积碳和孔道堵塞，比表面积显著下降，表现为油相产物消失同时甲醇转化率降低。因此，对扩散性能的改进和修饰能够改善催化剂性能的助剂是提升甲醇制汽油效率的重要手段，如通过碱处理、水热处理等方法，制备多级孔结构催化剂能够有效抑制结焦失活。实验表明以聚醚为介孔模板剂合成的多级孔 ZSM-5 对比商业 ZSM-5，油收率能够提高 14%～40%，寿命延长约 160h。

甲醇转化为烃类是强放热反应，反应热随产品的分布有所变化。在 400℃时，以转化的甲醇计算的反应热为 1510～1740kJ·kg^{-1}，换算成绝热温升将达到 650℃，大大超过了甲醇分解为 CO 和 H$_2$ 的温度。因此，控制和导走如此大量的热量是甲醇制汽油工艺中首先应考虑的问题。其次是反应过程中生成大量水的问题，水蒸气也将导致催化剂失活。针对这些问题，现已开发出固定床工艺、流化床工艺和列管式反应器工艺。

7.3.3 甲醇制烯烃

甲醇制烯烃工艺可通过控制温度和空速等工艺条件调控甲醇到汽油烃的反应来实现，即 MTO 是 MTG 反应的中断，使得产物为轻质烯烃，而非汽油。在高选择性催化剂上，MTO 主反应有两个，即

$$2CH_3OH \longrightarrow C_2H_4 + 2H_2O \qquad \Delta H_{298}^{\ominus} = -11.72kJ \cdot mol^{-1} \qquad (R7-12a)$$

$$3CH_3OH \longrightarrow C_3H_6 + 3H_2O \qquad \Delta H_{298}^{\ominus} = -30.98kJ \cdot mol^{-1} \qquad (R7-12b)$$

烯烃产物多为混合烃产物，碳数在 C$_2$～C$_4$ 之间，生成 1t 烯烃的甲醇单耗约为 3t。对于 C$_{4+}$ 副产物组分，可以将其通入裂解反应器，生成所需的乙烯、丙烯等目标烯烃产物，该流程所用的催化剂和甲醇转化催化剂相同，能够进一步将烯烃产率从 80% 提升到 85%。当前的 MTO 主流催化剂仍为 SAPO-34，甲醇转化率基本维持在 99% 以上。通过优化催化剂，甲醇制备烯烃产率能够进一步提高到 90% 以上。目前正通过改性催化剂，探索合成气直接制备烯烃的新途径。

虽然 ZSM-5 拥有良好的水热稳定性，但生成低碳烯烃的选择性差（低于 20%）。而孔径在 0.45nm 左右的八元环小孔沸石，如菱沸石、毛沸石 SAPO-17、SAPO-34 等，因孔径的限制，仅能吸附直链烃、伯醇等，而不吸附带支链的异构烃、环烷烃和芳烃组分，因此在小孔沸石上甲醇容易转化为低碳烯烃，而很少生成 C$_{6+}$ 的化合物。其中 SAPO-34 具有三维交叉孔道、八元环孔口直径和中等强度酸中心。相较于 ZSM-5，SAPO-34 较小的孔径限制了重烃和支链烃的扩散，提高了轻烯烃的选择性；较温和的酸性降低了氢转移的程度，从而最大限度地减少了链烷烃的产率，并增加了烯烃的产率。然而，由于孔扩散梯度，SAPO-34 催化剂也容易严重失活。大连化学物理研究所对 MTO 技术的研究起步较早，现在已经进入工业化生成阶段，2010 年建立了首套百万吨级煤制烯烃装置。近期研发出水蒸气在高温下将失活催化剂上的积碳定向转化为活性萘基烃池物种的催化剂再生技术，显著提高了低碳烯烃的选择性，乙烯和丙烯的总选择性可达 85%。

7.4 乙 醇 合 成

7.4.1 乙醇燃料性质

乙醇俗称酒精，化学式为 CH_3CH_2OH。在常温常压下，是一种易燃易挥发的无色透明液体，并略带刺激性，能与水以任何比例互溶，也能与氯仿、乙醚、甲醇和其他多数有机溶剂混溶。乙醇用途广泛，是重要的有机溶剂和化工品。可以用乙醇加工制造饮料、香精等，同时也可以用作燃料。同时，乙醇可以和汽油按照一定的比例混合调配成一种车用燃料，是替代和节约汽油的最佳燃料之一，调配成的燃料称为乙醇汽油。表 7-3 列出了乙醇燃料与汽油理化性质的比较。

表 7-3　　　　　　　　　乙醇燃料与汽油理化性质的比较

性质	乙醇	汽油
化学式	C_2H_5OH	$C_5 \sim C_{12}$ 烃类化合物
分子质量	46	95～120
20℃密度/kg·m^{-3}	789	720～775
理论空燃比/kg·kg^{-1}	9.0	14.8
蒸汽压（38℃）/kPa	180	45～85
沸点/℃	78.5	35～205
凝点/℃	−114.3	−70～−50
自燃温度/℃	423	260～370
低热值/MJ·kg^{-1}	26.77	43.03
气化潜热/kJ·kg^{-1}	904	290～315
20℃比热容/kJ·kg^{-1}	2.72	2.3
理论空燃比下的混合气热值/MJ·kg^{-1}	2.97	2.78
十六烷值	8	0～10
研究法辛烷值	111	89～95
着火极限（空气中容积比）/%	4.3～19	1.4～7.6

乙醇的热值低，大约只有汽油的 60%。但是乙醇的含氧量达 34.7%，在汽油中添加乙醇能使汽油燃烧更充分，能大幅度降低污染物的排放。乙醇的辛烷值高，约为 111，因此抗爆性较好，可以用来替代甲基叔丁基醚（MTBE），可避免对地下水和空气的污染。乙醇沸点低，因此，当发动机正常工作时，乙醇容易气化，从而产生气阻，这将使得燃料供给量降低，甚至中断；乙醇的含氧量高，因此与 MTBE 相比，乙醇的添加量可以更少。

虽然乙醇的性质与汽油相比有些不同，但是在汽油中添加少量的乙醇不需要对原有发动机进行改造，动力性能也基本不变。而且尾气中碳氢化合物、NO_x 和 CO 的含量明显降低。美国汽车/油料的报告表明：与常规汽油相比，如果使用含 6% 乙醇的新配方汽油，碳氢化合物排放量可以降低 5%，NO_x 的排放量将减少 7%～16%。乙醇汽油在一些国家已成功使用多年，目前，在我国也开始受到重视。根据 GB 18351—2017《车用乙醇汽油（E10）》，乙醇汽油是用 90% 的普通汽油与 10% 的燃料乙醇调和而成。

7.4.2 乙醇合成原理

目前，以合成气为原料合成乙醇的方法主要为直接法和间接法。

1. 直接法

合成气直接合成乙醇的产物为多种醇的混合物，包括甲醇、乙醇、丙醇等；反应过程中伴随着多个副反应的发生，CO 加氢合成低碳醇主要发生乙醇合成、甲醇合成、水汽变换和甲烷化等反应，其反应式为

$$2CO + 4H_2 \longrightarrow C_2H_5OH + H_2O \tag{R7-13a}$$

$$CO + 2H_2 \longrightarrow CH_3OH \tag{R7-13b}$$

$$CO + H_2O \longrightarrow CO_2 + H_2 \tag{R7-13c}$$

$$CO + 3H_2 \longrightarrow CH_4 + H_2O \tag{R7-13d}$$

CO 加氢合成低碳醇的过程是一个极其复杂的过程，反应受到多种因素的影响，例如，催化剂的组成和反应条件等。合成中总伴随有副反应发生，产生多种副产物，例如，CO_2、CH_4、高碳烷烃、烯烃、酮类、醛类、酯类以及乙酸等，而且合成乙醇的过程中总伴随着其他醇类的生成，例如甲醇、丙醇、丁醇等。热力学分析表明，与合成醇相比，在相同温度下合成甲烷的吉布斯自由能最低，为主要的副反应，反应过程中放出大量热量，消耗大量 H_2。因此，为了增加乙醇的选择性和产率，必须选择合适的催化剂和反应条件来抑制甲烷化反应的发生。除了甲烷化反应，水汽变换反应也是主要的副反应之一，因为一般采用的合成气合成低碳混合醇的催化剂都会催化该反应的发生。

不同催化剂上合成气合成乙醇的反应机理不同，非贵金属催化剂合成醇的反应机理要比 Rh 基催化剂复杂得多。目前，研究者普遍认同的是铑基催化剂上合成气制取乙醇的反应机理，主要包括一些重要的基元反应步骤，如 CO 和 H_2 的吸附、C—O 键和 H—H 键的解离、O—H 键和 C—C 键的生成、链增长中间体形成等。要使反应有效进行，首先要使表面吸附的 CO 和 H_2 活化；接着从产物来看，低碳醇中包含有烃基和醇羟基，其中烃基的生成要求 C—O 键断裂，而醇羟基的形成则要求 C—O 键得以保留，简化反应机理如图 7-3 所示。

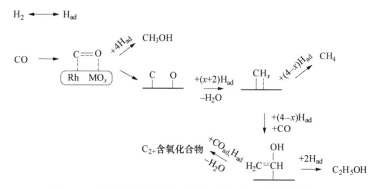

图 7-3 铑基催化剂催化合成气转化为乙醇的简化机理

乙醇的生成路径主要：首先，H_2 和 CO 在催化剂表面发生吸附和解离；然后碳原子加氢，生成一种碳氢化合物 $(CH_x)_{ad}$（$x=2$ 或 3）并脱除水分；此时未分解的 CO 插入到 Rh—C 键（CH_x 物种中的 C）中，同时加氢后得到烯醇中间体；得到的烯醇中间体继续加氢

生成乙醇。在合成乙醇的过程中，还伴随着很多副反应的发生：如 CO 直接进行多步加氢，生成甲醇；解离生成的 O_{ad} 可能会与 CO 反应生成 CO_2；而（CH_x）$_{ad}$ 物种可能继续加氢形成甲烷；烯醇中间体与吸附的 H 原子、CO 反应得到 C_{2+} 含氧化合物。

大多数研究者认为 CO 在 Rh 基催化剂上吸附和解离是合成乙醇的速率决定步骤。在铑基催化剂中添加贵金属、稀土氧化物、过渡金属氧化物、碱金属等助剂可以有效地提高乙醇收率，这得益于金属和助剂的界面上产生的大量反应活性位。合成气直接合成乙醇是碳链增长的过程，目前开发的催化剂活性还不理想，而且由于受热力学和动力学的限制，乙醇的选择性也不高，目前并没有实现大规模工业化。

2. 间接法

合成气间接合成乙醇的工艺路线主要有以乙酸甲酯或乙酸为中间产物的路线。乙酸直接加氢制取乙醇采用的催化剂多为贵金属催化剂，通常用到的贵金属催化剂活性组分有 Pt、Pd、Ru、Ir、Rh 等，且乙酸酸性较强，对设备的要求较高。以乙酸甲酯为中间产物再进一步加氢制取乙醇具有较好的应用前景。在该反应中，首先由合成气制取甲醇，其次甲醇脱水制取二甲醚，然后二甲醚经羰基化制取乙酸甲酯，乙酸甲酯再进一步加氢制取乙醇。反应的方程式为

$$CH_3OCH_3 + CO \longrightarrow CH_3COOCH_3 \qquad (R7-14a)$$
$$CH_3COOCH_3 + 2H_2 \longrightarrow CH_3CH_2OH + CH_3OH \qquad (R7-14b)$$

其中，合成气合成甲醇已经实现工业化，甲醇脱水制取二甲醚也较容易实现。整个合成反应的关键在于二甲醚羰基化效率以及催化剂的使用寿命。近年来研究发现 HMOR 可以较好地实现二甲醚的羰基化反应。催化剂羰基化反应性能与沸石上的酸性位密切相关，常见的过渡金属和碱金属可以通过离子交换法交换到分子筛上，以改变沸石分子筛的酸性和酸位分布，从而调变催化性能。如 Cu/HMOR 既有合适的 Bronsted 酸性位促进二甲醚的转化，又有适合的 Lewis 酸性位提供 CO 的键合，而且还具有特殊的配位结构，呈现出较好的催化活性；Zn 离子主要趋向于交换丝光沸石分子筛十二元环上的氢，对二甲醚羰基化转化率影响不大；对于 Ag 离子交换的分子筛，酸性分布趋向均匀，不利于二甲醚的羰基化反应。

乙酸甲酯加氢是间接法制取乙醇中的重要步骤，贵金属催化剂包括 Ru、Rh、Pt、Pd 等，它们都是优良的加氢催化剂，但是价格昂贵。非贵金属催化剂中的 Cu 基催化剂是优良的加氢催化剂，其作为催化剂常用的载体有 SiO_2、ZnO、CNTs 以及 HMS、SBA-15 等。经还原以后的 Cu 基催化剂中含有不同比例的 Cu^0/Cu^+，其中，Cu^0 是主要的加氢活性中心，Cu^+ 加速了中间产物的转化，因此，优化活性物种比例和制备高分散的 Cu 基催化剂是获得高性能加氢催化剂的重点。

7.5 费托合成汽油和柴油烃

烃类燃料是具有不同碳原子数碳氢化合物的总称，碳数范围不同的烃类燃料，其用途也各有不同，例如，$C_2 \sim C_4$ 碳氢化合物可用于高价值聚合物的合成或直接用作民用燃气，人工合成汽油、航空煤油、柴油分别主要由 $C_5 \sim C_{12}$、$C_8 \sim C_{16}$、$C_{10} \sim C_{20}$ 碳氢化合物组成。化石燃料需求的不断增长使人们越来越重视替代化石能源的研究，品种丰富、清洁高效的烃类燃料很适合作为化石燃料的替代产品。传统烃类燃料主要来源于原油的加工炼化，另外，可

通过系列催化合成反应获取更为清洁、高效的烃类燃料。其中，费托合成法是一种直接将合成气催化转化为不同碳数烃类的方法。

7.5.1　费托合成反应机理

对于费托反应，目前认为有三种典型的碳链增长机理，包括碳化物机理、含氧中间体缩聚机理和 CO 插入机理，如图 7-4 所示。反应物 CO 和 H_2 首先吸附在金属表面上，其中 H_2 主要以解离吸附形式存在，而 CO 以分子形式或解离吸附形式存在。

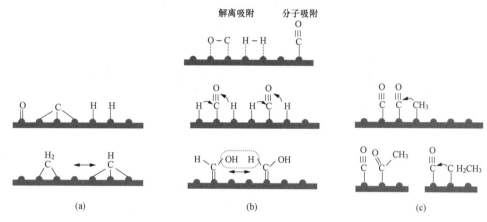

图 7-4　费托反应三种典型的碳链增长机理
(a) 碳化物机理；(b) 含氧中间体缩聚机理；(c) CO 插入机理

碳化物机理为 CO 解离吸附生成的表面碳和 H_2 解离吸附形成的表面氢，易形成亚甲基（＝CH_2）、次甲基（≡CH）等，再进一步聚合生成烷烃和烯烃。其中，次甲基非常活泼，有助于形成支链，但该机理无法解释含氧化合物的形成。含氧中间体缩聚机理是 CO 氢化后形成烯醇络合物，链增长通过催化剂表面烯醇络合物间的脱水和氢化完成。未氢化的中间物脱附形成醛或脱去羟基碳烯生成烯烃，而后再分别加氢生成醇或烷烃。该机理较好地解释了直链产物和 2-甲基支链产物的形成，但忽略了表面碳化物在链增长中的作用。CO 插入机理将 CO 插入作为碳链增长的关键，CO 和 H_2 先生成甲酰基后进一步加氢生成桥式亚甲基，后者可进一步加氢生成碳烯和甲基，经 CO 在中间体中反复插入和加氢形成各类碳氢化合物。实际反应过程可能存在多种路径，生成的反应物也存在差异，随着研究手段的进一步发展，今后的费托合成机理将会更加完善。

费托合成反应包含了众多种类的合成反应，可生成烷烃、烯烃、直链烃、异构烃等目标烃类产物，生成产物的成分复杂多样。除了目标烃类以外，费托合成反应过程还存在一些副反应，例如醇类、酸类等副产物的合成反应。传统费托合成反应所生成碳氢化合物的碳数分布遵循 ASF（Anderson-Schulz-Flory）分布规律，每一烃类都分别具有各自的最大理论产率，如图 7-5 所示。在传统费托合成中，其产物分布是由链增长因子 α 决定，而 α 由碳链增长速率（R_p）和碳链终止速率（R_t）决定，$\alpha = R_p/(R_p + R_t)$。在理想情况下，当碳链增长概率和碳链长度无关时，则某种产物烃的摩尔比 M_n（碳链长度为 n）可以表示为 $M_n = (1-\alpha)\,\alpha^{n-1}$。因此，费托合成产物的分布是由 α 来决定的。这样的统计分布说明了传统的费托合成产物的复杂性和非选择性。如汽油馏分和柴油馏分的选择性最大分别可以达到 45% 和 30%，而长碳链烃（C_{21+}）的收率可以达到 80%。因此传统的费托合成主要以生成长碳链的烃类为目标，再经过后续的裂化处理工序得到短碳链的液体燃料，这样就使得工序复杂，成本较高。另外，由于传统费托合成的产品主要为直链产物，异构烷烃含量较少，导致汽油馏分的辛烷值较低。

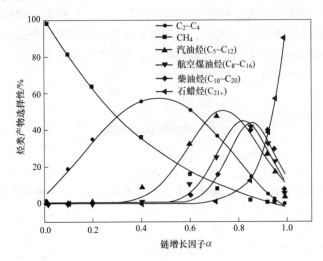

图 7-5　费托合成反应的烃类产物分布

　　因此，为改善传统费托合成制得液体烃类燃料的品位，急切地需要研究高效费托合成催化剂来定向调整所生成碳氢化合物的碳数分布，选择性制取高值的、清洁的液体烃类燃料，我们将其称为选择性费托合成研究。研究人员通过引入富含酸性位的载体、添加金属助剂等方式调变催化剂的结构和性能，增强催化剂对长碳链烃的原位加氢裂化和异构化反应性能，从而提高费托合成产物中汽油和柴油馏分的比例。

7.5.2　费托合成反应催化剂

　　费托合成催化剂通常包括活性组分、载体和助剂，优化催化剂组成可以显著提高催化效率。在费托合成反应中，Ru、Rh、Fe、Co、Ni 等金属表现出良好的 CO 加氢反应活性，其中贵金属 Ru 和 Rh 的价格昂贵，限制了它们作为费托合成催化剂活性组分的使用。金属 Fe 以其低廉的价格具有工业化优势，更适合于烯烃、醇类等物质的合成；Co 具有较强的碳链增长能力，相比于 Fe 基催化剂具有更高的活性，不易积碳失活，被认为是优良的费托合成催化剂活性组分。因此，目前工业化的催化剂主要是 Fe 系和 Co 系催化剂。

　　载体选择也是高效费托合成催化剂开发的关键研究点之一，其可以影响催化剂的酸性、活性组分颗粒尺寸等特性，从而影响反应活性和选择性。通过对催化剂的孔道结构、酸性进行精细调控可实现费托合成反应过程中汽油、航空煤油、柴油等碳数范围烃类燃料的高选择性制取。具有较强的高温稳定性与利于裂化与烷基化的酸官能团的分子筛，是选择性费托合成催化剂载体的良好选择。但分子筛作催化剂载体时还需要考虑分子筛与活性金属间的强相互作用、分子筛微孔结构对中间产物传递扩散的限制等问题。贵金属、过渡金属、碱金属、稀土金属等助剂的添加有利于金属与分子筛间作用的减弱或形成新的作用形式，促进钴物种的还原。同时，助剂的添加还可通过电子效应或结构效应来调节双功能费托合成催化剂的活性、选择性、稳定性等反应性能指标。

　　为改善传统费托合成制得液体烃类燃料的品位，构建多功能催化剂来定向调整所生成碳氢化合物的碳数分布,选择性制取液体烃类燃料的研究受到广泛关注。主要的手段是将传统费托反应活性金属负载于酸性分子筛上并对其添加助剂金属进行修饰,使得碳链增长和原位裂化协同进行。例如,在传统费托合成催化剂的基础上引入具有较强 C—C 键断裂能力的 Ni,或者采用具有酸性的沸石分子筛 HZSM-5 作为催化剂载体,使得反应中生成的长碳链的烃类在 Ni 或者酸性位上进行原位的裂化。Ru 和 Ni 助剂的添加可提高 Co/HZSM-5 催化剂对选择性费托合成的反应活性,使 CO 转化率显著增加。Ru 修饰还可以调整催化剂表面的酸强度,促进汽油馏分的生成。同时,添加 Ru 和 Ni 助剂后,汽油馏分中异构烷烃的含量增加,提高了汽油的品质。

7.5.3 费托合成反应工艺

费托合成技术已经进入工业化应用阶段,目前国际上已经开始商业化生产。南非联邦于 20 世纪 50 年代初期开始大力发展煤基费托合成技术,来缓解其由于国际制裁的限制造成的能源供应问题。其中 Sasol 公司是南非最大的开展费托合成技术研究的公司,已经成功建立大型煤基合成油工厂并稳定运行。其中包括采用低温固定床反应器和沉淀铁催化剂,主要以生产石蜡烃为主的技术;以及采用高温循环流化床反应器和熔铁催化剂,以生产汽油和烯烃为主的技术。1990 年,荷兰 Shell 公司成功开发了基于列管式固定床的中间馏分油合成工艺,该工艺采用钴系催化剂和固定床反应器,反应条件为 200～250℃、3.0～5.0MPa。目前,Shell 公司研发出的新一代钴基合成催化剂可达到 2 年以上的反应寿命。

我国费托合成技术也在逐步发展中。山西煤炭化学研究所从 20 世纪 70 年代末就开始了费托合成技术的研究和开发,在铁基浆态床工艺的研发中开发出两种系列沉淀铁催化剂:ICCI(Fe-Cu-K 系列催化剂)和 ICCII(Fe-Mn 系列催化剂)分别用于重质馏分工艺和轻质馏分工艺。2006 年,山西煤炭化学研究所联合多家大型企业共同投资组建了中科合成油技术有限公司,专门从事煤基合成油技术的研究和开发。其中的伊泰煤制油项目年产 16 万 t 油品,主要产品是高十六烷值的柴油、石脑油和液化气。

7.6 甲 烷 合 成

在标准大气压下,甲烷是无色、无味的气体,极难溶于水。甲烷的用途主要是作为燃料和化工原料,广泛应用于民用和工业中。甲烷作为天然气的主要成分,是一种效率高、热值高、污染小的优质能源。甲烷燃烧排放的 CO_2 仅为煤炭的 40%,同时不会产生废渣、粉尘等污染物。同时由于甲烷密度比空气轻,一旦出现泄漏现象,气体会向上扩散,具有很高的安全性。甲烷本身具有较高利用价值,合成甲烷还具有比天然气更纯净、少污染的特点,因此,其大量合成生产具有重要的现实意义。

7.6.1 甲烷化原理

合成气甲烷化反应是 CO 合成甲烷反应、CO_2 合成甲烷反应以及水汽变换等多反应的复杂可逆过程,甲烷化体系中主要发生的反应为

$$CO + 3H_2 \longrightarrow CH_4 + H_2O \qquad \Delta H_{298}^{\ominus} = -206.1 kJ \cdot mol^{-1} \qquad (R7\text{-}15a)$$

$$CO_2 + 4H_2 \longrightarrow CH_4 + 2H_2O \qquad \Delta H_{298}^{\ominus} = -165.0 kJ \cdot mol^{-1} \qquad (R7\text{-}15b)$$

$$2CO+2H_2 \longrightarrow CH_4+CO_2 \qquad \Delta H_{298}^{\ominus}=-247.3kJ \cdot mol^{-1} \qquad (R7 \text{-} 15c)$$

$$2CO \longrightarrow C+CO_2 \qquad \Delta H_{298}^{\ominus}=-172.4kJ \cdot mol^{-1} \qquad (R7 \text{-} 15d)$$

$$CO+H_2O \longrightarrow CO_2+H_2 \qquad \Delta H_{298}^{\ominus}=-41.2kJ \cdot mol^{-1} \qquad (R7 \text{-} 15e)$$

$$CH_4 \longrightarrow 2H_2+C \qquad \Delta H_{298}^{\ominus}=74.8kJ \cdot mol^{-1} \qquad (R7 \text{-} 15f)$$

$$CO+H_2 \longrightarrow C+H_2O \qquad \Delta H_{298}^{\ominus}=-131.3kJ \cdot mol^{-1} \qquad (R7 \text{-} 15g)$$

$$CO_2+2H_2 \longrightarrow C+2H_2O \qquad \Delta H_{298}^{\ominus}=-90.1kJ \cdot mol^{-1} \qquad (R7 \text{-} 15h)$$

目前，关于 CO 甲烷化反应机理普遍有 2 种观点：CO 直接解离生成甲烷、CO 不直接解离。对于前者，CO 首先吸附到催化剂表面，在催化剂表面解离生成 C*，同时，H_2 在催化剂表面发生吸附、解离过程，生成 H*，然后 C* 与 H* 反应，最终生成甲烷；对于后者，吸附态 CO 与活性氢原子形成中间物种，中间物种与氢气进一步反应生成甲烷。有学者利用漫反射傅里叶变换红外光谱（DRIFTS）研究了 Ru 基催化剂上 CO 和 CO_2 甲烷化反应，发现在 CO 甲烷化反应中吸附的 CO 与吸附的 H 形成甲酰基物种，HCO_{ad} 作为反应中间体进一步氢化生成甲烷，同时证明了氢助解离比直接解离过程更加容易进行。

7.6.2　甲烷化催化剂

甲烷化过程研究的重点之一是开发高效的甲烷化催化剂。目前，常用于甲烷化反应的主要是负载型金属氧化物催化剂，一般由活性组分、载体、助剂等几部分组成。

迄今为止，很多学者对Ⅷ族的多种金属进行了广泛的研究，并发现不少金属在甲烷化中具有良好催化性能，尤其是 Ru 基和 Ni 基甲烷化催化剂研究较多且最具有应用前景，Ru 基催化剂具有比 Ni 基催化剂更高的甲烷化活性，但 Ni 基催化剂由于价格低廉且具有良好的活性被广泛应用于甲烷化催化剂。

虽然 Ni 对于甲烷化反应有优异的催化性能，但 Ni 含量过高会导致较大 Ni 颗粒的形成，从而使得副产物 CO 增多。通过掺入载体来降低 Ni 在催化剂中含量，从而改善 Ni 颗粒的大小和分布是常用的方法。此外，载体对活性金属的形态，对反应物的吸附和催化性能有很大影响，高分散负载型金属催化剂的开发一直是重要的研究内容。因此，高比表面积的载体，在工业上被广泛用于制备金属催化剂，包括金属氧化物（如 Al_2O_3、CeO_2、TiO_2、MgO 等）、SiO_2 以及沸石分子筛等。

近年来，碳基材料，如碳纳米管、活性炭和生物炭等，由于其表面易于修饰官能团以及高化学稳定性受到越来越多的关注。且负载在碳基材料上的活性金属也可以通过简单的氧化方法从碳基载体中分离出来。生物炭（BC）作为生物质热化学转化的副产物之一，通常被作为废弃物燃烧或丢弃。但通过对生物炭的表面化学和物理性质进行活化，可将其变成高附加值的材料（即 ABC）。

7.7　CO_2 加 氢 转 化

将 CO_2 转化为高附加值的化工产品更具现实意义。比如，与 CO 合成相似，CO_2 也可以用于合成醇烃类燃料。CO_2 中两个氧原子的 sp 杂化碳形成两个 σ 键，还有两个离域的 π 键，具有三个中心和四个外围电子结构特点。CO_2 中的碳原子处于最高价态，具备较高的第一电离能（13.97eV），因此，整个体系处于比较稳定的状态。一方面，由于 π 键的存在，CO_2 键能（803kJ·mol^{-1}）高于普通的碳氧双键（750kJ·mol^{-1}），CO_2 存在相对稳定。因此，为了使得 CO_2 有效转化，通常需要选择合适的催化剂进行 CO_2 活化。另一方面，CO_2 具有未被占据的轨道，该轨道具有较低的能级和较高的电子亲和力（38eV），且 CO_2 的键角在与金属络合时会发生变化，这表明 CO_2 分子可以被富电子物种激活。因此，不同金属组分对 CO_2 作用机制的研究将为高性能催化剂的开发提供理论基础依据。

综上所述，CO_2 转化与 CO 有相通之处，但是由于其结构的特殊性，在碳一合成反应中，设计性能优异的催化剂是关键。

7.7.1　CO_2合成甲醇

CO_2 合成甲醇通常会发生以下两个平行反应，即

$$CO_2 + 3H_2 \longrightarrow CH_3OH + H_2O \qquad \Delta H_{298}^{\ominus} = -49.14\text{kJ} \cdot \text{mol}^{-1} \qquad (R7\text{-}16a)$$

$$CO_2 + H_2 \longrightarrow CO + H_2O \qquad \Delta H_{298}^{\ominus} = -41.11\text{kJ} \cdot \text{mol}^{-1} \qquad (R7\text{-}16b)$$

CO_2 加氢合成甲醇为放热反应，降低温度对反应有利。但考虑到反应速率和 CO_2 的稳定性，适当提高温度，有利于 CO_2 的活化，提高合成甲醇的反应速率。另外，增大反应体系的压力，有利于反应向生成甲醇的方向进行。因此，合成甲醇可适当提高反应温度和选择适宜的操作压力。

研制新型催化剂是 CO_2 加氢合成甲醇的关键技术之一。目前，国内外研究者对该类型催化剂活性组分、载体、制备方法、反应条件、产物分析及活性评价方法等方面进行了研究。对于催化剂的研制主要是对 CO_2 加氢合成甲醇催化剂的改进，包括铜基及贵金属催化剂等。研究表明，超细负载型催化剂具有比表面积大、分散度高和热稳定性好的特点，将成为一种发展趋势，是今后研究的方向。

7.7.2　CO_2合成甲烷

尽管 CO_2 甲烷化是一个相对比较简单的反应，但涉及的反应中间体以及甲烷的形成机理仍存在争议。CO_2 加氢的两条主要反应路径为形成 CO，CO 作为中间体加氢生成 CH_4；CO_2 直接加氢生成甲酸类活性物种，随后结构重组和中间体逐步加氢生成 CH_4。CO_2 甲烷化的可能反应路径如图 7-6 所示。

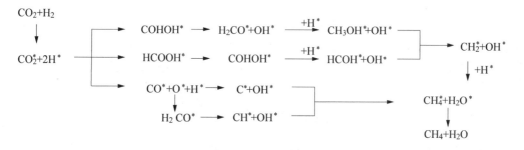

图 7-6　CO_2 甲烷化的可能反应路径

CO 为中间体的反应路径主要包括：

（1）催化剂上 CO_2 的化学吸附；

（2）吸附态 CO_2^* 分解为活性 CO^* 和活性 O^* 以及将 H_2 分解为活性 H^*；

（3）活性物种相互结合形成产物；

（4）产物脱附。

有研究认为，CO_2 和 H_2 的反应发生在金属活性相和载体的边界上，并且形成的 CO 进一步与氢原子反应生成 CH_4。在该条路径中，催化剂上 CO 活性物种的稳定性决定了 CO 是否会解吸并继续进行进一步还原。虽然很多学者认为 CO_2 先加氢生成 CO，然后再继续加氢生成甲烷，但越来越多的研究结果表明不少氧空位上形成的甲酸盐类也是重要的反应中间体。CO_2 在载体上活化时，形成碳酸盐和碳酸氢盐类物种，而如果 CO_2 在金属颗粒上活化时就会形成羰基类物种。

CO_2 在载体上的活化有两种：CO_2 在载体上活化得到碳酸氢盐，氢化为甲酸盐，甲酸盐被直接氢化生成甲烷或甲酸盐分解成金属羰基，羰基加氢被氢化生成甲烷。CO_2 在金属颗粒上的活化也有两种：CO_2 在金属颗粒上活化时形成金属羰基，羰基加氢被直接氢化成甲烷；CO_2 在金属颗粒上活化时形成金属羰基，羰基与载体上的羟基发生反应，形成甲酸氢盐物种，随后被氢化生成甲烷。

不同的活性金属，载体或者助剂都会对 CO_2 甲烷化反应路径产生影响。因此，明晰催化剂上 CO_2 的反应机理对高性能催化剂的制备具有重要意义。Ni 基催化剂因其高效价廉是甲烷化反应常用的催化剂，但是 Ni 基催化剂目前的主要问题是由于 CO_2 甲烷化反应放热会导致金属组分易于烧结而导致催化剂严重失活。为了克服该问题，除了选用高比表面积的载体之外，还可以通过添加金属或金属氧化物助剂来增强 Ni 基催化剂的稳定性和催化性能。

在单金属催化剂中引入第二金属组分可以改变活性组分周围的电子结构。多金属在催化剂中的相互作用极大地改变了活性金属的物理和化学性质。如 Ni - Fe、Ni - Co 等双金属催化剂可以形成 Ni 的合金，Fe 助剂有助于增强催化剂在低温下对 CO_2 加氢的活性，适当添加 Co 金属可以显著提高催化剂的稳定性和反应活性。Mg、Ca、Sr 和 Ba 等氧化物主要起结构助剂的作用，可以增加活性组分的分散性，并使得分散的活性金属相对稳定，从而防止催化剂烧结失活。过渡金属氧化物，如 CeO_2、ZrO_2、La_2O_3 和 Yb_2O_3 等，除了可以作为催化剂载体，也可以作为助剂添加，增强催化剂的性能。如通过优化 CeO_2/ZrO_2 质量比不仅可以提高催化剂上 CO_2 的转化率，而且还能提高催化剂的稳定性。

合成气能源凭借清洁、高效的特点，逐渐成为化石能源和生物质能源的新兴利用形式。合成气在制备、净化、合成领域均得到了广泛的研究，合成的燃料种类十分丰富，其中甲醇合成、乙醇合成、甲烷合成、烃类费托合成已经逐渐从机理研究走向工业化运用。随着"双碳"目标的提出，二氧化碳合成制备燃料正逐渐成为合成气化学的研究热点。

思 考 题

1. 列举合成气的制备方法，并描述各种方法的优缺点。
2. 说明合成气制备甲醇的合成原理。
3. 费托合成反应产物的分布规律是怎样的？
4. 合成气化学中的催化剂助剂一般起到什么作用，试举例说明。
5. 你觉得合成气技术的未来发展前景如何？哪一种合成技术最具有发展潜力？

参 考 文 献

[1] 钱伯章. 醇醚燃料与天然气及煤基合成油技术与应用 [M]. 北京：科学出版社，2010.

[2] 刘美琴，李殿础. 煤制醇醚 [M]. 北京：化学工业出版社，2019.

[3] 李建法. 煤化工概论 [M]. 北京：化学工业出版社，2018.

[4] 钱伯章. 煤化工技术与应用 [M]. 北京：化学工业出版社，2015.

[5] 刘丹丹，于增信. 醇类燃料作为车用燃料的前景展望 [J]. 汽车工业研究，2009，(11)：28-31.

[6] 尹倩倩. 烃类燃料的合成研究 [D]. 浙江大学，2014.

[7] 郭文文. 合成气高效合成制取燃料乙醇研究 [D]. 浙江大学，2015.

[8] 王小柳. CO_2 催化转化合成甲烷的研究 [D]. 浙江大学，2020.

[9] 卓叶欣. 稀土金属改性催化剂选择性制取液体烃类燃料的研究 [D]. 浙江大学，2020.

[10] 牛逢钰. 多级孔 ZSM-5 分子筛的合成及在甲醇制汽油中的应用 [D]. 华东理工大学，2020.

[11] 杨萌. CO_2 制取甲烷的热化学实验研究 [D]. 浙江大学，2021.

[12] ZHU L J, SHI Y, WANG X L, et al. The catalytic properties evolution of HZSM-5 in the conversion of methanol to gasoline [J]. RSC Advances, 2016, 6 (86)：82515-82522.

[13] ZHU Y Y, WANG S R, GE X L, et al. Experimental study of improved two step synthesis for DME production [J]. Fuel Processing Technology, 2010, 91 (4)：424-429.

[14] SARTIPI S, MAKKEE M, KAPTEIJN F, et al. Catalysis engineering of bifunctional solids for the one-step synthesis of liquid fuels from syngas: a review [J]. Catalysis Science & Technology, 2014, 4 (4)：893-907.

[15] REN J, LIU Y L, ZHAO X Y, et al. Methanation of syngas from biomass gasification: An overview [J]. International Journal of Hydrogen Energy, 2020, 45 (7)：4223-4243.

[16] SUBRAMANI V, GANGWAL S K. A review of recent literature to search for an efficient catalytic process for the conversion of syngas to ethanol [J]. Energy & Fuels, 2008, 22 (2)：814-839.

第8章 生物柴油化学

生物柴油是以动植物油脂或各种废弃油脂等为原料，与低碳醇（如甲醇、乙醇）经酯化或转酯化等一系列反应加工处理而制成的一种高级脂肪酸甲酯，其储存、运输、使用都非常安全，是最受欢迎的石油替代能源之一。中国每年所需柴油总量超过1.5亿t，因此，在进口石油总量不断增长的背景下，发展生物柴油对可持续发展具有重要意义。本章概述了生物柴油的原料来源及燃料特性，详细介绍了生物柴油的制备技术，并重点叙述了转酯化的化学原理和工艺。

8.1 生 物 柴 油 概 述

8.1.1 生物柴油的原料来源

1900年法国巴黎世界博览会上，鲁道夫·迪赛尔（Rudolf Diesel）展示了他所发明的一种以花生油为燃料的柴油机，并还曾于1912年预言："植物油作为引擎燃料，今天看来可能不值一提，但随着时间的推移，它总有一天会和石油一样重要。"事实证明该预言具有前瞻性，以植物油为原料的生物柴油技术目前正在国内外如火如荼地发展。

生物柴油是绿色可再生的清洁能源，其原料来源丰富多样，主要有大豆油和菜籽油等油料作物、油棕和黄连木等林木果实、工程微藻等油料水生植物以及动物油脂、废弃餐饮油等。在美国，大豆是制备生物柴油的主要原料；而在德国和意大利等欧盟国家，菜籽油、大豆乃至动物脂肪等被用于产业化生产生物柴油；日本、韩国和阿根廷等国家也更倾向于利用大豆以及回收后的植物油来制备生物柴油；而巴西则主要使用蓖麻子油来制取生物柴油。生产的生物柴油通常按照5%～20%的比例和石化柴油进行掺混，以得到适用于柴油发动机上的B5～B20柴油，也有直接使用生物柴油完全取代石化柴油的应用案例。在耕地紧缺的国情下，大豆、玉米等粮食作物不适合作为我国的生物柴油原料，因此我国在油料作物育种、栽培和油料提取方面开展了大量的研究，建立了能源植物资源信息库，筛选出了绿玉树、麻风树、光皮树、油桐等适合我国国情的速生能源树种。

植物油是生产生物柴油的主要原料，占油脂总量的70%。植物油主要来自植物种子和果实部分，主要成分包括直链高级脂肪酸甘油酯和脂肪酸。其中脂肪酸除软脂酸（十六烷酸或棕榈酸，化学式$C_{16}H_{32}O_2$）、硬脂酸（十八烷酸，化学式$C_{18}H_{36}O_2$）等饱和脂肪酸外，还含有多种不饱和酸，如油酸（十八碳-9-烯酸，化学式$C_{18}H_{34}O_2$）、芥酸（二十二碳-13-烯酸，化学式$C_{22}H_{42}O_2$）、桐油酸（十八碳-9，11，13-三烯酸，化学式$C_{18}H_{30}O_2$）、蓖麻油酸（12-羟油酸，化学式$C_{18}H_{34}O_3$）等。植物油中不饱和脂肪酸含量高，常温下通常呈液态，而动物油脂一般呈固态，其主要成分为棕榈酸、硬脂酸等饱和脂肪酸的甘油三酯，另含少量不皂化物和不溶物。由于动物油脂中饱和脂肪酸含量高，所以其对应的熔点和黏度也较高。废弃食用油脂是动植物油在受热或长时间静置时，脂肪酸降解或氧化形成的变质油脂。该类油脂中的苯系物、乙醛、酮等有害物质含量较高，不再适合食用，但可作为生物柴油的补充原料。此外，由于微藻、酵母、细菌等微生物具有油脂含量高、生长速度快、适应性强等优点，因此微生物油脂合成技术也成为当下生物柴油原料研究的重要方向之一。

天然油料通常不能被直接用作燃料，其主要原因是脂肪酸甘油酯分子长链间的引力较大，导致黏度较高、挥发度低且低温流动性差，因此不能正常通过汽车油泵和喷油嘴。同时，直接燃烧动植物油会造成大量的积碳，污染润滑油并缩短发动机寿命。再者，天然油料的十六烷值低，不易点燃，使其极不适合用作燃料用油。但是，若能将其加工成生物柴油，则可解决天然油料存在的上述问题。

8.1.2　生物柴油的特性

生物柴油的密度介于石化柴油和水之间，为 $820\sim900kg\cdot m^{-3}$。生物柴油稳定性较好，长期保存不会变质，综合品质能达到 0 号柴油国家标准。与石化柴油相比，生物柴油具有含硫量低、十六烷值高、可生物降解、闪点高、对环境危害小等诸多优势。

植物油、生物柴油和常规石化柴油的燃料特性比较如表 8-1 所示。相关研究数据表明，生物柴油的燃料性能与石化柴油较为接近，甚至部分性能更佳。具体表现如下。

表 8-1　　　　　　　　　植物油、生物柴油和常规柴油的燃料特性比较

主要燃料特性	植物油（菜籽油）	生物柴油	石化柴油
冷滤点[①]（CFPP）/℃	—	夏季：-10	夏季：0
		冬季：-20	冬季：-20
相对密度	0.92	0.88	0.83
20℃运动黏度/$mm^2\cdot s^{-1}$	34.7	4~6	2~4
闭口闪点/℃	246	>100	60
十六烷值	32	≥56	≥49
热值/$MJ\cdot L^{-1}$	38.9	32	35
燃烧功效（柴油=100%）/%	—	104	100
S（质量分数）/%	<0.01	<0.001	<0.2
O（体积分数）/%	10.09	10	0

① 冷滤点指在规定条件下柴油开始堵塞发动机滤网的最高温度，是衡量轻柴油低温性能的重要指标。

（1）点火性能佳。生物柴油十六烷值高，点火性能优于石化柴油（一般为 45℃）；生物柴油在无添加剂时冷滤点可达-20℃，具有较好的发动机低温启动性能。

（2）燃烧性能良好。生物柴油十六烷值和氧含量均高于石化柴油，在燃烧过程中所需的氧气量较石化柴油少，空燃比低，燃烧比石化柴油更充分；燃烧残余物呈微酸性，可增加催化剂和发动机的使用寿命。

（3）润滑性能好。生物柴油较石化柴油的运动黏度稍高，在不影响燃油雾化的情况下，更容易在气缸内形成一层油膜，从而提高运动机件的润滑性，降低机件磨损，提升发动机的使用寿命。

（4）环保性能优良。生物柴油中硫含量和芳烃含量低，使 SO_2 等大气污染物的排放量较低。研究表明，与普通柴油相比，生物柴油可降低 90% 的空气毒性，降低 94% 的患癌率，且生物柴油的生物降解性高，在自然环境中易被微生物分解利用，可减轻对环境的污染。

（5）安全可靠且适用性广。生物柴油的闪点较普通柴油高，有利于安全储运和使用。生物柴油不含石蜡，低温流动性佳，适用区域广泛。生物柴油不仅可作燃油，还可作为燃料添加剂促进燃烧效果，具有双重性能。

8.2 生物柴油的制备方法

生物柴油的制备方法归纳起来主要有三种：物理法（直接混合法和微乳液法）、化学法（高温热裂解法、酯交换法和超临界法），以及生化法（生物酶法）。根据生产生物柴油过程中反应途径的异同，生物酶法和超临界法也可属于酯交换法。采用物理法能够降低油料的黏度，但积碳及原料油十六烷值低等问题难以解决；而高温热裂解法的主要产品是生物汽油，生物柴油只是其副产品。由于酯交换法反应条件温和、工艺简单、操作费用较低，且产出的生物柴油性质与石化柴油相近，十六烷值高达 50 以上，从而成为最常用的生物柴油制备方法。表 8-2 总结比较了各种生物柴油生产方法的优缺点。

表 8-2　　　　　　　　各种生物柴油生产方法的优缺点

生产方法	原 料	优 点	缺 点
直接混合法	植物油	可再生、热值高	黏度高、易变质、燃烧不完全
微乳液法	动物油	有助于充分燃烧，可和其他方法结合使用	黏度高，热值和十六烷值偏低；长期使用会造成喷油嘴和尾气阀积碳
高温热裂解法	植物油	工艺步骤简单、产物热值和十六烷值高	高温下进行，需要常规的化学催化剂，反应物难以控制，设备昂贵
碱催化酯交换法	动植物油脂、废弃油脂等	反应时间短、成本低	反应物中混有游离脂肪酸和水，对酯交换反应存在抑制作用；残留碱柴油中有皂生成，易堵塞管道
酸催化酯交换法	动植物油脂、废弃油脂等	油脂中游离脂肪酸和水的含量高时催化效果比碱好	废液对环境污染较大，反应时间长，产率较低
生物酶酯交换法	动植物油脂、废弃油脂等	安全高效、反应条件温和、产物易分离	反应系统中甲醇达到一定量，脂肪酶会失活；酶价格偏高；反应时间长
超临界酯交换法	动植物油脂、废弃油脂等	无须催化剂、环境友好、转化率高、反应和分离同时进行、对游离脂肪酸和水分没有要求	反应条件苛刻、对设备要求高、耗能大、操作费用高

8.2.1 直接混合法

直接混合法（又称稀释法）是将天然油脂与石化柴油、溶剂或醇类直接混合制备代用燃料的方法。由于天然油脂黏度过高，因此将其与上述物质混合可降低其黏度，提高挥发度。植物油和柴油混燃测试始于 20 世纪 80 年代，在不改变柴油发动机的前提下，

5%～25%的植物油和柴油混合燃烧试验较成功，但长期燃烧混合油会出现发动机积碳、结焦、活塞环粘连以及润滑油稀释等问题。因此，直接使用植物油和柴油的混合物难以实现高效利用。

8.2.2　微乳液法

微乳液法是指利用乳化剂将天然油脂分散到黏度较低的溶剂中制成微乳液，从而有效地降低天然油脂的黏度。微乳液一般是指直径在 1～150nm 的胶质平衡体系，是一种透明的、热力学稳定的胶体分散系。这种微乳液除了其十六烷值较低之外，其他性质均与石化柴油相似。微乳化的生物柴油能够显著改善燃料性能，如黏度、密度、酸度和稳定性。同时，微乳液可以使油相具有优良的雾化效果，从而极大改善了动植物油脂的燃烧性能。图 8-1 展示了微乳液的形成机理。

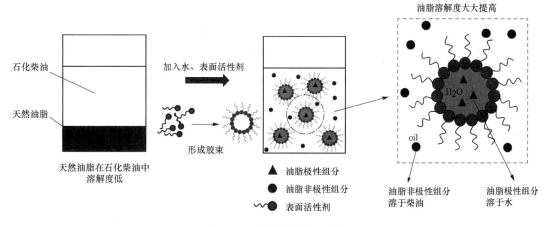

图 8-1　微乳液的形成机理

鉴于微乳液中包含石化柴油、植物油、醇、表面活性剂以及十六烷改进剂等，学者在原料、溶剂、表面活性剂的选择和微乳液燃烧性能等方面均开展了大量研究。菜籽油、蓖麻油、麻疯树油等植物油被广泛应用于微乳体系，同时实验证明了大多数的酮、酯、酚、醇、醛和酸等都可在生物油/柴油微乳液体系中溶解，其中甲醇、乙醇等低碳醇是目前最常用的溶剂。表面活性剂对于微乳液的影响较大，应用较多的有双（2-乙基己基）磺基琥珀酸钠、脱水山梨糖醇单油酸酯（Span 80）等单一表面活性剂。

微乳液法在一定程度上改善了植物油的燃烧性能且可放置数月不分层，短期使用没有明显的不良后果。然而，微乳化技术只能溶解有限的生物油（通常按重量或体积计少于总微乳液的 10%），且乳化后植物油的黏度仍较高，热值和十六烷值较低，长期使用会造成喷油嘴和尾气阀积碳，因此，微乳液法等物理法正逐渐被化学法所替代。

8.2.3　高温热裂解法

高温热裂解法是在常压、快速加热、超短反应时间的条件下，将有机高聚物迅速断裂为短链分子以获得燃油的方法，温度范围一般在 300～500℃。最早对植物油进行热裂解是为了合成石油，而生物柴油只是其副产品。高温热裂解的具体过程是指在空气或氮气流及催化剂的作用下利用热能将甘油三酯的酯键断裂并重新生成短链碳氢化合物。高温裂解反应十分复杂，各组分之间会发生交错反应，如烯烃饱和、氢转移、芳烃缩合等。以脂肪酸甘油三酯为例，其热裂解的产物包含烷烃、烯烃、二烯烃、芳香烃和羧酸等。

　　高温热裂解法具有生产成本低、原料适应性广、设备简单等优点，同时可以有效降低植物油的黏度，如大豆油经热裂解后黏度从 $32.6 mm^2 \cdot s^{-1}$ 下降为 $7.5 mm^2 \cdot s^{-1}$，且产物成分与石化柴油十分相近，符合燃料标准。为了调整反应产物中各种烃类的比例，还对植物油进行催化热裂解，目前具有代表性的催化剂有分子筛催化剂（如 ZSM-5、MCM-41 和 Y 沸石）和过渡金属催化剂等。

　　虽然高温裂解法过程简单、污染小，但由于裂解产物包含气、液、固三相，生物柴油产量较低，且残碳、灰分、倾点等指标数值不佳，因此，热裂解方式不适合作为制取生物柴油的主流技术。

8.2.4　酸/碱催化酯交换法

　　目前工业生产生物柴油的主流方法是酸/碱催化酯交换法。根据参与反应的物质类别差异，广义酯交换反应包括三种：①酯与醇反应，称为醇解；②酯与酸反应，称为酸解；③酯与其他酯反应，称为酯基转移。生物柴油工艺主要利用了酯交换的醇解反应，即用天然油脂与甲醇或乙醇等低碳醇在酸性或碱性催化剂下进行反应，生成相应的脂肪酸甲酯或乙酯，再经洗涤干燥即得到生物柴油。

　　值得注意的是，要区分酯化反应和酯交换反应。酯化反应是酸和醇经催化生成酯和水的反应，通常为可逆反应。将油脂水解为脂肪酸，加入甲醇，通过酯化反应也能够形成生物柴油。然而，油脂水解为脂肪酸的反应受限，导致酯化法使用的脂肪酸价格较高，因此，一般不采用该方法生产生物柴油。酯化法制取生物柴油的反应方程式为

$$R{-}COOH + CH_3{-}OH \xrightarrow[\Delta]{\text{酸性催化剂}} CH_3{-}O{-}\overset{\overset{\displaystyle O}{\|}}{C}{-}R + H_2O \qquad (R8\text{-}1)$$

8.2.5　生物酶法

　　近年来，部分学者也开始研究生物酶法合成生物柴油。生物酶法即利用脂肪酶在较为温和条件下催化动植物油脂和低碳醇进行酯交换反应，制备相应的长链脂肪酸单酯，反应温度一般在 30～50℃，转化率可达 90% 以上。

　　脂肪酶既可对粗、精制动植物油脂进行醇解，也能对废油脂进行转化，具有专一性强、反应条件温和、工艺简单、醇用量小、副产物少、产物易分离、环境友好等一系列优点，但酶价格较高且难回收以及高浓度甲醇易使酶失活等因素限制了酶催化发展。有效降低酶的生产成本并提高酶的寿命，将会是生物酶催化法的未来发展趋势。

8.2.6　超临界法

　　为了解决酯交换反应过程成本高、反应时间长、反应产物与催化剂难以分离等难题，无催化剂的超临界法得到广泛研究。超临界法制备生物柴油是一种新兴技术，它是指在不添加催化剂的条件下，油脂与超临界醇类（主要为超临界甲醇，$p_c = 8.09 MPa$，$T_c = 512.4K$）进行酯交换反应。超临界流体的密度接近于液体，黏度接近于气体，而导热率和扩散系数则介于气体和液体之间。超临界甲醇介电常数小，可作为反应介质并也可直接参与反应，在反应过程中可以较好地和甘油三酯互溶，加快反应速率，提高生物柴油产率。

　　超临界法的反应温度为 523～573K，压力为 10～25MPa，醇油比为（40～20）:1。由于超临界甲醇可以溶解油脂，使得反应在均相下进行，反应速率得以大幅度提升（从数小时

缩短到几分钟）。此外，除了甲醇外，乙醇、1-丙醇、1-丁醇和1-辛醇等物质也可作为反应物。为了降低反应温度和压力，目前通常会在混合物中加入二氧化碳、己烷、丙烷、氧化钙等共溶剂和少量催化剂，如加入0.1%（质量分数）的氢氧化钾即可显著提高亚临界状态下甲酯的产率。

与传统酯交换法相比，超临界法具有较多优势，如工艺简单、可连续化大规模生产、产品质量相对稳定、对原料要求低、水分和游离脂肪酸对超临界酯交换反应无不利影响、对原料无须进行复杂的预处理、反应速率高、反应时间大幅度缩短、产物分离简单等。因此，超临界法是一种原料适应广、技术含量高、绿色环保的新型生物柴油制备方法，特别是针对我国现存的原料来源广泛和原料品质低的情况，具有较高的工业应用价值。

8.3 转酯化制取生物柴油技术

转酯化反应是先酯化再酯交换的综合反应。由于油脂中存在一些脂肪酸等酸性物质对催化过程和生物柴油使用存在不良影响，因此一般需要先酯化脂肪酸等物质，然后再进行酯交换反应制取甲酯。常用转酯化法制备生物柴油工艺流程示意如图8-2所示。原料油脂经除杂、除水和预酯化后再进行酯交换反应，生成新的混合酯，最后经蒸馏、精制后得到产品生物柴油和副产品甘油。

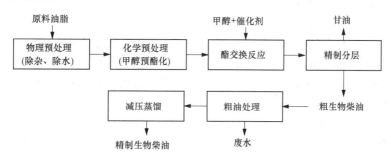

图 8-2 常用转酯化法制备生物柴油工艺流程示意

8.3.1 转酯化制备生物柴油的反应机理

8.3.1.1 预酯化

目前较为成熟的酯交换工艺对原料油脂都有严格的要求。中国每年产生的几千万吨各类油料中的主要成分为甘油三酯和脂肪酸等有机物，而脂肪酸等物质的存在不利于酯交换反应的发生。另外，水分的存在会使甘油酯发生水解反应形成脂肪酸，降低产率。因此，一般需要预酯化过程将脂肪酸转化为甲酯，并将多余的水分带离。由于酯化反应是可逆过程，该过程通常采用过量的甲醇。由于脂肪酸易和碱发生皂化反应，因此，预酯化过程一般采用酸性催化剂。

8.3.1.2 酯交换

甘油三酯完全酯交换生成甘油和脂肪酸甲酯是通过以下三个连续可逆反应完成：第一步生成甘油二酯和脂肪酸甲酯，第二步生成甘油单酯和脂肪酸甲酯，第三步生成甘油和脂肪酸甲酯，如图8-3所示。可以看出，在理想状况下1mol甘油三酯与3mol醇发生反应生成3mol酯和1mol甘油。通过酯交换反应，天然油脂的分子量可降至原来的1/3，黏度降低 1/8，获得的生物柴油黏度与产业需求接近，十六烷值达到 50 以上，同时燃料的挥发度得以提高。

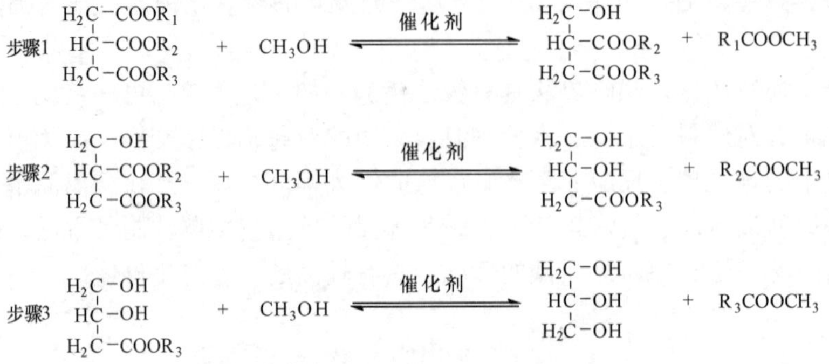

步骤1

$$H_2C-COOR_1 \quad H_2C-OH$$
$$HC-COOR_2 + CH_3OH \xrightleftharpoons{催化剂} HC-COOR_2 + R_1COOCH_3$$
$$H_2C-COOR_3 \quad H_2C-COOR_3$$

步骤2

$$H_2C-OH \quad H_2C-OH$$
$$HC-COOR_2 + CH_3OH \xrightleftharpoons{催化剂} HC-OH + R_2COOCH_3$$
$$H_2C-COOR_3 \quad H_2C-COOR_3$$

步骤3

$$H_2C-OH \quad H_2C-OH$$
$$HC-OH + CH_3OH \xrightleftharpoons{催化剂} HC-OH + R_3COOCH_3$$
$$H_2C-COOR_3 \quad H_2C-OH$$

图 8-3　酯交换反应的分步反应过程

但酯交换制备生物柴油也存在一定的技术难点，主要在于：①催化剂能否适合各种混合废油脂原料（酸值高低不一、碳链组成差异）；②催化剂与反应物料的有效分离与催化剂的回收再利用；③甲酯化工序中副产品甘油、水等复杂的连续分离技术，防止甲酯化逆向反应，实现高效转化和连续化、规模化。

1. 酸催化机理

一般采用 Bronsted 酸催化，如图 8-4（a）所示，在酸性条件下，甘油三酯的羧基发生质子化，醇作为亲核试剂进攻羰基碳原子发生亲核反应，形成四面中间体，最后生成新的脂肪酸酯。当原料中含有游离脂肪酸和水时，游离脂肪酸会与甲醇发生酯化反应，生成脂肪酸甲酯和水，而酯交换过程中生成的碳正离子容易与水反应因生成羧酸而水解，从而降低生物柴油的收率。

2. 碱催化机理

碱催化酯交换反应适用于脂肪酸和水含量较低的油脂。其中，真正起活性作用的是甲氧基阴离子，首先醇与碱性催化剂形成烷氧阴离子 RO^-，RO^- 攻击原料油脂中 s-p^2 杂化的第一个羰基碳原子，形成四面体结构的中间体；接着该中间体与醇反应生成新的烷氧阴离子；然后四面体结构的中间体重排，生成脂肪酸酯和甘油二酯；最后顺次反应，完成酯交换。其反应过程如图 8-4（b）所示。

3. 生物酶催化原理

酶催化酯交换反应通常是多步水解和酯化的过程，即在酶催化的微水环境中，甘油三酯先水解生成甘油二酯和脂肪酸，然后脂肪酸在脂肪酶的催化下与短链醇（如甲醇、乙醇等）发生酯化反应，生成相应的脂肪酸短链醇酯；生成的酯和脂肪酸依次进行着水解和酯化反应，直到甘油酯完全水解为甘油，产生的脂肪酸完全酯化为脂肪酸短链醇酯。

4. 超临界催化原理

超临界甲醇条件下酯交换反应属于亲核反应，由于氧原子的电负性较大，因此甘油三酯中羰基上碳原子显示正价，而氧原子显示负价。在超临界状态下，氢键作用显著减弱，使甲醇成为自由单体，甲醇上的氧原子因攻击带有正电的碳原子而形成中间体，然后中间体醇类物质的氢原子向甘油三酯中烷基上的氧原子转移，通过甲氧基转移完成酯交换反应，由此形成脂肪酸甲酯和甘油二酯。以类似的方式，甘油二酯通过酯交换形成甲酯和单甘油酯，在最

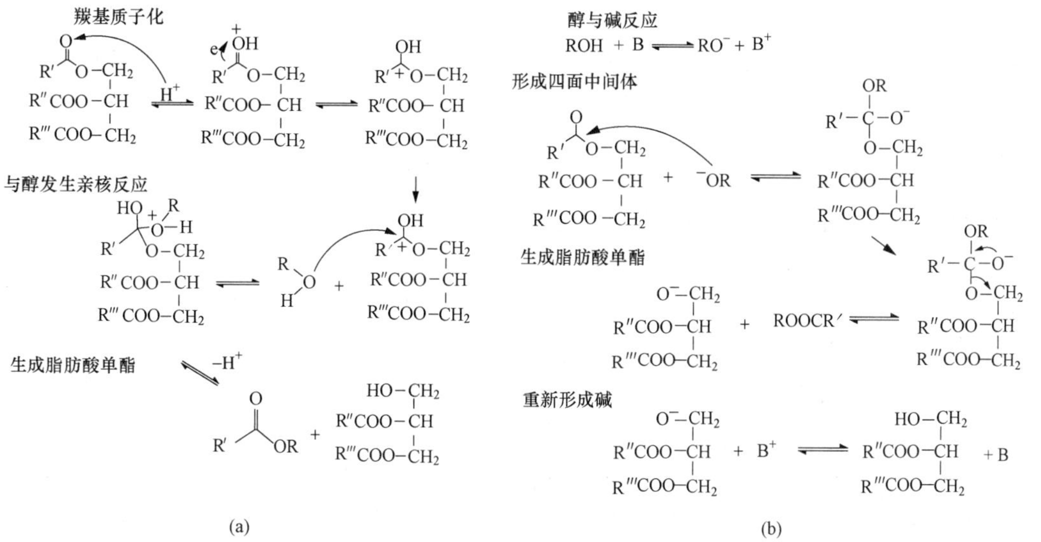

图 8-4 酸催化和碱催化酯交换反应过程

(a) 酸催化；(b) 碱催化

后一步中进一步转化为甲酯和甘油。

酯交换的副反应主要为水解反应和皂化反应。油脂在酸性/碱性溶液中易水解形成甘油和脂肪酸。该系列反应会减少生物柴油的产量，是需要尽量避免的副反应过程。皂化反应的方程式为

$$RCOOH + NaOH \longrightarrow RCOONa + H_2O \qquad (R8-2)$$

8.3.2 转酯化技术的常用催化剂

根据催化原理可以将酯交换催化剂分为酸性催化剂（均相/非均相）、碱性催化剂（均相/非均相）以及脂肪酶催化剂。

8.3.2.1 酸催化剂

酸催化剂可分为均相催化剂和非均相催化剂。酸催化剂对原料的适应性强，可以直接催化脂肪酸和水含量较高的油脂，同时也可催化酯化和酯交换两种反应，可避免皂化现象，也不会产生碱催化反应后洗涤的乳化现象。

1. 均相酸催化剂

酸催化酯交换法中常见的均相酸催化剂有硫酸、磺酸、盐酸、磷酸和硼酸等，其中浓硫酸为最常用的酯化和酯交换反应的催化剂。均相酸催化剂适用于游离脂肪酸和水含量相对较高的油脂制备生物柴油。当植物油为低级油（如磺化橄榄油）时，均相酸可使酯交换反应更加完全。

均相酸催化剂在生产中分离困难且对设备腐蚀性强，反应设备要求使用耐酸的不锈钢材料，因此，目前更倾向于采用固体酸催化剂。

2. 非均相酸催化剂

固体酸催化剂（即非均相酸催化剂）可提供质子和接受电子对，具有 Bronsted 酸活性中心和路易斯酸活性中心。目前，用于酯交换反应的固体酸催化剂按其组成不同大致可分为沸石分子筛、无机盐复配型（如硫酸氢钠）、负载型固体超强酸（如 SO_4^{2-}/M_xO_y）、杂多酸

（如十二磷钨酸，$H_3PW_{12}O_{40} \cdot xH_2O$）、树脂型（如 DH 树脂）、负载卤素型（$SbF_5$-$TaF_5$）等。其中，沸石分子筛催化剂具有较大的比表面积和可调控的孔径结构，催化活性较高，但水热稳定性较差。负载卤素型催化剂与沸石相似，催化活性强，但同样存在水热稳定性差等问题。无机盐复配型和负载型固体超强酸的催化效率高，酸强度甚至能够超过浓硫酸。杂多酸也具有较高的催化活性，能够使反应在温和条件下进行，但杂多酸价格较高且回收困难，目前多采用负载形式。离子交换树脂是一类带有功能基的网状结构的高分子化合物，具有易分离、反应条件温和、副产物少等优点，但价格高和温度上限低（≤120℃）的问题限制了其应用。此外，碳基固体酸催化剂由于其高效、环保等优点，近年来受到了广泛的研究。

在实际应用中，固体酸催化剂相较于均相酸催化剂更具优势，如反应条件温和、产物易分离，易实现自动化、连续化、可循环使用，对环境污染小等。然而，固体酸催化剂在反应过程中易与反应物形成油 - 甲醇 - 催化剂三相，造成传质困难、反应速率较慢和反应时间较长等问题，且固体酸的制备成本也较高。目前，固体酸催化剂的研究仅局限于中、短碳链脂肪酸与脂肪醇的酯化反应中，且对催化动植物油脂酯化的研究不多。

8.3.2.2　碱催化剂

碱催化剂是最常用于催化油脂制备生物柴油的催化剂，其中均相碱催化剂可分为无机碱催化剂和有机碱催化剂，非均相碱催化剂可分为非负载型和负载型固体碱催化剂。与酸催化相比，碱催化酯交换反应具有催化活性高、反应温度低、反应速率快、不腐蚀设备和生产周期短等优点，且易于实现连续化生产。

1. 均相碱催化剂

常见的均相碱催化剂有甲醇钠（CH_3ONa）、NaOH、KOH、K_2CO_3、Na_2CO_3 和有机胺类、胍类化合物等。其中，最常用的是金属醇盐，如 CH_3ONa，其反应条件温和、反应速率快、催化剂用量小，反应后通过中和水洗易除去，催化活性相较于其他催化剂高。以 CH_3ONa 为例，催化剂的加入使反应体系中 CH_3O^- 的浓度大幅度增加，促使酯化反应速率加快，同时避免了氢氧化物和甲醇反应生成水，减少了油脂水解皂化的副反应。氢氧化物和金属醇盐的催化原理相似，由于 KOH 和 NaOH 价格便宜，工业上通常将其作为碱性催化剂。法国石油研究院开发的 Esterfip - H 工艺即是用 NaOH 或 CH_3ONa 作均相催化剂。

然而，碱催化剂对原料中的游离脂肪酸和水更为敏感，游离脂肪酸与碱易发生反应生成皂，皂在反应体系中会起到乳化剂的作用，副产品甘油可能与脂肪酸甲酯发生乳化而无法分离，而水的存在会使甘油酯水解成脂肪酸，使反应体系变得更加复杂。研究发现，当原料中游离脂肪酸的质量分数从 0.3% 增加至 5.3% 时，生物柴油的产量从 97% 下降至 6%。由于天然油脂几乎都含有一定量的游离脂肪酸，单纯采用碱催化酯交换法生产脂肪酸甲酯损失大、产率低，故一般先加入酸性催化剂，对原料进行预酯化，然后再用碱作催化剂进行酯交换反应。目前，均相碱催化制备生物柴油已步入工业化生产阶段，欧美发达国家大多以菜籽油或大豆油等为油脂原料，采用均相碱催化酯交换反应生产生物柴油。

2. 固体碱催化剂

固体碱催化剂可向反应物给出电子或接受质子，其活性中心具有极强的供电子或接受质子的能力。固体碱催化剂可分为非负载型和负载型两类。非负载型固体碱催化剂包括金属氧化物及碱土金属氧化物、阴离子型层柱材料催化剂（水滑石、类水滑石）、强碱性阴离子交换树脂等。一般而言，碱性越强，其催化活性越高。碱金属和碱土金属氧化物催化剂的碱强度随着原子序数的增加而增加，其顺序为 $Cs_2O > Rb_2O > K_2O > Na_2O > BaO > SrO > CaO > MgO$。目前，金属氧化物催化剂已经实现了工业化应用。阴离子交换树脂也具备一定催化活性，且循环寿命较好，但反应速度较慢。水滑石等是具有层状结构的一类化合物，层间离子具有可交换性，因此该类物质可调控性较强，既可通过活化处理为催化剂，也可作为载体使用。水滑石的碱性较弱，但对环境友好、易再生，具备一定的发展潜力。

　　负载型固体碱催化剂由于碱性强、比表面积大等特点，相较于非负载型固体碱催化剂更具优势，常以分子筛、活性炭、金属氧化物等材料为载体来负载碱性活性中心。金属氧化物主要包括氧化铝、氧化镁、氧化钙、二氧化钛等，该类型催化剂催化活性高、机械强度强、热稳定性好、反应后易分离，是极具前景的固体碱催化剂。分子筛作为常用的固体碱载体，具有较大的表面积和独特的择形性，但其水热稳定性较差，有待进一步改性优化。另外，以活性炭为载体的固体碱催化剂具备催化活性高、热稳定性好、比表面积大等诸多优点，但其循环寿命不高。

　　固体碱催化剂可以在高温甚至气相反应中使用，并能够使得反应工艺连续化。但固体碱催化速率慢、成本高，且容易因吸收 H_2O 和 CO_2 等酸性分子而失活。此外，多相反应体系除了传热传质速度较慢，也存在设备复杂、成本昂贵、强度较差、易污染等不足。与均相碱催化剂相比，固体碱催化剂要求更高的醇油比，反应速率相对较慢，但可以通过改善体系的传质过程使催化效率得以提高。

8.3.2.3　脂肪酶催化剂

　　生物酶催化剂可以分为脂肪酶（胞外）和微生物细胞（胞内脂肪酶）两大类。脂肪酶是一类可以催化甘油三酯合成和分解的酶的总称，可同时进行催化酯化和酯交换反应，能够水解碳链上包含 12 个碳原子以上的不溶性长链脂肪酸甘油三酯。脂肪酶在自然界分布很广，微生物、动物、植物等均能产生，其中能够生产脂肪酶的微生物就多达 65 个种属。常用的脂肪酶主要有动物脂肪酶和微生物脂肪酶。不同种类的脂肪酶其氨基酸序列不同，但三级结构相似。如图 8-5 所示，脂肪酶表面被相对疏水的氨基酸残基覆盖，形成螺旋盖状结构（又称"盖子"），"盖子"的外表面亲水、内表面疏水，酶的催化部位位于分子内。脂肪酶与油-水界面的缔合作用能够打开"盖子"，使得活性部位暴露，由此底物较容易进入疏水性的通道而与活性部位结合生成酶-底物复合物。

　　目前，能产脂肪酶的微生物主要有酵母（如 Candida rugosa、Candida cylindracea）、根霉（如 Rhizopus oryzae、Rhizopus japonicus）和曲霉（Aspergillus niger）。按催化特异性不同，脂肪酶可分为三类：①对甘油酯上的酰基位置无选择性，

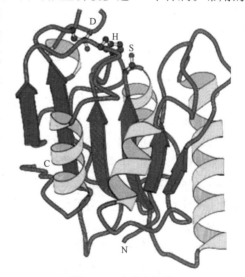

图 8-5　脂肪酶结构

可水解甘油三酯上的所有酰基，获得脂肪酸和甘油；②可水解甘油三酯中的 1 位和 3 位酰基，获得脂肪酸、甘油二酯（1,2 - 甘油二酯和 2,3 - 甘油二酯）和单甘酯（2 - 单甘酯）；③对脂肪酸的种类和链长具有特异性。

然而，脂肪酶具有易失活、价格高以及反应时间长等缺陷。甲醇易造成脂肪酶不可逆失活，当向体系中添加有机溶剂（如正己烷）或水时会在一定程度上影响脂肪酶对甲醇的耐受能力，但无法提高反应的总转化率。脂肪酶价格昂贵，限制了其在工业生产生物柴油中的应用。为了克服该缺陷，目前可通过吸附、交联、包埋等方法固定脂肪酶，固定化酶可以在反应结束后从体系中分离回收，重新催化新的反应；或将产生脂肪酶的全细胞作为生物催化剂，这样可以实现酶的长期使用，降低工业成本；或利用基因工程技术进一步提高酶的活性、对甲醇和温度的耐受性及其稳定性。

对于生物柴油制备工艺中酯交换催化剂的研究，固体催化剂和脂肪酶催化剂是研究热点，这对环境保护、新能源开发都具有十分重要的意义。表 8 - 3 比较了不同类别酯交换催化剂对酯交换反应的影响。

表 8 - 3　　　　　　　　　不同类别酯交换催化剂对酯交换反应的影响

项目	均相催化法	非均相催化法	生物酶催化法	超临界甲醇法
反应时间	0.5～4h	0.5～3h	1～8h	120～240s
反应条件	0.1MPa 50～100℃	0.1～5MPa 30～200℃	0.1MPa 30～60℃	>8.09MPa >239.4℃
催化剂	酸或碱	金属氧化物或碳酸盐	固定化脂肪酶	无
游离脂肪酸产物	皂化物	甲酯	甲酯	甲酯
产率	正常—高	正常	低—高	高
分离纯化物	甲醇/催化剂/皂化物	甲醇	甲醇或乙酸甲酯	甲醇
废弃物	废水	无	无	无
甘油酯化度	低	低—正常	正常或副产物多	高
工艺性	复杂	复杂	复杂	简单

8.3.3　转酯化技术的生产工艺

生物柴油技术经过多年的发展不断得到完善，目前已经形成了完备的技术体系。其中转酯化技术已实现大规模工业化生产，成为主流生物柴油技术的代表。全球生产生物柴油的国家和地区主要有欧盟、美国、巴西、阿根廷和印尼等。在欧盟，生物柴油已进入商业化稳定发展阶段，多国均对生物柴油实行免税或减税政策，极大地促进了该产业的发展。

根据生产流程分类，生物柴油制备工艺可以分为间歇法和连续法。目前与 500～10000t/a 的生物柴油生产装置配套的均是间歇法催化工艺，主要采用酸/碱催化，其中碱催化由于反应快、催化效率高等优势，应用更为广泛。由于酸催化法和碱催化法都存在一定限制，酸催化反应速度慢且腐蚀性大，而碱催化对于原料的要求高且易发生皂化反应，因此，工业上现多采用酸碱结合的催化法。酸碱结合工艺流程包括了三部分：预酯化、酯交换和后处理。首先，通过酸催化剂对原料进行预酯化处理，将游离脂肪酸转化为甲酯，避免皂化反应；其次，通过碱催化剂催化油脂进行酯交换反应；最后，对产物进行分离和精制。由于该工艺常使用均相催化剂，具有设备投资小、操作简单、反应条件温和等优势，但同时存在原料要求苛刻、工艺复杂、环境污染大和催化剂不能回收等问题。间歇酸碱结合催化的工艺流程如图8-6所示。

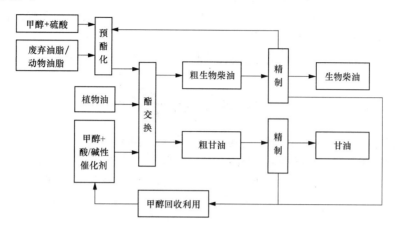

图8-6 间歇酸碱结合催化的工艺流程图

由于间歇法的生产规模受限，成本低、能耗小、产品质量稳定的连续法生产工艺逐步发展，其代表技术有Lurgi工艺、Henkel工艺、CD工艺和BIOX工艺等。其中，德国Lurgi工艺是世界上使用最广泛的生物柴油加工工艺，占世界生物柴油产量的60%以上。该工艺可实现连续或间接操作，技术成熟，对油脂的转化率可达96%，甲醇利用率高且甘油可完全分离，但其也存在原料要求高（需精制）、能耗高、"三废"排放量大等缺陷。

生物柴油除了能够提供柴油燃料，还能够进一步加工使用，如将脂肪酸甲酯进一步加工，可生产脂肪醇、异丙酯、蔗糖聚酯等生物基产品，如图8-7所示。

在生物柴油生产过程中，每生产10kg生物柴油，约产生1kg甘油副产物。甘油作为八大基本化工原料之一，可广泛应用于医药、食品、化妆品、涂料、印染等行业。如果能够合理利用甘油，将会显著提高生物柴油的综合经济效应。生物柴油作为清洁可再生能源，具有闪点高、含硫量低等一系列优势，是优质的石化柴油代替品。目前，已经开发了多种工业化技术，实现了生物柴油的大规模生产。我国生物柴油技术研究和产业发展起步较晚，为推动生物柴油产业的发展，我国先后推出了不同的鼓励生物柴油发展的法规和政

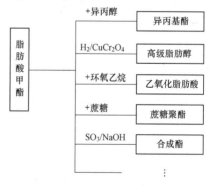

图8-7 脂肪酸甲酯下游产品

策，但我国生物柴油产业仍面临着原料和运营成本过高、产品缺乏竞争力、技术不够完善等诸多困境，有待进一步解决和发展。

思 考 题

1. 生物柴油与石化柴油的组成和性能差异主要有哪些？与石化柴油相比，生物柴油的

优势主要体现在哪些方面?

　　2. 试列举生物柴油的主要制备方法,并讨论每种制备方法的优缺点。

　　3. 试简述酯化反应和酯交换反应的区别。

　　4. 试列举5种以上在转酯化技术中常用的固体酸催化剂,并讨论造成固体酸催化剂应用过程中传质困难及反应速率慢的原因。

　　5. 简述生物柴油未来发展趋势及其目前面临的技术挑战。

参 考 文 献

[1] 郑锦荣,徐福缘. 生物柴油开发技术与应用 [M]. 长沙:湖南科学技术出版社,2007.

[2] 舒庆,余长林,熊道陵. 生物柴油科学与技术 [M]. 北京:冶金工业出版社,2012.

[3] 刘全生,李复活,等. 醇醚燃料与汽车应用技术 [M]. 北京:机械工业出版社,2014.

[4] 郑典模,屈海宁,孙云. 地沟油催化裂解制备生物燃油 [J]. 南昌大学学报 (工科版),2010,32 (3):242 - 245.

[5] 孙世尧,贺华阳,王连鸳,等. 超临界甲醇中制备生物柴油 [J]. 精细化工,2005,22 (12):916 -919.

[6] 陈文,王存文,王为国,等. 超临界甲醇法连续制备生物柴油 [J]. 武汉工程大学学报,2007,29 (2):1 - 4.

[7] 赖凌雁. 浅谈生物柴油酸值的控制 [J]. 广东化工,2020,47 (12):133.

[8] FREEDMAN B, BUTTERFIELD R O, PRYDE E H. Transesterification kinetics of soybean oil [J]. Journal of the American oil chemists society, 1986, 63 (10):1375 - 1380.

[9] SCHWAB A W, DYKSTRA G J, SELKE E, et al. Diesel fuel from thermal decomosition of soybean oil [J]. Journal of the American oil chemists'society, 1988, 65 (11):1781 - 1786.

[10] MA F, CLEMENTS L D, HANNA M A. The effects of catalyst, free fatty acids, and water on trans-esterification of beef tallow [J]. Transactions of the ASAE, 1998, 41 (5):1261 - 1264.

[11] CANAKCI M, VAN G J. Biodiesel production via acid catalysts [J]. Transactions of the ASAE, 1999, 42 (5):1203 - 1210.

[12] MA F R, HANNA M A. Biodiesel production:A review [J]. Bioresource Technology, 1999, 70 (1):1 - 15.

[13] DANTAS T N D, SILVA A C, NETO A A D. New microemulsion systems using diesel and vegetable oils [J]. Fuel, 2001, 80 (1):75 - 81.

[14] ISO M, CHEN B X, EGUCHI M, et al. Production of biodiesel fuel from triglycerides and alcohol u-sing immobilized lipase [J]. Journal of Molecular Catalysis B:Enzymatic, 2001, 16 (1):53 - 58.

[15] SAKA S, KUSDIANA D. Biodiesel fuel from rapeseed oil as prepared in supercritical methanol [J]. Fuel, 2001, 80 (2):225 - 231.

[16] DEMIRBAS A. Biodiesel from vegetable oils via transesterification in supercritical methanol [J]. Energy Conversion and Management, 2002, 43 (17):2349 - 2356.

[17] CHANG C C, WAN S W. China's Motor Fuels from Tung Oil [J]. Industrial and Engineering Chemis-try, 2002, 39 (12):1543 - 1548.

[18] KÖSE Ö, TÜTER M, AKSOY H A. Immobilized Candida antarctica lipase - catalyzed alcoholysis of cotton seed oil in a solvent - free medium [J]. Bioresource Technology, 2002, 83 (2):125 - 129.

[19] BOOCOCK D G B. Single - phase process for production of fatty acid methyl esters from mixtures of tri-

glycerides and fatty acids [P] . US Patent：6642399A，2003 - 11 - 04.

[20] VYAS A P，VERMA J L，Subrahmanyam N. A review on FAME production processes [J] . Fuel，2010，89 (1)：1 - 9.

[21] LENG L J，LI H，YUAN X Z，et al. Bio - oil upgrading by emulsification / microemulsification：A review [J] . Energy，2018，161 (15)：214 - 232.

第9章 生物质热化学转化

生物质能作为仅次于煤炭、石油和天然气的世界第四大能源，直接或间接来源于植物的光合作用，其载体一般为农林废弃物、生活垃圾及畜禽粪便等，是一种重要的可再生能源。燃烧是生物质资源能源化利用的主要方式之一，可将其化学能高效转变为热能或者电能等二次能源。生物质经热化学转化制取部分高附加值产品的同时，可将其副产物作为能源利用，这将有助于提升生物质利用过程的整体经济性，也有利于解决固体燃料直接燃烧过程中大量污染物的排放所带来的环境问题。生物质热化学转化是指在一定温度和压力条件下生物质进行化学转化的过程，主要包括热解和水热转化等。热化学转化可将生物质转化为高品位液体燃料、生物炭和高附加值化学品，这不仅可以降低燃烧造成的环境污染，还能实现生物质原料的高效转化，是极具潜力的生物质利用方式。

9.1 生物质热解

9.1.1 生物质组成及结构特性

9.1.1.1 元素分析与工业分析

生物质主要由 C、H、O 三种元素组成，三者可占总量的 95％以上，并含有少量的 S、N 等非金属元素和 K、Na、Ca、Mg 等金属元素。典型生物质的主要元素组成见表 9-1。与化石燃料相比，生物质含氧量高、含碳量低，且碳含量仅占到生物质质量的 40％～50％。一般而言，碳含量决定了其发热量，碳含量越高，发热量越大。此外，含氢量越高，生物质就越容易燃烧。氧虽能助燃，但生物质中过高的氧含量会降低其作为燃料使用的热值。硫、氮等元素的存在，在生物质利用过程中，可能会对环境产生污染。

表 9-1　　　　　　　　　　不同种类生物质的工业分析和元素分析

生物质	元素分析					工业分析				
	$C_{ad}/\%$	$H_{ad}/\%$	$N_{ad}/\%$	$S_{ad}/\%$	$O_{ad}/\%$	$M_{ad}/\%$	$A_{ad}/\%$	$V_{ad}/\%$	$FC_{ad}/\%$	$Q_{bad}/MJ \cdot kg^{-1}$
樟子松	45.92	4.41	0.10	0.03	35.34	13.90	0.30	73.74	12.06	18.84
花梨木	44.32	4.88	0.16	0	36.84	13.45	0.35	71.07	15.13	17.07
稻秆	36.89	3.44	1.19	0.20	30.95	11.21	16.12	61.36	11.31	13.87
稻壳	40.00	3.66	0.53	0.13	31.12	12.30	12.26	60.98	14.46	14.57
竹	45.32	2.51	0.82	0.04	42.23	5.40	3.68	75.70	15.22	17.54
象草	44.45	4.68	0.31	0.16	39.75	8.21	2.44	73.09	16.26	16.65

由生物质的工业分析可知，其由可燃成分（固定碳和挥发分）和非可燃成分（水分和灰分）构成。不同种类生物质的固定碳和挥发分含量相差不大，而灰分含量在不同种类生物质之间存在明显差异，以樟子松、花梨木为代表的林业生物质的灰分含量较低，而稻秆、稻壳

等农业类生物质的灰分含量较高。

9.1.1.2　结构组成及特性

生物质的组成结构如图 9-1 所示。此外，生物质中还含有少量的抽提物和灰分。不同生物质的组分分布差异较大，具体见表 9-2。木材类生物质通常具有较高的纤维素和木质素含量，其纤维素含量约占 50%，抽提物含量大约为 10%；而农业秸秆类生物质中半纤维素含量和抽提物含量显著较高，分别占 30%～45% 和 10%～20%，同时，由于农业施肥等原因，秸秆类生物质中一般还含有较高的灰分。此外，秸秆作物本身种类较多，不同种类的秸秆组分分布也存在较为明显的差异。

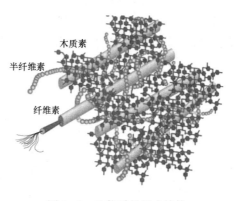

图 9-1　生物质的组成结构

表 9-2　　　　　　　　　　　　　　　典型生物质样品的组分分析　　　　　　　　　　　　　%（质量分数）

生物质＼组分	纤维素	半纤维素	木质素	抽提物	灰分
杉木	48.90	11.94	31.21	7.70	0.25
樟子松	47.80	17.70	25.50	8.70	0.30
速生杨	60.70	19.06	14.80	2.94	2.50
花梨木	53.62	16.80	21.08	8.43	0.07
水曲柳	56.42	25.64	13.47	4.33	0.14
西南桦	53.13	20.39	17.21	8.92	0.35
稻秆	29.53	41.11	5.07	21.81	2.48
稻壳	23.87	37.15	12.84	18.59	7.56
竹子	20.00	45.84	12.83	20.79	0.54

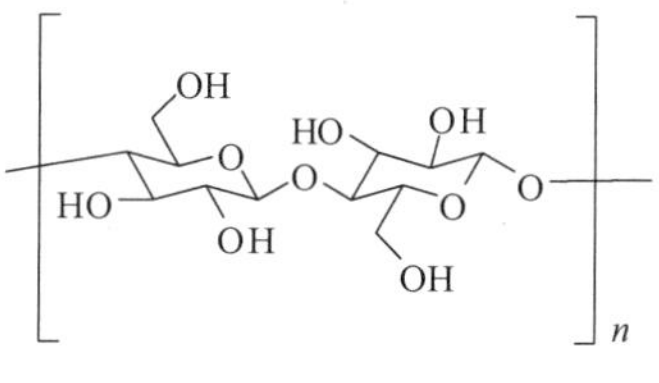

纤维素是自然界中分布最广和含量最多的一种高分子多聚糖，由葡萄糖单元通过 β-1,4-糖苷键连接而成，其基本重复单元为纤维二糖（如图 9-2 所示）。纤维素的结构通式为 $(C_6H_{10}O_5)_n$，聚合度 n 通常在 3500～10000，其排列规则、聚集成束，是细胞壁的骨架结构。纤维素中存在强而广泛的分子内和分子间氢键，并在范德华力的作用下，形成均匀有序排列的结晶区，具有高度顽抗性；部分纤维素分子排列无序且结构松散，形成无定形区，该部分抗分解能力较弱，易发生水解。

图 9-2　纤维素分子的结构单元

半纤维素属于细胞壁的缔结物质，以较短的链状形式排列在纤维素骨架上。不同于纤维素的规整结构，半纤维素是由不同单糖残基组成的杂多聚糖混合物，主要组成单元包括五碳糖（木糖、阿拉伯糖等）、六碳糖（葡萄糖、甘露糖、半乳糖等）以及糖醛酸（葡萄糖醛酸、半乳糖醛酸等），如图 9-3 所示。硬木和秸秆类生物质中半纤维素通常以木聚糖为主，其典型结构片段如图 9-4 所示。木聚糖主链是由 β-D-木糖单元通过 β-1,4-糖苷键组成的长链，聚合度为 60～200。部分木糖单元 C_2、C_3 位羟基可被多种侧链取代，包括 O-乙酰基、4-O-甲基葡萄糖醛酸和 α-L-阿拉伯糖等。然而，软木中半纤维素则以葡甘露聚糖为主，其主链由两种六碳糖（β-D-甘露糖和β-D-葡萄糖）通过β-1,4-糖苷键聚合而成。其中，主链单元 C_2、C_3 位羟基同样会被 O-乙酰基、4-O-甲基-D-葡萄糖醛酸和β-D-半乳糖等基团取代。半纤维素与纤维素间通常以氢键形式结合，而与木质素间则通过共价键形式连接，因此，半纤维素样品中往往含有部分木质素的苯环结构片段。

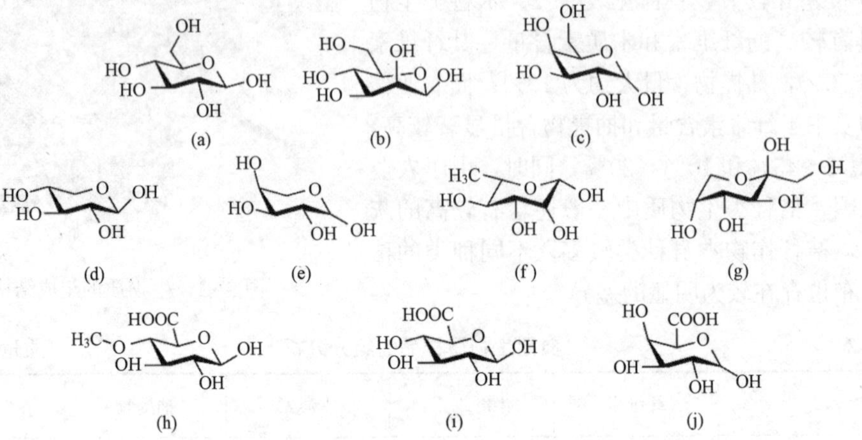

图 9-3　半纤维素的基本组成单元结构

(a) β-D-葡萄糖；(b) β-D-甘露糖；(c) α-D-半乳糖；(d) β-D-木糖；(e) α-L-阿拉伯糖；
(f) α-L-鼠李糖；(g) β-D-果糖；(h) 4-O-甲基-D-葡萄糖醛酸；
(i) D-葡萄糖醛酸；(j) D-半乳糖醛酸

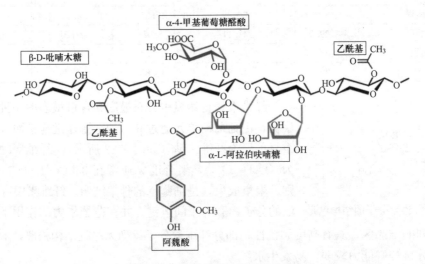

图 9-4　典型木聚糖的结构片段

木质素作为细胞壁的硬固成分，呈三维网状的大分子结构，其主体结构由对羟苯基（H）、愈创木基（G）和紫丁香基（S）通过 C—C 和 C—O—C 无规则连接而成，如图 9-5 所示，且这 3 种基本结构单元的含量与生物质的种类密切相关。其中，软木木质素主要以 G 型单元为主，而硬木木质素同时含有较多的 G 型和 S 型单元。木质素的芳基连接键主要有三种：①芳基醚键形式，典型的有 β-O—4 型、α-O—4 型和 4-O—5 型等，其中 β-O—4 型最为常见，该连接形式在软木木质素中可占 45%～50%，在硬木木质素中则可达 60%

以上；②芳基 C—C 键形式，主要为 5—5 型和 β—1 型，还存在 α—6 型、β—6 型等其他连接形式，广泛分布于软木木质素中，如云杉木质素中 5—5 型连接形式通常可达 20% 以上；③缩合形式，主要包括 β—5 型，这类连接键通常在木质素中占比较少，最多可占约 10%。

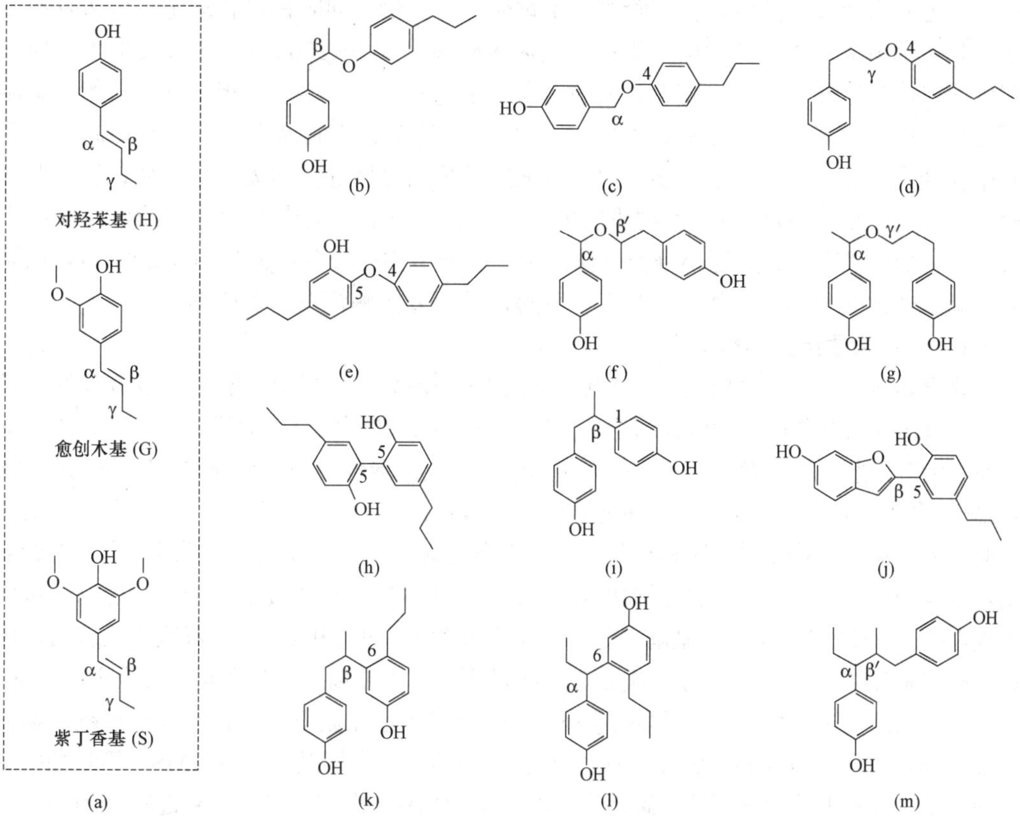

图 9-5　木质素基本组成单元及主要连接键

(a) 组成单元；(b) β—O—4 型；(c) α—O—4 型；(d) γ—O—4 型；(e) 4—O—5 型；(f) α—O—β′型；
(g) α—O—γ′型；(h) 5—5 型；(i) β—1 型；(j) β—5 型；(k) β—6 型；(l) α—6 型；(m) α—β′型

除上述三大组分外，生物质中还含有少量的抽提物和灰分。作为非结构组分，抽提物可通过甲苯、己烷等非极性溶剂以及水、二氯甲烷等极性溶剂从生物质中提取出来，其主要包含蜡、脂肪、树脂、单宁酸、淀粉、色素等物质。生物质中的灰分则主要是含有的钾、钙、钠、镁等碱和碱土金属盐，此外，生物质中还含有硅、磷、硫、氯等无机元素以及极微量的铝、铁、铜、锌等金属元素。

9.1.2　宏观热解行为

当生物质颗粒进入热环境中，热量通过对流和辐射换热传递到颗粒的表面，随后主要通过热传导从颗粒表面传递到颗粒内部，从而致使颗粒内部温度不断升高。随着温度的升高，生物质首先析出水分，随后在高温的驱动下进一步发生热解反应，释放出挥发分并生成焦炭。在该过程中，反应的热效应以及挥发分在颗粒内部的流动将对颗粒内部的热传递带来影响。由于热量是从颗粒外表面向内层传递，因此可将生物质颗粒分为三个区域：①反应已完成的颗粒外层；②正在发生热裂解的中间区域；③尚未发生热裂解的颗粒内部区域。生物质经一次热解反应生成一次生物油、不可冷凝气体和焦炭，随后在多孔生物质颗粒内部的一次生物油将进一步热解生成不可冷凝气体、二次生物油和焦炭。同时，挥发分离开生物质颗粒时，还将穿越周围的气相组分，在此也会发生二次分解反应。

根据反应温度，生物质的热解过程可分为以下四个主要阶段：①干燥阶段（室温至100℃），也称为预脱水阶段，在该阶段，生物质吸收热量的同时析出物理水，但生物质本身的结构和化学组成基本没有发生变化；②预热解阶段（100~250℃），该阶段中生物质的结构和化学组成开始发生变化，随着温度的升高，生物质中一些不稳定组分（如初始热解温度最低的半纤维素）开始轻微分解，生成 CO、CO_2 以及少量乙酸等小分子物质，同时木质素也开始轻微失重并析出小分子产物，而纤维素则发生结晶区部分的无定形转变；③主要热解阶段（250~500℃），该阶段中生物质发生了明显的热分解，生成了大分子的可冷凝挥发分以及 CO_2、CO、CH_4 和 H_2 等小分子气体产物；④残留物缓慢分解阶段（>500℃），该阶段主要是尚未热解完全的残留物进一步发生分解以及部分热解挥发分发生缩合。

9.1.3　生物质组分热解原理

纤维素热解产物主要包括左旋葡聚糖、乙醇醛、糠醛、5-羟甲基糠醛以及其他脱水糖产物等。结合试验研究和已有的研究结论，推导出的纤维素热裂解可能的反应路径，如图9-6所示。在热裂解初期，纤维素大分子首先发生降解，生成低聚合度的糖类物质，然后通过断裂β-1,4-糖苷键进一步分解生成吡喃型葡萄糖单元或其他产物，该过程通常存在三个竞争反应路径，即吡喃类物质、呋喃类物质和小分子直链产物的竞争生成。当 C_6 上的羟基与 C_1 上的氧自由基发生缩合反应时，则会生成左旋葡聚糖（LG），随后进一步通过 C_3 和 C_4 上羟基的脱水作用生成左旋葡聚酮（LGO）；当吡喃型葡萄糖单元发生 C_1—C_4 和 C_3—C_6 双脱水反应时，则会生成双脱水吡喃糖（DGP）。在生成吡喃类产物过程中，主要以 LG 发生脱水反应生成 LGO 的路线为主。乙醛和1-羟基-2-丙酮的生成与 LG 的形成相互竞争，并且小分子直链产物的含量随吡喃类物质含量的减少而显著增加。糠醛（FF）和5-羟甲基糠醛（HMF）等呋喃类物质则更倾向于由吡喃型葡萄糖单体分解而成。吡喃型葡萄糖单体通过 C_1—O_7 键断裂和随后的分子内羟基脱水生成对应的己糖直链结构，随后 C_2 和 C_5 上的羟基经脱水环化作用生成 HMF；而 FF 则可以通过 HMF 二次裂解脱除羟甲基生成。

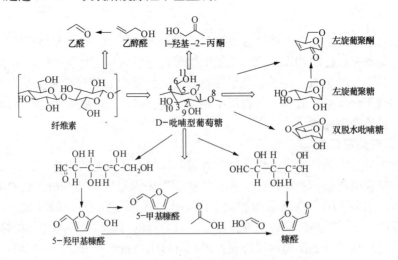

图 9-6　葡萄糖热解反应路径

相比于纤维素，半纤维素的结构和组成在不同生物质中存在明显差异，因此其热解反应机理较为复杂。木聚糖是硬木及草本植物半纤维素的主要成分，常被作为半纤维素模化物。当木聚糖受热分解时，与其交联的纤维素和木质素首先从木聚糖主体结构中脱落，分别生成吡喃类产物和酚类产物，如图 9-7 所示。此外，木聚糖的主体结构发生解聚生成五碳糖结构的单体，同时发生侧链断裂生成甲酸和乙酸。随着反应的进行，五碳糖发生开环形成 C—C 直链结构，它可以直接分解生成含有 2～3 个碳原子的酸、酮类物质（如丙酸和 1-羟基-2-丙酮），也可以通过再环化作用生成含有呋喃环的糠醛、呋喃酮以及环戊烯酮类物质。环戊烯酮类物质主要是通过 C＝C 键环化生成，而含有呋喃环的糠醛和呋喃酮类物质则主要是通过碳原子（C_1—C_4）上的羟基脱水生成。

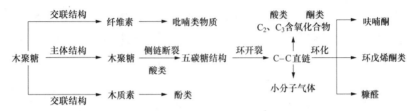

图 9-7　木聚糖热裂解途径

木质素热解过程则更为复杂。由于木质素苯环结构在热解过程中较难破坏，木质素热解过程可分为单体的热解以及连接键的断裂。木质素中含有丰富的甲氧基结构，其演变过程对木质素热解的产物组成尤为重要。以 2,6-二甲氧基苯酚为例，其均裂脱甲基过程是初始反应，而后在生成的甲基自由基诱导下，发生甲氧基重排和脱甲氧基反应，其具体反应路径如图 9-8 所示。此外，甲基自由基也可深度参与木质素的热解过程，生成大量的烷基化酚类。其中，甲基酚类是由甲基自由基直接加成到 2,6-二甲氧基苯酚中甲氧基所在的碳位上，并通过后续的甲氧基解离形成。同时，甲基酚中的甲基结构可作为氢源参与热解环境中自由基的吸氢反应，而后与甲基自由基偶联实现碳链增长，生成乙基酚。

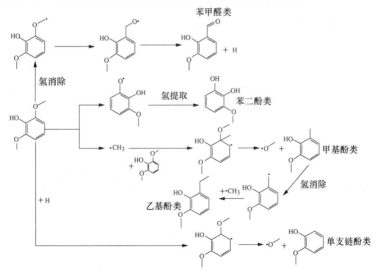

图 9-8　甲氧基演变反应路径

在木质素连接键中，α—O—4 醚键的断裂相对简单，是通过 C_α—O 的均裂进行，而 β—O—4 芳基醚键的断裂机制相对复杂。以 β—O—4 二聚体 DMPD 为例，其初始断裂方式主要为自由基均裂反应和协同周环反应。均裂反应可以发生在 C_β—C_α 和 C_β—O 两处，协同反应也可进一步分为六元环的逆烯断裂反应和四元环的 Maccoll 消除反应。在中温条件（550℃）下，其反应速率大小为 C_β—O 均裂＞逆烯断裂＞Maccoll 消除＞C_β—C_α 均裂；但在高温下，C_β—C_α 均裂的反应速率超过 Maccoll 消除，并可与逆烯断裂反应相竞争。相比于芳基醚键，芳基 C—C 键的断裂难度更大。其中，β—1 键的强度最弱，其断键可通过 C_α—C_β 的协同周环反应或者自由基均裂进行，何种反应占优也仍然依赖于反应温度。

9.1.4　热解反应的影响因素

生物质热解行为受多种反应因素的影响，大致可分为两类：①与反应条件有关，包括反应温度、升温速率和停留时间等；②与原料特性有关，包括生物质种类、组成和颗粒粒径等。

9.1.4.1　反应条件

反应温度是影响生物质热解过程及产物分布的关键因素。一般情况下，当温度低于400℃时，生物质热解反应进程较慢，产物主要为炭和不可凝气体；在 450～600℃ 范围内，生物油的产量先随反应温度的升高而增加，达到最大值后又随温度的继续升高而减少。气体的产量随反应温度升高而增加，当反应温度高于 650℃ 时，气体成为主要产物。此外，反应温度对生物油的组成也有显著影响。随着反应温度的升高，有机酸类等热稳定性较弱的物质含量减少，而苯酚类等热稳定性相对较高的物质含量增加，同时生物油中的萘和苊等多环芳烃也从无到有且含量有所增加，表明一次热解产物在高温条件下发生了二次分解或缩聚等反应，使部分含氧有机挥发分转变为氧含量少和热稳定性较好的有机物（如苯和萘等）。另外，反应温度也会对热裂解气体产物组成产生一定影响。CO_2 的生成主要来自低温时半纤维素中糖醛酸结构的一次裂解，同时高温时木质素中的羧基断裂也会释放出少量的 CO_2，因此，CO_2 含量会随反应温度的升高发生明显下降。CO 则是通过挥发分中不稳定的羰基断裂生成，主要来自高温时一次挥发分的二次裂解，因此，CO 含量随温度的升高呈增长趋势。

升温速率是区别反应器类型的一个重要标志，其主要是由反应器类型、反应温度和生物质颗粒粒径决定。通常情况下，低升温速率会延长生物质在低温区的停留时间，导致生物质颗粒内部温度无法较快达到预定的热解温度，从而促进纤维素和木质素的脱水和炭化反应，增加焦炭产率；而高升温速率有助于缩短生物质颗粒在低温阶段的停留时间，并减少纤维素和木质素的脱水和缩聚反应，有效抑制焦炭的形成，从而促进生物油的生成，这也是热解制取生物油技术通常选用快速升温的原因。

停留时间可指固相产物和气相产物的停留时间。物料在热解反应器中需停留一定的时间，否则有可能引起生物质颗粒的不完全热解。对于快速热解而言，停留时间往往指气相产物的停留时间，这是影响生物质快速热解液化形成生物油的一个重要因素。生物质在快速热解初始阶段产生的气态产物脱离颗粒，其中分子较大的部分可冷凝挥发分，在气相空间还能进一步发生反应，生成焦炭、二次生物油和不可凝气体产物，从而导致生物油产率下降，且气相产物停留时间越长，其发生二次分解反应的程度就越严重。因此，为了生物油产率的最大化，将生成的气相产物快速引出热解反应区域是一个重要措施。

9.1.4.2　原料特性

生物质因为种类不同，所以其组成和结构存在较大差异，这将导致热解产物存在显著区别。在生物质三大组分中，纤维素热解形成的生物油产率最高，半纤维素热解则更有利于小分子气体产物的生成，而木质素热解对焦炭的贡献最为显著。由表9-2中不同生物质的组分分析结果可知，林业类生物质（樟子松和花梨木）中纤维素的平均含量约50%，而半纤维素含量相对较少，同时灰分含量最少，这有利于生物油的生成。同时，实际林业类生物质热解也表现出了最高的生物油产率和相对较低的焦炭产率。农业类生物质（稻壳和稻秆）中半纤维素含量较高、纤维素含量较低，且含有较高的灰分含量，这使其相比于林业类生物质热解生成的生物油更少。另外，竹子中三组分含量与农业类生物质相对接近，因此，其热解产物的分布与稻壳和稻秆有一定的相似性。

生物质颗粒粒径在热质传递过程中起着重要作用，粒径尺寸会影响颗粒的升温速率以及挥发分的析出速率，从而影响生物质的热解行为。一般来说，对于粒径小于1mm的生物质颗粒，热解过程可以忽略颗粒内部热质传递的影响，而当颗粒粒径较大时，热量从颗粒外部向内部传递，颗粒内部升温缓慢，在低温区停留时间较长时，颗粒的中心会发生低温解聚，导致热解生成焦炭的概率较大。另外，对于较大粒径的颗粒，在热解过程中无法忽略热解产物的二次反应。颗粒越大，挥发分在生物质内部停留时间越长，二次反应的作用越显著。

9.1.5　生物油提质与应用

生物质通过快速热解技术获得的生物油品质较差，为了实现生物油的高品位利用，需要对生物油进行提质改性，以优化其燃料特性。常见的改性技术包括催化裂化、催化加氢、催化重整、催化酯化和乳化等。此外，通过催化热解等源头调控技术也可提高生物油的品质。

催化热解是指在生物质热解过程中添加催化剂，从而选择性强化目标反应路径，以促进特定产物的生成。常见的催化剂包含无机盐、金属氧化物和分子筛等。分子筛催化剂因其酸性及择形性而具有高效的脱氧以及芳构化能力，是目前最为常用的生物质热解催化剂之一。例如，在生物质热解过程中加入ZSM-5或HZSM-5有助于芳烃产物的生成，但在该过程中催化剂易发生失活。受限于孔道尺寸，只有小分子化合物才能扩散进入ZSM-5分子筛孔道内发生反应。生物质在热解过程中产生的大量大分子化合物，由于无法进入分子筛内部，会在表面酸性位作用下发生缩合，生成焦炭。同时，在催化剂孔道内的芳构化过程中，会发生苯环的增长，生成多环芳烃，并堵塞孔道，使催化剂失活。此外，生物质中存在的无机盐，尤其是Na、K、Ca、Mg等碱和碱土金属在热解过程中会沉积到催化剂表面，导致其失活。因此，生物质催化热解过程中存在催化剂易结焦、目标产物产率低等问题。

生物质快速热解技术在国外实现了一定范围的产业化应用。加拿大Ensyn公司开发了基于循环流化床反应器的生物质热解制取液体燃料工艺，并于20世纪90年代初期开始运行生物质快速热解的商业化项目。在中温、常压条件下，生物质经过给料斗下料后，首先利用焦炭燃烧的热量进行干燥，并进一步通过螺旋给料进入热解反应器和流化的热砂接触并快速受热析出挥发分。反应未完全的焦炭和石英砂经旋风分离器分离进入再热反应器（鼓泡床）进行燃烧，热载体石英砂被重新加热并被循环输送到热解反应器，燃烧产生的高温烟气则用于干燥生物质原料。可冷凝挥发分被已冷却的生物油喷淋降温冷凝后收集，而不可凝热解气则被重新通入热解反应器以用于石英砂流化。荷兰BTG公司与Twente大学合作开发了基于旋转锥反应器的生物质热解工艺，将生物质原料与热石英砂在反应器底部混合，随着锥体旋转而螺旋上升。同时，由于生物质受热分解生成挥发分和焦炭，挥发分经过旋风分离和冷凝得到生物油和热解气，焦炭随同石英砂进入流化床燃烧器中燃烧以提供预热石英砂的热量，随后石英砂循环进入反应器中参与下一次热解反应。我国的生物质快速热解技术研究起步于 20 世纪 90 年代，目前处于产业化示范或者产业化前期，正逐步形成商业化规模。

9.2 生物质水热转化

9.2.1 水热转化反应原理

生物质水热转化是指生物质在纯水或有机溶剂 - 水的液相介质中，于中低温（一般小于200℃）和一定压力条件（一般小于 3MPa）下，受热解聚制取特定化合物的一项技术。在此过程中，主要是生物质中的纤维素和半纤维素在催化剂（包括均相酸溶液、固体酸催化剂、离子液体等）作用下解聚生成低聚糖，并进一步脱水生成糠醛（Furfural，FF）、5 - 羟甲基糠醛（5 - Hydroxymethylfurfural，HMF）、乙酰丙酸（Levulinic acid，LA）等平台化合物，主要涉及以下几种化学反应过程。

9.2.1.1 解聚反应

木质纤维素类生物质是由纤维素、半纤维素和木质素三大组分和其他成分通过系列复杂的化学键连接而成。因此，要实现生物质的水热定向转化，首先要使生物质解聚，即选择性破坏化学键。生物质解聚包括两种类型：①生物质各组分间的化学键选择性断裂，最终解聚为纤维素、半纤维素和木质素三大组分；②生物质某一组分中的化学键选择性断裂，解聚为寡聚物或小分子化合物。

生物质三组分的水热解聚分离方法主要包括酸处理、碱处理和有机溶剂处理。酸处理主要是通过一定浓度的酸溶液浸泡生物质原料，以打破木质素的包裹作用和纤维素的结晶结构，同时使半纤维素发生水解。典型的酸预处理为生物质在浓度低于 4% 的硫酸溶液中于140～200℃下反应一定时间。稀硫酸预处理木质纤维素原料不仅能使半纤维素充分水解，而且能够打破纤维素的结晶结构，使原料结构较为疏松，从而利于纤维素的后续转化。另外，碱性溶液也可用于木质纤维素预处理，其处理效率受木质素组分含量的影响，适合于木质素含量较少的农林废弃物和草本科植物，而对木质素含量较高的针叶木类原料作用并不明显。在碱溶液中，大部分半纤维素以寡糖的形式回收，同时木质纤维素孔隙发生润胀，增加了原料的表面积，降低了结晶度和聚合度。采用有机溶剂或有机溶剂与无机酸的混合溶液预处理生物质原料可破坏其内部木质素和半纤维素间的连接键，在此过程中木质素可溶解于有机溶剂中得到回收，且结构保留相对完好，常用的有机溶剂有甲醇、乙醇、丙酮等。

对于生物质中某一组分的解聚，以纤维素为例，其水热解聚方式可分为浓酸水解法和稀酸水解法。前者使用高浓度酸与较低的反应温度，后者使用低浓度酸和高温。考虑到反应器腐蚀与整体工艺成本，稀酸水解是纤维素解聚的较佳选择。在 H^+ 和水的共同作用下，纤维素的 $\beta - 1,4 -$ 糖苷键或吡喃环上的 C—O 键发生断裂，最终生成葡萄糖。此过程可细分为三个步骤：氧的质子化、C—O 键的断裂和水的亲核攻击及分子脱质子，具体机理如图 9 - 9 所示。不同于纤维素，半纤维素则是由多种不同分子单元连接而成的杂聚物，其水解会生成多种单糖和有机酸小分子，如木糖、阿拉伯糖、甘露糖、乙酸等。值得一提的是，半纤维素中β型糖苷键的酸水解机理与纤维素酸水解机理类似。首先是氢离子参与的氧原子质子化，随后是 C—O 键断裂形成碳正离子，其中 C—O 键断裂是速率限制步骤，最后快速与水加成形成水解产物。

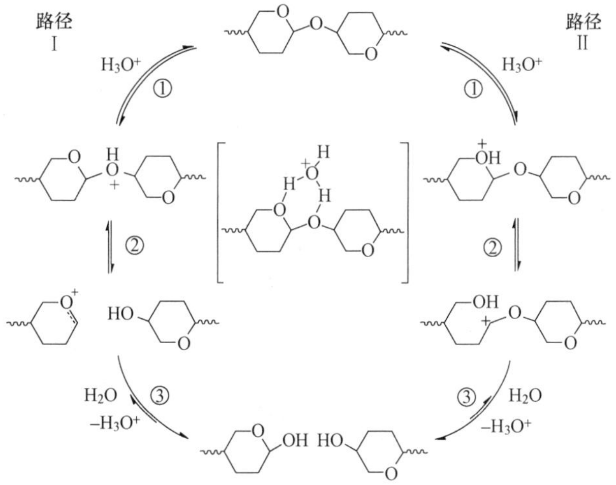

图 9-9　糖苷键的酸催化水解机理
①—氧的质子化；②—C—O 键的断裂；③—水化与脱质子

9.2.1.2　脱氧反应

生物质含氧量较高，由其制备液体燃料需降低氧含量。生物质水热转化过程中的脱氧反应主要是指脱水反应，包括分子内脱水和分子间脱水（缩合反应）。

1. 分子内脱水反应

目前，对生物质碳水化合物研究最多的反应即是脱水反应，如六碳糖脱水制备 HMF、五碳糖脱水制取 FF 等。以六碳糖为例，在其脱去 3 个水分子生成 HMF 的过程中，相关研究提出了两类主要的反应路径，分别是链式脱水与环式脱水。环式脱水一直缺乏直接的实验证据，因此，研究主要集中于链式脱水路径。链式脱水过程由亲核试剂（通常是 Bronsted 酸的共轭碱）催化，且需要质子参与反应，如图 9-10 所示。当葡萄糖作为反应物时，葡萄糖在碱催化下发生 1,2-氢转移生成 1,2-烯醇，并经过连续的两步 1,2-消除反应和一步 1,4-消除脱水生成 HMF，该路径的关键步骤在于 1,2-烯醇的生成；当反应物为果糖时，果糖除了能够直接在 C_1 与 C_2 位上发生脱水，也可能在生成 1,2-烯醇后再脱水。五碳糖与六碳糖的脱水转化机理相类似，也分为链式脱水与环式脱水。五碳糖首先可能在 Bronsted 酸和亲核试剂作用下生成 1,2-烯醇中间体，也可能直接经 1,2-氢转移过程异构化为木酮糖，随后再脱去三个水分子生成 FF。

2. 缩聚反应（分子间脱水）和加氢脱氧反应

由于生物质解聚和脱水生成的平台分子只含 5 个或 6 个碳，因此要合成长碳链的液体燃料前驱体必须要进行碳链构建，如碱催化羟醛缩合可获得 $C_8 \sim C_{16}$ 的长碳链含氧化合物。FF 和 HMF 作为含有醛基的平台化合物，可以与各种含有活泼 α-H 的醛酮类化合物经羟醛缩合实现碳链增长或构建，以形成不同分子结构和大小的含氧化合物，最后经加氢脱氧生成具有不同碳链长度的烷烃，具体如图 9-11 所示。例如，FF 可以与 2-戊酮或 2-庚酮缩合并加氢脱氧制备 $C_{10} \sim C_{12}$ 直链烷烃，与甲基异丁基甲酮（MIBK）缩合并加氢脱氧制备 C_{11} 支链

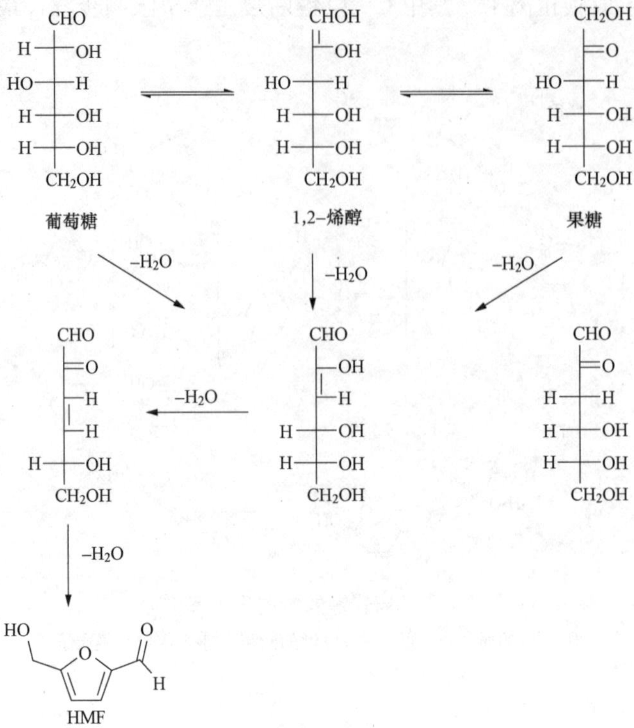

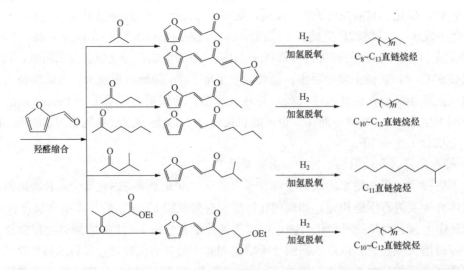

图 9-10　葡萄糖和果糖的链式脱水制备 HMF 反应路径

烷烃，与乙酰丙酸（酯）缩合并加氢脱氧制备 $C_{10}\sim C_{12}$ 直链烷烃。通常情况下，强碱（NaOH、KOH 等）是羟醛缩合反应常用的催化剂，可显著降低反应温度并缩短反应时间，具有较高的催化活性。Hronec 等研究了 FF 和环戊酮水相合成 C_{15} 中间含氧化合物的过程，结果表明当反应温度保持在 $40\sim100℃$ 时，使用 NaOH 催化剂可获得高达 95% 的缩合产物；当用 HMF 代替 FF 时，缩合产物产率可提升至 98%。

图 9-11　FF 与含 α-H 羰基化合物经羟醛缩合并加氢脱氧生成不同碳链长度烷烃的途径

对于以羟醛缩合途径生成的长链含氧化合物的加氢脱氧过程，呋喃环的开环反应对整个加氢脱氧过程起关键作用。碳链支链上 C＝C 键最容易加氢，在低温下即可实现加氢饱和；随后是呋喃环上的加氢及开环反应，当环上 C＝C 键加氢饱和后，便进行 C—O 键的断裂反应。呋喃环经加氢饱和形成的四氢呋喃环中的环氧醚键十分稳定，一般需要高温活化。因此，如果以先加氢后开环的方式，则需在较高温度条件下才能获得烷烃产物。然而，若先进行呋喃环开环以获得多羰基化合物，再进行加氢脱氧生成烷烃，便能使反应所需温度显著降低。例如，HMF 与丙酮的缩合产物在乙酸溶液中于 100℃ 的低温和低氢气压力条件下，使用 Pd/C 催化加氢反应 3h 后可获得高产率的呋喃环开环产物，然后加入 Pd/C 和 La (OTf)$_3$ 催化剂继续加氢，支链上的羰基经加氢饱和并脱氧生成长链烷烃。

在生物质碳水化合物水热转化过程中，一些缩聚反应会带来不利影响。例如，由于糖分子及其脱水产物通常具有较多活泼基团（如羰基、羟基等），糖分子、中间产物分子以及产物分子之间均可相互发生缩聚反应，形成不同聚合度的副产物，其中最为典型的即是具有呋喃多聚体结构的胡敏素（Humins）。这些副产物的生成一方面降低了原料的利用效率、浪费了碳资源；另一方面副产物沉积还会导致催化剂失活、产物分离困难等问题。

9.2.2　水热转化工艺的影响因素

生物质水热转化的影响因素主要包括三个方面：反应工况（反应时间、压力和温度、底物浓度等）、催化剂以及溶剂体系。反应工况参数需要根据反应体系的特性（反应物种类、目标产物、催化剂等）进行优化，以实现目标产物的最佳产率。部分目标产物（如 FF、HMF 等）的化学性质较为活泼，若反应时间过短，则会导致反应不够充分，产率过低；若反应时间过长，其最终产率会因副反应的发生而下降。当然，较高的反应温度能够加速生物质的脱水转化过程，缩短反应物转化率和目标产物产率达到最大值的时间。在纯水溶剂体系中，部分目标产物产率较低且易发生副反应，但其在有机溶剂－水混合溶剂体系中则会保持相对稳定。例如，当葡萄糖在纯水体系中脱水制取 HMF 时，生成的 HMF 极易转化生成 LA，然而当使用 MIBK/水双相溶剂体系时，可有效抑制 HMF 再水合反应，极大程度地提高目标产物的产率。除了上述影响因素外，反应物浓度、催化剂浓度等因素都会对糖类的转化率和目标产物的产率造成不同程度的影响。因此，为了达到最佳的反应工况，可结合反应动力学模型和响应面方法对数据进行拟合，实现多参数协同优化。

催化剂是生物质水热转化过程中最为核心的影响因素，对水热转化反应具有直接调控作用。目前，催化剂类型主要分为均相和非均相两大类。均相催化剂可均匀分散在溶剂中，催化性能较好，且制备工艺简单，但回收工艺复杂，甚至难以回收利用；而非均相催化剂由于其和溶剂处于不同相，往往需要通过机械搅拌强化催化剂上的活性位点和反应物之间的有效接触，催化效果通常弱于均相催化剂，且制备过程和工艺也相对复杂，但其易于从催化体系中分离并循环使用。

常见的均相催化剂有可溶性矿物酸碱、可溶性过渡金属配合物以及离子液体等。目前，在生物质水热转化制取平台化合物过程中，最常用的是硫酸催化，但由于硫酸酸性较强，通常会对设备造成腐蚀，同时会产生大量较难处理的酸性废液，且催化剂重复使用困难。可溶性过渡金属配合物在生物质水热转化过程中的应用也得到了大量研究，此类催化剂通常具有路易斯酸性，能够降低反应活化能，具备良好的催化效果，相较于常用的可溶矿物酸催化剂，能够提高反应物的转化率和目标产物的选择性。离子液体一般是指由有机阳离子和无机或有机阴离子构成的以稳定液态形式存在的熔盐，其既可作为溶剂使用，也可以作为催化剂使用，价格相对较为昂贵，但具有较好的催化效果，因此众多学者对其在生物质水热转化领域的应用展开了大量研究。

非均相催化剂种类较多，主要有沸石分子筛、金属氧化物、离子交换树脂、碳基固体酸、负载型固体超强酸等。相较于均相催化剂，非均相催化剂具有易于回收和循环使用的优势，但在大多数研究中，非均相催化剂几乎很少直接用于原始生物质的水热转化过程，主要是因为非均相催化剂和反应物之间的传质较为困难，使非均相催化剂上的酸性位点无法有效地和生物质中的糖苷键接触并作用。此外，生物质水热转化过程中会产生大量的副产物，尤其是固体副产物会沉积在催化剂表面或孔内，导致催化剂失活。

除了反应工况和催化剂两大因素，溶剂体系对生物质水热转化过程的影响也不容忽视。溶剂不仅提供反应介质，而且合适的溶剂体系更能促进反应物的转化，同时抑制副反应的发生，以提高目标产物的选择性。部分极性非质子溶剂能够显著降低反应的活化能，如γ-戊内酯（GVL）等；部分溶剂能够与溶液中的氢离子直接结合，以促进单糖脱水转化，如二甲亚砜（DMSO）等；有些溶剂能够选择性地抑制副反应的发生，如四氢呋喃（THF）等；另外，离子液体作为溶剂，可提高生物质的溶解度以促进其转化。在目前研究中，为了抑制副反应以提高目标产物的选择性，通常采用水-有机溶剂双相体系，即反应物在水相中生成的目标产物被实时萃取到有机相中，有效地抑制了目标产物在水相中发生副反应，提高了目标产物的选择性。

综上所述，近年来研究者提出的生物质水热转化过程的催化体系都是基于催化剂的构建和溶剂体系的选择这两大因素，绝大多数都是聚焦于所选择的催化剂结构、溶剂体系以及催化过程的催化机理及调控机制。

9.2.3 生物质水热转化产物概述

9.2.3.1 呋喃类平台化合物

呋喃类产物是一类可由生物质水热转化制取的重要平台化合物，主要包括 FF 和 HMF，两者制备路线类似，都可通过生物质水解得到的单糖分子脱去 3 个水分子获得，且这两种平台化合物可进一步转化为多种高附加值化学品和液体燃料，如图 9-12 所示。

FF 是一种含有醛基官能团的呋喃化合物，醛基和呋喃环使 FF 具有较高的反应活性，能够进一步合成多达 80 余种高附加值化学品和液体燃料。目前，绝大多数 FF 被用于生产以糠醇为代表的含氧五元杂环化合物。其中，糠醇是呋喃树脂的重要生产原料，同时也能够用于制造纤维增强塑料、合成纤维、橡胶树脂，或用于赖氨酸、维生素 C 和分散剂的制备过程。此外，FF 也是重要的液体燃料前驱体，可通过加氢反应制备 2-甲基呋喃、2-甲基四氢呋喃等生物燃料组分，其相比于传统的生物乙醇燃料具有更高的能量密度和辛烷值。FF 也可与含有活泼 α-H 的醛酮类化合物经羟醛缩合、加氢脱氧等反应生成可以直接用作交通燃料的长链烷烃。另外，FF 也可由石油基原料（如 1,3-二烯）催化制取，但该工艺路线的经济性较差。相比于 FF，HMF 在 C_5 位置上多含一个羟甲基基团，因此具有更加活泼的化学性质，这也为其高附加值利用提供了更多的可能性。例如，2,5-呋喃二甲酸（FDCA）是一种重要的生物基高分子聚合物前驱体，可由 HMF 通过氧化反应制得，其作为聚酯单体可与乙二醇通过酯交换缩聚合成聚呋喃二甲酸乙二醇酯，以代替石油基对苯二甲酸生产聚对苯二甲酸乙二醇酯，且具有更好的力学性能与生物可降解性。此外，HMF 通过氢解、酯化

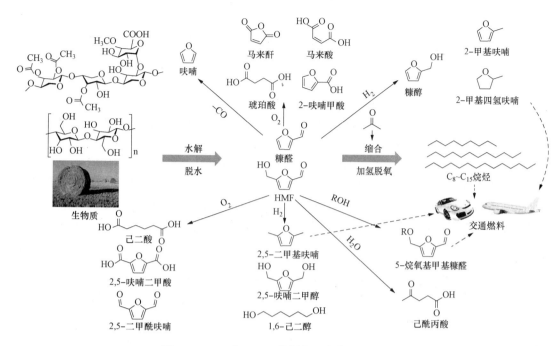

图 9-12　FF 和 HMF 的制备及高值化利用路线

等反应可以制备 2,5 - 二甲基呋喃和 5 - 烷氧基甲基糠醛醚等液体燃料。Huber 等提出 HMF 经羟醛缩合耦合加氢脱氧制备 C_9、C_{12} 和 C_{15} 链烷烃的技术路线，该研究为近年来石油基液体燃料替代品的研发奠定了理论基础。值得一提的是，HMF 化学性质极不稳定，这对其生产和分离提纯造成了一系列困难，如 HMF 极易在酸性环境下发生再水合、缩聚等副反应，导致 HMF 产率较低。为此，学者们提出了多种抑制副反应的方法，包括有机溶剂屏蔽、双相溶剂体系实时萃取以及加入稳定剂等。

FF 的工业制取方法最早可以追溯至 1922 年，Quaker Oats 公司开发了间歇式反应器，实现了 FF 的工业生产。目前，世界上约有 70% 的 FF 生产企业依然在使用序批式反应器以及 Quaker Oats 工艺。该工艺以燕麦壳为原料、2.2%（质量分数）稀硫酸为催化剂，通入 153℃蒸汽并保持 5h。在此过程中，燕麦壳中的戊聚糖经水解生成戊糖并进一步脱水生成 FF，随后 FF 同蒸汽一起带出反应器。该工艺制备的 FF 产率约为理论值的 50%，但蒸汽消耗量却是 FF 产量的 30~50 倍。此外，该工艺中的水相体系、较高反应温度、较长反应时间等因素容易导致 FF 发生缩合、树脂化等副反应，造成目标产物的选择性较低。同时，体系中的稀硫酸易腐蚀反应设备，且分离和循环使用非常困难，并产生大量的酸性废液，处理难度大。

SupraYield 工艺是基于 Quaker Oats 工艺进行技术改进得到的，在沸点条件下的高压水溶液中使用磷酸催化生物质转化制备 FF，并将所得的 FF 经绝热闪蒸分离，该方式可获得 50%~70% 的 FF 产率。Gravitis 等提出了一种一步法连续转化工艺，其核心技术仍然为硫酸催化下的蒸汽汽提，但连续给料出料能够有效避免水热转化过程中产生的高浓度戊糖导致的一系列副反应，从而获得了 75% 的 FF 产率。Delmas 等利用甲酸、乙酸等有机酸替代常规工艺中的矿物酸，开发了生物质分级水热转化工艺，即在连续式反应器中将木质素、纤维素和半纤维素进行组分分离后再将半纤维素进一步转化为 FF。De Jong 等基于汽提方法开发了一种带有搅拌装置的多级管式反应器,并在反应过程中同时加入了矿物酸催化剂和 NaCl 助剂,可进一步将 FF 产率提升至 83%。

9.2.3.2 乙酰丙酸

LA 作为美国能源部列出的最有应用前景的 12 种平台化合物之一,可直接由生物质水解制得。同时,LA 也是合成燃料添加剂、香料、溶剂、药物和塑料等物质的中间体。在酸催化作用下,生物质中纤维素组分经水解、脱水、再水合反应过程制备 LA 是目前最为经济和可行的手段,该方法操作简单,反应条件易于控制。相比于传统的糠醇制取 LA 方法,纤维素水热转化制取 LA 工艺的原料来源广泛、成本较低,其反应过程主要包括:①纤维素水解生成葡萄糖;②葡萄糖经异构化生成果糖;③果糖脱水生成 HMF;④HMF 经再水合反应生成 LA 和甲酸,如图 9-13 所示。

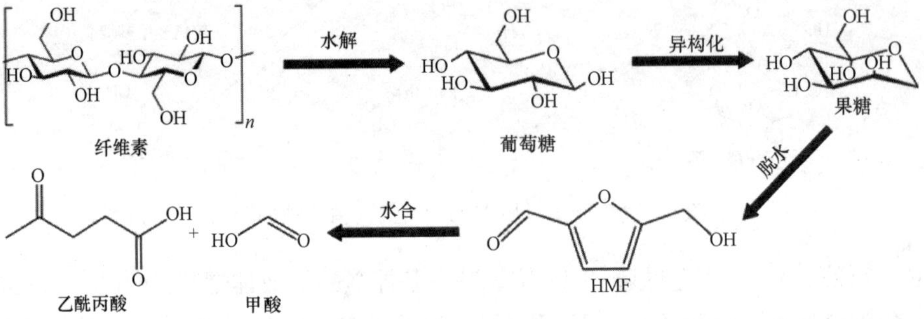

图 9-13 以纤维素为原料制取 LA 技术路线

9.2.3.3 γ-戊内酯

GVL 作为一种重要的生物质基平台化合物,可被用于生产液体燃料、聚合物单体和精细化学品中间体,或作为溶剂和调味剂使用。以 GVL 为原料,可以制备各种符合汽油、柴油和航空煤油要求的液体燃料。在该过程中,GVL 首先转化得到戊烯酸中间体,其次戊烯酸进一步反应生成丁烯,最后丁烯发生聚合反应制备二聚体辛烯及其异构体,其即可作为液体燃料。此外,GVL 也可直接作为汽油和柴油的添加剂,与汽油混合时其抗爆性与乙醇相近。另外,GVL 还可用于制备具有优良物理化学性能的复合材料,如尼龙、聚丙烯酸酯等。同时,其也是一种绿色溶剂,可提高多种高附加值化学品(如 HMF、LA)的收率。

通常采用直接催化 LA 或烷基乙酰丙酸酯加氢以制备 GVL,其中的氢源包括 H_2、甲酸、醇等。目前,普遍认为由 LA 制备 GVL 的反应路径主要有两条,如图 9-14 所示。在第一条反应路径中,LA 首先经过脱水、环化反应生成当归内酯,随后当归内酯经加氢还原生成 GVL;另一条反应路径中,LA 中 C4 上的羰基在加氢催化剂作用下被还原为羟基并生成 4-羟基戊酸,随后在酸催化剂作用下,经过分子内酯化脱去一分子水并环化生成 GVL。后者是目前由

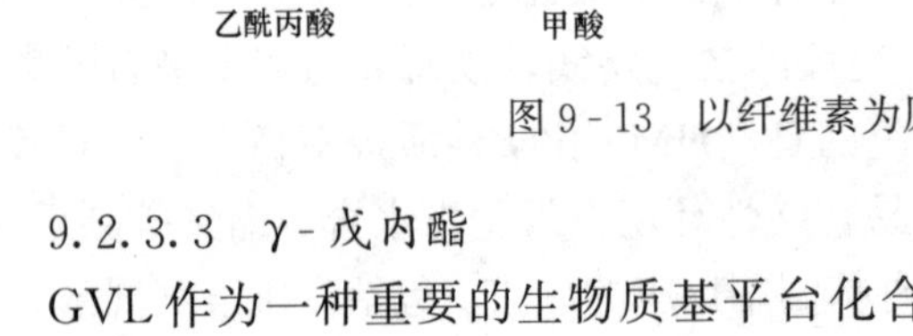

图 9-14 由 LA 制备 GVL 的反应路线

LA 加氢制备 GVL 的主要路径。无论是经过哪条反应路径，GVL 的制备过程都包括还原和酯化这两步。还原步骤需要金属活性中心存在，而酯化步骤则需要具有酸性位点。因此，同时具有金属活性中心和酸性中心的双功能催化剂是 GVL 制备的最优选择，且催化剂应具备较优异的水热稳定性，这能提高整个工艺流程的经济性。目前，研究中广泛使用的主要是负载型贵金属催化剂，金属活性中心可以是单金属（Ru、Rh、Ir）或双金属（Ru/Re、Ru/Sn），载体包括活性炭、TiO_2、ZrO_2、Al_2O_3 等。

9.2.3.4　单酚和环烷烃

单酚类化合物可作为化工中间体直接使用，也可经过加氢脱氧反应进一步制备芳烃、环烷烃等高品位生物燃料。因此，木质素水热转化制取单酚化合物是木质素的高效利用方式之一。生物质通过水热转化可使木质素与半纤维素分子间的连接键发生断裂，从而达到脱除木质素的效果，但经水热转化获得的木质素寡聚物的相对分子质量较大，一般从几百到几万不等，单环酚类化合物收率低，难以进行后续转化。在木质素水热解聚技术中，溶剂溶解、催化氧化和催化氢化可获得较高的木质素转化率，且工艺相对简单，应用较为广泛。在有机溶剂作用下，木质素的溶解和解聚可以在较低的温度下进行，并得到较多的液体产物。不同溶剂类型（如水、醇类以及其他有机溶剂等）对不同种类木质素的溶解度不同，这会大大影响原料与催化剂的接触效果，从而影响催化性能。此外，不同的溶剂对木质素分子间和分子内化学键断裂的选择性也不同。

催化剂在木质素氢解过程中起着至关重要的作用，其主要包括酸催化剂、碱催化剂和金属催化剂等。金属催化木质素氢解反应具有反应能耗低、条件温和以及转化率高等优势，因此被认为是木质素转化过程最有前景的方法之一，常用的金属催化剂包括贵金属、过渡金属和双金属等。贵金属不但具有优异的吸附氢和解离氢的能力，而且还能催化加氢和氢解反应，因此被广泛应用于木质素催化氢解。然而，贵金属成本较高，且其寿命离工业化应用要求仍有距离。相比于贵金属，过渡金属成本低廉，同时也具备良好的催化性能，常用的过渡金属包括 Ni、Cu、Fe 等。

尽管目前已在木质素水热解聚领域开展了大量的研究，但技术较为成熟的木质素制备酚类或芳烃产品的报道仍然较少。木质素水热转化所生成液相产物的成分以组成木质素的基本结构单体与二聚体为主，多是酚类衍生物，其含氧量较高，无法直接应用于现有发动机，因此必须通过加氢提质以降低含氧量，得到具有一定碳数分布的饱和烷烃，从而实现替代化石燃料的目标，如图 9-15 所示。

加氢脱氧是去除单酚化合物中氧元素最为有效的方法之一。在加氢脱氧过程中，酚类衍生物与氢气作用发生部分氢化，苯环上不饱和碳原子发生加氢反应生成相应的环己醇类化合物。然后，环己醇类化合物发生氢解，C—O 键被进一步破坏，氧以水的形式脱除，最后得到的产物发生脱甲基反应即可得到环烷烃。该过程所采用的加氢脱氧催化剂以金属催化剂为主，包括 Ru、Rh、Pd、Pt 等贵金属和 Ni、Co、Fe 等非贵金属。除此之外，一些双金属催化剂（如 Co/Mo、Ni/Mo）也被广泛应用于木质素的加氢脱氧反应。在贵金属催化剂中，Pt/C 的应用最为广泛，不仅能催化苯环的加氢反应，也能促进环己醇中 C—O 的氢解，从而将酚类化合物完全转化为烷烃。非贵金属催化剂中催化活性较为优异的是负载型 Ni 基催化剂，但当采用 Ni 基催化剂时，加氢脱氧反应需要在更高温度和氢压下进行。目前，由酚类化合物制取烷烃的研究中，一般以木质素

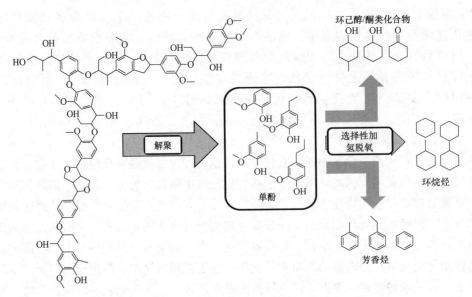

图 9-15　木质素水热转化制备环烷烃技术路线

模化物为原料，所得烷烃产率较高。酚类加氢脱氧反应常用的溶剂包括水、十烷、十二烷等单相溶剂。相比于单相溶剂，双相溶剂可将反应生成的烷烃产物萃取到有机相中，避免产物的进一步降解，从而提高烷烃产率。

　　综上可知，生物质热化学转化是目前主流的生物质利用技术，通过热解以及水热转化技术，生物质可转变为运输燃料和高附加值化学品，从而实现能源的高效利用。生物质热解技术能够大规模制备生物油，通过控制反应温度、压力等参数可调控生物油的产量和成分，同时不同原料的差异也会显著影响生物油的成分占比，随后需通过催化裂化、催化加氢等加工技术来提质生物油，以运用到实际生产运输中。生物质水热转化技术的反应条件更为温和，能够较好地实现生物质转化制备高附加值的平台化合物，如糠醛、5-羟甲基糠醛、乙酰丙酸等。催化剂的构建和溶剂的选择是影响水热转化技术的重要因素，也是目前该方向的研究重点。这些影响产物产率和反应选择性的因素与化学是密不可分的，通过本章学习，我们能够明白和掌握反应的催化机理及调控机制，以实现更高效的能源生产。目前，该领域的许多反应机理还未明晰，各类转化技术还存在不足和限制之处，这些有待于我们进一步的学习和探索。

思 考 题

　　1. 试简述两种生物质热化学转化技术的主要特点，并比较这两种热化学转化技术的差异。

　　2. 试比较生物质三大组分的结构差异，并简要描述其大致的热解机理。

　　3. 热解反应的主要影响因素有哪些？试概述并合理归类。

　　4. 生物质水热转化过程中核心的影响因素是什么？试简要概述其如何影响生物质的水热转化过程。

　　5. 生物质水热转化可以制备哪些主要产物？试列举出各种主要产物的潜在应用。

［1］ 王树荣，骆仲泱. 生物质组分热裂解 ［M］. 北京：科学出版社，2013.

［2］ 刘倩. 基于组分的生物质热裂解机理研究 ［D］. 浙江大学，2009.

［3］ DODD D, CANN I K O. Enzymatic deconstruction of xylan for biofuel production ［J］. GCB Bioenergy，2009，1 (1)：2 - 17.

［4］ VINU R, BROADBELT L J. A mechanistic model of fast pyrolysis of glucose - based carbohydrates to predict bio - oil composition ［J］. Energy & Environmental Science, 2012, 5 (12): 9808 - 9826.

［5］ ZHOU X W, LI W J, MABON R, et al. A mechanistic model of fast pyrolysis of hemicellulose ［J］. Energy & Environmental Science, 2018, 11 (5): 1240 - 1260.

［6］ WANG S R, RU B, DAI G X, et al. Mechanism study on the pyrolysis of a synthetic β - O - 4 dimer as lignin model compound ［J］. Proceedings of the Combustion Institute. 2017, 36 (2): 2225 - 2233.

［7］ HRONEC M, FULAJTÁROVÁ K, LIPTAJ T, et al. Cyclopentanone：A raw material for production of C_{15} and C_{17} fuel precursors ［J］. Biomass and Bioenergy, 2014, 63: 291 - 299.

［8］ DIAS A S, PILLINGER M, VALENTE A A. Dehydration of xylose into furfural over micro - mesoporous sulfonic acid catalysts ［J］. Journal of Catalysis, 2005, 229 (2): 414 - 423.

［9］ CHOUDHARY V, SANDLER S I, Vlachos D G. Conversion of xylose to furfural using Lewis and Brønsted acid catalysts in aqueous media ［J］. ACS Catalysis, 2012, 2 (9): 2022 - 2028.

［10］ ZHAO Y, LU K F, XU H, et al. Comparative study on the dehydration of biomass - derived disaccharides and polysaccharides to 5 - hydroxymethylfurfural ［J］. Energy & Fuels, 2019, 33 (10): 9985 - 9995.

［11］ AGARWAL B, KAILASAM K, SANGWAN R S, et al. Traversing the history of solid catalysts for heterogeneous synthesis of 5 - hydroxymethylfurfural from carbohydrate sugars: A review ［J］. Renewable and Sustainable Energy Reviews, 2018, 82: 2408 - 2425.

［12］ MELLMER M A, SENER C, GALLO J M R, et al. Solvent effects in acid - catalyzed biomass conversion reactions ［J］. Angewandte Chemie International Edition, 2014, 53 (44): 11872 - 11875.

［13］ JIMÉNEZ G C P, CECILIA J A, DURÁN M D, et al. Gas - phase hydrogenation of furfural to furfuryl alcohol over Cu/ZnO catalysts ［J］. Journal of Catalysis, 2016, 336: 107 - 115.

［14］ LANGE J P, VAN D H E, Van Buijtenen J, et al. Furfural—a promising platform for lignocellulosic biofuels ［J］. ChemSusChem. 2012, 5 (1): 150 - 166.

［15］ BOHRE A, DUTTA S, SAHA B, et al. Upgrading furfurals to drop - in biofuels: An overview ［J］. ACS Sustainable Chemistry & Engineering, 2015, 3 (7): 1263 - 1277.

［16］ TAN J, WANG C G, ZHANG Q, et al. One - Pot condensation of furfural and levulinates: A novel method for cassava use in synthesis of biofuel precursors ［J］. Energy & Fuels, 2018, 32 (6): 6807 - 6812.

［17］ MARISCAL R, MAIRELES T P, OJEDA M, et al. Furfural: A renewable and versatile platform molecule for the synthesis of chemicals and fuels ［J］. Energy & Environmental Science, 2016, 9 (4): 1144 - 1189.

［18］ KUCHEROV F A, ROMASHOV L V, GALKIN K I, et al. Chemical transformations of biomass - derived C6 - furanic platform chemicals for sustainable energy research, materials science, and synthetic building blocks ［J］. ACS Sustainable Chemistry & Engineering, 2018, 6 (7): 8064 - 8092.

［19］ HUBER G W, CHHEDA J N, BARRETT C J, et al. Production of liquid alkanes by aqueous - phase processing of biomass‐derived carbohydrates [J]. Science, 2005, 308 (5727): 1446‐1450.

[20] DE J W, MARCOTULLIO G. Overview of biorefineries based on co‐production of furfural, existing concepts and novel developments [J] . International Journal of Chemical Reactor Engineering, 2010, 8: A69.

[21] DASHTBAN M, GILBERT A, FATEHI P. Production of furfural: Overview and challenges [J] . The Journal of Science and Technology for Forest Products and Processes, 2012, 2 (4): 44‐53.

[22] ZHANG J, WU S B, LI B, et al. Advances in the catalytic production of valuable levulinic acid derivatives [J]. ChemCatChem, 2012, 4 (9): 1230‐1237.

第 10 章 能 源 生 物 化 学

生物质能的形成、储存和利用与生物化学密切相关。酶工程和发酵工程作为现代生物化学技术的重要手段，可在温和条件下实现安全、经济和环境友好的能源转化。因此，通过生物催化和生物转化技术生产生物能源是实现物质和能量高效清洁转化和生产的有效途径。在生物能源中，生物燃料乙醇和生物沼气已成为当前可再生能源的重要组成部分。因此，将先进的生物化学技术应用到生物质能源的开发利用中，能够有效提高能源产量、改善能源质量并提升生产效率。本章将主要介绍通过利用微生物和细菌等将生物质转化为气态或液态燃料的生物化学技术，重点概述典型的酶解和发酵利用的方式及其发展历程和基本原理，具体阐述生物质发酵制取生物沼气和生物燃料乙醇两种应用技术。

10.1 生 物 化 学 概 述

10.1.1 生物化学概念

生物化学是一门以生物体为研究对象的学科，早期主要研究其分子结构与功能、物质代谢与调节以及遗传信息传递的分子基础与调节规律等。1860 年，法国微生物学家路易·巴斯德（Louis Pasteur）证明了发酵是由微生物引起，但其认为必须有活的酵母才能引起发酵。直至 20 世纪初，随着同位素技术等分析技术的进步，生物化学进入了新阶段，1926 年，美国生物化学家萨姆纳（Sumner）首次分离出脲酶结晶，直接证明了酶是蛋白质，极大地推动了酶学的发展。

随着研究的深入和发展，现代生物化学的概念逐步形成，它是指用化学的理论和方法从分子水平研究生命物质的化学组成、结构及生命活动过程中的各种化学变化。生物化学的研究对象为一切生物有机体，包括动物、植物、微生物和人体。根据研究对象不同，生物化学可分为动物生物化学、植物生物化学、微生物生物化学等。

10.1.2 生物体构成与新陈代谢

生物体是指有生命的个体或物体，其物质组成主要包括蛋白质、核酸、糖类、脂类、水、无机盐以及一些小分子物质等。生物体中复杂的大分子一般都是由一些小分子的基本单元构成，如蛋白质由氨基酸组成，糖类由单糖组成，脂类由脂肪酸等组成，核酸由核苷酸等组成。除了氨基酸、核苷酸、糖和脂肪酸等，生物体内还存在着维生素、激素和各种代谢中间产物等生物小分子。这些物质广泛参与生物体的新陈代谢。物质新陈代谢的过程往往伴随着能量的变化，如绿色植物可以通过光合作用直接从外界环境摄取无机物和能量，将无机物制造成复杂的有机物储存在体内；某些细菌（如硝化细菌）不能进行光合反应，但可以利用环境中某些无机物氧化时所释放的能量来制造有机物。使用细菌或生物体中提取的酶能进行物质和能量的转化，利用这种生物化学原理形成的能源则主要是指以生物质为原料通过生物催化或生物转化的方法获得的生物燃料，如乙醇、沼气和生物柴油等。

10.1.3 生物化学技术的应用

1. 生物乙醇制备技术

人类在很久以前就掌握了以粮食为原料通过发酵进行酿酒的技术。酿酒是一个典型的生物转化过程，主要是葡萄糖淀粉链在酿酒酵母的作用下降解转化为酒精的过程。酿酒常以富含淀粉的植物种子（如大米、玉米、高粱等）为原料进行系列生物化学反应，主要包括大分子物质（如淀粉和蛋白质等）的降解、小分子物质（如葡萄糖和丙酮酸等）的转化以及香味物质（如高级有机醇和芳香族化合物等）的生成。对于糖质原料（如麦芽糖、蔗糖、葡萄糖、果糖等），可直接利用酵母菌将其转化成乙醇；对于淀粉质或纤维质原料，则需进行淀粉或纤维素的水解（糖化），再由酵母菌将糖类转化成乙醇。因此，谷物（如麦子、玉米、稻子等）无法直接发酵成酒，但一旦当谷粒受潮发芽时，谷芽会自发地分泌出一种糖化酵素，将谷粒中的淀粉水解成麦芽糖，以作为其滋长和生根的营养物质，同时当生成的麦芽糖与空气中浮游的酵母接触时，即会产生酒。

乙醇作为一种优质的液体燃料，热值为 $30000kJ \cdot kg^{-1}$，且燃烧只产生二氧化碳和水，是一种不含硫和灰分的清洁能源，可代替汽油、柴油等石油燃料。20 世纪 70 年代以来，石油危机重新唤起对绿色可再生的醇类燃料的重视。据统计，世界上有上千万辆汽车以汽油混合乙醇为燃料。巴西通过实施国家燃料乙醇计划来推动燃料乙醇的使用，至 2018 年，巴西国内交通工具使用燃料乙醇的比例上升至 12%，预计 2050 年将达 26%。在美国，添加 10% 燃料乙醇的汽油（E10）基本实现全境覆盖，并逐步开始使用 E15 乙醇汽油（乙醇添加量为 15%），部分地区引进了弹性燃料（Flex Fuels，乙醇掺混比例在 53%～85%）汽车。此外，泰国、澳大利亚、日本、德国、加拿大、印度、印度尼西亚等国也非常重视燃料乙醇的开发。

生物乙醇技术是指利用微生物将生物质转化为乙醇的技术，按原料来源可分为糖类、淀粉类和木质纤维素等。目前，国际上大规模产业化的生物乙醇产业主要有三种模式：以玉米为主要原料的美国模式、以蔗糖为主要原料的巴西模式和以木薯为主要原料的泰国模式。糖类和淀粉类原料生产乙醇的技术已相对成熟，但以粮食为原料生产乙醇的成本过高。虽然目前以木质纤维素生产燃料乙醇还没有实现商业化，但其作为燃料乙醇长远发展的坚实基础，是燃料乙醇实现规模化生产的必然发展趋势。

2. 生物沼气生产技术

沼气是各种有机物在适宜的温度、湿度并隔绝空气的条件下经过微生物的发酵作用产生的一种可燃烧性气体，其主要成分为甲烷，占 60%～80%。沼气不仅可以用作炊事、照明、房屋取暖等生活燃料，还广泛应用在农业、种植业、食品加工及燃气发电等诸多方面。其中，我国北方地区推广的"四位一体"能源生态蔬菜温室，就是将种植、养殖、生物质能利用和太阳能利用有机结合的沼气能源生态模式。沼气在蔬菜温室中的应用主要有两方面：一是沼气燃烧释放的热量可为温室进行保温、增温；二是沼气燃烧后产生的 CO_2 可作为气体肥料，促进蔬菜作物生长。此外，沼气发电技术符合能源再循环利用的环保理念，同时蕴藏着巨大的经济效益，在综合利用有机废弃物的基础上提供清洁能源，既能够保护环境和减少温室气体的排放，还能够变废为宝、产生热能和电能。

沼气技术是我国生物质能源利用最具特色和最成功的技术之一。20 世纪 90 年代以来，沼气建设一直处于稳步发展的态势，沼气产品已基本实现了标准化生产，年产量达

100 多亿立方米。目前，我国已有大中型沼气工程近 4000 处。瑞典在沼气开发与利用方面较有特色，利用动物加工副产品、动物粪便、食物废弃物等生产沼气，并专门培育了用于产沼气的麦类植物，沼气中甲烷含量可达 64％以上。根据瑞典沼气协会估算，若以 10％农地和林业废弃物生产沼气，沼气生产能力将达 8.53Mt/a（油当量）。在可再生能源发展的激励政策和引导机制下，德国的沼气发电供热工程等相关产业得到快速发展，并形成了比较完善的沼气产业市场。相关技术大多采用固体含量为 8％～10％的高浓度发酵料液进行发酵。

10.2 生物化学原理

10.2.1 发酵

发酵指通过微生物的生长繁殖与代谢活动，产生与积累稳定产物、能源或其他有用产品的生物反应过程。通常所说的发酵，多是指生物体对于有机物的某种分解过程。在工业生产上，笼统地把一切依靠微生物的生命活动而实现的工业生产均称为发酵，即"工业发酵"。发酵工程则是指采用工程技术手段并利用微生物的某些特定功能生产有用的生物产品，或直接将微生物参与控制某些工业生产过程的一种技术，具有反应条件温和、产物多样、不受季节气候限制、原料来源广泛等诸多优点。现代发酵工程不仅在规模化生产上取得突破，并可改变传统间歇式生产实现连续化生产，比如酱油的连续生产是将一种耐乳酸细菌和一种酵母菌一起固定在海藻酸钙凝胶上，再装入制造酱油的发酵罐，将各种营养物和水从罐顶慢慢地注入，产品酱油就不停地从罐底流出，形成一个连续生产的过程。

从广义上讲，发酵工程分为上游工程、中游工程和下游工程。上游工程包括优良菌种的选育、发酵条件的优化与确定和营养物的供给等；中游工程是指在最优发酵条件下，大量培养细胞和生产其代谢产物的工艺技术；下游工程是指从发酵液中对产品进行分离和提纯的技术，包括固液分离技术、细胞破壁技术和产品的包装处理技术等，如图 10-1 所示。目前，发酵技术被广泛运用于产酒、医药、食品、能源等领域。

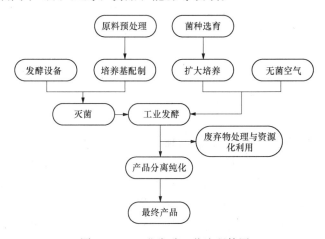

图 10-1 工业发酵工艺流程简图

优良的微生物菌种是发酵工业的基础和关键。目前，发酵生产酒精的菌种主要为酵母菌。酵母是自然界中单位体积内含酶种类及数量最丰富的生物体。酵母菌为单细胞低等真核微生物，属真菌类，在有氧和无氧环境下均能生存，属于兼性厌氧菌。

在有氧环境中，酵母菌将葡萄糖转化为水和二氧化碳，即

$$C_6H_{12}O_6+6O_2\longrightarrow 6H_2O+6CO_2\uparrow+能量 \tag{R10-1a}$$

在无氧条件下，酵母菌将葡萄糖分解为酒精和二氧化碳，即

$$C_6H_{12}O_6\longrightarrow 2C_2H_5OH+2CO_2\uparrow+能量 \tag{R10-1b}$$

自然界中酵母菌主要分布在潮湿、偏酸性的含糖环境中，如水果、花蜜的表面和果园的土壤中。酵母菌种类非常多，涵盖60个属500多个种，一般用于酒精发酵的酵母菌为酵母属的酿酒酵母、卡尔斯伯酵母、清酒酵母及其变种。

目前，工业上常采用选育法来寻找合适的菌种。菌种选育法是采用物理学、化学、生物学以及基因工程等手段，人为地改变菌种的遗传物质结构，从而创造出具有某些优良特性或特殊遗传标记的新菌株的方法。菌种选育是发酵工业的重要环节，其作用表现在：①显著提高目标产物的产量；②使生产菌种具备提升产品质量的有利性状；③生产新的代谢产物等。菌种选育方法较多，具有代表性的方法有诱变育种、杂交育种、原生质体融合及基因工程法等，其基本原理及特点归纳于表10-1。其中，生产上应用最广的是诱变育种法。

表10-1 代表性菌种选育方法的基本原理及特点

选育方法	基本原理	特点
诱变育种法	利用物理或化学诱变剂诱发菌种基因突变，从中选出具有优良性能的变异株	速度快、收效大、操作简便；筛选过程的小型化、自动化更是提高了诱变育种的效率
杂交育种法	利用不同变种细胞与细胞结合、染色体交换、基因重组获得优良杂种	与诱变育种交替使用，可消除菌种经长期诱变处理后所出现的产量上升缓慢的现象
原生质体融合法	把遗传性状不同的两种细胞的原生质体进行融合并产生重组	可在种间以及属间、科间甚至亲缘关系更远的微生物细胞间实现融合，以得到性能优异的新物种
基因工程法	采用重组DNA技术在分子水平上进行基因的"剪切""组合"和"拼接"	大幅度提高菌种选育的精确性和有效性

10.2.2 酶化学

酶是生物体内具有催化活性和特殊立体构型的生物大分子，其大多数是由蛋白质组成、少数由RNA组成。酶是生物体内的一类特殊催化剂，它的存在是生物体进行新陈代谢的必要条件。

酶催化的化学反应称为酶促反应。在酶促反应中，被酶催化的物质叫底物，经酶催化所产生的物质叫产物；酶的催化能力称为酶的活性，如果酶丧失催化能力称为酶失活。物质代谢中大部分化学反应都是由酶催化促成的，目前已知酶的种类可达五千余种。生命活动中的消化、吸收、呼吸、运动和生殖都是酶促反应过程。它能在十分温和的条件下，高效率地催化各种生物化学反应，促进生物体的新陈代谢。以过氧化氢分解为例，过氧化氢酶的催化效率是铁离子的10^{10}倍，在反应过程中酶本身几乎不被消耗，但容易出现中毒现象。

酶催化机理和一般的催化剂相同，是通过降低反应活化能来提高反应速率，但酶还有作为生物催化剂的独特之处：①高效性，普通催化剂对化学反应速率的增长一般为$10^4\sim10^5$

倍，酶对反应的加速作用一般在 $10^9 \sim 10^{10}$ 倍；②专一性，普通催化剂往往对同一类型反应都有催化作用，而酶只选择性催化某个反应，并获得特定的产物；③反应条件温和，不需要高温、高压、强酸、强碱等苛刻条件，大多在常温常压下即可表现出较高的催化活性。

根据酶的化学组成不同，可将其分为单纯酶和结合酶：①单纯酶的基本组成单位仅为氨基酸，通常只有一条多肽链，如淀粉酶、脂肪酶和蛋白酶等均属于单纯酶，它的催化活性仅仅取决于其蛋白质结构；②结合酶由蛋白质部分和非蛋白质部分组成，前者称为酶蛋白，后者称为辅助因子。酶蛋白与辅助因子结合形成的复合物称为全酶，只有全酶才具有催化作用。酶蛋白在酶促反应中决定酶特异性，而辅助因子则决定反应的类型和参与电子、原子、基团的传递。辅助因子的化学本质是金属离子或小分子有机化合物，按其与酶蛋白结合的紧密程度不同可分为辅酶与辅基，包括淀粉酶、蛋白酶、脂酶及核酸酶等。

组成酶分子的氨基酸中有许多化学基团，如—NH_2、—$COOH$、—SH、—OH 等，但这些基团并不都与酶活性有关。其中，与酶活性密切相关的基团称为酶的必需基团。这些必需基团在一级结构上可能相距很远，但在空间结构上彼此靠近，形成一个能与底物特异地结合并将底物转变为产物的特定空间区域，这一区域称为酶的活性中心。酶活性中心内的必需基团分为两种：①结合基团，能直接与底物结合；②催化基团，能催化底物发生化学变化。还有一些必需基团虽然不参加活性中心的组成，但却维持酶活性中心应有的空间构象，这些基团是酶活性中心外的必需基团。图 10-2 所示为酶活性中心结构示意。

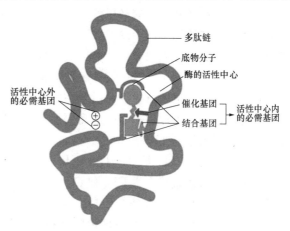

图 10-2 酶活性中心结构示意图

酶的活性中心往往位于酶分子表面或凹陷处，是酶催化的关键部位。不同的酶具有不同的活性中心，故体现酶对底物具有高度的特异性。形成或暴露酶的活性中心，可使无催化活性的酶转变成具有催化活性的酶；相反，酶的活性中心一旦被其他物质占据或其空间结构因某些理化因素而破坏，则会发生失活。酶催化反应一般发生在和底物直接结合并参与催化反应的活性中心上。

10.3 沼气发酵技术

10.3.1 沼气发酵概述

生物燃气（biogas）俗称沼气，是有机物质（生活污水、农林废弃物等）在隔绝空气和一定的水分、温度、湿度、酸碱度等条件下，经厌氧性微生物发酵作用生成的以甲烷为主的可燃性气体。由于这种气体最早是由意大利物理学家沃尔塔于 1776 年在沼泽中发现，因此称之为沼气。沼气是一种清洁、高品位的气体燃料，其发酵过程产生的沼液和沼渣也具有很高的应用价值。

1866 年，Bechamp 首先提出甲烷的形成是微生物学的过程。1901 年，荷兰学者桑格对产甲烷菌的形态特征提出了较清晰的概念，并提出氢和二氧化碳的混合物能发酵产生甲烷。1914 年，美国大约有 75 个城市和许多机构均建造了沼气池。1950 年，随着对沼气发酵原理认识的深入，沼气池由初始的简单化粪池发展到高速消化器。直至 20 世纪 70 年代，随着世界性能源危机和环境污染问题的产生，利用厌氧消化器分解各种有机物来获取能源并使废弃物资源化的沼气发酵系统才真正引起人们的关注。

10.3.2　沼气发酵原理

沼气发酵实质上是微生物的物质代谢和能量转换过程，在分解代谢过程中沼气微生物获得能量和物质，以满足自身生长繁殖的需要，同时大部分物质转化为甲烷和二氧化碳。各种有机物质不断地被分解代谢，于是就构成了自然界物质循环和能量传递的重要环节。科学测定表明：有机物约有 90％被转化为沼气，10％被沼气微生物用于自身消耗。

发酵微生物是制取沼气的重要影响因素。从根本上看，沼气发酵实际上是微生物生命活动的结果。沼气发酵过程共有五类细菌参与，包括发酵性细菌、产氢产乙酸菌、耗氢产乙酸菌、食氢产乙酸菌和食乙酸产甲烷菌。前三类微生物为发酵反应提供充足的繁殖底物和适宜的繁殖条件，统称为不产甲烷菌。不产甲烷菌的类型丰富，包含了细菌、真菌和原生动物，按呼吸类型可分为好氧菌、厌氧菌以及兼性厌氧菌。后两类微生物是将小分子化合物转化为沼气，统称为产甲烷菌。产甲烷菌的种类也繁多，在土壤、湖泊、污泥等地方均有分布。然而，产甲烷菌是严格厌氧生物，适合在中性或微碱性的无氧环境下生长，且产甲烷菌的生长速度较为缓慢，在工业生产中一般需要加入大量菌种来缩短反应时间。农村沼气池启动时一般需加入总投料量的 10％～30％。

1906 年，V. L. Omdansky 提出了甲烷形成的一个阶段理论，即由纤维素等复杂有机物经甲烷细菌分解而直接产生 CH_4 和 CO_2。1936 年，巴克尔等人按其中的生物化学过程将甲烷形成分成产酸和产甲烷两个阶段。直至 1979 年，M. P. Bryant 根据对产甲烷菌和产氢产乙酸菌的研究结果，在两阶段理论的基础上，提出了甲烷形成的三阶段理论，如图 10-3 所示。

第一阶段是水解、发酵阶段。在该阶段中，复杂有机物在微生物（发酵菌）作用下进行水解和发酵。好氧型与厌氧型微生物分泌出蛋白酶、脂肪酶、纤维素酶等分解酶，将复杂有机物分解为单糖、氨基酸、脂肪酸等小分子化合物。多糖先水解为单糖，再通过酵解途径进一步发酵形成乙醇和脂肪酸等；蛋白质先水解为氨基酸，再经脱氨基作用产生脂肪酸和氨；脂类则先转化为脂肪酸和甘油，再生成脂肪酸和醇类。

第二阶段是产氢、产乙酸阶段。由于产甲烷菌只能利用甲酸、乙酸等物质，因此还需要产酸产氢菌来转化中间产物。产氢产乙酸菌可将除甲酸、乙酸、甲胺、甲醇以外的第一阶段产生的中间产物，如脂肪酸（丙酸、丁酸）、乳酸和醇类（乙醇）等水溶性小分子有机物转化为乙酸并同时生成 H_2 和 CO_2。

第三阶段是产甲烷阶段。产甲烷菌（专性厌氧菌）将甲酸、乙酸、甲胺和（H_2+CO_2）等基质通过不同路径转化为 CH_4 和 CO_2 等，其中最主要的基质为乙酸和（H_2+CO_2）。厌氧消化过程中约 70％甲烷来源于乙酸的分解，少量来自 H_2 和 CO_2 的合成。由于系统中存在 NH_4^+，使发酵液的 pH 值不断升高，故此阶段也被称为碱性发酵阶段，与第一阶段相比，该阶段反应进行较快。

由于水解、发酵阶段中水解反应速度较慢，因此沼气发酵速率主要受液化速率制约，尤

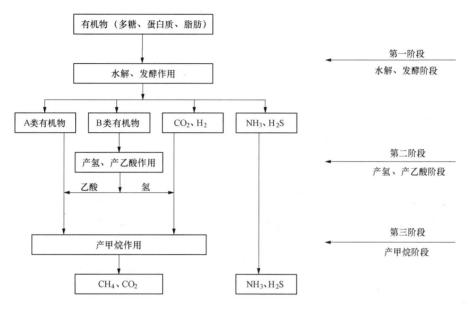

图 10 - 3　三阶段厌氧发酵理论

其是以农作物秸秆类为底物，固形物含量高、可溶性成分少，液化过程更显缓慢。因此，一般在入池前要对这些原料进行切碎预处理，以提高其液化速率。当然，在实际的沼气发酵过程中，上述三个阶段相互制约并保持着动态平衡，从而使基质不断分解产生沼气。

10.3.3　沼气发酵工艺条件

为了提高沼气产率，发酵过程需要最大限度地培养和积累沼气发酵微生物，而沼气发酵微生物都要求适宜的生活条件，它们对温度、酸碱度、氧化还原势以及其他各种环境因素都有一定的要求。因此，沼气发酵工艺需满足微生物适宜的生活条件，从而达到发酵旺盛、产气量高的目的。

1. 严格的厌氧环境

沼气发酵微生物包括产酸菌和产甲烷菌两类厌氧性细菌，尤其是产甲烷菌，属于严格厌氧菌，微量的氧气就能够抑制甲烷菌的生命活动甚至导致其死亡，因此建造一个不漏水、不漏气的密闭发酵池是制取沼气的关键。在沼气发酵启动或投料时会引入少量氧气，但沼气池内存在部分好氧菌和兼性厌氧菌，会较快消耗溶解氧，从而使池内保持厌氧环境。

2. 发酵温度

沼气发酵微生物是在一定温度范围进行代谢活动，因此发酵温度是影响沼气发酵的重要因素。发酵菌种一般可在 $0 \sim 80 ℃$ 范围内生存，于 $8 \sim 60 ℃$ 范围内可进行发酵产气。由于不同的发酵菌种对应不同的适宜繁殖温度，因此需因地制宜选择合适的菌种。在一定温度范围内，发酵原料的分解消化速度随温度的升高而提高，从而使产气量随之提高。

3. 溶液酸碱度

一般情况下，沼气发酵适宜的 pH 值为 $6.5 \sim 7.5$，当 pH 值低于 6.4 或高于 7.6 都会对产气有抑制作用。当沼气池的 pH 值在 5.5 以下时，产甲烷菌的活动则完全受到抑制。发酵料液的 pH 值取决于挥发酸、碱度和 CO_2 含量等因素，其中影响最大的是挥发酸浓度。在沼气发酵过程中，pH 值存在规律性的变化。发酵初期，由于产酸菌活动生成大量有机酸，pH 值下降；随后由于氨化作用，pH 值回升至正常值。其化学变化过程如下：

发酵初期为

$$COHNS（有机物） \longrightarrow CO_2 + H_2O + NH_3 + CH_4 + \cdots \qquad (R10-2a)$$

氨化作用为

$$CO_2 + H_2O + NH_3 \longrightarrow NH_4HCO_3 \qquad (R10-2b)$$

如果原料配制不当，且接种物的质量也较差，则可能会导致大量有机酸积累。当 pH 值低于 6.5 时，沼气发酵受到抑制，通常可添加草木灰、水或者稀释的氨水进行调节。

4. 原料碳氮比

发酵原料为沼气发酵细菌的正常生命活动提供营养和能量，同时也是产生沼气的物质基础。其中，原料碳氮比（C/N）是指有机物中总碳量和总氮量的比值，属于衡量原料是否适合微生物生长的重要指标。碳素是构成生物细胞质的物质基础，氮素则是构成蛋白质和核酸等的重要元素，两者缺一不可。富碳原料的分解速率比富氮原料慢，产气周期较长。由于沼气发酵时，碳的消耗速率是氮的 20～30 倍，所以沼气发酵的碳氮比一般需要维持在 20～30∶1。

10.4　淀粉类生物质发酵制取乙醇技术

燃料乙醇是目前应用最为广泛的可由生物质制取的液体燃料，以淀粉质、糖质为主要原料的发酵法制取乙醇已在许多国家实现大规模商业化应用。其中，淀粉质原料包括谷物原料（玉米、小麦、高粱、水稻等）和薯类原料（甘薯、木薯、马铃薯等），糖质原料包括甘蔗、糖蜜等。这些原料主要是糖类聚合物或多糖，可以通过预处理得到葡萄糖和蔗糖，以用于发酵过程。其中，大米中淀粉含量为 62%～86%，麦子中淀粉含量为 57%～75%，玉米中淀粉含量为 65%～72%，木薯淀粉含量为 14%～40%，马铃薯中淀粉含量则超过 90%，甘蔗含糖量高达 17%～18%。

10.4.1　工业生产预处理流程

为了使淀粉质原料转化为可被酵母利用的糖类，原料必须经过系列的预处理才能进入发酵阶段。预处理过程一般包括除杂、粉碎、蒸煮、液化和糖化。处理后的糖液经过发酵和蒸馏提纯获得乙醇。生物质原料发酵制乙醇的基本流程如图 10-4 所示。

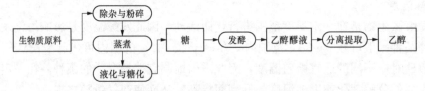

图 10-4　生物质原料发酵制乙醇的基本流程

（1）除杂：淀粉质原料在收获过程中，易混入泥土、小沙石、短绳头及纤维杂物，甚至铁钉等金属杂物。这些杂质若不预先除去，则会影响后续的工序。

（2）粉碎：粉碎可增加原料受热面积，利于原料细胞内的淀粉颗粒游离出来。在乙醇生产工艺中，粉碎通常分为干法和湿法两种，目前国内大多数乙醇生产企业采用干法粉碎，且常为二次粉碎法。在粉碎工艺中，衡量粉碎质量的主要工艺指标为粉碎度，它是影响乙醇最终产量的一个重要因素。因蒸煮工艺的差异，对粉碎度的要求也不同。虽然理论上粒度越细越能提高淀粉的利用率，但是粒度越细对粉碎机的性能要求越高，且会增加预热时的浆液黏度，造成输运困难。因此，粉碎度的确定需要综合考虑生产规模、设备能力、燃料和工艺要求等因素。

（3）蒸煮：由于淀粉原料包裹于植物细胞壁中，将其直接液化的速度较慢，且水解程度也不高。因此，淀粉在进行液化和糖化之前要先经过蒸煮，使淀粉从细胞壁中游离出来，并转化为溶解状态，以便于淀粉酶进行液化和糖化。未达到糊化温度时，水分进入淀粉非晶体结构部分，少量淀粉溶解。在高温下，淀粉内的氢键开始断裂，水分进入结晶区，大量淀粉粒被水溶解，变成溶胶。

（4）液化与糖化：在生物乙醇生产中，酵母菌不能直接把淀粉转化成乙醇，而是通过糖化酶将淀粉先转化成葡萄糖，然后再将葡萄糖转化为乙醇及其他副产物。为了提升糖化酶的效果，通常会用 α - 淀粉酶先将大分子的淀粉水解成糊精和低聚糖，但是淀粉颗粒的结晶性结构对酶作用的抵抗力较强，因此需要对淀粉进行加热，使淀粉颗粒吸水膨胀、糊化，进而破坏其结晶结构。糖化即是将糊精和低聚糖进一步水解成葡萄糖等发酵性糖的过程，如图 10 - 5 所示。

$$(C_6H_{10}O_5)_n \xrightarrow[\text{液化}]{\text{高温高压或液化酶}} (C_6H_{10}O_5)_x \xrightarrow[\text{糖化}]{\text{糖化酶}} C_{12}H_{22}O_{12} \longrightarrow C_6H_{12}O_6$$
$$\text{淀粉} \qquad\qquad\qquad \text{糊精} \qquad\qquad \text{麦芽糖} \qquad \text{葡萄糖}$$

图 10 - 5　淀粉液化和糖化过程

糖化工艺通常包括间歇糖化工艺和连续糖化工艺。间歇糖化是将糊化醪在糖化罐冷却至60℃左右，加入糖化酶均匀搅拌 25～35min，冷却后即可进入发酵罐，该操作方式为单罐作业，劳动强度相对较大。而连续糖化工艺根据糖化前的冷却设备不同目前可以分为两种主要形式：①混合冷却连续糖化法，将原有糖化罐中约 2/3 体积的糖化醪冷却至 60℃左右，随后加入 85～100℃的蒸煮醪，搅拌混匀，并用罐内的冷却装置冷却，同时加入糖化剂，按规定的糖化工艺条件连续糖化；②真空冷却连续糖化法，醪液经真空自蒸发产生大量蒸汽，以消耗自身的热能，因此达到迅速冷却的目的，冷却后的液化醪进入糖化罐后根据用量加入适当的糖化酶保温糖化，糖化完毕进入换热器内继续冷却至 30℃后进入发酵工段。

经发酵后获得的醪液中乙醇浓度较低，需要经过分离和精馏提纯的工艺才能获得成品燃料乙醇。

10.4.2　淀粉类生物质发酵制取乙醇原理

发酵过程其实是一种厌氧酶的催化过程，其借助于酵母菌等微生物产生酶，进而将原料转化为低分子糖，然后将其转化为乙醇和副产物。

淀粉属于高分子碳水化合物，分子式为 $(C_6H_{10}O_5)_n$，基本构成单元为 α - D - 吡喃葡萄糖。根据分子链的构成，可将淀粉分为直链淀粉（amylose）和支链淀粉（amylopectin）。直链淀粉溶于水，其含量在天然淀粉中占 20%～26%，其余为支链淀粉。直链淀粉是 D - 葡萄糖基以 α - (1,4) - 糖苷键连接的多糖链，分子中约有 200 个葡萄糖基，分子量为 $5 \times 10^4 \sim 2 \times 10^5$，聚合度为 700～5000，空间构象卷曲成螺旋形，每一回转为 6 个葡萄糖基。支链淀粉分子中除有 α - (1,4) - 糖苷键的糖链外，还有 α - (1,6) - 糖苷键连接的分支。支链淀粉的分子巨大，分子中含 300～400 个葡萄糖基，分子量大于 2×10^7，聚合度在 5000～13000 之间，各分支也都是卷曲成螺旋形。图 10 - 6 所示为直链淀粉和支链淀粉结构示意。

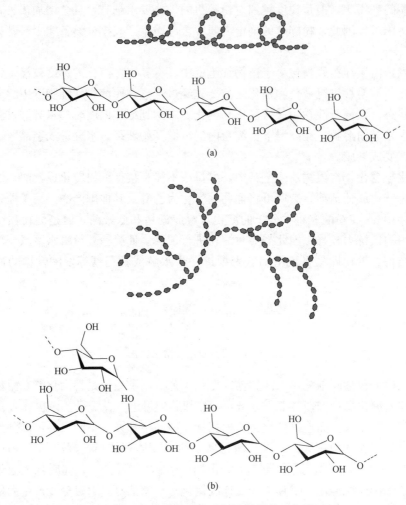

图 10 - 6　直链淀粉和支链淀粉结构示意图
(a) 直链淀粉；(b) 支链淀粉

　　淀粉在植物中多以白色颗粒的形式存在，淀粉颗粒是直链和支链淀粉分子的有序聚集体。淀粉颗粒具有结晶性，天然淀粉的结晶度在 15%～35% 之间，其结晶区具有较强的抗酶、抗酸作用，不利于淀粉水解以及后续处理，一般需要糊化等加工过程，而无定形区使淀粉具有弹性、润胀性，易被酶、酸水解。

　　淀粉原料先经酸或酶的作用转化为糖后，需要再经酒化酶发酵转化为酒精。酒化酶是酵母在乙醇发酵中用到的一系列己糖酶、磷酸化酶、磷酸激酶、辅脱氢酶等的总称。淀粉发酵主要采用的菌种为酵母菌，其发酵过程包括葡萄糖酵解（EMP）和丙酮酸的无氧降解。酵母菌主要是通过糖酵解途径把己糖（葡萄糖、果糖、甘露糖、半乳糖等）转化为乙醇，其过程是葡萄糖在厌氧环境下通过 EMP 途径脱羧生成丙酮酸，丙酮酸在丙酮酸脱氢酶的作用下脱羧生成乙醛，乙醛在乙醇脱氢酶的作用下生成乙醇，其总反应式为

$$C_6H_{12}O_6 + 2ADP + 2H_3PO_4 \longrightarrow 2CH_3CH_2OH + 2CO_2 + 2APT + 2H_2O + 104600J$$

$$(R10\text{-}3)$$

理论上，1mol 葡萄糖可生成 2mol 乙醇，质量转化率为

$$2 \times 46.05/180.1 \times 100\% = 51.1\%$$

式中：46.05 和 180.1 为酒精和葡萄糖的相对分子质量。

由于淀粉的水解产物为葡萄糖，因此主要介绍以葡萄糖为代表的六碳糖发酵过程，如图 10-7 所示，葡萄糖主要经过磷酸化、分裂及后续一系列过程转化为丙酮酸，丙酮酸继续降解得到乙醇。

在葡萄糖磷酸化和异构化反应中，己糖激酶需要 Mg^{2+} 作为活化剂，同时利用 ATP 分子作为磷酸基团供体，将葡萄糖分子磷酸化生成 6-磷酸葡萄糖；在异构酶的催化下，6-磷酸葡萄糖经异构化生成 6-磷酸果糖；在磷酸果糖激酶作用下，6-磷酸果糖利用第二个 ATP 分子生成 1,6-二磷酸果糖。在醛缩酶的作用下，1,6-二磷酸果糖中 C_3 和 C_4 间的键断裂生成 3-磷酸甘油醛和磷酸二羟丙酮；在磷酸丙糖异构酶的催化下，磷酸二羟丙酮转化为 3-磷酸甘

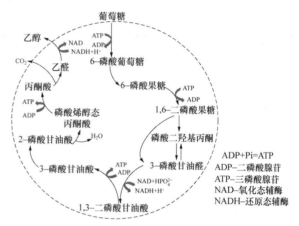

图 10-7　葡萄糖发酵过程

油醛；3-磷酸甘油醛经氧化并磷酸化生成 1,3-二磷酸甘油酸，然后生成丙酮酸。在 H_3PO_4 条件下，3-磷酸甘油醛发生糖酵解中的唯一一氧化反应，由酶催化生成 1,3-二磷酸甘油酸，并将 NAD 转化为 $NADH+H^+$；1,3-二磷酸甘油酸在磷酸甘油酸激酶的作用下形成 3-磷酸甘油酸；在磷酸甘油酸变位酶和 Mg^{2+} 作用下，3-磷酸甘油酸分子中 C_3 的磷酸基团被转移到 C_2 上，形成 2-磷酸甘油酸；在酶催化下，2-磷酸甘油酸脱水形成 2-磷酸烯醇态丙酮酸；在 Mg^{2+}、K^+ 和丙酮酸激酶共同作用下，2-磷酸烯醇态丙酮酸可自动转变成丙酮酸。丙酮酸在丙酮酸脱羟羧酶和 Mg^{2+} 离子的作用下，形成乙醛和二氧化碳。乙醛再在乙醇脱氢酶和 $NADH+H^+$ 的作用下，形成乙醇。

由于乙醇发酵过程较为复杂，在反应过程中可能会产生醛、酸、醇、酯等较多副产物，其除了来源于糖类，也可能是由中间产物等其他物质转化而来。因此，在后续工艺流程中，需采取蒸馏提纯的手段来去除副产物以保证乙醇的产品质量。

10.4.3　淀粉类生物质原料发酵工艺

1. 间歇发酵工艺

间歇发酵也称单罐发酵，指发酵全过程在一个发酵罐内完成。按糖化醪液添加方式的不同可分为以下三种方法：①连续添加法，是将酒母醪液打入发酵罐，同时连续添加糖化醪液，糖化醪液的添加速度一般控制在 6~8h 内加满一个发酵罐。连续添加法基本消除了发酵的迟缓期，因此总发酵时间相对较短；②一次加满法，是将糖化醪冷却至 27~30℃ 后，送入发酵罐一次加满，同时加入 10% 的酒母醪，经过 60~70h 即可发酵成熟醪。此法操作简便，易于管理；③分次添加法，是糖化醪液分三次加入发酵罐，先打入发酵罐总容积 1/3 的

糖化醪，同时加入 8%～10% 的酒母醪，隔 1～3h 再加入 1/3 的糖化醪，再隔 1～3h 加满发酵罐。此法缩短发酵迟缓期，有利于抑制杂菌繁殖。

　　2. 半连续式发酵工艺

　　半连续式发酵是指在主发酵阶段采用连续发酵、后发酵阶段采用间歇发酵的方法，其将发酵罐串联起来，使前几个发酵罐始终保持连续发酵状态，然后从第 3 个或第 4 个罐流出的发酵醪液顺次加满其他的发酵罐，完成后发酵。此法可节省大量酵母、缩短发酵时间，但必须注意消毒杀菌，防止杂菌污染。

　　3. 连续发酵工艺

　　连续发酵采用阶梯式发酵罐组进行，阶梯式连续发酵法是指微生物培养和发酵过程在同一组罐内进行，每一罐本身的各参数保持不变，从首罐至末罐，可发酵物浓度逐渐递减，乙醇浓度则逐渐递增。发酵时糖化醪液连续从首罐加入，成熟醪液连续从末罐送去蒸馏。该工艺有利于提高淀粉的利用率和设备利用率。

10.5　木质纤维素类生物质发酵制取乙醇技术

　　纤维素原料是植物光合作用的产物，它是发酵法生产乙醇的潜在原料。中国虽地大物博，但人口众多，人均耕地面积少，走"粮食 - 燃料乙醇"的道路不切实际。此外，我国每年有大量的生物质废弃物产生，城市垃圾和林木加工残余物中也有相当量的生物质存在，因此发展木质纤维素类生物质制取燃料乙醇的技术更符合我国国情。目前，用于制取乙醇的纤维素类生物质原料主要包括森林采伐和木材加工剩余物、农作物秸秆、龙须草等。

　　将木质纤维素原料通过发酵制取燃料乙醇的过程主要包括原料预处理、纤维素酶解和发酵等步骤。其中，利用纤维素酶解产生可发酵糖是该过程的关键步骤之一，纤维素酶解是指利用纤维素酶将纤维素降解生成纤维二糖或葡萄糖的生化反应，具有反应条件温和、过程能耗较低、糖产率较高、环境友好等诸多优点。然而，该工艺存在反应时间长以及生产成本高等缺陷。

10.5.1　纤维素酶概述

　　在纤维素酶解反应过程中，纤维素酶起着至关重要的作用。纤维素酶来源非常广泛，可由真菌、细菌和动植物产生。大多数细菌因酶系统不完善而无法分解晶体结构的纤维素，但有些霉菌能够产生水解纤维素的全部酶。目前用于商业化的酶制剂主要来源于真菌，因为这类微生物能够产生具有优异催化性能的复杂酶混合物，适应低成本酶供应的需求。纤维素酶的生产菌株主要包括木霉属、曲霉属和青霉属，其中应用最广泛的菌株是绿色木霉和康氏木霉。通过突变和菌株选择已进化出更多的优良变种，如 QM9414、L - 27 和 RutC30 等。

　　纤维素酶是一个复杂的多酶体系，是降解纤维素成为葡萄糖单体所需的一组酶的总称。根据催化功能的差异可将其分为三类：①外切 β - 1,4 - 葡聚糖酶，也简称外切酶、纤维二糖水解酶，酶解过程中外切酶沿纤维素链进行移动，并作用于纤维素的末端（还原端或非还原端），水解释放出纤维二糖；②内切 β - 1,4 - 葡聚糖酶，也可简称为内切酶，主要用于随机切断非结晶区纤维素长链上的糖苷键，形成不同聚合度的纤维素短链，并为外切酶提供新的非还原性末端；③β - 葡萄糖苷酶，也称纤维二糖酶，主要作用是水解纤维二糖产生两分子的葡萄糖。酶催化水解纤维素时，对于非结晶区，仅内切葡聚糖酶即可单独完成；对于结晶区，则需要内切葡聚糖酶和外切葡聚糖酶协同作用，而 β - 葡萄糖苷酶组分的加入会大大加强这种协同作用，具体如图 10 - 8 所示。

纤维素酶解包括三个基本过程：酶吸附、酶催化水解和酶脱附。与一般的酶反应不同，由于纤维素是不溶性的，因此纤维素酶只有吸附在其表面才能发挥作用。酶的吸附速率取决于系统黏度和搅拌强度。值得注意的是，对于木质纤维素底物来说，酶还会吸附在木质素组分上，从而影响纤维素酶解效率。因此，通过预处理将生物质中的木质素组分去除更有利于纤维素的酶解。

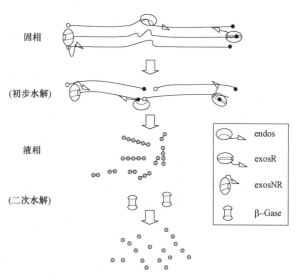

图 10 - 8　木霉水解纤维素的机理图
endos—内切葡聚糖酶；exosR—外切葡聚糖酶，作用于还原末端；exosNR—外切葡聚糖酶，作用于非还原末端；β—Gase—β-葡萄糖苷酶

10.5.2　木质纤维素预处理工艺

木质纤维素原料的底物特性对纤维素酶解性能存在较大影响，如①坚实的细胞壁组织及其结构的高度复杂性和各向异性使其对生物降解具有天然的顽抗性；②纤维素酶的直径往往大于一般木质纤维素原料的孔隙直径；③木质纤维原料的结晶度较高，使纤维素中无定形区的游离羟基减少，导致为纤维素酶提供的结合位点较少，不利于酶解反应的进行；④生物质中木质素组分会通过疏水作用、静电吸附作用和氢键作用与纤维素酶形成不可逆性结合，导致作用于纤维素的有效酶量降低。因此，往往需要借助一定的预处理方法来有效去除木质素，并破坏纤维素的晶体结构，从而增强酶与纤维素之间的有效接触，提高纤维素酶解效率。目前，木质纤维素预处理方法主要包括物理法、化学法、物理化学法和生物法等。

1. 物理法

物理法主要包括机械粉碎、高能辐射等。机械粉碎法主要是通过切、碾、磨等机械粉碎工艺，使生物质原料的粒度变小，增加其和酶的接触面积，减少纤维素的结晶区，但该方法能耗大、成本高。辐射法包括微波辐射、超声波辐射、γ 射线辐射等。其中，微波预处理是利用微波产生的热效应，有效破坏木质纤维素的超分子结构，降低纤维素结晶度，从而改善木质纤维素的酶解性能，但由于其设备投资成本过高而难以工业化应用。超声波预处理是通过空穴效应形成剪切力以破坏木质纤维素的内部结构，但对纤维素超微结构的影响有限，甚至降低纤维素比表面积，不利于后续酶解，同样不适合工业化应用。

2. 化学法

化学法包括碱处理、酸处理等。碱处理法是采用稀碱液（NaOH 或液氨）处理生物质原料，引起木质纤维素溶胀，使纤维素结晶度降低，同时使木质素和碳水化合物之间的结构链被破坏。然而，该法处理过程中搅拌困难、不利于传送，且后处理也较为麻烦。目前，稀酸水解技术已相对完善，如稀硫酸处理可以实现较高的纤维素水解速率。在高温下，采用稀酸预处理木质纤维素可降低反应条件且促进底物水解，但该法主要存在酸的回收、中和、洗脱等问题，易造成浪费及环境污染。目前化学法还有氧化处理、有机溶剂处理、离子液体处理等，但这些方法或多或少均存在一定的应用缺陷。

3. 物理化学法

物理化学法主要包括蒸汽爆破、氨纤维爆裂等。蒸汽爆破法是在高温、高压下将原料用水或水蒸气处理一段时间后，立即降至常温、常压的一种方法。在蒸汽爆破过程中，高压蒸汽渗入纤维内部，以气流的方式从封闭的孔隙中释放出来，使木质素与纤维素分离，并使半纤维素降解，同时高温、高压加剧纤维内部氢键的破坏，增加纤维素表面的可及性。以稀硫酸浸润木质纤维素，再结合蒸汽爆破法处理，更有利于提高处理效率和原料利用率。氨纤维爆裂是指在适度的压力和温度条件下利用液氨处理并迅速释放压力，造成纤维素晶体的爆裂，可去除部分半纤维素和木质素，同时降低纤维素的结晶度。该预处理方法几乎不产生酶解抑制物，但其对木质素含量较高的生物质原料处理效果有限，且氨回收成本较高。

4. 生物法

生物法是利用一些真菌（如白腐菌、褐腐菌、软腐菌）来选择性降解植物纤维原料中的木质素。由于成本低和设备简单，生物法预处理具有独特的优势，可用专一的木质酶处理原料，分解木质素和提高木质素消化率。然而，该类技术反应周期长，对纤维素等原料有一定损耗。

10.5.3 纤维素发酵生产燃料乙醇工艺

纤维素发酵生产燃料乙醇工艺通常可分为间接发酵法、混合菌种发酵、同步糖化发酵法（Simultaneous Saccharification and Fermentation，SSF）、非等温同步糖化发酵法（Nonisothermal Simultaneous Saccharification and Fermentation，NSSF）、固定化细胞发酵等。

间接发酵法即先酶解纤维素，酶解后的糖液作为发酵碳源。乙醇产物的形成受以下因素限制：末端产物、低细胞浓度以及高基质浓度。为了克服乙醇对酶解和发酵的抑制，必须不断地将其从发酵罐中移出，采取的方法有减压发酵法、快速发酵法和阿尔法－拉伐公司的Biotile法等。

SSF工艺创始于20世纪70年代，该工艺简化了反应流程与反应设备，但水解和发酵的反应条件不易匹配（酶解适宜温度为50℃、发酵适宜温度为30℃），因此对发酵微生物的要求较高。由于纤维素酶解产生的葡萄糖立即为酵母所利用，因此体系中纤维二糖和葡萄糖的浓度较低，降低了产物浓度对纤维素酶的抑制作用，提高了酶解效率，节约了总生产时间。在SSF的基础上，相关研究提出了同步糖化共发酵工艺（Simultaneous Saccharification and Co-Fermentation，SSCF），如图10-9所示，它是将预处理后的纤维素和预处理得到的糖液放在同一个反应器中，纤维素水解糖化、葡萄糖发酵和木糖发酵在同一个反应器内进行，该工艺可有效提高发酵液中的乙醇浓度，但对发酵微生物的性能要求较高。

除了SSF、SSCF等技术外，还有NSSF法，它包含一个水解塔和一个发酵罐，不含酵母细胞的流体在两者之间循环。该设计使水解和发酵可在各自最佳的温度下进行，也可消除水解产物对酶解的抑制作用，但显然也使流程复

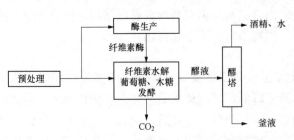

图10-9 SSCF工艺流程图

杂化。

固定化细胞发酵具有能使发酵罐内细胞浓度提高、细胞可连续使用等特点，从而提高最终发酵液中的乙醇浓度。研究最多的是酵母和运动发酵单孢菌的固定化，常用的载体有海藻酸钠、卡拉胶、多孔玻璃等。研究结果表明，固定化运动发酵单孢菌比酵母更具优越性。固定化细胞的新动向是混合固定细胞发酵，如酵母与纤维二糖酶一起固定化，将纤维二糖基质转化成乙醇，该方式也被看作是纤维素生产乙醇的重要阶段。

10.5.4　应用现状与展望

经过多年的努力，木质纤维素类生物质制取燃料乙醇已取得显著进展，但仍处于工业化试验研究开发阶段，尚未实现大规模产业化。2013 年，意大利 M&G 集团的 Beta Renewables 建成投产了以稻秆、麦秆和芦竹等原料通过蒸汽爆破预处理以及同步糖化共发酵技术年产 6 万 t 纤维素乙醇的装置；2014 年，Abengoa 和 POET-DSM 分别在美国建成投产了以玉米秸秆为原料年产 7.5 万 t 和 6 万 t 的纤维素乙醇装置；2015 年，美国 DuPont 公司建成投产了迄今最大的纤维素乙醇工厂，以玉米秸秆和柳枝稷为原料通过氨水预处理和分步糖化共发酵，年产 9 万 t 纤维素乙醇。据报道，巴西的 Granbio 和 Raizen 公司也在 2014 年分别建成投产了以蔗渣为原料年产 6.5 万 t 和 3.2 万 t 的纤维素乙醇工厂。我国近些年也陆续建成了多套纤维素乙醇示范装置，如龙力生物的从玉米芯残渣原料年产 5 万 t 纤维素乙醇装置。然而，这些工业生产装置或示范装置都不具备盈利性，基本处于不定期的试运行状态，而非长周期连续生产状态。

此外，我国在纤维素类生物质制燃料乙醇方面还面临着一些其他的困境与挑战。首先，农林废弃物（如秸秆等）具有低密度、高分散、难储存等特点，受到季节、地域等因素制约，且我国相对分散的农村经济模式更增加了对这些原料收集利用的难度。因此，发展工业化纤维素类生物质制燃料乙醇必须要建立一套完善的生物质原料收集供应模式，需要通过技术和体制的共同创新来建立低成本、高效率的原料供应链。

纤维素乙醇技术难以产业化的主要原因是原材料、能耗及环境成本居高不下。因此，纤维素乙醇技术攻关重点应为高效预处理工艺、低成本纤维素酶生产等，具体研究方向应包括以下三点：通过基因工程技术对相关微生物进行改造，使之能够产生高效水解纤维素类生物质的酶；对液体发酵培养基、发酵过程及其调控策略进行优选优化，从而生产出低成本纤维素酶制剂；优化酶解糖化和发酵工艺，能够高效地将纤维素酶解液发酵成乙醇。

生物质能作为一种可再生能源，对保障国家能源安全至关重要，关键技术研发和产业化生产迫在眉睫。纤维素乙醇生产是国家战略性举措，目前我国纤维素乙醇技术与国际先进水平的差距较大，战略性规划有待于进一步明确；战略性合作有待于进一步加强；研发进程和产业化进程有待于进一步加快。我国应把握机遇，迎接挑战，在燃料乙醇领域保持持续投入，重点跟踪先进技术，实现以全球资源储量最为丰富、唯一满足未来能源和材料生产需求的木质纤维素生物质为原料，生产纤维素乙醇，联产生物丁醇、生物柴油以及航空煤油等生物燃料。

目前，生物化学已经进入了实用化阶段，基因工程、发酵工程、酶工程等正随学科不断发展壮大。生物化学技术既可以实现生物质能源的资源化利用，还能够有效地保护全球的生态环境。沼气、纤维素酶解等技术利用微生物独特的生化过程，实现了废弃资源再利用。相信在未来，生物化学技术将在能源领域发挥更加出色的作用。

思 考 题

1. 生物化学在能源领域有哪些应用？其应用原理是什么？

2. 酶是生物体内的一类特殊催化剂，它的存在是生物体进行新陈代谢的必要条件，与一般催化剂相比，有什么区别与联系？其催化的化学反应称为酶促反应，又有哪些类型？试详细说明。

3. 微生物是如何将有机质转化成沼气的？或详细描述沼气形成的原理及影响因素。

4. 淀粉类生物质发酵制取乙醇的原理是什么？其生产工艺有哪些，各有什么特点？

5. 为什么木质纤维素类生物质中木质素会影响生物质发酵产乙醇的效率？针对该情况有什么解决办法？

参 考 文 献

[1] 肖鹏飞，刘瑞娜，李永峰，等. 能源生物化学［M］. 北京：化学工业出版社，2014.

[2] 姜福佳，吴威. 生物化学［M］. 北京：中国商务出版社，2014.

[3] 常雁红，陈月芳. 生物化学［M］. 北京：冶金工业出版社，2012.

[4] 李玉英. 发酵工程［M］. 北京：中国农业大学出版社，2009.

[5] 徐锐. 发酵技术［M］. 重庆：重庆大学出版社，2016.

[6] 杨北桥，马虎. 沼气工程实用新技术［M］. 银川：阳光出版社，2011.

[7] 刘德江. 沼气生产与利用技术［M］. 北京：中国农业大学出版社，2008.

[8] 石彦忠，张浩东. 淀粉制品工艺学［M］. 长春：吉林科学技术出版社，2008.

[9] 谢林，吕西军. 玉米酒精生产新技术［M］. 北京：中国轻工业出版社，2000.

[10] 姚汝华. 酒精发酵工艺学［M］. 广州：华南理工大学出版社，1999.

[11] 齐义鹏. 纤维素酶及其应用［M］. 成都：四川人民出版社，1980.

[12] ZHANG Y H P, HIMMEL M E, MIELENZ J R. Outlook for cellulase improvement: Screening and selection strategies［J］. Biotechnology Advances，2006，24（5）：452 - 481.

第 11 章 电 化 学

电化学是研究电效应和化学效应之间相互关系的化学科学分支，该领域很大一部分工作涉及因电流通过引起的化学变化以及通过化学反应产生电能的研究。电化学领域涵盖了许多不同的现象（电泳、腐蚀等）、设备（电致变色显示器，电分析传感器、电池等）和技术（金属电镀、铝和氯的大规模生产）。如今已形成了量子电化学、合成电化学、半导体电化学、生物电化学、有机导体电化学和光谱电化学等多个分支。电化学在化工、能源、材料、环境科学、金属腐蚀与防护等许多领域得到了广泛的应用。电化学理论的研究在解决能源、材料、环境、生物和医学等领域的相关问题中发挥了巨大的作用。

11.1 电化学研究的对象

把电化学体系中发生的、伴随有电荷转移的化学反应统称为电化学反应。根据电化学反应发生的条件和结果的不同，通常可以把电化学体系分为三类。第一类是将电化学系统中的两个电极与外部电路负载连接，能自发地将电流送向外部电路做功；第二类是与外电源组成回路，强迫电流通过电化学体系并发生电化学反应；第三类为电化学反应自发进行，但不能对外做功，只起到破坏金属的作用。上述前两种电化学体系被分别称为原电池和电解池，第三类体系为腐蚀电池。

11.1.1 原电池

凡是能直接将化学能转变为电能的电化学装置称为原电池。原电池是利用两个电极的电位差异而产生电势差，然后使电子发生流动，进而产生电流，供给外线路中负载使用。有些原电池可以构成可逆电池，有些原电池内部发生的是不可逆反应，属于不可逆电池。

11.1.1.1 原电池的工作原理

原电池反应不同于一般的氧化还原反应，属于放热反应。原电池反应首先是还原剂在负极上失去电子而发生氧化反应，然后失去的电子由外电路输送到正极上，氧化剂在正极上得到电子而发生还原反应，最终完成还原剂和氧化剂之间电子的转移。两类导体界面上发生的氧化反应或还原反应称为电极反应。通过两极之间溶液中离子的定向移动和外部导线中电子的定向移动构成一个闭合回路，才能使两个电极反应不断地进行，从而实现电子有序的转移过程和电流的产生，最终实现化学能向电能之间的转化。

在图 11-1 中，R 为负载，E 为电源。原电池由两个极板和电解质溶液组成，在溶液中通过离子导电，在阳极上发生氧化反应而失去电子，在阴极上发生还原反应而得到电子。原电池中化学反应的结果是在外线路中产生电流供负载使用，即原电池本身是一种电源。原电池阳极上，因氧化反应而有了电子的积累，形成了负电位，称为负极；阴极上因还原反应而缺乏电子，形成正电位，称为正极。在外线路中，电子由阳极流向阴极，即电流从阴极（正极）流出，经外线路流向阳极（负极）。

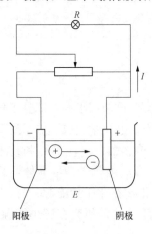

图 11-1　原电池回路

依靠物体内部自由电子的定向运动而导电的物体，即载流子为自由电子或空穴的导体，称为电子导体，也称为第一类导体，如金属、合金石墨及某些固态金属化合物。依靠物体内离子运动而导电的导体称为离子导体，也称为第二类导体，例如各种电解质溶液、熔融态电解质和固体电解质。由此可见整个原电池是由第一类导体和第二类导体串联组成的。

11.1.1.2　原电池的构成

原电池的构成如下：

（1）电极材料一般由两种活泼性不同的金属构成，或者由金属与其他导电的材料（非金属或某些氧化物等）构成。

（2）电解质溶液。

（3）两个电极之间通过导线连接从而形成闭合的回路。

（4）发生的反应属于自发的氧化还原反应。

构成原电池只需要具备前三个条件即可。但是由于化学电源要求能够提供持续而且稳定的电流，因而除了必须具备原电池的三个构成条件以外，还要求有自发进行的氧化还原反应。可以认为化学电源必须是原电池，但是原电池不一定都能做化学电源。

11.1.1.3　原电池的表示方法

以丹尼尔（Daniel）化学电池（铜锌电池）为例，原电池最直接的表示方法为图像法，该原电池由 Zn 棒、Cu 棒、$ZnSO_4$ 溶液、$CuSO_4$ 溶液、导线和盐桥构成。图 11-2 中 Zn 棒放在 $ZnSO_4$ 溶液中用作负极发生氧化反应，Cu 棒放在 $CuSO_4$ 溶液中用作正极发生还原反应。原电池整体形成回路，回路里的电子从负极移动到正极从而产生电流，可以通过检流计测量出来。

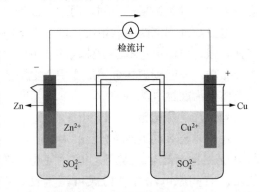

图 11-2　丹尼尔化学电池

利用图像表示原电池是最直观的方法，但是应用起来比较麻烦，后来采用化学式和符号来表示原电池的方式被广泛采用。例如，丹尼尔电池就表示为 Zn(s)｜$ZnSO_4(a_1)$‖$CuSO_4(a_2)$｜Cu(s)。从左向右依次为负极（Zn 和 $ZnSO_4$ 溶液）、盐桥（用‖表示）、正极（Cu 和 $CuSO_4$ 溶液）。符号"｜"表示不同物相之间的界线。如果溶液的温度和压力不是标准状态则要标注出来，不标注则默认为温度为 298.15K 和标准状态压力为 1.01325×10^5 Pa；电极的物态也要求标注出来，如果是气体还要标注压力和所依附的惰性电极的种类，电解质溶液则要标注其活度，对于稀溶液则可用浓度来表示。上述参数均会影响电池的电动势，因而需要详细标注出来。

11.1.1.4　原电池的种类

1. 化学电池

原电池均属于化学电池，根据所用的电解液种类不同还可以分为单液电池［如 Zn(s)｜$H_2SO_4(a)$｜Cu(s)］和双液电池，比如

$$Hg(l) \mid Hg_2Cl_2(s) \parallel KCl(a_1) \parallel AgNO_3(a_2) \mid Ag(s) \tag{R11-1}$$

通常双液电池的电极属于平衡电极，能够提供持续且稳定的电流。但是由于双液电池的液体接界处的扩散过程是不可逆的，所以属于不可逆电池。严格来说只有单液电池才能构成可逆电池，例如

$$Pt(s) \mid H_2(p) \mid HCl(a) \mid AgCl(s) \mid Ag(s) \tag{R11-2}$$

单液电池和双液电池的相同点是都有导电性不同的两个电极，都能产生电流；外电路均是电子的定向移动，内电路均是离子的定向移动。

单液电池和双液电池的不同点是双液电池中电流持续、稳定，两个电极反应在不同区域进行，中间用盐桥连接，而单液电池电流不稳定，两个电极反应在同一区域进行。

2. 非氧化还原反应电池

虽然非氧化还原反应里其反应前后各元素的氧化数都保持不变，但是也可以绕道沿另一条路线完成这一反应。假如在原反应的反应物和产物之间设置一种中间产物，使中间产物里至少包含一种与原反应系统相同的原子，但是中间产物里该原子的氧化数与原反应中是不相同的。原来的非氧化还原反应就被分成两个氧化数发生变化的半反应。也就是说总反应不是从反应物到产物一步完成的，而是伴随电子的得（或失）先从反应物转移到中间产物，再伴随电子失（或得）由中间产物转移到最终产物。一旦这两个半反应配平并加和后其中间产物就被抵消，最终得到的总反应与原来的非氧化还原反应仍然是相同的。因此，原则上说所有的非氧化还原反应均可以组装成原电池。如果选择不同氧化数的中间产物，就可以把同一个非氧化还原反应组装成多个不同的电池。原电池组装的具体过程又分为以下四个步骤：

（1）根据反应中的某特定元素来选择与原反应系统具有不同氧化数的中间产物。

（2）针对两个半反应来确定正、负极，即氧化反应是负极，还原反应是正极。

（3）根据写出来的电极反应和电池反应，检查电池反应与原反应过程是否一致。

（4）正确写出电池符号。

例如，如果把下列非氧化还原反应组装成原电池，则

$$AgI \Longrightarrow Ag^+(aq) + I^-(aq) \tag{R11-3a}$$

在这个非氧化还原反应里金属银可选择作为中间产物。第一个半反应为还原反应，相应的电极在原电池中为正极。第二个半反应为氧化反应，相应的电极在原电池中为负极。这里碘化银难溶盐电极是正极，金属银电极是负极。电极反应和电池反应如下：

正极为

$$AgI + e^- \longrightarrow Ag + I^-(aq) \tag{R11-3b}$$

负极为

$$Ag - e^- \longrightarrow Ag^+(aq) \tag{R11-3c}$$

电池反应为

$$AgI \Longrightarrow Ag^+(aq) + I^-(aq) \tag{R11-3d}$$

3. 浓差电池

电池总反应除了化学变化外，也可以是物理变化。如气体从高压向低压扩散、物质从高浓度区向低浓度区扩散等。根据不同物质的化学势与组成的关系以及等温、等压条件下的相平衡条件，这些变化过程都属于吉布斯自由能减小的过程，因而均可以用来对外做非体积

功。因此，这些状态变化原则上都可以组装成原电池。如果用浓差变化过程来组装原电池，那么电池反应前后仅仅涉及同一种物质，所发生的变化主要是反应前后该物质的浓度（或压力）的差别。这里我们把发生浓差变化的物质用 D 来表示。组装浓差电池可以分为以下五个步骤。

（1）找出与 D 物质有关的电极反应。

（2）电极反应中与 D 物质处在同一方的所有物质既作为反应物也作为产物，而把不与 D 物质处在同一方的所有物质均作为中间产物。这样一来原来简单的物理变化过程就可以分成两步来完成，包括氧化反应和还原反应。

（3）据两个半反应来确定正负极。发生氧化反应的为负极，发生还原反应的为正极。

（4）根据写出的电极反应和电池反应来检查电池反应与原变化过程的一致性。

（5）正确写出电池符号。

例如，欲将反应 $Cl^-(b_1) = Cl^-(b_2)$ 组装成原电池。涉及 Cl^- 的电极反应为

$$2Cl^- - 2e^- \longrightarrow Cl_2 \qquad\qquad (R11\text{-}4a)$$

根据电极反应，反应物和生成物中除了 Cl^- 没有别的物质，中间产物只有 Cl_2。

可以看出，正极和负极均为 Cl_2 电极，但是两个电极的 Cl^- 浓度不同。

正极为

$$Cl_2(p) + 2e^- \longrightarrow 2Cl^-(b_2) \qquad\qquad (R11\text{-}4b)$$

负极为

$$2Cl^-(b_1) - 2e^- \longrightarrow Cl_2(p) \qquad\qquad (R11\text{-}4c)$$

电池反应为

$$Cl^-(b_1) =\!=\!= Cl^-(b_2) \qquad\qquad (R11\text{-}4d)$$

浓差电池和非氧化还原反应电池概括起来说，首先非氧化还原反应组装成原电池的关键是针对某特定元素寻找合适的具有不同氧化数的中间产物；其次浓差变化过程组装成原电池的关键是寻找涉及浓差变化物质的电极反应，并且找到具有不同氧化数的中间产物。其中的关键因素就是具有不同氧化数的中间产物，有了它才可以把原本一步完成的非氧化还原反应或浓差变化过程分解为既包括氧化又包括还原的两个半反应步骤。

4. 腐蚀电池

如果把一个原电池的两极用一条电阻近似为零的导线连接起来，那就会造成原电池短路。如果把铜棒和锌棒插入稀硫酸溶液里，然后用导线和电流表连通外电路使其工作，就会形成一个短路的原电池。产生电流则说明有电的现象产生，但是此时的端电压 $E \approx V$。由于对外界没有做功，说明化学能并没有转化为电能，而是以热的形式散失，相应的电极反应均以最大限度的不可逆方式进行。

腐蚀电池定义为导致金属材料破坏而不能对外界做有用功的短路原电池。日常生活中如果不同的金属相接触或者金属中含有一些杂质离子，那么当它们与腐蚀介质接触的时候就会发生电化学腐蚀，最终形成短路腐蚀电池，造成资源的浪费。在腐蚀发生的时候，腐蚀电池的电极电位会明显偏离未通电时的开路电动势，这种现象称为电极的极化，会使得阴极的电动势变得更低，而阳极的电动势变得更高。因此，在电池短路后的几秒到几分钟内，腐蚀电池的电动势骤然减小，电流也急剧降低，最终稳定时的电流值较起始值小很多。腐蚀电池在生产生活中可以应用于处理垃圾废水等。

11.1.2　电解池

将直流电通过电解液使电极上发生氧化还原的过程称为电解。借助电流引起化学变化，将电能转化为化学能的装置，称为电解池或电解槽。电解池的原理与原电池相反，主要应用是在工业中制备纯度高的金属。

11.1.2.1　电解现象

电解池一般由电解液和两个电极组成，电解液可以是电解质溶液，也可以是熔融的电解质。电解池中和外界电源负极相连的极称为阴极，和外界电源正极相接的极称为阳极。电子从电源负极流出，进入电解池的阴极，经过电解质溶液再由电解池的阳极流回电源的正极。在电解中正离子向阴极流动，负离子向阳极流动，因而阴极上发生还原反应，阳极上发生氧化反应。

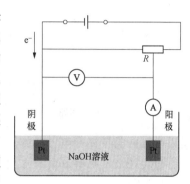

图 11-3　电解 NaOH 溶液示意

如图 11-3 所示，以电解 NaOH（0.1mol·L^{-1}）溶液为例，当发生电解时，H$^+$ 移向阴极，发生还原反应生成氢气；OH$^-$ 移向阳极，发生氧化反应生成氧气。

阴极为

$$4H^+ + 4e^- = 2H_2 \uparrow \tag{R11-5a}$$

阳极为

$$4OH^- = 2H_2O + O_2 \uparrow + 4e^- \tag{R11-5b}$$

总反应为

$$2H_2O = 2H_2 \uparrow + O_2 \uparrow \tag{R11-5c}$$

因此，可以说电解 NaOH 的结果实际是电解水，NaOH 的作用是增加溶液的导电性。但在电解时，并不是一开始加外加电压就可以顺利电解，在逐渐增加电解池的外加电压时，最初的电压增加，但是电流增加不大，只有当电压增加到一定数值时，电流才剧烈地增加，此时电解才得以顺利进行。这种使电解能顺利进行所必需的最小外加电压称为分解电压。以实验测定的电压为横坐标，以电流密度（单位电极面积内的电流）为纵坐标作图，得到曲线，图 11-4 中 D 点的电压即为分解电压。

11.1.2.2　电解池的工作原理

类似于原电池，电解池最直观的表示方式为图像法，图 11-5 中，E 为电源，负载为电解

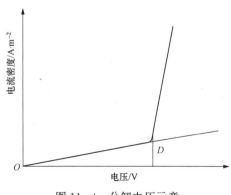

图 11-4　分解电压示意

池 R，如电镀槽。在外线路中，电流从电源 E 的正极经电解池流向电源 E 的负极。在金属导线内，载流子是自由电子，但是在电解液中，不可能有独立存在的自由电子，因而来自金属导体的自由电子是不可能从电解池溶液中直接流过的。在电解质溶液中，是依靠正、负离子的定向移动来传递电荷的，即载流子是正、负离子，而不是电子。因此，图 11-5 中的外线路是由第一类导体和第二类导体串联组成的，可称之为电解池回路。

不同的载流子之间是如何传递电荷的？以镀

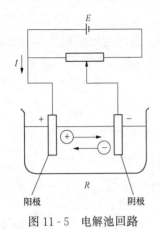

图 11-5 电解池回路

锌过程为例，其涉及的化学反应式如下：

在正极上发生氧化反应为

$$Zn \longrightarrow Zn^{2+} + 2e^- \qquad (R11-6a)$$

Zn 溶解后产生的电子传递给锌板，成为金属中的自由电子，有

$$Zn^{2+} + 2e^- \longrightarrow Zn \qquad (R11-6b)$$

这时从外部电源 E 的负极流出的电子，移动到了电解池的负极，再经过还原反应，将负电荷传递给溶液，同时在溶液中依靠正离子向负极运动，负离子向正极运动，就将负电荷传递到了正极，然后又经过氧化反应将负电荷以电子的形式传递给了电极，极板上积累的自由电子经过导线流回电源 E 的正极。所以说，两类导体导电方式的转化是通过电极上的氧化还原反应实现的。

11.1.2.3 电解池的放电顺序

1. 阳极

阳极与电源的正极相连。在研究放电顺序时，首先需要观察电极的材料。当阳极的电极材料为金属（Pt 和 Au 除外）的时候，通电后作电极的金属就会失去电子而变成金属离子，然后溶解到电解质溶液中。当阳极的电极材料是惰性物质（如 Au、Pt 或石墨）时，通电后溶液中的阴离子就会在阳极上失去电子。当溶液中同时存在多种阴离子的时候，还原性强的离子就会先失去电子而发生氧化反应。常见阴离子的还原性由强到弱的顺序是活性电极＞ S^{2-} ＞ I^- ＞ Br^- ＞ Cl^- ＞ OH^- ＞含氧酸根离子（如 SO_4^{2-}、NO_3^- 等）＞ F^-。

值得注意的是，因为水电离能够产生 OH^-，所以电解含氧酸盐溶液时，在阳极上是 OH^- 放电生成氧气，而含氧酸根离子不发生变化（当阳极为惰性金属时，常用的为 C、Pt、Au 时，自身放电）。

2. 阴极

阴极与电源的负极相连。在阴极上发生还原反应的是溶液中的阳离子。当溶液中存在多种阳离子时，按照金属活动性顺序排列，越不活泼的金属的阳离子的氧化性越强，而且越容易被还原。常见阳离子的氧化性由强到弱的顺序是 Ag^+ ＞ Fe^{3+} ＞ Cu^{2+} ＞ H^+（酸）＞ Fe^{2+} ＞ Zn^{2+} ＞ H^+（水）＞ Al^{3+} ＞ Mg^{2+} ＞ Na^+。

类似地，因为水能够电离产生 H^+，所以在水溶液中 Al 之前的金属离子不可能被还原。

11.1.2.4 电解池中的反应

根据阴、阳极的放电顺序，可以粗略地把电解反应分为四种。

阳极：{ S^{2-} ＞ I^- ＞ Br^- ＞ Cl^- } ＞ { OH^- ＞含氧酸根离子＞ F^- }

　　　　　第一类　　　　　　　　　　第二类

阴极：{ Ag^+ ＞ Fe^{3+} ＞ Cu^{2+} ＞ H^+ ＞ Fe^{2+} ＞ Zn^{2+} } ＞ {（H^+）＞ Al^{3+} ＞ Mg^{2+} ＞ Na^+ }

　　　　　　第三类　　　　　　　　　　　　　　　　第四类

第一种是电解质型，其为第一类和第三类的组合，例如 $CuCl_2$。

第二种是放氢生碱型，其为第一类和第四类的组合，例如 NaCl。

第三种是放氧生酸型，其为第二类和第三类的组合，例如 $CuSO_4$。

第四种是电解水型，其为第二类和第四类的组合，例如 NaOII。

11.2　法　拉　第　定　律

法拉第（Faraday）第一定律及第二定律又称为法拉第电解定律，描述的是电极上通过的电量与电极反应物质量之间的关系，又称为电解定律。法拉第在探究电解定律的过程中，采用电解法测量了多种原子的原子量，在很大程度上反证了法拉第定律的正确性。在随后的发展中，法拉第定律为原子量的准确测量提供了强有力的工具，具有重要的意义。在实际应用方面，依据法拉第定律，通过分析测试电解过程中电极反应物和产物的量的变化，来计算通过电路的电量，从而发明了库仑计。库仑计在很多领域的定量研究中应用广泛。此外，在电解和电沉积行业，电解池的设计、电极的设计以及大量辅助设计和计算的理论基础中法拉第电解定律都起到了重要作用。

法拉第第一定律和第二定律是通过电解实验得出的，其本质是物质守恒定律和电荷守恒定律在电化学过程中的具体体现形式，反映化学反应中物质变化与电量间的客观联系，适用于所有电化学过程。同时，该定律不受温度、压力、电解质溶液的组成和浓度、电极材料和形状等因素的影响，在水溶液中、非水溶液中或熔融盐中均适用。可见，法拉第第一定律和第二定律对于电化学研究与应用的利用价值巨大，为电化学的发展道路作出了巨大贡献。法拉第电解定律是电化学中最基本的定律，在电沉积领域发挥重要作用，不论是从事电镀专业的工作者，还是学习电化学的学生们都应该熟知这一定律。

11.2.1　法拉第第一定律

若电极上发生的化学反应为

$$M^{z+} + Ze^- \longrightarrow M \tag{R11-7}$$

如果每一个离子的电荷为±Ze，外电路中流过的电流为 I，其值等于电解池中正、负离子的流量所载电流，那么任何一个电极上发生化学变化的物质的质量与通过离子导体和电子导体间流过的总电量成正比。电量 Q 是电流与时间的乘积（$Q=It$），电极上发生电子交换而转化的物质的质量为 m。则法拉第第一定律认为在电极上析出（或溶解）的物质的质量 m 同通过电解液的总电量 Q（即电流强度 I 与通电时间 t 的乘积）成正比，即

$$m = KQ = KIt \tag{11-1}$$

其中，比例系数 K 的值同所析出（或溶解）的物质有关，称为该物质的电化学当量（简称电化当量）。电化当量等于通过 1C 电量时析出（或溶解）物质的质量。

那么电极上析出的 M 的质量就应该为

$$m = KQ = \frac{1}{F} \cdot \frac{M}{Z} \cdot Q \tag{11-2}$$

对具有基元电荷 e^0 的离子（1 价离子）来说，在电极上通过氧化或还原 1mol 物质所需的电量 $Q_M = N_A e^0$，其中，N_A 为阿伏伽德罗常数；而在电极上转化 1mol 多价（Z）离子所需要的电量是 $Q_M = Z N_A e^0$，其中，$N_A e^0$ 的乘积在数值上等于 96485C·mol^{-1}，该值称为法拉第常数，用符号 F 表示。所以，在电极上通过 1C 电量将转化 $M/(96485Z)$g 物质，其中 M 为转化物质的摩尔质量。

11.2.2　法拉第第二定律

法拉第第二定律的内容：当通过各电解液的总电量 Q 相同时，在电极上析出（或溶解）

的物质的质量 m 同各物质的化学当量 C（即原子量 A 与原子价 Z 之比值）成正比，即

$$m \propto C \tag{11-3}$$

在两电极上转化的物质 1 和物质 2 的质量比则有如下的关系（以下标 1 和 2 表示），即

$$\frac{m_1}{m_2} = \frac{M_1/Z_1}{M_2/Z_2} \tag{11-4}$$

式中：M/Z 为离子当量的摩尔质量。

式（11-4）表明，通过相同电量的两个电极上转化的物质的质量比与它们的离子当量的摩尔质量比相等。

式（11-2）和式（11-4）的关系式是由法拉第在 1833 年首次报道的，分别称为法拉第第一定律和第二定律。法拉第定律是由法拉第根据多次试验结果进行归纳总结而得，属于经验定律。在此基础上，赫姆霍兹推断出存在一个电荷基本单位，以此从理论上可推导出法拉第定律。

11.2.3　法拉第第一、第二定律之间的联系

由于法拉第第一定律指出电极上析出（或溶解）的物质的质量 m 同通过电解液的总电量 Q（即电流强度 I 与通电时间 t 的乘积）成正比，法拉第第二定律指出在通过的总电量一定时，在电极上析出（或溶解）的物质的质量 m 又同各物质的化学当量 C 成正比，所以如果将法拉第第一定律与第二定律结合起来，可以得到物质的电化学当量 K 同其化学当量 C 成正比，即

$$\left. \begin{array}{l} m = KQ = KIt \\ K = \alpha C = \alpha \cdot \dfrac{A}{Z} = \dfrac{1}{F} \cdot \dfrac{A}{Z} \\ m \propto C \end{array} \right\} \tag{11-5}$$

式中：比例系数 α 对所有的物质都有相同的数值，通常把它写成 $1/F$，F 称为法拉第常数。

式（11-5）为法拉第电解定律的数学表达式，它阐明了上述法拉第电解定律的两条文字叙述。只要电极反应中没有副反应或次级反应，法拉第电解定律不受温度、压力、浓度等条件的限制，是科学准确的定律。

11.3　电化学热力学基础

前面我们了解了通过原电池或者电解池可以实现电能和化学能的相互转化。在本节，我们将更详细地研究化学能和电能之间是如何转化的。主要讨论电池中的平衡问题，而电池的电动势所反映的正是电池的平衡性，我们将通过热力学来了解电势差是怎样产生的，以及能得到什么化学信息，这种研究将会进一步知道电势差与电化学反应之间的自由能变化关系，也称之为电化学热力学。

11.3.1　吉布斯自由能最小化

在自发的化学反应中，化学反应向动力学平衡态移动，在最终的平衡态中，反应物和生成物都存在，并且净变化保持不变。一个反应中平衡状态混合物的物质组成可以通过吉布斯自由能分析，假设一个简单的化学平衡，即

$$A \longrightarrow B \tag{R11-8}$$

在这个化学平衡中，有无限小量（$d\xi$）的 A 转换成 B，即 A 的变化量为 $dn_A = -d\xi$，B 的变化量为 $dn_B = +d\xi$，其中，ξ 被称反应程度，在这个过程反应吉布斯自由能（ΔG_r）变化为

$$\Delta G_r = \left(\frac{\partial G}{\partial \xi}\right)_{p,T} = \mu_B - \mu_A \tag{11-6}$$

式中：μ_A 和 μ_B 分别为反应物 A 和生成物 B 的化学式或者吉布斯自由能。化学式随着反应过程的物质组成而变化，吉布斯自由能也随着反应的进行而变化。当 $\Delta G_r < 0$ 时，$\mu_A > \mu_B$，反应 A→B 是自发的；当 $\Delta G_r > 0$ 时，$\mu_A < \mu_B$，反应 B→A 是自发的；当 $\Delta G_r = 0$ 时，反应朝任何方向都不是自发的，此时 $\mu_A = \mu_B$。由反应混合物的组成推导出 μ_A 与 μ_B 的大小关系，就可以得出反应混合物的组成是否处于平衡状态的结论。

对于一个普遍的化学反应，即

$$a\text{A} + b\text{B} \longleftrightarrow c\text{C} + d\text{D} \tag{R11-9}$$

当反应进行无限小量 $d\xi$ 时，反应物和产物的变化量分别为

$$dn_A = -ad\xi \tag{11-7}$$
$$dn_B = -bd\xi \tag{11-8}$$
$$dn_C = +cd\xi \tag{11-9}$$
$$dn_D = +dd\xi \tag{11-10}$$

可以总结为 $dn_J = \nu_J d\xi$，其中 J 代表某物质，ν_J 是 J 在化学平衡时的化学计量数，因此，在等温、等压的条件下，反应的吉布斯自由能的无限小变化量为

$$dG = \mu_C dn_C + \mu_D dn_D + \mu_B dn_B + \mu_A dn_A$$
$$= (c\mu_C + d\mu_D - b\mu_B - a\mu_A)d\xi = \left(\sum_J \nu_J \mu_J\right)d\xi \tag{11-11}$$

由此可见

$$\Delta G_r = \left(\frac{\partial G}{\partial \xi}\right)_{p,T} = c\mu_C + d\mu_D - b\mu_B - a\mu_A \tag{11-12}$$

其中，物质 J 的化学式与其活度（a_J）有关，即

$$\mu_J = \mu_J^\ominus + RT\ln(a_J) \tag{11-13}$$

将反应物和生成物的化学式都用上式表示，可以得到反应的吉布斯自由能为

$$\Delta G_r = \left(\frac{\partial G}{\partial \xi}\right)_{p,T} = c\mu_C^\ominus + d\mu_D^\ominus - b\mu_B^\ominus - a\mu_A^\ominus + RT\ln\left(\frac{a_C^c \, a_D^d}{a_A^a \, a_B^b}\right)$$
$$= \Delta G_r^\ominus + RT\ln Q \tag{11-14}$$

式中：Q 为反应系数。

$$Q = \frac{a_C^c \, a_D^d}{a_A^a \, a_B^b} \tag{11-15}$$
$$\Delta G_r^\ominus = c\mu_C^\ominus + d\mu_D^\ominus - b\mu_B^\ominus - a\mu_A^\ominus \tag{11-16}$$

在平衡态时 $\Delta G_r = 0$，活度将有其平衡值，此时 Q 可以用热力学平衡常数 K 表示为

$$K = \frac{a_C^c \, a_D^d}{a_A^a \, a_B^b} \tag{11-17}$$

从而可以得到重要的热力学关系式为

$$\Delta G_r^\ominus = -RT\ln K \tag{11-18}$$

　　根据这个热力学关系式，可以从热力学数据表中推导出任何反应的平衡常数，从而推测出反应混合物的平衡组成。

11.3.2　可逆性

　　因为研究热力学问题都是基于平衡体系，所以可逆性的研究是很有必要的。根据不同情况，可逆性的三种含义需要区分开来。

　　1. 化学可逆性

　　以式（R11-2）中的电化学电池为例，则

$$Pt(s) \mid H_2(p) \mid HCl(a) \mid AgCl(s) \mid Ag(s) \tag{R11-10a}$$

当所有物质都处于标准状态时，实验测得银丝和铂丝之间的电势差为 0.222V。其中铂丝是负极，当两电极短接时发生下列反应，即

$$H_2 + 2AgCl \longrightarrow 2Ag + 2H^+ + 2Cl^- \tag{R11-10b}$$

当有大于电池电压的外部反向电压接到电池两端时，即有反向电流流过，则电池反应变为

$$2Ag + 2H^+ + 2Cl^- \longrightarrow H_2 + 2AgCl \tag{R11-10c}$$

反向电流仅仅是让电池反应反向，并没有产生新的反应，因此我们把这种电池称为化学可逆。

　　另一种体系，比如

$$Zn(s) \mid H^+(a) \mid SO_4^{2-}(a) \mid Pt(s) \tag{R11-11a}$$

在化学上为不可逆反应。相对于铂电极而言，锌电极是负极。放电时锌极上发生的反应为

$$Zn \longrightarrow Zn^{2+} + 2e^- \tag{R11-11b}$$

铂电极上产出氢，即

$$2H^+ + 2e^- \longrightarrow H_2 \tag{R11-11c}$$

因此电池总反应为

$$Zn + 2H^+ \longrightarrow Zn^{2+} + H_2 \tag{R11-11d}$$

同样，接入大于电池电压的外部反向电压时，有反向电流流过，但此时电池反应为

$$2H^+ + 2e^- \longrightarrow H_2（锌电极） \tag{R11-11e}$$

$$2H_2O \longrightarrow O_2 + 4H^+ + 4e^-（铂电极） \tag{R11-11f}$$

$$2H_2O \longrightarrow O_2 + 2H_2（电池总反应） \tag{R11-11g}$$

因为电池反应不同于电流正向时，所以这种电池是化学不可逆的。

　　2. 热力学可逆性

　　当一个过程受到无穷小的反向推力时，过程即反向进行，则称这种过程在热力学上是可逆的。显然体系在任何时候只有受到一个无穷小的推动力，才可能发生热力学可逆过程，因此体系必须本质上是基于平衡状态下的。需要注意的是，化学不可逆电池不可能具有热力学意义上的可逆行为，而化学可逆电池则可以具有，或者说近似于热力学可逆性的方式工作。

　　3. 实际的可逆性

　　其实在实际工作情况下，不可能具有严格的热力学上的可逆性。然而它们可以在某一准确度下，适用于一些热力学方程式，此时可以称这些过程为可逆过程。实际可逆性并不是一

个确切的定义，它受到观察者对于该过程的态度和期望的影响。

在电化学研究中，常常需要依靠能斯特方程来提供电极电动势 E 与参加电极反应各反应物质之间浓度、温度等的关系，即

$$E = E^{\ominus} + \frac{RT}{\nu F} \ln \left(\frac{\left\{ \frac{c(O)}{c^{\ominus}} \right\}^a}{\left\{ \frac{c(R)}{c^{\ominus}} \right\}^b} \right) \tag{11-19}$$

式中：由法拉第定律可得，νF 为电极反应时通过的电量；R 为摩尔气体常量；T 为热力学温度；$c(O)$、$c(R)$、$c^{\ominus}$ 分别为氧化态、还原态和标准状态物质的浓度。如果一个电极体系遵循能斯特方程则说明此电极反应为可逆反应。

从方程中可知，当所有反应物和产物处于标准态时，所有的活度都一致，则 $\ln \left(\frac{\left\{ \frac{c(O)}{c^{\ominus}} \right\}^a}{\left\{ \frac{c(R)}{c^{\ominus}} \right\}^b} \right) = 0$，属于零电流电位，也是标准电池电位。此时 $E = E^{\ominus}$，$E^{\ominus}$ 则为标准电动势。

当反应达到平衡状态，则 $\ln \left(\frac{\left\{ \frac{c(O)}{c^{\ominus}} \right\}^a}{\left\{ \frac{c(R)}{c^{\ominus}} \right\}^b} \right) = \ln K$，$K$ 是电池反应的平衡常数。处于平衡态的化学反应不能做功，原电池电极间没有电势差，即 $E = 0V$。

$$\ln K = -\frac{\nu F E^{\ominus}}{RT} \tag{11-20}$$

可以根据式（11-20）从标准电池电位推导出平衡常数。

一个过程是否表现为可逆，取决于我们发现不平衡现象的能力，而这又取决于可能测量的时间范围、研究过程推力的变化速率以及体系再次建立平衡的速度。如果不平衡现象对体系的干扰非常小，或者相较于测量时间而言，体系能够很快地建立平衡，则热力学关系可以适用，否则不适用。故对于一个给定的体系，可能出现在一个实验中表现为可逆，另一个实验中表现为不可逆。

11.3.3 化学平衡与电化学电位

一个电化学反应在没有达到平衡状态时，反应驱动电子通过外电路，以此反应为机制的电池能对外做电功。这种通过电子传递完成的功取决于两个电极之间的电势差，也即电池电位（V），因此做功的大小取决于这个电池电位的大小。当电池电位大时，相同量的电子能做的功大。当电池的总反应处于平衡状态时，电池电位为零，则不能对外做功。

一个电化学电池单元能做的最大量的电功（$w_{e,max}$）取决于 ΔG 的值，在一个等温、等压的自发体系中，则

$$\Delta G = w_{e,max} \tag{11-21}$$

因为当电池做成最大功时式（11-21）才成立，所以在反应可逆的前提条件下，可以通过测试电池能做的功对电池进行热力学测试。从吉布斯自由能的定义上看，它实际上是一个反应混合物在特定组成下确定的导数。

11.3.4 电位差与反应吉布斯自由能的关系

电位差与电池反应吉布斯自由能的关系见下式：

$$\Delta G_r = -\nu F E \tag{11-22}$$

自此，将电位差与电池反应的吉布斯自由能建立重要的关系式，可以发现通过电化学测试可以与热力学性质之间搭建重要的联系。要想确定反应的吉布斯自由能变化（ΔG_r），首先确定电池在一种特定、恒定的组成下可逆工作。当电池电位被一个反电动势所平衡，使电池反应可逆进行时，组成是恒定的，电池反应静置待变，这个电势差被称为零电流电池电位。在知道特定组成下的反应吉布斯自由能时，可以推导出这种组成下的零电流电池电位。

当所有物质的活度都等于 1 时，式（11-22）即为

$$\Delta G_r = -\nu F E^{\ominus} \tag{11-23}$$

$E^{\ominus}$ 即为电池反应的标准电动势。既然我们可以将电池的电动势与吉布斯自由能联系起来，那么我们就可以通过电化学测量推导出其他的热力学参量。比如，从 ΔG 的温度关系式可以得到电池反应中熵的变化，即

$$\Delta S = -\frac{\partial \Delta G}{\partial T} \tag{11-24}$$

因此

$$\Delta S = \nu F \frac{\partial E}{\partial T} \tag{11-25}$$

以及

$$\Delta H = \Delta G + T \Delta S = \nu F \left(T \frac{\partial E}{\partial T} - E \right) \tag{11-26}$$

需要注意的是，这些关系式对于由热力学数据预测电化学特性也是很有帮助的。

11.4 电 极 电 位

原电池能够产生电流的事实说明在原电池的两个电极之间有电势差，构成原电池的两个电极各自具有不同的电动势，也就是说每一个电极都有一个电动势，称为电极电位。两电极的电极电位之差称为原电池的电动势。

11.4.1 电极电位的产生

单个电极的电极电位是怎样产生的呢？它主要取决于界面层中形成的离子双电层。以锌电极为例来说明金属 - 金属离子电极电位的产生。金属是金属离子和自由电子以一定晶格排列形式组成的晶体，当把锌片插入水溶液中时，由于极性水分子与晶格中锌离子的作用，使得金属中的锌离子溶解进入溶液，这就是水分子对金属离子的"水化作用"。金属锌因锌离子溶解而带负电荷，同时溶液中的锌离子发生碰撞也可沉积到金属表面上，当溶解与沉积的速率相等时，达到动态平衡，金属锌表面聚集带负电的剩余电荷，锌片附近溶液则为带正电的剩余锌离子。根据 Stem 的双电层模型，在锌片和溶液间形成了双电层（见图 11-6），与金属锌联结得较紧密的一层称为紧密层，其余扩散到溶液中去的称为扩散层，整个双电层由紧密层与扩散层构成，因此，锌电极的电极电位主要由双电层中的电动势构成。

11.4.2 电极电位的测量

迄今为止，人们尚无法直接测量单个电极电位的绝对值。用电位计测出的是两电极电位

之差。为了对所有电极电位大小作出系统的、定量的比较，就必须选择一个电极，将它的电极电动势定义为零，作为衡量其他各种电极电位的相对标准。一般来说选择标准氢电极作为相对比较的标准，规定其电极电位为零。

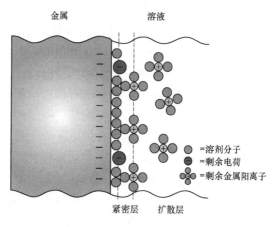

图 11-6　双电层

标准氢电极的组成如图 11-7 所示：将镀有铂黑的铂片浸入 H^+ 浓度为 $1mol \cdot L^{-1}$ 的溶液中，通入压力为 $101.325kPa$ 的纯氢气流，使氢气冲打在铂片上，同时使铂黑吸附氢气至饱和，就形成了一个标准氢电极，建立起下列动态平衡，即

$$2H^+(aq) + 2e^- \rightleftharpoons H_2(g) \tag{R11-12}$$

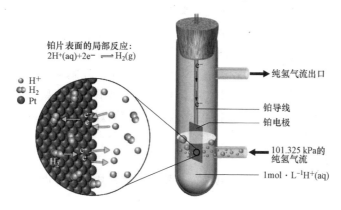

图 11-7　标准氢电极的组成

标准氢电极可表示为 $H^+(1mol \cdot L^{-1}) \mid H_2(101\ 325Pa) \mid Pt$，并规定标准氢电极的相对电极电位恒为零，记为 $E^{\ominus}(H^+/H_2)=0$。

测定其他电极的标准电极电位时，可将标准态的待测电极与标准氢电极组成原电池，测定原电池的电动势，就可以确定该电极的标准电极电位 $E^{\ominus}$（电极）。

从实验的角度来看，标准氢电极用起来很不方便，实际工作中常用其他参比电极来测量和标出电动势。其中常用的参比电极有以下几种。

饱和甘汞电极（SCE），它的电动势相对于标准氢电极是 $0.242V$，可表示为

$$\frac{Hg}{\dfrac{Hg_2Cl_2}{KCl}}（饱和溶液） \tag{R11-13}$$

银-氯化银电极（silver-silver chloride electrode），它相对于标准氢电极是 $0.197V$，可以表示为

$$\frac{Ag}{\dfrac{AgCl}{KCl}}（饱和溶液） \tag{R11-14}$$

参比电极的组成固定不变，电动势是恒定的，电池中的电动势变化都与工作电极有关。

11.4.3　电化学极化

电化学极化是因电极反应过程中某一步骤（如离子放电、原子结合为分子、气泡形成等）迟缓而引起的，即电化学极化是由电化学反应速率决定的。把某一电流密度下的电极电位与平衡电极电位之差的绝对值称为过电位。

比如电流通过阴极时，如果所有供应给阴极的电子能够全部迅速地被电极"吸收"，则平衡电位维持不变。而事实上反应需要一定的活化能，电极反应没那么容易发生，也就是说很难立即"吸收"所有到达阴极的电子，于是电极上就会积累过量的电子，即电子对双层充电，电极电位向负方向移动，产生阴极极化。阴极极化的结果，会降低还原反应的活化能，进而提高了还原反应的速度；同时，增加了氧化反应的活化能，进而降低氧化反应的速度。最终电极极化达到某一稳定值，使得电极上的净还原反应速度等于外电流密度。因此，活化过电位是电极本身的反应速度 i^0（内因）和外电流密度 i（外因）之间的矛盾引起的。i 相对于 i^0 越大，活化过电位就越大。

影响过电位的因素有很多，如电极材料、电极表面状况、电流密度、温度和电解性质等。一般过电位随电流密度的增大而增大，随温度的升高而减小。

除了电化学极化，一般还有浓差极化。浓差极化是由于离子（或分子）的扩散速率小于它在电极上的反应速率引起的。因为离子在电极上的反应速率快而溶液中离子的扩散速率往往较慢，所以电极附近的离子浓度较溶液中其他部分要小。在阴极上正离子浓度减小，根据能斯特公式可知，其电极电位值就减小；在阳极负离子被氧化，负离子浓度减小，其电极电位值增大，结果使其实际分解电压大于理论分解电压。通过搅拌和升高温度可使离子的扩散速率增大而减小浓差极化。

11.4.4　电极电位的应用

电极电位除了用来计算原电池的电动势和相应的氧化还原反应的吉布斯自由能变化，还有广泛的应用。

1. 氧化剂和还原剂相对强弱的比较

在原电池中，每一个电极反应都有两类物质：一类是可作还原剂的物质，称为还原态物质；另一类是可作氧化剂的物质，称为氧化态物质。氧化态和相应的还原态物质组成电对，称为氧化还原电对，常用电对的标准电极电位见表 11-1。电极电位的高低反映了电对中氧化态物质得电子能力和还原态物质失电子能力的大小。氧化还原电对的电极电位代数值越小，该电对中的还原态物质就越易失去电子，还原性越强；电极电位代数值越大，该电对中的氧化态物质就越易得到电子，氧化性越强。例如，查表 11-1 得下列三个电对的标准电极电位：

$$E^{\ominus}\left(\frac{Na^+}{Na}\right) = -2.713V$$

$$E^{\ominus}\left(\frac{Cu^{2+}}{Cu}\right) = +0.340V$$

$$E^{\ominus}\left(\frac{Cr_2O_7^{2+}}{Cr^{3+}}\right) = +1.232V \tag{11-27}$$

在标准状态 298.15K 时：

氧化性 $Cr_2O_7^{2-} > Cu^{2+} > Na^+$；

还原性 $Na > Cu > Cr^{3+}$。

表 11 - 1   **25 ℃时在水溶液中一些电对的标准电极电位**

电对（氧化态/还原态）	电极反应（氧化态 $+ze^-\rightleftharpoons$ 还原态）	$E^{\ominus}$/V
Li^+/Li	$Li^++e^-\rightleftharpoons Li$	-3.040
K^+/K	$K^++e^-\rightleftharpoons K$	-2.924
Ba^{2+}/Ba	$Ba^{2+}+2e^-\rightleftharpoons Ba$	-2.92
Ca^{2+}/Ca	$Ca^{2+}+2e^-\rightleftharpoons Ca$	-2.84
Na^+/Na	$Na^++e^-\rightleftharpoons Na$	-2.713
Mg^{2+}/Mg	$Mg^{2+}+2e^-\rightleftharpoons Mg$	-2.356
H_2O/H_2（g）	$2H_2O+2e^-\rightleftharpoons H_2$（g）$+2OH^-$	-0.828
Zn^{2+}/Zn	$Zn^{2+}+2e^-\rightleftharpoons Zn$	-0.7626
Cr^{3+}/Cr	$Cr^{3+}+3e^-\rightleftharpoons Cr$	-0.74
Fe^{2+}/Fe	$Fe^{2+}+2e^-\rightleftharpoons Fe$	-0.44
Cd^{2+}/Cd	$Cd^{2+}+2e^-\rightleftharpoons Cd$	-0.403
Co^{2+}/Co	$Co^{2+}+2e^-\rightleftharpoons Co$	-0.277
Ni^{2+}/Ni	$Ni^{2+}+2e^-\rightleftharpoons Ni$	-0.257
Sn^{2+}/Sn	$Sn^{2+}+2e^-\rightleftharpoons Sn$	-0.1375
Pb^{2+}/Pb	$Pb^{2+}+2e^-\rightleftharpoons Pb$	-0.126
H^+/H_2（g）	$H^++e^-\rightleftharpoons 1/2H_2$（g）	0.0000
$S_4O_6^{2-}/S_2O_3^{2-}$	$1/2S_4O_6^{2-}+e^-\rightleftharpoons S_2O_3^{2-}$	$+0.080$
Sn^{4+}/Sn^{2+}	$Sn^{4+}+2e^-\rightleftharpoons Sn^{2+}$	$+0.154$
Cu^{2+}/Cu^+	$Cu^{2+}+e^-\rightleftharpoons Cu^+$	$+0.159$
S/H_2S（g）	$S+2H^++2e^-\rightleftharpoons H_2S$（g）	$+0.174$
SO_4^{2-}/H_2SO_3	$SO_4^{2-}+4H^++2e^-\rightleftharpoons H_2SO_3+H_2O$	$+0.158$
$AgCl/Ag$	$AgCl+e^-\rightleftharpoons Ag+Cl^-$	$+0.2223$
Cu^{2+}/Cu	$Cu^{2+}+2e^-\rightleftharpoons Cu$	$+0.340$
O_2/OH^-	$1/2O_2+H_2O+2e^-\rightleftharpoons 2OH^-$	$+0.401$
H_2SO_3/S	$H_2SO_3+4H+2e^-\rightleftharpoons S+3H_2O$	$+0.449$
Cu^+/Cu	$Cu^++e^-\rightleftharpoons Cu$	$+0.520$
$I_2(s)/I^-$	$I_2(s)+e^-\rightleftharpoons 2I^-$	$+0.5355$
H_3AsO_4/H_3AsO_3	$H_3AsO_4+2H^++2e^-\rightleftharpoons H_3AsO_3+H_2O$	$+0.560$
$MnO_4^{2-}/MnO_2(s)$	$MnO_4^{2-}+2H_2O+2e^-\rightleftharpoons MnO_2(s)+4OH^-$	$+0.620$
$O_2(g)/H_2O_2$	$O_2(g)+2H^++2e^-\rightleftharpoons H_2O_2$	$+0.695$

续表

电对（氧化态/还原态）	电极反应（氧化态 + ze^- ⇌ 还原态）	$E^\ominus/\text{V}$
Fe^{3+}/Fe^{2+}	$Fe^{3+}+e^- \rightleftharpoons Fe^{2+}$	$+0.771$
Hg_2^{2+}/Hg	$Hg_2^{2+}+2e^- \rightleftharpoons 2Hg$	$+0.7960$
Ag^+/Ag	$Ag^++e^- \rightleftharpoons Ag$	$+0.7991$
Hg^{2+}/Hg	$Hg^{2+}+2e^- \rightleftharpoons Hg$	$+0.8535$
$NO_3^-/NO(g)$	$NO_3^-+4H^++3e^- \rightleftharpoons NO(g)+2H_2O$	$+0.957$
$HNO_2/NO(g)$	$HNO_2+H^++e^- \rightleftharpoons NO(g)+H_2O$	$+0.996$
$Br_2(1)/Br$	$Br_2(1)+2e^- \rightleftharpoons 2Br$	$+1.087$
$MnO_2(\beta型 s)/Mn^{2+}$	$MnO_2+4H^++2e^- \rightleftharpoons Mn^{2+}+2H_2O$	$+1.23$
$O_2(g)/H_2O$	$O_2(g)+4H^++4e^- \rightleftharpoons 2H_2O$	$+1.229$
$Cr_2O_7^{2-}/Cr^{3+}$	$1/2Cr_2O_7^{2-}+7H^++3e^- \rightleftharpoons Cr^{3+}+7/2H_2O$	$+1.232$
$Cl_2(g)/Cl^-$	$Cl_2(g)+2e^- \rightleftharpoons 2Cl^-$	$+1.3583$
$PbO_2(s)/Pb^{2+}$	$PbO_2(s)+4H^++2e^- \rightleftharpoons Pb^{2+}+2H_2O$	$+1.46$
$ClO_3^-/Cl_2(g)$	$ClO_3^-+6H^++5e^- \rightleftharpoons 1/2Cl_2(g)+3H_2O$	$+1.468$
MnO_4^-/Mn^{2+}	$MnO_4^-+8H^++5e^- \rightleftharpoons Mn^{2+}+4H_2O$	$+1.51$
$HClO/Cl_2(g)$	$HClO+H^++e^- \rightleftharpoons 1/2Cl_2(g)+3H_2O$	$+1.630$
Au^+/Au	$Au^++e^- \rightleftharpoons Au$	$+1.83$
H_2O_2/H_2O	$H_2O_2+2H^++2e^- \rightleftharpoons 2H_2O$	$+1.763$
Co^{3+}/Co^{2+}	$Co^{3+}+e^- \rightleftharpoons Co^{2+}$	$+1.92$
$S_2O_8^{2-}/SO_4^{2-}$	$1/2S_2O_8^{2-}+e^- \rightleftharpoons SO_4^{2-}$	$+1.96$
$F_2(g)/F^-$	$F_2(g)+2e^- \rightleftharpoons 2F^-$	$+2.87$

　　若电对中的物质不是处在标准态时，应该用能斯特公式计算出电极电位值后再进行氧化性和还原性强弱的比较。

　　2. 氧化还原反应方向的判断

　　一个氧化还原反应能否自发地进行，可用反应的吉布斯自由能（$\Delta_r G_m$）的变化来判断，在等温、等压下，若$\Delta_r G_m<0$，则正反应能自发进行；若 $\Delta_r G_m>0$，则正反应不能自发进行，而逆反应能自发进行。因为氧化还原反应的吉布斯自由能变与电池的电动势的关系为$\Delta_r G_m=-zFE$，所以：

　　若 $E>0$，$\Delta_r G_m<0$，则正反应自发进行；

　　若 $E<0$，$\Delta_r G_m>0$，则正反应不能自发进行，逆反应自发进行。

　　当电池反应中各物质处于标准态时：

　　若 $E^\ominus>0$，则正反应自发进行；

　　若 $E^\ominus<0$，则正反应不自发，逆反应自发进行。

从上述得出：电极电位较大电对中的氧化态物质可氧化电极电位较小电对中的还原态物质。在表 11-1 中，位于表格下方的电对（电极电位较大）氧化态物质可氧化位于表中上方电对（电极电位较小）的还原态物质。

【例 11-1】 在 298.15K，判断反应

$$Pb^{2+} + Sn(s) = Sn^{2+} + Pb(s) \qquad (R11-15)$$

在下列两种情况下反应进行的方向：

(1) Sn、Pb 为纯固体，溶液中 $c(Pb^{2+}) = c(Sn^{2+}) = 1.0 mol \cdot L^{-1}$。

(2) Sn、Pb 为纯固体，溶液中 $c(Pb^{2+}) = 1.0 \times 10^{-3} mol \cdot L^{-1}$，$c(Sn^{2+}) = 1.0 mol \cdot L^{-1}$。

解： (1) 各物质均处于标准态。则

$$
\begin{aligned}
E^{\ominus} &= E_{正}^{\ominus} - E_{负}^{\ominus} \\
&= E^{\ominus}(Pb^{2+}/Pb) - E^{\ominus}(Sn^{2+}/Sn) \\
&= -0.126V - (-0.138V) \\
&= +0.012V
\end{aligned}
\qquad (11-28)
$$

由于 $E^{\ominus} > 0$，所以在标准态时反应正向自发进行。

(2) 反应物质并非全处于标准态，则

$$
\begin{aligned}
E &= E_{正} - E_{负} \\
&= E\left(\frac{Pb^{2+}}{Pb}\right) - E\left(\frac{Sn^{2+}}{Sn}\right) \\
&= E^{\ominus}(Pb^{2+}/Pb) + \frac{RT}{\nu F}\ln|cPb^{2+}/e^{\ominus}| - E^{\ominus}(Sn^{2+}/Sn) \\
&= E^{\ominus}(Pb^{2+}/Pb) + \frac{0.0592V}{2}\lg|cPb^{2+}/e^{\ominus}| - E^{\ominus}(Sn^{2+}/Sn) \\
&= -0.126V + \frac{0.0592V}{2}\lg(1.0 \times 10^{-3}) - (-0.138V) \\
&= -0.077V
\end{aligned}
\qquad (11-29)
$$

由于 $E < 0$，所以此时反应逆向自发进行。

(3) 氧化还原反应进行程度的衡量。氧化还原反应进行程度可用平衡常数来衡量。

已知有

$$
\begin{cases}
\Delta_r G_m^{\ominus} = -RT\ln K^{\ominus} \\
\Delta_r G_m^{\ominus} = -zFE^{\ominus}
\end{cases}
\qquad (11-30)
$$

当氧化还原反应达到平衡时，有

$$\ln K^{\ominus} = \frac{zFE^{\ominus}}{RT} \qquad (11-31)$$

在 298.15K 时，代入 R、F、T 之数值，并将自然对数转为常用对数，得

$$\lg K^{\ominus} = \frac{zE^{\ominus}}{0.0592V} \qquad (11-32)$$

氧化还原反应的标准平衡常数与标准电动势有关，也与方程式写法（z 的数值）有关。知道原电池标准电动势，就可以计算氧化还原反应可能进行的程度。

11.5 电 镀

电镀就是利用电解原理在某些金属表面镀上一薄层其他金属或合金的过程。电镀的目的是在基材上镀上金属镀层，用来改变基材表面性质或尺寸，或者增强金属的抗腐蚀性、耐磨性、硬度、导电性、润滑性、耐热性，以及使得表面更加美观。

11.5.1 电镀的原理

电镀其实属于金属电沉积过程，金属电沉积过程是指简单金属离子或络离子通过电化学方法在固体表面放电还原为金属原子附着于电极表面，从而获得一金属层的过程。而电镀又不同于电沉积过程，镀层除应具有所需的机械、物理和化学性能外，还必须很好地附着于物体表面，且镀层均匀致密，孔隙率小等。因此，对于一个成功的电镀过程，阴极的前处理、阳极材料、镀液、电流密度等条件的选择和控制至关重要。

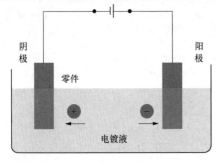

图 11 - 8 电镀槽示意

如图 11 - 8 所示，在盛有电镀液的镀槽中，经过清理和特殊预处理的待镀件作为阴极，用镀层金属作为阳极，两极分别与直流电源的负极和正极相连接。整个装置通电后，电镀液中的金属离子在电位差的作用下移动到阴极上形成镀层。阳极的金属形成金属离子进入电镀液，以保持被镀覆的金属离子的浓度。为了排除其他阳离子的干扰，而且使得镀层均匀又牢固，需要用含镀层金属阳离子的溶液作为电镀液，以保持镀层金属阳离子的浓度不变。但是在有些情况下，例如镀铬是采用铅、铅锑合金制成的不溶性阳极，它只起传递电子、导通电流的作用。

电极反应如下。

阳极反应为

$$M - ne^- \longrightarrow M^{n+} \tag{R11 - 16a}$$

金属原子失去 n 个电子，氧化成正 n 价的金属离子。

阴极反应为

$$M^{n+} + ne^- \longrightarrow M \tag{R11 - 16b}$$

正 n 价金属离子得到 n 个电子后还原成金属就形成电镀层。

以镀锌为例，被镀零件作为阴极，金属锌作为阳极，在锌盐溶液中进行电解过程。锌盐一般不能直接用简单锌离子盐溶液，这样会使镀层粗糙、厚薄不均。这种电镀液一般是由氧化锌、氢氧化钠和添加剂等配成，氧化锌在 NaOH 溶液中形成 $Na_2[Zn(OH)_4]$。由于 $[Zn(OH)_4]^{2-}$ 配离子的形成，降低了 Zn^{2+} 的浓度，使金属锌在镀件上析出的过程中有个适宜的速率，可得到紧密光滑的镀层。随着电镀的进行，Zn^{2+} 不断还原析出，同时 $[Zn(OH)_4]^{2-}$ 不断离解，保证电镀液中 Zn^{2+} 的浓度基本稳定。电镀中两极主要反应如下。

阴极为
$$Zn^{2+} + 2e^- = Zn \tag{R11 - 17a}$$

阳极为
$$Zn = Zn^{2+} + 2e^- \tag{R11 - 17b}$$

实际工作中常将两种（或两种以上）的金属进行复合电镀，以达到外观、防腐、力学性能等综合性能要求。同时，除了在金属工件上的电镀外，还发展了在塑料、陶瓷表面的非金属电镀。

电镀的组成要素包括阴极和阳极、电镀液、电解槽、直流电源。

较好的镀液应具有如下的性能：沉积金属离子阴极还原极性较大，以获得晶粒度小、致密、有良好附着力的镀层；稳定且导电性好；金属电沉积的速度较大，装载容量也较大；成本低；毒性小。

11.5.2 镀层的分类

目前，应用在生产上的电镀镀层，单金属镀层有铜、镍、铬、钨、金、银、镉、锡和铁等十多种。合金镀层有二元合金和三元合金两种。二元合金有铜锌合金、铜锡合金、镍铁合金和镍钴合金等；三元合金有锌镍铁合金、锌锡钴合金和铜锌镍合金等几十种。

随着我国在家用电器、汽车、航空、航天工业、电子、建筑工业以及相应的装饰工业的发展和人们对美好生活需求的提高，社会对电镀产品的装饰性和功能性的需求明显增加。电镀由单层电镀慢慢向多层电镀转化，镀层由一种材料向复合材料转化，部分工艺由干法电镀代替湿法电镀，其中先进的真空离子镀将逐渐应用于生产。某些传统装饰性电镀可能被喷涂、物理气相沉积等所取代，功能性电镀产品需求越来越大。

某些污染严重的电镀工艺，可能被清洁的电镀工业所取代，如无氰电镀、三价铬镀铬、代镉和代铬镀层。一些性能好、无污染的表面工程的高新技术将会进入我国市场，如达克罗涂层、克罗赛工艺等。总之，我国电镀行业将由产业密集型转向科技密集型，进一步走向资源节约型和环境友好型行业，逐步实现电镀行业的可持续发展。为了减轻电镀对环境产生的影响，同时获得高性能的电镀层，电镀技术的研究者在不断努力开发新的切实可行的电镀工艺技术。

11.5.3 镀层的主要性能

镀层的性能依赖于其结构，而镀层的结构又受金属电沉积条件的影响。因此，要研究影响镀层质量的因素，首先必须要知道镀层应具有的主要性能。镀层除了要有化学稳定性、平整度和光亮性外，还应具有的性能包括镀层与基底金属的结合强度、镀层的硬度、内应力、耐磨力以及脆性等。

镀层与基底金属的结合强度（也称结合力）是指将金属镀层从单位表面积基底金属（或中间镀层）上剥离所需要的力。结合强度的大小意味着镀层黏附在基底金属上的牢固程度。显然，具有较强的结合力是金属镀层起作用的基本条件。结合力的大小是由沉积金属离子和基底金属的本质所决定的，如果沉积层的生长是基底结构的延续，或沉积金属进入基底金属的晶格并形成合金，则结合力一般都比较大。同时，结合力的大小也受到镀件表面状态的影响。若镀件基底表面存在氧化物或钝化物，或镀液中的杂质在基底表面上发生吸附都会削弱镀层与基底金属的结合强度。

硬度是指镀层对外力所引起的局部表面形变的抵抗强度，亦即抵抗另一物体浸入的强度。硬度的大小与镀层物质的种类、电镀过程中镀层的致密性以及镀层的厚度等有关。镀层的硬度与抗磨性、抗强度、柔韧性等均有一定的联系。通常硬度大则抗磨损能力较强，但柔韧性较差。

镀层的脆性是指其受到压力至发生破裂之前的塑性变形的量度。检测脆性的原理是给予镀有待测镀层的试片或圆丝一定的力，受力变形后出现裂纹时，观察镀层的状态。常用的方法有杯突法、弯曲法、缠绕法等。

金属电沉积得到的镀层内部通常处于应力状态之中，这种应力是在没有外力和温度场存在下出现在沉积层内部的应变力，称为内应力。张应力是指基底反抗镀层收缩的拉伸力，压应力是基底反抗镀层拉伸的收缩力。

11.5.4　影响镀层质量的因素

影响镀层质量的主要因素包括镀液组成、阳极和电镀工艺，好的电镀工作条件才能形成性能良好的镀层。电镀工艺对镀层的影响包括电流密度、电解液温度、电解液的搅拌和电流的波形。

电流密度对镀层的影响如下：当电流密度大的时候，镀同样厚度的镀层所需要的时间就短，这样可以提高生产效率，同时电流密度大所形成的晶核数也增加，镀层结晶细而且紧密，但过大也会出现枝状晶体和针孔等。因此，电流密度存在一个最适宜范围。

电解液温度对镀层的影响如下：升高镀液温度有利于生成较大的晶粒，因而镀层的硬度、内应力和脆性以及抗拉强度都会降低。同时，温度提高还能提高阴极和阳极的电流效率，从而消除阳极钝化，增加盐的溶解度和溶液导电能力。但温度太高，结晶生长的速度超过了形成结晶活性的生长点，反而导致粗晶的形成和镀层的空隙变得较大。

电解液的搅拌有利于减少浓差极化，得到致密的镀层并且减少氢脆，进而除去溶液中的各种固体杂质和渣滓；否则，就会降低镀层的结合力，并使镀层变得粗糙、疏松和多孔。

电流的波形对镀层的结晶组织、光亮度、镀液的分散能力和覆盖能力、添加剂的消耗以及合金成分等方面都有影响。除采用一般的直流电外，根据实际的需要还可采用周期换向电流及脉冲电流。

11.6　腐 蚀 与 防 护

11.6.1　金属腐蚀与电化学腐蚀的定义

金属材料是最易受到破坏的材料，一般来说钢铁材料在使用过程中很容易生锈。钢铁生锈是一种金属腐蚀形式，如果不采用得当的措施，钢铁会很快被腐蚀，不仅失效而不能起到作用，甚至可能发生意外事故。从热力学观点看，除少数贵金属如金、铂外，各种金属都有转变成离子的趋势，即金属腐蚀是自发且普遍存在的。

金属腐蚀定义为金属与外界环境（介质）之间发生化学作用或电化学作用而引起的破坏或变质。在腐蚀反应中金属与介质大多发生化学作用和电化学反应，外界介质中被还原的物质粒子在与金属表面碰撞时获得金属的价电子而被还原，与失去价电子的被氧化的金属"就地"形成腐蚀产物覆盖在金属表面上，这样一种腐蚀被称为化学腐蚀。可以说腐蚀反应的实质就是金属被氧化的反应。因此，金属发生腐蚀的必要条件就是腐蚀介质中存在能使金属氧化的物质，它和金属构成热力学不稳定体系。

由于金属是电子的良导体，所以若介质是离子的导体，金属被氧化与介质中被还原的物质获得电子这两个过程可以同时在金属表面的不同部位进行。金属被氧化成正价离子（包括配合离子）进入介质或成为难溶化合物留在金属表面，这个过程称为阳极反应过程。被氧化的金属失去的电子通过作为电子良导体的金属材料本身流向金属表面的另一个部位，在那里由介质中被还原的物质所接受，降低其价态，称为阴极反应过程。

在金属腐蚀学中，通常把介质中接受金属材料中的电子而被还原的物质称为去极化剂。经这种途径进行的腐蚀过程称为电化学腐蚀。电化学腐蚀在腐蚀作用中最为严重，它只有在介质中是离子导体时才能发生。在水溶液中的腐蚀，最常见的去极化剂是溶于水中的氧。例如在常温下的中性溶液中，钢铁的腐蚀一般是以氧为去极化剂进行的。

11.6.2 金属腐蚀的防护

常用的金属腐蚀的防护方法有下列几种。

1. 选择合适的耐蚀金属或合金

根据不同的用途选择制备耐蚀合金。在钢中加入 Cr、Al、Si 等元素可增加钢的抗氧化性，加入 Cr、Ti、V 等元素可防止氢蚀；铜合金、铅等在稀盐酸、稀硫酸中是相当耐蚀的。含 Cr 18%、Ni 8% 的不锈钢在大气、水和硝酸中极耐腐蚀。

2. 覆盖保护层法

可将耐腐蚀的非金属材料（如油棒、塑料、橡胶、陶瓷、玻璃等）覆盖在要保护的金属表面上；另外，可用耐腐蚀性较强的金属或合金覆盖在要保护的金属上，覆盖的主要方法是电镀。

3. 阴极保护法

阴极保护法有牺牲阳极的阴极保护法和外加电流的阴极保护法。

（1）牺牲阳极的阴极保护法是将较活泼的金属或合金连接在被保护的金属上，形成原电池，较活泼的金属作为腐蚀电池的阳极就会被腐蚀，被保护金属作为阴极而得到保护。一般常用的阳极牺牲材料有铝合金、锌合金、镁合金等。此法适用于埋在水中或埋在土壤里金属设备的保护，如海轮的外壳、地下输油管道等。

（2）外加电流的阴极保护法是在外电流作用下，用不溶性辅助阳极作为阳极，将被保护金属作为电解池的阴极而进行保护。此法也可保护土壤或水中的金属设备，但对强酸性介质而言因耗电过多而不适宜。

阴极保护法若与覆盖层保护法联合使用，效果最佳。

4. 缓蚀剂法

缓蚀剂法就是在腐蚀介质中加入少量能减小腐蚀速率的物质以达到防止腐蚀的方法。缓蚀剂按其组分不同可分成无机缓蚀剂和有机缓蚀剂两大类。

（1）无机缓蚀剂。在中性、碱性介质中主要采用无机缓蚀剂，如重铬酸盐、磷酸盐、铬酸盐、碳酸氢盐等，它们能使金属表面形成氧化膜或沉淀物。例如，铬酸钠可使铁氧化成氧化铁，氧化铁与 Cr_2O_3 形成复合氧化物保护膜。

在中性水溶液中，硫酸锌中的 Zn^{2+} 能与阴极上产生的 OH^- 反应，生成氢氧化锌沉淀保护膜。在含有一定钙盐的水溶液中，多磷酸钠与水中 Ca^{2+} 形成带正电荷的胶粒，向金属阴极迁移，生成保护膜，减缓金属的腐蚀。

（2）有机缓蚀剂。在酸性介质中，常用有机缓蚀剂乌洛托品（六次甲基四胺）$[(CH_2)_6N_4]$、若丁（二邻苯甲基硫脲）等。有机缓蚀剂被吸附在金属表面上，阻碍了 H^+ 的放电，减慢了腐蚀速度。有机缓蚀剂的极性基因是亲水性的（如 RNH_2 中的 $-NH_2$）。而非极性基团（如 RNH_2 中的 $-R$）是亲油性的，极性基团依附于金属表面，而非极性基团则背向金属表面。

有机缓蚀剂在工业上常被用作酸洗铜板、酸洗锅炉及开采油气田时进行地下岩层的酸化处理等。

11.6.3 腐蚀电池

腐蚀电池是由阳极、阴极、电解质溶液和电子回路组成的只能导致金属材料破坏而不能对外界做有用功的短路原电池。

腐蚀电池原理如下：将含杂质铜的锌块浸没于盐酸溶液中，锌发生溶解而减少，同时有氢气析出。按腐蚀的定义，锌发生了腐蚀，锌表面上形成原电池，锌作为原电池的阳极，发生金属的氧化反应，即

$$Zn =\!\!=\!\!= Zn^{2+} + 2e^- \qquad\qquad (R11-18)$$

生成的 Zn^{2+} 进入溶液。铜作为原电池的阴极，其表面上发生 H^+ 的还原反应，析出氢气，即

$$2H^+ + 2e^- =\!\!=\!\!= H_2\uparrow \qquad\qquad (R11-19)$$

由于锌的电位比铜的电位低，阳极锌氧化反应中放出的电子通过金属内部跑到阴极铜上，为 H^+ 还原反应消耗。总的腐蚀反应为

$$Zn + 2H^+ =\!\!=\!\!= Zn^{2+} + H_2\uparrow \qquad\qquad (R11-20)$$

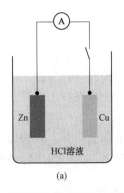
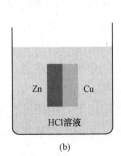

(a) (b)

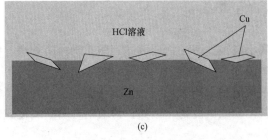

(c)

图 11-9　腐蚀电池的构成

(a) 锌块和铜块通过导线连接；(b) 锌块和铜块直接接触；

(c) 铜作为杂质分布在锌表面

在电化学腐蚀中，阳极发生氧化反应，阴极发生还原反应。在腐蚀电池中，阳极电位比阴极电位低，因此，在金属中电流由阴极流向阳极。

腐蚀电池的构成如图 11-9 所示。图 11-9（a）作为一般的化学原电池构型，其阳极是 Zn，阴极是 Cu。当电键 K 闭合后，阳极上发生了 Zn 的氧化反应，阴极上发生 H^+ 的还原反应。电流从阴极经导线流向阳极，利用电流表可知电流的存在，电流对外做功。

图 11-9（b）中，阳极 Zn 和 Cu 直接接触，形成短路。电流不通过负载，而在金属内部从阴极流向阳极。此时的电流不对外做功。

综上可知，腐蚀电池的结构和做功原理和一般原电池并无本质区别。但腐蚀电池又有自身的特征。

（1）腐蚀电池中的反应是以最大限度不可逆的方式进行。

（2）腐蚀电池的阳极反应是金属的氧化反应，最终破坏金属材料。

（3）腐蚀电池的阳极和阴极是短路的，电池工作中产生的电流完全消耗在电池内部，其电能得不到利用，不能对外做功，而是以热的形式释放掉。

思　考　题

1. 原电池和电解池定义是什么？试分别列举两个实例加以说明。

2. 单个电极的电极电位是怎样产生的？试举出具体实例加以说明。

3. 法拉第第一定律和第二定律分别是什么？它们之间有什么联系？

4. 电镀的原理是什么？对镀层的要求有哪些？举出三个涉及电镀原理的生活实例。

5. 金属腐蚀和电化学腐蚀的原理和区别是什么？生活中我们应如何做好相关防护？

参考文献

[1] J. A. 迪安. 兰氏化学手册 [M]. 2 版. 原书第 15 版. 北京：科学出版社，2003.

[2] LIDE D R. CRC handbook of chemistry and physics [M]. Boca Raton：CRC Press，2004.

[3] 曾政权，甘孟瑜，张云怀，等. 大学化学 [M]. 3 版. 重庆：重庆大学出版社，2011.

[4] 金继红，夏华，王群英. 大学化学 [M]. 北京：化学工业出版社，2012.

[5] 李荻. 电化学原理 [M]. 3 版. 北京：北京航空航天大学出版社，2013.

[6] 黄德乾，张天宝，苏敏. 电化学原理及应用研究 [M]. 北京：中国原子能出版社，2012.

第 12 章 光 化 学

人类开始系统地进行光化学研究已有近百年的历史，然而光化学形成化学的一个新兴分支学科还不足半个世纪。光化学是研究光与物质相互作用所引起的化学效应的化学分支学科。

光化学是一门多学科交叉的边缘和新兴学科，与光学和化学两个不同领域的知识体系均有密切联系。它早已超出化学的范畴，正在与生命科学、环境科学、能源科学、材料科学和信息科学等学科领域相互渗透、交叉融合，形成新的研究热点和新的边缘学科。现代光化学对电子激发态的研究所建立起的新概念、新理论和新方法大大开拓了人们对物质世界认识的深度和广度，对了解自然界的光合作用和许多生命过程、对太阳能的利用和环境保护、开创新的反应途径和寻求新的功能材料，提供了重要的基础。作为光化学新的分支与边缘学科的生物光化学、环境光化学、超分子光化学、光电化学和光催化已在 20 世纪后期诞生，发展十分迅速。

12.1 光 化 学 概 述

12.1.1 光化学的起源和发展历程

光化学研究的起源可谓是众说纷纭，地球上的光化学反应已经进行了几十亿年，但光化学反应真正被人类认知并被开展相关研究，只是近百年的事情。光化学研究的起源最早可以追溯到 18 世纪，有机化合物的光化学反应是人类发现的第一个能由光引发的物理化学变化。在 1727 年，英国牧师史蒂芬·黑尔斯（Stephen Hales）首次报道了植物的光合作用，这一发现引起了化学家和物理学家们的广泛关注，并以此为起点开始研究光与物质相互作用所引起的一系列物理变化和化学变化。

在 19 世纪，格罗特斯（Grotthus）和德雷伯（Draper）提出并阐述了光化学第一定律。格罗特斯在 1817 年综合了十余年来各国科学家关于光化学研究的有关成果，提出了光化学第一定律，这也是光化学发展史上第一个重要的定律。德雷伯则于 1841 年在论文中对格罗特斯的成果进行了进一步阐述，并提出了详细的理论分析。因此，这一定律也被称为格罗特斯 - 德雷伯（Grotthus - Draper）定律。到了 20 世纪初期，普朗克的量子理论的建立，正式拉开了光化学定量分析的序幕，从此人们开始从微观量子的角度来研究光化学反应。

在普朗克之后，又有两位伟大的科学家登上了光化学量子研究的历史舞台，他们分别是斯塔克和爱因斯坦，这两人共同提出的光化学第二定律，是光化学研究史上一个重要的里程碑。斯塔克首先把能量的量子概念应用到分子的光化学反应上，从而总结出了光化学第二定律。

以 1960 年激光技术的出现为标志，科学家们开始研究处于平衡的各种分子由一种结构转向另一种结构时的化学动态学。20 世纪 80 年代之后，光化学研究迈入了一个新的阶段。

基础研究方面的新阶段主要体现在两个方面：首先是在研究手段上，时间分辨率从原本的微秒级达到了皮秒级，甚至到了如今的飞秒级；比如飞秒激光是人类目前在实验室条件下所能获得最短脉冲的技术手段。飞秒激光在瞬间发出的巨大功率比全世界发电总功率还大，已有所应用。其次是在空间尺度上，从以前的分子层级，达到了超分子和分子聚集体等层级。高分子是单体之间因共价键结合而成的大分子，超分子是因非共价键结合在一起的不同分子的组合。超分子聚集体虽然不是高分子，但宏观上也具有高分子聚合物的性质。

12.1.2　光化学概念

一般来说光化学所涉及的光的波长范围一般为 $100 \sim 1000 nm$，属于紫外光、可见光至近红外波段。

对于光化学的定义，不同的研究学者有不同的表述。例如，韦尔斯（Wells）认为，光化学研究的是"吸收了紫外光或可见光的分子所经历的化学行为和物理过程"。特罗（Turro）则认为"光化学研究的是电子激发态分子的化学行为和物理过程"。

由物质（原子、分子、离子或自由基）吸收光子而引起的反应称为光化学反应，也就是物质吸收光能并将其转化为化学能的过程，所谓的"光"一般指近红外光、可见光和紫外线。作为物理化学中一个重要的分支，它包括光解离、光异构化、光敏化、光电离和光合作用等，从反应过程来看又分为吸收光子使反应物能态跃迁后发生的初级过程和初级过程中反应物之间以及反应物和生成物之间进一步发生的次级过程。

12.1.3　光化学理论基础

光化学反应机理的认识需要从分子轨道理论开始，分子轨道理论是基于量子力学的理论，通过计算表征出分子结构和各种化学性质。一般来说，分子轨道是由原子轨道经线性组合而成的，它与原子轨道的数量相等。分子轨道的数目与参与组合的原子轨道数目相等。原子轨道组成分子轨道需要满足对称性匹配、能量相近和最大重叠原理三个条件。

光化学过程包括光能与化学能的转换过程，物质吸收光子使得内部电子重排，分子能量增加跃迁至激发态，由于激发状态下的不稳定性，分子发生其他反应的概率大大增加。但高激发态下分子寿命很短，因此，有实际意义的只是几个能量较低的激发态。尽管如此，激发态所处的能量位置仍高于多种反应通道所需的活化能，故使得光化学反应十分复杂和多样。因此，光化学也可以说是激发态的化学，了解与激发态产生有关的构造原理、光和分子的相互作用等基本理论，对于理解光化学理论是十分重要的。

所谓构造原理就是电子在原子或分子中排布所遵循的规则，它包括能量最低原理、泡利不相容原理和洪特规则。

自然界一个普遍的规律是"能量越低越稳定"。原子中的电子也是如此，在不违反泡利不相容原理和洪特规则的条件下，多电子原子在基态时，核外电子优先占据能量较低的原子轨道，然后按原子轨道近似能级图的顺序依次向能量较高的能级上分布，使整个原子体系能量处于最低，称为能量最低原理。

泡利不相容原理是自旋为半整数的粒子（费米子）所遵从的一条原理。在费米子组成的系统中，不能有两个或两个以上的粒子处于完全相同的状态。因为在原子中完全确定一个电子的状态需要四个量子数，所以泡利不相容原理在原子中就表现为不能有两个或两个以上的电子具有完全相同的四个量子数。

从一个气态分子排出一个电子生成一价气态正离子所需要的最小能量是这个分子的第一

电离能。一个分子的最高占据分子轨道的能量为用光电子能谱测定的其电离势的负值。电子亲和能定义为中性气态原子或分子获得一个电子然后生成一价气态负离子所释放出的能量。电子亲和能是外界的一个电子到达分子的最低空轨道时所释放的能量。图 12-1 所示为按照原子系数排列的各元素的电子亲和能。

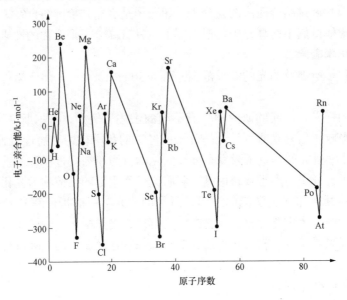

图 12-1　各元素的电子亲和能

电子跃迁本质上是组成物质的粒子（原子、离子或分子）中电子的一种能量变化。根据能量守恒原理，粒子的外层电子从低能级转移到高能级的过程中会吸收能量；从高能级转移到低能级则会释放能量。能量数值为两个能级能量之差的绝对值。

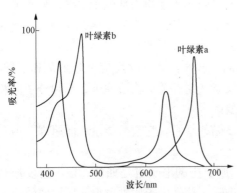

图 12-2　叶绿体中叶绿素的吸收光谱图

处于基态和低激发态的原子或分子吸收具有连续分布的某些波长的光而跃迁到各激发态，形成了按波长排列的暗线或暗带组成的光谱，这就是吸收光谱。因为每种原子都有着自己的特征谱线，因此可以根据光谱来鉴别物质和确定它的化学组成。这种方法称为光谱分析。图 12-2 举出了一个例子，即叶绿素的吸收光谱图。

12.1.4　光化学反应和热化学反应的对比

光化学反应是由分子、原子、自由基或离子吸收光子所引起的化学变化。光化学反应不同于热化学反应的主要内容概括起来如下。

（1）对于热化学反应和光化学反应，反应所需的活化能的获得方式是不同的。一般的热化学反应其反应物分子的活化能是通过温差推动的热流来获得的，对能量的吸收是连续的，即单次可吸收的能量值在坐标上是一条连续的曲线。而光化学反应反应物分子的活化能则是通过吸收一定波长的光的能量转换而来的（见图 12-3）。通常光活化的分子与热活化分子的电子的分布及构型有很大不同，光激发态的分子就是基态分子的电子异构体。由于光具有波粒二象性，当分子确定之后，它所能吸收的光的波长是严格地由这种分子的两种电子态之间的能量差别所限定的。当波长确定之后，分子吸收的能量则必须是光子能量的整数倍（通常为 1），对能量的吸收是非连续的，即单次可吸收的能量值是一组孤立的点。

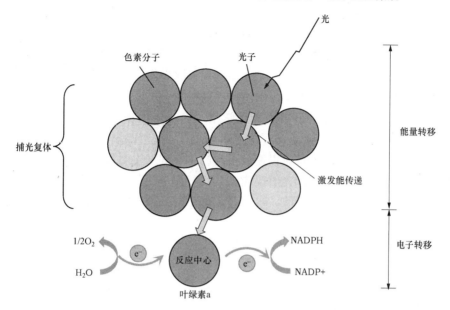

图 12-3　通过吸收一定波长的光获得的活化能

（2）活化方式的不同也使得温度对于反应的发生有不同的影响。热化学反应的活化主要是通过分子从环境中吸收热能来实现的，当温度低于一定的数值，即温差小于一定的数值时，反应一般很难实现。而光化学反应的活化主要是由分子吸收一定波长的光实现的，光化学反应受温度的影响很小，有些反应甚至都与温度无关。只要光的波长和强度适宜，理论上反应在绝对 0K 下也可以进行。

（3）由于光化学反应中的反应物分子处于激发态，而热化学反应中的反应物分子处于基态，故光化学反应的反应通道要多于热化学反应。由于被光活化的分子具有较高的能量，光化学反应可以得到热化学反应所得不到的高内能产物，如自由基、双自由基等。

（4）光化学反应通常速度很快，反应很难发生平衡，因而可以用反应速率常数代替平衡常数来说明光化学反应的能力。

（5）由于活化方式过程能量形式的不同，热化学反应与光化学反应的理论能量转换率也不尽相同。热力学第二定律指出，热是一种做功效率较差的低品位能，故在热化学反应中，热量的转换率不可能达到百分之百；而对于光化学反应，理论上能量的利用率是可以接近百分之百的。

通过以上分析可以发现，尽管同样属于化学反应的范畴，光化学反应和热化学反应还是存在着很大的不同。这些差异贯穿在整个化学反应的流程之中，对整个化学反应的产生、发展以及结果都产生了很大程度的影响。

12.2 光化学定律

12.2.1 光化学第一定律

19世纪初期，格罗特斯综合了十余年来各国科学家关于光化学研究的有关成果。接着德雷伯公布了 H_2 与 Cl_2 在气相中发生光化学反应的科研成果，并与格罗特斯一同提出了光化学反应第一定律，即只有被物质吸收的光才能诱发该物质发生光化学反应，未被吸收的光只能引起原子、分子、离子的瞬时扰动，不能诱发这些粒子发生化学变化。为了铭记这两人对光化学领域的贡献，这一定律被命名为光化学第一定律，也被称为格罗特斯 - 德雷伯定律（Grotthuss Draper's law）。

首先，仅当激发态分子的能量足以使分子内的化学键发生断裂的时候，也就是说光子的能量大于化学键能时，才能够引起光解反应。其次，为了使分子之间能产生有效的光化学反应，光还必须被所作用的分子所吸收，也就是说分子对某种特定波长的光必须有特征吸收光谱，才可以产生光化学反应。

格罗特斯 - 德雷伯定律认为光化学反应进行的必要条件是吸收光，但上述条件并不是发生光化学反应的充分条件，也就是说物质吸收光后还需要满足各种合适的条件，如被吸收光的频率范围、分子的特定结构要求等才能保证光化学反应的顺利进行。当一个分子吸收光后，这个分子就被认为处于激发状态，但是因为条件的不同，根据所处的情况不同，还可以发生后续过程。

（1）首先与其他分子碰撞，把其所获得的额外能量转变成为分子的平动能。

（2）在经过很短的时间将吸收的光能重新放射出来后，物质变成为闪闪发光的光源，形成"荧光"。还有一类物质吸收光后并不马上将光能完全放出来，而是当光源移去后还能经过较长时间陆续发生辐射，形成"磷光"。

（3）还可能发生光化学反应，使分子发生分解、重新排列或激发态分子再和另一分子作用而产生化学变化。

这一定律尽管是定性的，却是近代光化学的重要基础。举例来说理论上只需 $284.5 \mathrm{kJ} \cdot \mathrm{mol}^{-1}$ 的能量就可以使水分解，这就等于 $\lambda = 420 \mathrm{nm}$ 光子的能量，这好像仅仅需要可见光就可以了。然而在一般的情况下水并不会被光解，其原因就是水不吸收波长为 $420 \mathrm{nm}$ 的光。水最大能吸收波长 $\lambda = 5000 \sim 8000 \mathrm{nm}$ 和 $\lambda > 20000 \mathrm{nm}$ 的两个频段的光。由此看来可见光和近紫外光均不能使水分解。

12.2.2 兰伯特 - 比尔定律

严格来说，光吸收定律并不归属于光化学领域，这在性质上属于物理学定律，然而鉴于这条定律对后人的光化学研究具有重要的意义，因此，在此也做简要阐述。1852年德国物理学家奥古斯特·比尔（August Beer）提出被吸收的辐射量与能够吸收该辐射的分子数成正比。其实早在1768年，另一位物理学家兰伯特（Lambert）已提出另一个与光吸收有关的定律，他指出：被透明介质吸收的入射光的比例与入射光的强度无关。后人将这两个有关光吸收的定律合称为兰伯特 - 比尔（Lambert - Beer）定律，并简洁地用数学公式统一表示为

$$I = I_0 \mathrm{e}^{-\varepsilon c l}$$

（12 - 1）

这是单色光的光吸收定律，此定律给出了定量的关系，其数学表达式为

$$I_a = \log_{10} \frac{I_0}{I} = \frac{\varepsilon c l}{2.303} = kcl = E \tag{12-2}$$

式中：I_0 表示入射光的强度；I 是透射光的强度；I_a 是吸收光的强度（吸收光子数）；c 是吸光物质的浓度；l 是光经过介质的厚度；$k = \dfrac{\varepsilon}{2.303}$；$\varepsilon$ 表示摩尔消光系数，它和入射光的温度、波长以及溶剂的性质有关，但是与吸收质的浓度无关；E 是消光度，又称光密度。

兰伯特 - 比尔定律是光吸收的基本定律，适用于所有的电磁辐射和所有的吸光物质，包括气体、固体、液体、分子、原子和离子。比尔 - 朗伯定律是比色分析及分光光度法的理论基础。具体来说当一束平行单色光垂直通过某一均匀非散射的吸光物质时，其吸收光的强度 I_a 与吸光物质的浓度 c 及光经过介质的厚度 l 成正比，该定律可以用图表示，见图 12 - 4。

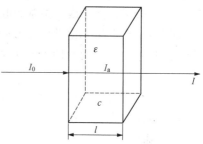

12.2.3　光化学第二定律

普朗克的量子理论的建立，正式拉开了光化学定量分析的序幕。在 20 世纪初，与光化学研究有关的另一重要发现是 1908 年斯达克（Stark）和 1912 年爱因斯坦分别提出的关于物质吸收光的一个定律，即后人称谓的斯达克 - 爱因斯坦定律。这一定律的科学

图 12 - 4　分光光度法光路分析

表述是：在初级光化学反应过程里被活化的分子数或者原子数等于吸收光的量子数，也可以说分子对光的吸收属于单光子过程。这一定律后来被称为光化学第二定律。

光化学第二定律可以解释为分子吸收光的过程属于单光子过程。这个定律的基础是电子激发态分子的寿命很短（$\leqslant 10^{-8}$ s），在这样短的时间内，辐射强度又是比较弱的情况下，再吸收第二个光子的概率已经十分渺小了。但是现代的激光可以在短时间内产生多光子吸收现象，光化学第二定律此时就不适用了。对于反应通常发生在对流层、只涉及太阳光的大气污染化学来说，大多符合光化学第二定律。

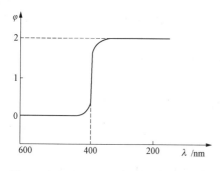

图 12 - 5　NO₂ 的光分解反应的光化阈图

在许多光分解反应中，存在一定的波长或频率的极限，即光子的能量只有大于相应的极限，光化学反应才有可能发生，这个极限称为光化阈。例如，NO_2 的光分解反应的光化阈为 400nm。如果采用量子产率 φ 对波长 λ 作图，得到图 12 - 5 的结果。

只有当激发态分子的能量高于分子内的化学键时，才能引起化学反应。下面讨论光量子能量与化学键之间的对应关系。

设量子能量为 E，根据爱因斯坦公式，则

$$E = h\nu = \frac{hc}{\lambda} \tag{12-3}$$

式中：h 为普朗克（Planck）常量，6.626×10^{-34} J·s；c 为光速，2.9979×10^8 m/s；λ 为光量子波长。

如果一个分子吸收一个光量子，则 1mol 分子吸收的总能量为

$$E = N_A h\nu = N_A \frac{hc}{\lambda} \tag{12-4}$$

式中：N_A 为阿伏伽德罗（Avogadro）常数，取 $6.022 \times 10^{23} \, mol^{-1}$。

若 $\lambda = 400nm$，$E = 299.1 kJ \cdot mol^{-1}$；若 $\lambda = 700nm$，$E = 170.9 kJ \cdot mol^{-1}$。

因为化学键的键能大于 $167.4 kJ \cdot mol^{-1}$，所以波长大于 700nm 的光往往不能引起光化学解离。

12.3　光化学反应过程

12.3.1　光化学反应的初级过程和次级过程

原子、分子、离子或自由基吸收光子而发生的化学反应称为光化学反应。化学物种吸收光量子以后就会产生光化学反应的初级过程和次级过程。

初级过程包括化学物种吸收光量子形成激发态物种，其基本步骤为

$$A + h\nu \longrightarrow A* \tag{R12-1}$$

式中：$h\nu$ 为光量子；A* 为物种 A 的激发态。

随后，激发态 A* 可能发生以下几种反应，即

$$A* \longrightarrow A + h\nu \tag{R12-2}$$

$$A* + M \longrightarrow A + M \tag{R12-3}$$

$$A* \longrightarrow B_1 + B_2 + K \tag{R12-4}$$

$$A* + C \longrightarrow D_1 + D_2 + K \tag{R12-5}$$

式（R12-2）为辐射跃迁，即激发态物种通过辐射荧光或磷光而失活。式（R12-3）为无辐射跃迁，也就是属于碰撞失活过程。激发态物种首先通过和其他分子 M 碰撞，然后将能量传递给 M，本身又回到了基态。以上两种过程均为光物理过程。式（R12-4）为光解离，就是激发态物种解离成两个或两个以上的新物种。式（R12-5）为 A* 和其他分子发生反应而生成新物种。这两种过程均为光化学过程。

对于环境化学而言，光化学过程显得尤为重要。受激发态物种将在什么条件下能够解离成为新的物种，或者与什么物种反应能够产生新的物种，这些概念对于描述大气污染物在光作用下的转化规律很有实际意义。

次级过程是指在初级过程中产生的生成物与反应物、生成物之间进一步发生的反应。以大气中氯化氢的光化学反应过程为例，则

$$HCl + h\nu \longrightarrow H \cdot + Cl \cdot \tag{R12-6}$$

$$H \cdot + HCl \longrightarrow H_2 + Cl \cdot \tag{R12-7}$$

$$Cl \cdot + Cl \cdot \xrightarrow{M} H_2 + Cl_2 \tag{R12-8}$$

上述公式中，H·、Cl· 分别为 H 和 Cl 的自由基。式（R12-6）为初级过程。式（R12-7）是初级过程产生的 H· 与 HCl 反应。式（R12-8）是初级过程所产生的 Cl· 之间的反应，这一反应必须有其他物种，如 N_2 或 O_2 等存在下才可能发生，式中用 M 表示。式（R12-7）和式（R12-8）均属于次级过程，这些过程大都是热反应。

大气中气体分子的光解通常会引发很多大气化学反应。气态污染物一般可以参与这些反应而发生转化，所以对光解过程必须引起足够的注意。

12.3.2 光化学反应初级过程的主要类型

在对流层气相中发生的初级光化学反应过程的主要类型有 6 种，分别介绍如下：

1. 光解

当一个分子吸收一个光量子的辐射能的时候，假设所吸收的能量大于或等于键的离解能，那么就会发生键的断裂然后产生原子或自由基，这就是通过初级过程进行的反应。这类反应在大气里往往特别重要，光解产生的自由基及原子通常是大气中·OH、HO_2·和RO_2·等的重要来源。在对流层、平流层大气中的主要化学反应都和这些自由基或原子的反应有关。举例来说，在小于 430nm 波长的作用下，NO_2 光解离产生的是下列电子基态的产物，即

$$NO_2 + h\nu \longrightarrow NO + O(^3P) \tag{R12-9}$$

O（^3P）为三重态也就是基态原子氧，在一个大气压下的空气中会马上发生下列反应，即

$$O(^3P) + O_2 \longrightarrow O_3 \tag{R12-10}$$

上述反应是对流层大气中唯一已知的 O_3 的来源。

2. 分子内重排

在某些特定条件下，化合物在吸收光量子后可以引起分子内重排，如图 12-6 所示。比如邻硝基苯甲醛在溶液、蒸汽或固相中的光解。

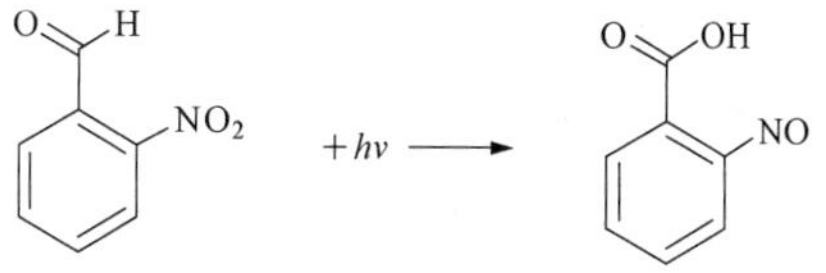

图 12-6 分子内重排现象

3. 光异构化

气相中某些有机化合物吸收光能后，发生异构化反应，如图 12-7 所示。

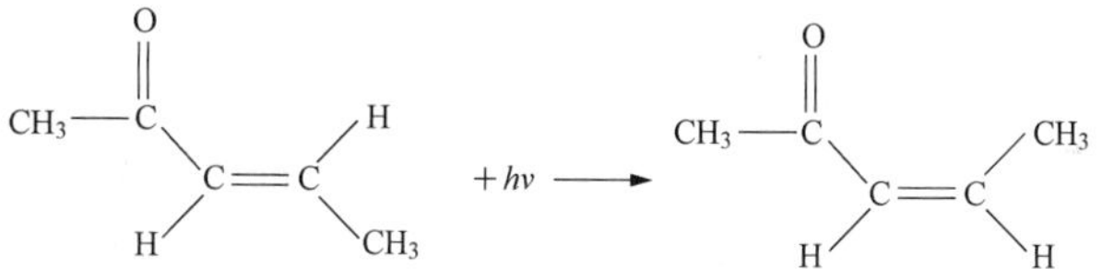

图 12-7 光异构化现象

4. 光二聚合

某些有机化合物在光的作用下会发生聚合反应而生成二聚体，如图 12-8 所示。例如嘧啶二聚体，通过紫外线照射，DNA 或 RNA 上相邻的嘧啶以共价键相互结合，紫外线的生物学作用为此反应发生的主要原因。

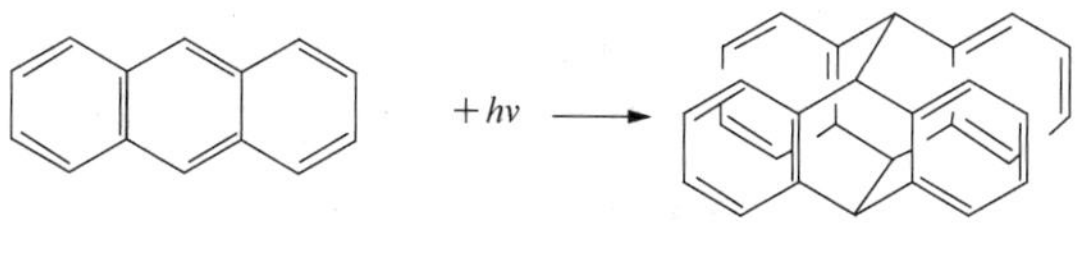

图 12-8 光二聚合

5. 氢的提取

羰基化合物吸收光能形成激发态后，在有氢原子供体存在时，容易发生分子间氢的提取反应，如图 12-9 所示。

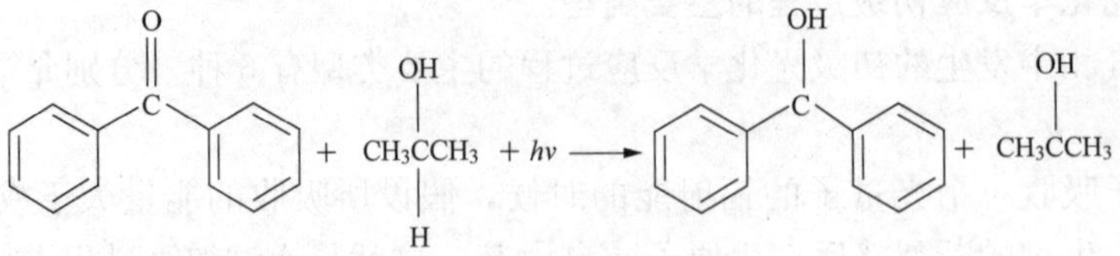

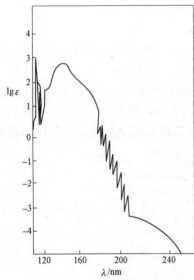

图 12 - 9　氢的提取

在双分子的光化学过程中，氢提取属于重要的反应，它们一般会发生在液相表面或水滴中。

6. 光敏化反应

光敏化反应定义为某些化合物可以吸收光能，但是自身并不参与反应，最终把能量转移给另一化合物使之成为激发态而参与反应。吸光的物质就称为光敏剂（P），接受能量的化合物称为受体（R）。光敏化反应可以表示为

$$P(P_0) + h\nu \longrightarrow P(P_1) \qquad\qquad (R12 - 11)$$

$$P(P_1) \longrightarrow P(T_1) \qquad\qquad (R12 - 12)$$

$$P(T_1) + R(S_0) \longrightarrow R(P_0) + R(T_1) \qquad\qquad (R12 - 13)$$

$$R(T_1) \longrightarrow 参与反应 \qquad\qquad (R12 - 14)$$

式（R12 - 11）表示光敏剂 P（P_0）吸收了光量子后成为 P（P_1），式（R12 - 12）进一步发生系内跃迁，式（R12 - 13）表示发生了能量转移给受体 R（T_1），最后由受体进一步参与反应。上述化学过程我们认为光解是最重要的，这一过程可以生成反应性极强的碎片，进而引发一系列的化学反应。

12.4　大气中重要气体的光解

大气中有些污染物能够吸收不同波长的光，因此，会产生各种效应。下面介绍几种与大气污染有直接关系的重要的光化学过程。

12.4.1　氧分子和氮分子的光解

氧分子的键能为 493.8kJ·mol^{-1}，对应能够使其断裂的光子波长为 243nm。图 12 - 10 所示为氧分子在紫外波段的吸收光谱，lgε 为摩尔吸收系数，由图可见，氧分子刚好发生在与其化学键断裂能相应的波长（243nm）时开始吸收。

虽然在 200nm 处吸收依然微弱，但是在这个波段上光谱是连续的。在 200nm 以下吸收光谱变得很强，而且呈现为带状。这些吸收带随着波长的减小会更加紧密地集合在一起。在 176nm 处吸收带又会转变成连续光谱。在 147nm 左右吸收达到最大。一般认为240nm 以下的紫外光可引起氧气的光解，即

$$O_2 + h\nu \longrightarrow O\cdot + O\cdot \qquad (R12 - 15)$$

图 12 - 10　氧分子在紫外波段的吸收光谱
（Bailey 吸收光谱，1978）

氮分子的键能较大，为 939.4kJ·mol^{-1}。氮分子所对应的光波长为 127nm。它的光解反应仅发生在平

流层臭氧层以上的区域。氮气几乎不吸收波长在 120nm 以上的光，只对低于 120nm 的光才有非常明显的吸收发生。在 60～100nm 它的吸收光谱呈现很强的带状结构，在 60nm 以下则会呈现连续谱。当入射的波长低于 79.6nm（1391 kJ·mol^{-1}）的时候，氮气就会电离为 N_2^+。当波长低于 120nm 的紫外光在上层大气中被氮气吸收以后，解离的方式表述为

$$N_2 + h\nu \longrightarrow N\cdot + N\cdot \tag{R12-16}$$

12.4.2　臭氧的光解

臭氧是一个弯曲的分子，键能为 101.2kJ·mol^{-1}。在低于 1000km 的大气中，因为气体分子的密度比高空大得多，三个粒子碰撞的概率往往也较大，所以氧气光解所产生的 $O\cdot$，可以和氧气发生反应为

$$O\cdot + O_2 + M \longrightarrow O_3 + M \tag{R12-17}$$

其中，M 是第二种物质。这一反应生成的臭氧是平流层中臭氧的主要来源，也是消除 $O\cdot$ 的主要过程。臭氧之所以成为上层大气能量的一个储库，就是因为臭氧吸收了来自太阳的紫外光而保护了地面上的生物。

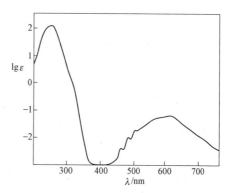

图 12-11　臭氧的吸收光谱
（Bailey R A，1978）

臭氧的解离能一般比较低，与它相对应的光波长是 1180nm。臭氧在紫外线和可见光范围内都存在吸收带，如图 12-11 所示。臭氧对光的吸收光谱是由三个带组成的，紫外区存在两个吸收带，即 200～300nm 和 300～360nm，臭氧的最强吸收发生在 254nm。臭氧吸收紫外光后发生解离反应为

$$O_3 + h\nu \longrightarrow O\cdot + O_2 \tag{R12-18}$$

应该注意的是，当波长大于 290nm 时，臭氧对光的吸收就会变得相当弱。所以臭氧主要吸收的是来自太阳波长小于 290nm 的紫外光。而较长波长的紫外光就会穿过臭氧层然后进入大气的对流层，最后到达地面。

从图 12-11 中也可看出，臭氧在可见光范围内也存在一个吸收带，波长为 440～850nm。这个吸收是很弱的，O_3 解离所产生的 $O\cdot$ 和 O_2 的能量状态也是比较低的。

12.4.3　NO$_2$ 的光解

NO_2 的键能是 300.5kJ·mol^{-1}。因为 NO_2 在大气中非常活泼，所以能够参与许多光化学反应。NO_2 是城市大气中非常重要的吸光物质。在低层大气中 NO_2 能够吸收来自太阳的全部紫外光和部分的可见光。

从图 12-12 中可看出，NO_2 在 290～410nm 内存在连续吸收光谱，它在对流层大气中具有实际意义。

NO_2 吸收小于 420nm 波长的光可以发生下列解离，即

$$NO_2 + h\nu \longrightarrow NO + O\cdot \tag{R12-19}$$

$$O\cdot + O_2 + M \longrightarrow O_3 + M \tag{R12-20}$$

据称这是大气中唯一已知 O_3 的人为来源。

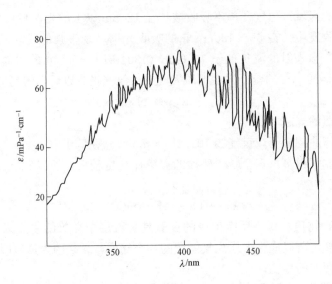

图 12 - 12 NO_2 吸收光谱（Bailey R A，1978）

12.4.4 亚硝酸和硝酸的光解

亚硝酸 HO—NO 间的键能是 201.1kJ·mol^{-1}，H—ONO 间的键能是 324.0kJ·mol^{-1}。HNO_2 对 200～400nm 的光有吸收作用，吸光后还会发生光解，它的初级过程为

$$HNO_2 + h\nu \longrightarrow HO \cdot + NO \tag{R12-21}$$

另一个初级过程为

$$HNO_2 + h\nu \longrightarrow H \cdot + NO_2 \tag{R12-22}$$

次级过程为

$$HO \cdot + NO \longrightarrow HNO_2 \tag{R12-23}$$

$$HO \cdot + HNO_2 \longrightarrow H_2O + NO_2 \tag{R12-24}$$

$$HO \cdot + NO_2 \longrightarrow HNO_3 \tag{R12-25}$$

因为 HNO_2 可以吸收 300nm 以上的光而发生解离，所以 HNO_2 的光解被认为是大气中 HO·重要来源之一。

HNO_3 中的 HO—NO_2 键能是 199.4kJ·mol^{-1}。它对于波长 120～335nm 的辐射都有不同程度的吸收作用。光解机理为

$$HNO_3 + h\nu \longrightarrow HO \cdot + NO_2 \tag{R12-26}$$

12.4.5 二氧化硫对光的吸收

SO_2 的键能是 545.1kJ·mol^{-1}。在 SO_2 的吸收光谱中会呈现出三条吸收带（见图 12 - 13）。第一条在 340～400nm 之间，在 370nm 处出现最强的吸收峰，但它是一个极弱的吸收区。第二条在 240～330nm 之间，而且存在一个较强的吸收区。第三条从 240nm 开始，随波长下降吸收变得很强，成为一个很强的吸收区。

因为 SO_2 的键能很大，240～400nm 的光不能使其发生解离，所以只能生成激发态，即

$$SO_2 + h\nu \longrightarrow SO_2 * \tag{R12-27}$$

SO_2 * 在污染大气中也可以参与很多的光化学反应。

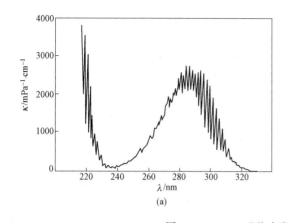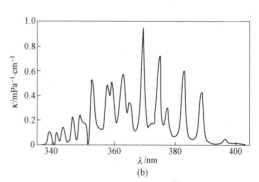

图 12 - 13 SO₂ 吸收光谱（Heicklen J，1976）

（a）200～320nm 波长吸收光谱图；（b）340～400nm 波长吸收光谱图

12.4.6 甲醛的光解

H—CHO 的键能是 356.5kJ·mol⁻¹。它对 240～360nm 波长范围内的光有吸收作用。吸光后的初级过程有

$$H_2CO + h\nu \longrightarrow H\cdot + HCO\cdot \tag{R12-28}$$

$$H_2CO + h\nu \longrightarrow H_2 + CO \tag{R12-29}$$

次级过程有

$$H\cdot + HCO\cdot \longrightarrow H_2 + CO \tag{R12-30}$$

$$2H\cdot + M \longrightarrow H_2 + M \tag{R12-31}$$

$$2HCOH\cdot \longrightarrow 2CO + H_2 \tag{R12-32}$$

由于氧气的存在，对流层可以发生如下反应，即

$$H\cdot + O_2 \longrightarrow HO_2\cdot \tag{R12-33}$$

$$HCO\cdot + O_2 \longrightarrow HO_2\cdot + CO \tag{R12-34}$$

所以空气中甲醛光解可产生 HO₂·自由基。其他醛类的光解也能用同样方式生成 HO₂·，比如乙醛的光解，即

$$CH_3CHO + h\nu \longrightarrow H\cdot + CH_3CO\cdot \tag{R12-35}$$

$$H\cdot + O_2 \longrightarrow HO_2\cdot \tag{R12-36}$$

因此，醛类的光解也是大气中 HO₂·的重要来源之一。

12.4.7 卤代烃的光解

在卤代烃里，卤代甲烷的光解对大气污染的化学作用最大。卤代甲烷光解的初级过程可以归纳如下。

（1）卤代甲烷在近紫外光照射下，其解离方式为

$$CH_3X + h\nu \longrightarrow CH_3\cdot + X\cdot \tag{R12-37}$$

式中：X 代表 Cl、Br、I 或 F。

（2）如果受到高能量的短波长紫外光照射时，两个键发生断裂的可能很大，而且应该是两个最弱键断裂。举例来说，CF₂Cl₂ 就会解离成 CF₂+2Cl·。当然，解离成·CF₂Cl+Cl·的过程也是存在的。

（3）即使是最短波长的光，发生三键断裂的情况也是不常见的。

CFCl$_3$（氟里昂 - 11），CF$_2$Cl$_2$（氟里昂 - 12）的光解为

$$CFCl_3 + h\nu \longrightarrow \cdot CFCl + 2Cl \cdot \qquad (R12 - 38)$$

$$CF_2Cl_2 + h\nu \longrightarrow \cdot CF_2Cl + Cl \cdot \qquad (R12 - 39)$$

$$CF_2Cl_2 + h\nu \longrightarrow \cdot CF_2 + 2Cl \cdot \qquad (R12 - 40)$$

12.5　环境中主要的光化学反应

目前，人类居住的环境中大气污染物的形成，大多和光化学反应有关。特别是大气污染过程包含着许多光化学过程。例如，棕色的二氧化氮在日照下会激发成高能态的分子，是氧和碳氢化合物链反应的引发剂。氟碳化物在高空大气下的光解对臭氧层的破坏以及光化学烟雾现象也是人们关心的环境问题。

环境中的光化学反应可引发的过程主要可分为两类：一类是光合作用，由于叶绿素的作用绿色植物中的二氧化碳和水在日光照射下可以吸收光能，进而合成碳水化合物；另一类是光分解作用，高层大气中分子氧吸收紫外线后发生分解成为原子氧，再比如胶片的感光作用以及染料在空气中的褪色也是光分解作用的最普遍现象。

一旦受日光的照射，环境里的污染物就会吸收光子，使得这种物质的分子处于某个电子激发态，然后引起分子发生活化，进而易于和其他物质发生化学反应。光化学烟雾就是在日光照射下，发生的起始反应就是二氧化氮（NO$_2$）吸收紫外线（波长为 $290\sim430$nm），然后分解为一氧化氮（NO）和原子态氧（O^3）的光化学反应过程。反应方程式为 NO$_2$ $\longrightarrow$ NO+O^3。由此开始的发生链反应，就会引起臭氧和其他有机化合物发生一系列反应，最终形成光化学烟雾。光化学烟雾主要成分是过氧乙酰硝酸酯（PAN），它没有天然源，只有人为源，它的前驱物为大气中氮氧化物和乙醛。在光的照射下，乙醛与 $\cdot$OH 自由基之间通过氧气生成过氧乙酰基，再与 NO$_2$ 反应生成 PAN。过氧乙酰硝酸酯除了产生光化学烟雾刺激人类的眼睛，它还会毒害植物，甚至诱发皮肤癌。

大气污染的化学原理是非常复杂的。大气污染不仅与一般的化学反应规律有关，而且因为大气中的物质吸收了来自太阳的辐射能量（光子）后进而发生光化学反应，进一步使得污染物变成毒性更大的二次污染物。一般来说光化学反应是由物质的分子吸收光子后所引发的反应。当分子吸收光子以后，分子内部的电子就会发射跃迁，然后形成不稳定的激发态，还会进一步发生离解其他反应。大气污染发生的光化学过程如下。

光照引发反应产生激发态分子（A*），即

$$A（分子）+ h\nu \longrightarrow A* \qquad (R12 - 41)$$

激发态分子（A*）离解后产生新物质（C$_1$，C$_2$，…），即

$$A* \longrightarrow C_1 + C_2 + \cdots \qquad (R12 - 42)$$

激发态分子（A*）也可以与其他分子（B）反应产生新物质（D$_1$，D$_2$，…），即

$$A* + B \longrightarrow D_1 + D_2 + \cdots \qquad (R12 - 43)$$

激发态分子（A*）也可以失去能量回到基态而发光（荧光或磷光），即

$$A* \longrightarrow A + h\nu \qquad (R12 - 44)$$

激发态分子（A*）与其他化学惰性分子（M）碰撞而失去活性，即

$$A * + M \longrightarrow A + M' \tag{R12-45}$$

反应式（R12-41）是引发反应，也就是分子或原子吸收光子形成激发态 A * 的反应。引发反应式（R12-41）所吸收的光子能量与分子或原子的电子能级差的能量必须相适应。因为物质分子的电子能级差值很大，所以只有远紫外光、紫外光和可见光中高能部分才能使价电子激发到高能态。一般来说只有波长小于 700nm 的光才有可能引发光化学反应。其中反应式（R12-42）是大气光化学反应中最重要的一种，激发分子离解为两个以上的分子、原子或自由基，使大气中的污染物发生转化或迁移。反应式（R12-44）和反应式（R12-45）是激发态分子失去能量的两种形式，使反应物分子回到原来的状态。

大气中的氮气，氧气和臭氧能选择性吸收太阳辐射中的高能量光子（短波辐射），从而引起分子离解，即

$$N_2 + h\nu \longrightarrow N + N, \lambda < 120nm \tag{R12-46}$$

$$O_2 + h\nu \longrightarrow O + O, \lambda < 240nm \tag{R12-47}$$

$$O_3 + h\nu \longrightarrow O_2 + O, \lambda < 120nm \tag{R12-48}$$

显然，太阳辐射中高能量部分波长小于 290nm 的光子，因被氧气、臭氧和氮气吸收而不能到达地面。而大于 800nm 的长波辐射（红外线部分）几乎又完全被大气中的水蒸气和二氧化碳所吸收。因此，只有波长在 300~800nm 之间的可见光才不被吸收，可以穿过大气到达地面。

大气的低层污染物二氧化氮、二氧化硫等在光的作用下也会发生光化学反应，即

$$NO_2 + h\nu \longrightarrow NO \cdot + O \cdot \tag{R12-49}$$

$$RONO + h\nu \longrightarrow NO \cdot + RO \cdot \tag{R12-50}$$

上述光化学反应一般吸收波长在 300~400nm 的光。这些反应与反应物中光的吸收特性、吸收光的波长等因素密切相关。环境光化学反应往往是非常复杂的，其中包含着一系列复杂的光化学过程。

12.6　光催化的原理和应用

光催化反应是在光和催化剂同时作用下进行的化学反应，是光反应和催化反应的耦合。初期的研究大多集中在光解水制氢，希望弄清楚其中太阳能的转换和储存机理。随着二氧化钛多相光催化在环境污染深度净化技术的进展，近二十年越来越引起人们的关注。半导体光催化剂对大多数有机物有很强的吸附降解能力，在水处理方面具有很大的应用前景。

12.6.1　光催化基本原理

与光化学第二定律类似，只有当激发态分子的能量高于分子内的化学键时，才能引起化学反应。光催化反应的条件是只有当作用在半导体上的能量等于或大于禁带宽度的光照射时，半导体价带上的电子就可以被激发跃迁到导带，同时在价带产生相应的空穴。由于半导体能带的不连续性，电子与空穴能够在电场作用下或通过扩散的方式运动，与吸附在半导体催化剂粒子表面上的物质发生氧化或还原反应，或者被表面晶格缺陷捕获，也可能直接产生复合现象。半导体的能带结构是由一个充满电子的低能价带和一个空的高能导带构成的，价带和导带之间存在的区域称为禁带，该区域的大小称为禁带宽度。

目前，可用于降解环境污染物的光催化剂大多数为 n 型半导体材料的金属氧化物或金属盐类

物质，比如 TiO_2、ZnO、CdS、WO_3、SnO_3、Fe_2O_3、Bi_2O_3 等，TiO_2 为应用最广的光催化材料。

下面以 TiO_2 为例，说明光催化反应的机理。非均相催化反应一般发生在 TiO_2 表面，它的禁带宽度是 3.2eV，当 TiO_2 被大于或等于 3.2eV 的光能（$h\nu$）照射时，价带上的电子被激发跃迁到相应的导带上，在价带上产生空穴（h^+），从而形成电子空穴对。空穴转移到 TiO_2 表面，与 TiO_2 表面上的—OH 基团作用产生高活性的·OH 自由基，利用·OH 自由基的强氧化性把有机物氧化成水或二氧化碳等无机小分子。TiO_2 光催化反应的机理如图 12-14 所示。

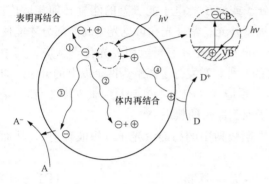

图 12-14　TiO_2 光催化反应的机理

被激发后分离的电子和空穴有以下 4 种失活途径：

（1）光催化剂被所吸收的光激发以后，电子和空穴就发生分离，然后当电子和空穴各自迁移到表面后又发生了再结合。

（2）当电子和空穴还没有迁移到表面过程中就发生了再结合。

（3）物质被吸附在半导体表面，而表面半导体提供电子去还原电子接受体。

（4）物质被吸附在半导体表面，而表面半导体的空穴通过给体的电子与空穴的复合氧化给体物质。TiO_2 光催化反应的基本反应式为

$$TiO_2 + h\nu \longrightarrow H^+ + e^- \qquad (R12-51)$$

$$H^+ + e^- \longrightarrow h\nu \qquad (R12-52)$$

$$H_2O \Longleftrightarrow H^+ + OH^- \qquad (R12-53)$$

$$OH^- + h^+ \longrightarrow \cdot OH \qquad (R12-54)$$

$$h^+ + H_2O \longrightarrow \cdot OH + H^+ \qquad (R12-55)$$

在 TiO_2 光催化剂表面的反应式如下为

$$Ti^{4+} + e^- \longrightarrow Ti^{3+} \qquad (R12-56)$$

$$\cdot O_2^- + 2\,h^+ \longrightarrow \frac{1}{2} 氧空位 \qquad (R12-57)$$

12.6.2　光催化的应用

TiO_2 光催化剂具有很高的化学稳定性、热稳定性和耐化学腐蚀性，在分解水制备氢气和氧气、新型光致电池、空气净化、抗菌除臭、防雾自清洁、废水处理等领域都体现出广阔的应用前景。特别是近年来随着全球性环境恶化，TiO_2 光催化有机污染物的降解技术得到广泛的关注。而光催化分解水制氢技术将新能源太阳能的开发和当今热门的储能技术相结合，成为将来极富发展前景的新技术。

12.6.2.1　光催化有机污染物降解

随着经济的快速发展和工业化水平的提高，水中难以分解的有机污染物急剧增加，处理难度大大增加。半导体光催化技术可以将水中难以降解的有机污染物彻底降解，而且分解速率快，除净度高。对于美国环保署（EPA）规定的绝大多数污染物，TiO_2 光催化均可对其有效降解。光催化有机污染物可以分为液相和气相条件下的降解。

液相光催化反应的机理包括自由基氧化和空穴氧化两种。自由基氧化机理即是在液相光催化发生时,半导体表面会形成空穴电子对,然后空穴引发·OH 自由基,利用·OH 自由基具有的高度化学活性,在 TiO_2 表面上存在表面键合的 $[>Ti^{IV}OH\cdot]^+$,以此形成氧化有机物。

空穴氧化机理指在大多数液相光催化反应过程中,可以观察到有机物在催化剂表面有空穴直接氧化。例如,二乙酸分子不含 C—H 键,也没有·OH 自由基氧化需要的 H,说明只有发生了空穴氧化的才能有效地发生光催化降解。

近年来 TiO_2 光催化降解农药的技术进展很快,其原理是利用光激发催化剂 TiO_2 产生光生电子、空穴和强氧化性的·OH 自由基,将农药氧化降解为 CO_2、H_2O 和 PO_4 等无毒物质,不会产生二次污染,而且 TiO_2 的成本低。

其他有机化合物的光催化降解最为典型的是苯酚,它的光催化氧化属于多相反应,包括气固和液固多相间的接触和界面的反应。

12.6.2.2 光催化分解水制氢

首次描述 TiO_2 光催化分解水制氢的学者是日本的藤岛(Fujishima)和本田(Honda),他们利用 TiO_2 半导体电极组成的电化学电解槽,通过光解水把光能转换成氢和氧的化学能。其过程为把 TiO_2 半导体微粒直接悬浮在水中进行光解水反应,细小的光半导体颗粒起到光阳极的作用,光阳极受光激发可以产生电子-空穴对,通过光阳极吸收太阳能并把光能转化为电能,而阴极也被设想在同一粒子上,但没有像光化学电池那样阳极和阴极被隔开。而且光激发在同一个半导体微粒上产生的电子-空穴对极易发生复合,从而降低了光电转换效率和影响,同时放出氢气和氧气。

TiO_2 光催化分解水制氢的原理如下:当波长小于 370nm 的光照射在悬浮在水中的 TiO_2 微粒上,TiO_2 的价带电子就被激发到导带上从而产生高活性的电子-空穴对。电子和空穴被光激发后经历俘获和复合两个竞争的过程,形成具有很强氧化性的光致空穴,进而夺取半导体颗粒表面吸附的有机物或溶剂中的电子,使原来不吸收光的物质在光催化剂作用下被活化氧化。水在这种电子-空穴对作用下发生电离生成氢气和氧气。因此,理论上认为只要半导体禁带宽度大于 1.23eV 就能进行光解水,实际上由于存在能量损失,禁带宽度在 2.0～2.2eV 更加合适。光催化分解水制氢的流程如图 12-15 所示。

在标准状态下 1mol 水分解为氢气和氧气需要 237kJ 的能量。因此,衡量光催化分解水反应效率的高低是用量子效率表达,需要把电子-空穴所有经历途径的概率考虑在内,具体可通过每吸收 2 个光子产生的氢分子数的量子效率来衡量。因此,在实际的操作中,需要尽可能提高光催化剂表面转移电荷的有效性,抑制光激发电子和空穴的重新结合,是提高光催化分解水反应效率的关键。

为了提高光催化分解水反应效率,科学家们进行大量的探索,具体的途径有通过光催化剂的改性实现对电子-空穴再结合的抑制,采用加电子给体或受体和添加高浓度碳酸根离子的方法抑制逆反应,通过除去反应生成的气相产物、在顶部照射和设计层状结构的催化剂等方法阻止逆反应的发生。

目前,使用最多的半导体光催化剂为过渡金属氧化物和硫化物,以 TiO_2 和 CdS 光催化剂的研究最多。因此,光催化分解水制氢研究的关键是寻找出高效的光催化剂,通过各种新型光催化剂分解水的机理研究,揭示催化活性和催化剂结构的关系,用于指导新型高效催化剂的合成。新型光催化剂的探索有四个大的方向:一是特殊结构光催化剂,如离子交换层状

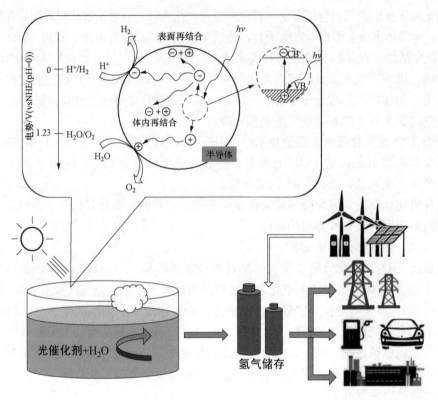

图 12-15　光催化分解水制氢流程

铌酸盐和钙钛矿，以及隧道结构光催化剂；二是可见光催化剂，如 Cu_2O；三是以 WO_3、Fe^{3+}/Fe^{2+*} 组成两步激发的光催化分解水悬浮体系；四是无机半导体和微生物酶耦合的催化反应体系。

　　尽管光催化分解水制氢的研究取得一些进展，但是距离实际应用还有很长的路要走，仍然需要做大量的基础研究工作。

　　1. 试分析影响光化学反应的几大因素。

　　2. 试用本章所学知识解释 $PM_{2.5}$ 如何形成？为何一天内不同时间 $PM_{2.5}$ 浓度也不同？

　　3. 光化学反应与热化学反应的区别有哪些？试举例说明。

　　4. 举例说明光化学基本定律（第一定律和第二定律）内容及其应用。

　　5. 试解析光化学烟雾形成的光化学原理。

　　6. 应用本章所学知识对当前雾霾的形成机理进行解释，并提出可以采取的治理对策。

　　7. 试解释大气污染的光化学原理。

　　8. TiO_2 光催化分解水制氢的基本原理以及应用前景是什么？

参 考 文 献

[1] 曾政权，甘孟瑜，张云怀，等．大学化学 ［M］．3 版．重庆：重庆大学出版社，2011.

[2] 周基树，延卫，沈振兴，等．能源环境化学 ［M］．西安：西安交通大学出版社，2011.

[3] 袁权．能源化学进展 ［M］．北京：化学工业出版社，2005.

[4] 潘鸿章．化学与能源 ［M］．北京：北京师范大学出版社，2012.

[5] 李晖．光化学基础与应用 ［M］．北京：化学工业出版社，2010.

[6] 刘守新，刘鸿编．光催化及光电催化基础与应用 ［M］．北京：化学工业出版社，2006.

[7] 张金龙，陈锋，田宝柱，等．光催化 ［M］．上海：华东理工大学出版社，2012.

第 13 章　等 离 子 体 化 学

等离子体化学是由等离子体物理学、化学和材料、冶金等多种学科相互渗透发展而成的一门新的边缘学科。等离子体化学主要研究低温等离子体条件下发生的化学反应,在合成化学、高分子化学、分析化学、材料表面改性金属处理、半导体材料和制造微粒子等方面应用较多。

在放电电极上的等离子体被发现至今已走过二百余年的历程,关于它的理论研究和应用开发也从天体物理学领域扩展到了生活领域的方方面面。高温等离子体由于其等离子体产生及反应容器材料制备难度较大,目前除高温可控热核聚变、高温点火以及物质气化等应用外,尚未见其在其他方面的大规模应用;而低温等离子体则以易制备性、优良导电性以及含有的高浓度化学活性物质,被普遍运用在了医药、冶金、农业、纺织等领域。

13.1　等离子体发展概述

在讲述等离子体化学知识前,必须先了解等离子体的发展历程。19 世纪 30 年代英国的法拉第(Michael Faraday)以及后来的汤姆逊(Thomson)相继开始研究气体放电现象,这是等离子体试验研究的起步阶段。1879 年英国的克鲁克斯(Crookes)采用"物质第四态"这一名词来形容气体放电管中的电离气体。汤姆逊则在 1897 年证明了"发光的物质"来自阴极附近电离的气体。

美国的朗缪尔(Langmuir)于 1928 年在他的实验日志中记载:"我们应该用'plasma'来称呼那团电极附近的电离气体,他们所带的离子和电子的电量相等,所以整体接近呈中性。"因此,随着"plasma"的第一次被提出,标志着等离子体科学正式问世。

1929 年美国的朗缪尔和汤克斯(Tonks)分别提出了等离子体里电子密度的疏密波概念(朗缪尔波)。紧接着在 1931 年和 1932 年,英国的哈特里(Hartree)和阿普顿(Upton)提出电离层的折射率公式,且得到磁化等离子体的色散方程。

1935 年至 1952 年间,苏联的博戈留博夫(Bogorubov)、英国的玻恩(Born)等人从刘维定理出发,得到不封闭的方程组系列,被命名为 BBGKY 方程组。从 1935 年延续至 1952 年,符拉索夫(Vlaasov)方程为等离子体动力论奠定了良好的理论基础。

1950 年后,因为美国、英国、苏联等国开始着手研究受控热核反应,使得等离子体物理学得到了蓬勃的发展。追溯其源头,早在 1929 年,奥地利的豪特曼斯(Haustmann)和英国的阿特金森(Atkinson)提出对于"热核反应"的构想——太阳内部氢元素核之间的热核反应所释放的能量是太阳能的来源,这就是自然界的受控热核反应的代表。

直到 1957 年,英国的 J. 劳森提出了受控热核反应实现能量增益的条件,也就是劳森判据。

从 20 世纪 50 年代起美国、苏联等国开始兴建各自的受控热核聚变的实验装置,比如美国的仿星器和磁镜以及苏联的托卡马克(Tokamak),这三种装置均是磁约束热核聚变实装置；到了 20 世纪 60 年代，一批惯性约束热核聚变实验装置也被设计和建造出来。

托卡马克是三种装置中被研究较多的一种，它是运用磁约束来实现受控核聚变的一种环形容器。装置的中央是一个环形的真空室，在它的外面则缠绕着线圈。通电时托卡马克内部会产生巨大的螺旋形磁场，将其内部的等离子体加热到很高的温度，从而达到核聚变的目的。环状磁约束等离子体的平衡问题于 1956 年被苏联的 Shafranov 等科学家解决了。

1958 年美国的伯恩斯坦（Bernstein）提出了分析宏观不稳定性的能量原理。1962 年，联邦德国的普菲尔施（Perfilsch）研究了处在环状磁场中的等离子体输运系数，还给出了密度较大区的扩散系数；1967 年苏联的加列耶夫（Galiyev）给出了密度较小区的扩散系数，这些理论均适用于托卡马克这类环状磁约束等离子体的输运过程。

1958 年美国的帕克（Parker）提出了太阳风模型；1959 年美国的范艾伦（Van Allen）则预言地球的上空存在着强辐射带，新卫星的发射证实了他的预言，这个强辐射带也被称为了范艾伦带。

1974 年美国的格内特（Gnett）依据卫星资料，证实地球是一颗辐射星体，而且属于长波辐射和热红外辐射。地球辐射的辐射源是地球本身，其波长范围为 $4 \sim 120 \mu m$，属于长波辐射范畴。地球辐射能中的 99% 集中在 $3 \mu m$ 以上的波长范围内，说明地球辐射的最强波长处于 $9.7 \mu m$。

经过 30 多年的发展，在高温等离子体物理试验和核聚变技术研究方面，中国科学院等离子体物理研究所在该领域的研究处于国际先进水平，已经建设成为"第三世界科学院开放实验室"和"世界实验室聚变研究中心"，与欧洲、美国、俄罗斯等近三十个国家和地区建立了稳定的合作交流关系，开展广泛的国际合作，该研究所是国际受控热核聚变计划中国工作组的重要单位之一。

13.2　等离子体的定义和分类

13.2.1　等离子体的定义

人类对地球环境的认识仅一百余年时间，我们认识的自然界等离子体只存在于远离地球表面的电离层及其以上空间中，也可能存在于寿命很短的闪电中。但对于整个宇宙而言，我们已经知道的像各种星体及星体间的物质之类的绝大部分物质都是以等离子体形式存在的。

等离子体是和固体、液体、气体处在同一层次的物质存在形式。它是由大批处在非束缚态的带电粒子组成的有宏观空间尺度和时间尺度的体系。

等离子体和固体、液体、气体在组成上最显著的差别在于后三者都是由中性的原子或分子组成的，而等离子体则是由离子和电子组成的，因此，这些等离子体里的带电粒子可以在空间自由运动和相互作用。尽管有时离子和电子能够相互碰撞而复合成中性原子，但是也存在着中性原子因碰撞或者其他原因而电离成离子、电子的过程。因此，在宏观尺度的时间和空间范围里存在着数量大体稳定的各种离子和大批的电子。正因为等离子体有自己特有的行为和运动规律，它的许多性质又表现出和固体、液体、气体有明显的差别，可以说等离子体是物质的第四态。为了使气体变成等离子体，必须使其电离。

包含足够多的电荷数目近于相等的正、负带电粒子的物质聚集状态就被称为等离子体。等离子体一般由光子、电子基态分子（或原子）、激发态分子（或原子）以及正负离子等 6

种基本粒子构成的混合体。物质四态之间的转化示意如图 13-1 所示。

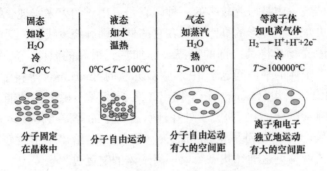

图 13-1 物质四态之间的转化示意

作为物质第四态的等离子体有着下列四项独特的物理和化学性质。

(1) 温度高，粒子动能大。

(2) 等离子体是带电粒子的混合体，具有类似金属的导电性能，因而从整体上看等离子体也是一种导电流体。

(3) 化学性质活泼，容易发生化学反应。

(4) 具有发光特性，因而被用作光源。

13.2.2 等离子体的分类

一般来说等离子体中存在中性粒子（包括原子或分子以及原子团）、电子、离子三种成分，它可以按照存在方式、粒子密度、电离度和热力学平衡的方式进行分类。

1. 按存在方式分类

(1) 天然等离子体。自然界自发产生和宇宙中本身存在的等离子体。根据印度天体物理学家萨哈的计算结果，宇宙里 99.9% 的物质均处于等离子体的状态，如自发产生的极光和闪电，以及宇宙中的恒星、星子、星云和太阳等。

(2) 人工等离子体。由人工通过外加能量来激发电离物质而形成的等离子体。比如日常生活中的霓虹灯、日光灯里的放电等离子体。

2. 按粒子密度分类

等离子体粒子密度是指单位体积内（一般以 cm^{-3} 为单位）某带电粒子的数目。n_i 表示离子浓度，n_e 表示电子密度。

(1) 致密等离子体。当粒子密度 $n > 10^{15 \sim 18} cm^{-3}$ 时，就称为致密等离子体。

(2) 稀薄等离子体。当粒子密度 $n < 10^{12 \sim 14} cm^{-3}$ 时，就称为稀薄等离子体。

3. 按电离度分类

通常将电离度小于 1% 的气体称为弱电离气体，也叫低温等离子体；按照物理性质分，低温等离子体主要分为热等离子体、冷等离子体、燃烧等离子体三类。

热等离子体与冷等离子体由于工业上广泛应用有时又合称为工业等离子体。电离度大于等于 1% 的称为高温等离子体（或完全电离等离子体）。

4. 按热力学平衡分类

(1) 完全热平衡等离子体。

(2) 非热力学平衡等离子体。主要包括电晕放电、火花放电、辉光放电、滑动弧光放电、介质阻挡放电、射频等离子体以及微波等离子体等。

（3）局部热力学平衡等离子体。

从密度最低达 $10^6\,\mathrm{m}^{-3}$ 的稀薄等离子体一直延伸至密度高达 $10^{25}\,\mathrm{m}^{-3}$ 的电弧放电等离子体，两种热等离子体的密度相差 19 个数量级，其温度分布范围更是从 100K 的低温增加到超高温核聚变等离子体的 $10^8 \sim 10^9\,\mathrm{K}$。由于温度高，为了方便表达，后面将经常用到电子伏特的单位，1eV（电子伏特）＝11600K，它是等离子体领域中常用的温度单位。

5. 按照粒子间相互作用分类

按照粒子间相互作用的强弱，可以把等离子体区分为理想的和非理想的。理想等离子体中的粒子平均动能大于平均势能，这样可以把相互作用作为小量来处理，等离子体中的集体运动和碰撞造成的输送都是以等离子体的静止平衡作为基础（数学上的微扰展开零级解），相互作用作为一级微扰时所出现的等离子体行为。反过来，当等离子体是非理想的时候，数学上处理这样的体系将使用完全不同的方法或者考虑更高级的微扰修正，相应的物理行为也会大不一样。

非理想的经典等离子体的代表是电解溶液和温密等离子体，非理想量子等离子体的代表是金属中的电子气。

理想经典等离子体包括了目前所研究的绝大多数等离子体，在表 13-1 中给出了某些典型等离子体参数。

表 13-1　　　　　　　　　　　　　某些典型等离子体参数

项 目	n/cm^{-3}	T/eV	$\omega_{\mathrm{pe}}/\mathrm{s}^{-1}$	λ_D/cm	$n\lambda_D^3$	$v_{\mathrm{ei}}/\mathrm{s}^{-1}$
星际气体	1	1	6×10^{14}	7×10^2	4×10^8	7×10^{-5}
气体星云	10^3	1	2×10^5	20	10^7	6×10^{-2}
日冕	10^6	10^2	6×10^7	7	4×10^8	6×10^{-2}
弥散热等离子体	10^{12}	10^2	6×10^{10}	7×10^{-3}	4×10^5	40
太阳大气，气体放电	10^{14}	1	6×10^{11}	7×10^{-5}	40	2×10^9
温等离子体	10^{14}	10	6×10^{11}	7×10^{-4}	10^3	10^7
热等离子体	10^{14}	10^2	6×10^{11}	7×10^{-4}	4×10^4	4×10^6
热核等离子体	10^{14}	10^4	6×10^{12}	7×10^{-3}	10^7	5×10^4
角向箍缩	10^{16}	10^2	6×10^{12}	7×10^{-5}	4×10^3	3×10^8
热密等离子体	10^{18}	10^2	6×10^{13}	7×10^{-6}	4×10^2	2×10^{10}
激光等离子体	10^{20}	10^2	6×10^{14}	7×10^{-7}	40	2×10^{12}

注　n—等离子体粒子密度；T—等离子体温度；ω_{pe}—电子等离子体振荡频率；λ_D—总德拜半径；v_{ei}—电子速度。

大部分讨论都是针对经典理想等离子体的。但关于等离子体的定义及德拜半径和等离子体频率的讨论对非经典非理想等离子体也是适用的。

13.2.3　等离子体化学的定义

以等离子体化学的热力学状态划分，可以分成以下两类：第一类是等离子体中的重粒子，如分子、原子、离子与轻粒子如电子近似达到热力学平衡，在同一能级上温度几乎相等的、具有上述特征的等离子体称为热等离子体。热等离子体本身是依靠直流电弧、三相交流电弧以及高频电弧放电和等离子体火炬而获得的。此时的等离子体内气体温度可达 50000℃

以上，利用等离子体内的高温反应，可以进行重熔晶体、生产难熔单晶体、合成高纯度氮化物和碳化物等工业生产。第二类是在低气压下产生的，电子温度比较高（1～10eV），离子温度比较低（≤0.1eV）。等离子体的物质是由带电粒子、中性粒子和光子组成。带正电荷粒子与带负电荷粒子的总电荷量相等，因而总体上是呈现出电中性的。具有这种特征的等离子体，称为"冷等离子体"。它是由直流辉光放电、电晕放电、射频波放电、微波放电和激光放电形成的。在这种等离子体中存在着电子碰撞激发和解离激发、光激发和自发辐射衰变、电子碰撞电离化和多体复合、光离化和辐射复合等原子过程。也存在分子离解、分解、电荷交换、带电粒子中性化、基团置换等分子过程。由于这些过程的存在大多会产生自由基、激发态原子和分子、亚稳态原子和分子。这种非平衡等离子体是由各种各样的新的"活性基团"构成的。因此，等离子体的产生过程往往容易发生一系列的化学反应，我们称为等离子体化学。

13.3　等离子体的形成

等离子体是自然界物质存在的"第四态"，在广阔的宇宙中99％的物质是以等离子体状态存在，但是我们人类居住的地球上却较少看到自然界里的等离子体现象。由于地球是一个"冷星球"，再加上高密度的大气层，往往会造成等离子体难以稳定地存在，因而一般采用人工的方法产生等离子体。等离子体形成技术的研究非常活跃，各领域科学界提出了多种等离子体发生技术。为此，学术界把这方面通称为"等离子体源"，其涉及的领域很广，这里仅讨论通过气体放电方式产生等离子体的方法，即气体在外加电场（直流电场和射频电场）作用下放电产生等离子体。其中，放电电离是人为进行的等离子体化学反应的主要形式。

13.3.1　气体放电原理

与等离子体性质最相近的是气体，其由大量可以自由运动的粒子组成。但是气体中的粒子是中性的，而等离子体里的粒子是由带正电的离子和带负电的电子组成。因而我们可以通过对气体中的原子进行电离的方法获得等离子体。等离子体在早期的实验室里就是通过气体放电而获得的。

干燥气体通常是良好的绝缘体，但当气体中存在自由带电粒子时，它就变为电的导体。这时如在气体中安置两个电极并加上电压，就有电流通过气体，这个现象称为气体放电。

气体放电大多是指在电场作用下或采用其他激活方法，比如热电离法、激波电离法、α粒子辐射法以及γ射线法，使气体发生电离，产生能导电的电离气体。

气体放电的应用非常广泛，比如日常生活中的电晕放电、辉光放电、介质阻挡放电、射频放电和微波放电等，其性质与采用的电场种类以及施加的电场参数有关。

以气体放电的演示实验说明放电特性。早期关于低气压直流放电示意如图13-2所示。从图13-2中的回路可以看出，圆柱形玻璃容器构成密封的放电管，里面充满了气体，气体本身属于不导电的绝缘介质，在两端的阴阳极间施加一定的直流电压，逐渐增大电压至某一电压值 U_s 时，回路中就突然产生电流，而且容器会被发光的等离子体所充满。

我们把这种电极间气体的绝缘性被瞬间破坏的现象叫绝缘击穿，击穿时的瞬间电压 U_s 称为绝缘击穿电压。

在发生绝缘击穿前电场 E 为定值，通过调节电流 I 值可得到气体放电的伏安特性，如图 13-3 所示。

按照电流低到高的顺序，依次分为三个放电区：暗放电、辉光放电和弧光放电。在暗放电区（$A \sim E$），A、B 点间电流随电压的升高而增加，但是电流上升变化得较为缓慢，$A \sim B$ 区叫本底电离。此时继续提高电压，电流会迅速呈指数关系上升，从 C 到 E 区间的电压较高，但电流不大，放电管中也没有明亮的电光出现，$C \sim E$ 区称为汤森区。

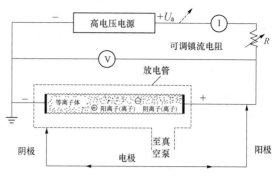

图 13-2 低气压直流放电示意

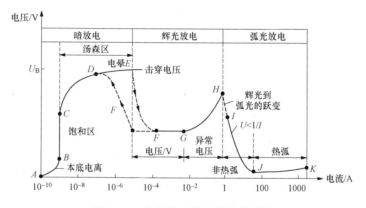

图 13-3 气体放电伏安特性曲线图

在辉光放电区（$E \sim H$），自 E 点开始，继续升高电压，将产生新的变化。此时，电压不但不升高反而出现下降，与此同时放电管的气体发生了电击穿现象，可以观测到明亮的电光，这时放电管内因电离而使电阻减小，但电流开始增大，我们把 E 点处对应的电压 U_B 称为气体击穿电压，辉光放电开始出现，此时电流开始上升而电压一直下降到 F 点，随着电流的继续上升，电压会保持恒定不变，直到 G 点，而后电压随电流的增加而增加，一直到 H 点，放电才开始转入较强电流的弧光放电区。

弧光放电区（$H \sim K$）又分为非热弧区和热弧区，H 点开始电流增加，电压反而开始下降，在 H 和 J 之间表现为非热弧光区。随着电流的继续上升，等离子体非常接近热力学动力学平衡，从 J 到 K 的之间表现为热弧区。

13.3.2 汤森放电原理

气体放电的基本理论主要有汤森放电原理和流注放电原理等。1903 年，为了解释低气压下的气体放电现象，汤森（Townsend）提出了气体击穿理论，引入了三个系数来描述气体放电的机理，并给出了气体击穿判据。汤森放电理论可以解释气体放电中的许多现象，如击穿电压与放电间距及气压之间的关系、二次电子发射的作用等。但是汤森放电解释某些现象也有困难，如击穿形成的时延现象等；另外，汤森放电理论没有考虑放电过程中空间电荷作用，而这一点对于放电的发展是非常重要的。定量的气体放电理论即雪崩理论是 1910 年由汤森提出的，该理论适合于非自持暗放电、非自持放电，直至自持放电的过渡区。后来罗果夫斯基（Rogovsky）对该理论进行了补充，把它扩展到自持暗放电和辉光放电。我们把非自持和自持暗放电称为汤森放电。汤森首先进行了气体放电试验。在一个较粗的放电管里，气体的压强被固定在 101kPa，电场强度 $E=25kV \cdot cm^{-1}$ 保持不变，这时如果没有紫外光照射情况下，放电管中没有一个电子，全部都是中性粒子，那么无论在电极间加多么高的电压，都不可能发生电离或放电现象。

这种情况表明种子电子的存在是放电起始的必要条件。而种子电子的产生来源于界面的发射，例如，人工加热阴极发射电子，也可以是自然界中产生的紫外线、放射线和高能宇宙射线等，它们入射到放电管中均可以引起电离，从而产生电子。种子电子在电场作用下就会发生加速、碰撞、电离等连锁反应，引起雪崩效应。通过改变紫外线的照射量来控制从阴极流出的初始电子流 I_0，观察放电开始前黑暗状态下流入阳极的微弱电流，可以发现：

改变极间的距离 d 可以得到空气中电流与电极间距的关系（见图 13-4）曲线，放电电流随极间距增大按指数规律上升，即

$$I = I_0 e^{ax} \tag{13-1}$$

式中：a 为汤森第一电离系数。它表示在放电过程中每个电子沿电场方向移动 1cm 距离时与气体分子或原子碰撞所产生的平均电离次数。该系数也表明了电子碰撞对电离过程的贡献。

汤森放电理论中一个最重要的现象是遵循帕邢定律，它是表征均匀电场气体的间隙之间产生的击穿电压、间隙距离和气压间关系的定律。该定律由帕邢于 1889 年通过平行平板电极的间隙击穿试验结果而得到。具体表述如下：气体击穿电压 U_s 是气压（p）和极间距离（l）乘积函数，而不是以 p 和 l 为两个变量的函数（见图 13-5）。

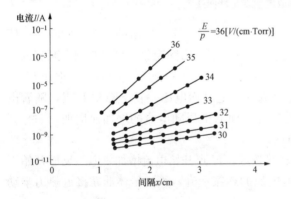

图 13-4 空气中电流与电极间距的关系
x—电极间距

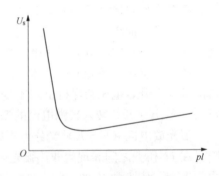

图 13-5 帕邢定律示意

所谓击穿电压是指当阴极和阳极间的电压增加至某一临界值时，电极间的气体就会发生放电，这一放电开始的瞬间电压 U_s。帕邢在汤森提出气体放电击穿理论之前便在实验室中发现了在两个平板电极上加以直流电压后，在一定的放电气压范围内，极间形成均匀电场。

帕邢定律应用于各种气体，如空气、氢气、氦气和氖气，图 13-6 所示就是应用于这几种气体的实例，它们是阴极材料为铁（Fe）的情况下，几种气体的 U_s 与 pl 的关系曲线。由关系曲线可见，$pl=0.7Pa \cdot m$ 时，以最低的电压（350V）就可以引发火花放电。

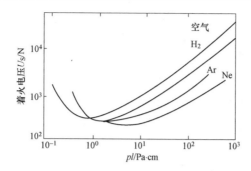

图 13-6 帕邢定律应用于各种气体示例

13.4 直流放电等离子体

气体放电既可以通过直流电也可以采用交流电产生。直流放电等离子体电极上所加电压的极性不随时间而变化。交流放电等离子体采用交流放电方法，等离子体与电极间的电位差较低但是可以提高它的功率，就可以高效率地生成高密度低气压的等离子体。因此，两者在功能上是互补的。

13.4.1 直流放电等离子体的形成方法

直流放电等离子体的形成方法如下：在直流放电过程中产生的等离子体，一般来说电极上所加电压的极性不随时间而变化，正电位一侧称为阳极，负电位一侧称为阴极。

直流放电等离子体的阳极结构几乎相同，而直流放电等离子体的阴极结构分为三种：热阴极放电、冷阴极放电、空心阴极放电。直流放电等离子体的各种阴极结构如图 13-7 所示。

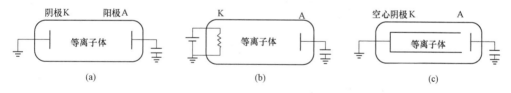

图 13-7 直流放电等离子体的各种阴极结构图
(a) 冷阴极；(b) 热阴极；(c) 空心形阴极

热阴极放电是首先将阴极的金属丝加热到高温（2000～3000K），然后使得金属内部的自由电子获得能量，足以克服金属对电子的束缚力而飞向真空的放电现象。

冷阴极放电是利用光电发射或场致发射而工作的阴极，不用加热而发射电子的放电现象。

空心阴极放电是以一个直径为数毫米的金属圆筒作为阴极，筒部会发生很强的光而发生直流辉光放电现象。

13.4.2 电晕放电等离子体

电晕放电可以看成是一种气体导电现象，当气体局部击穿后绝缘破坏导致内阻降低，此时放电就会迅速越过自持电流区，然后就出现极间电压减小的现象，同时，在电极周围就会产生昏暗的辉光，称为电晕放电。电晕放电发生时电极的几何构型起到重要的作用。电晕放电的极性完全取决于具有小曲率半径电极的极性，假设小曲率半径电极带的是正电位所发生的电晕称之为正电晕；反之，则称为负电晕。按所加电压类型可将电晕放电分为直流电晕、交流电晕和高频电晕。

1. 电晕放电产生的条件

发生电晕放电时首先要求气体的压强高（一般在一个大气压以上），其次要求电场分布又很不均匀，同时有几千伏以上的电压加到电极上。往往由于一个电极或两个电极的曲率半径很小就会形成不均匀的电场，因此，细的尖端与平面、点与点、金属丝与同轴圆筒、两条并行的导线之间以及轴电缆内部都会造成不均匀的电场，在这些电极之间都可以引起电晕放电。

2. 电晕放电的过程

当在电极两端的电压由零逐渐增大时，最初会发生无声的非自持放电现象，此时的电流还很微弱，电流大小取决于剩余电离（数量级在 10^{-14} A）。当电压逐步增加到起晕电压 U_0 时，此时电极表面附近的电场很强，那么电极附近的气体介质就会被局部击穿进而产生电晕放电现象，它的数值由突然增大（从 $10^{-14} \sim 10^{-6}$ A）的电极间电流和在曲率半径较小的电极处出现朦胧的辉光所表征。若此时继续增大电压，那么电流强度就会继续增大，同时发光层的大小及其亮度也会增大。

电晕放电是一种自持放电现象，就是说在具有强电场的电极表面附近有强烈的激发和电离，同时伴有明显的辉光的区域称为电晕层。在电晕层的外面，因电场强度较低而不足以引起电离，因而呈现暗区，被称为电晕外区。正是由于在电晕外区其电流的传导强烈依赖于正离子、负离子以及电子的迁移运动，所以电晕外区亦被称为离子迁移区。

3. 电晕放电机理

电晕放电类型对反应有很大的影响，正、负电晕在本质上有很大的差别，其不同之处可以从其形貌明显表现出来，一般常用雪崩放电理论来说明负电晕的形成机理，认为在针状阴极电晕发光区内存在较强烈的电离与激发，电流密度大，从负电晕的外围放电现象可以看出，其外围只存在单一的带负电的粒子。而正电晕通常用流注理论解释其物理过程，主要是由于电晕层内强电场中激发粒子的光辐射产生电子即光致电离，所形成的电子在电晕层中引起雪崩放电，产生大量激发和电离，最后电子被阳极所收集，正离子还会经过电晕层后进入电晕外围向阴极迁移。在同一放电电压下，正电晕的发光亮度和放电强度比负电晕大，但负电晕笼罩的范围比正电晕大。在相同的异极距、气体种类和流量的情况下，正电晕往往比负电晕更早发生击穿现象。

另外，正、负电晕放电一段时间后，如果用手触摸反应器壁还会感觉到它的温度略高于室温，说明电晕放电产生的等离子体的温度很低，因而属于低温等离子体。

13.4.3 电弧放电等离子体

电弧放电是一种气体自持放电现象，属于等离子体的一种，在气体放电中属于最为强烈的一种自持放电现象。当电源提供较大功率的电能时，若极间电压不高（约为几十伏），两极间气体或金属蒸汽中可持续通过较强的电流（约为几安至几十安），而且发出强烈的辉光和产生高温（约为几千至上万度），这就形成了电弧放电。

历史上英国化学家戴维第一次利用伏特电池组在两个水平碳电极之间产生很亮的白色火焰，火焰中气体温度很高。由于热空气上升引起冷空气从下方来补充，从而使得碳电极之间的发光部分向上发生弯曲并呈现出拱形，故将其命名为电弧。电弧是一种最为常见的热等离子体。

1. 电弧放电产生的条件和分类

相对于辉光放电约200V的放电电压、0.5A左右的放电电流，电弧放电在电离电压值（约为20V）附近的放电电流可高达30A，此外，阴极状况或压强的不同也会导致各种形态的低电压、大电流的电弧放电，电弧放电比辉光放电具备效率更高的电子发射机制。

电弧放电可分三类：

（1）自持热阴极弧光放电，来自等离子体的热负载导致阴极高温，在阴极上发生强烈的热电子发射。

（2）自持冷阴极弧光放电，基于阴极表面强电场的隧道效应引起冷电子发射。

（3）非自持热阴极弧光放电，从外部人为地把阴极加热至高温，引起热电子发射。

2. 电弧放电的特征和过程

电弧放电最明显的特征是产生明亮的弧光柱和电极斑点。电弧的特征是当电流增大的时候会发生极间电压下降，此时的弧柱电位梯度也较低，而且每厘米长电弧电压降一般不到几百伏，有时甚至低于1V。这时候电弧柱的电流密度往往较高，每平方厘米可高达几千安，而极斑上的电流密度甚至更高。从气体放电特征曲线可知，弧光放电是气体放电的又一种重要形式，特点是电流密度大、阴极电位降低、发光度强和温度高。

从伏安特性曲线可知，减小外电路电阻来增加辉光放电的电流，起初只是阴极发射电子的面积增大，而电极间电压保持不变（属于正常辉光放电情况）。到了异常辉光放电以后，如果进一步增加电流，发现极间电压经过一个最大值后急剧下降，并过渡到低电压、大电流放电。辉光到弧光的过渡区，既有热电子发射电流，也有二次电子发射电流；到了最后，阴极热电子发射开始显著，全部电流由热电子发射供给时，这表示过渡区结束，弧光放电开始。

图13-8所示为电弧放电示意，电弧放电主要包括阴极区、正柱区、阳极区。

阴极以非常高的电流密度从左端发射电子，对于非热低强度电弧，此电流来自一个或多个比较大的弧散阴极斑点的热电子发射，在阴极斑点内电流密度达$500 \sim 10000 \mathrm{A} \cdot \mathrm{cm}^{-2}$。

正柱包含电弧放电基本部分并占据几乎全部电弧的轴向长度，在此区域内电压降落比较少，分成两个区域。

（1）离子体核心。它是热等离子体的基本部分。在此区域中大部分气体被解离，并且对于运行于大气压或更高压上的许多电弧来说，等离子体核心处在热力学平衡中，且像黑体一样辐射。对大气空气中电弧，典型温度是$4000 \sim 6500 \mathrm{K}$范围。

（2）等离子体晕。它是围绕核心的不处于热力学平衡态的一个发光气体区域，等离子体的化学过程能在此区发生。

阳极是收集电子电流的电极，由高熔点难熔金属制造，在大气压下，阳极温度与阴

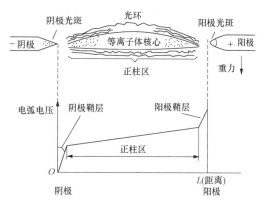

图13-8 电弧放电示意

极温度相同，在 2500~4200K 之间。

3. 电弧放电机理

电弧放电导电机理可以这样描述：首先，阴极依托场致电子和热电子发射效应来发射电子；其次，弧柱则依靠粒子的热运动造成相互碰撞而产生自由电子和正离子，从而呈现出导电性，这样的电离过程就称为热电离；最后，阳极起到收集电子的作用，其对电弧过程的影响往往较小。与热电离作用相反的是在弧柱里，电子与正离子则因此发生复合现象而成为中性粒子，可能扩散到弧柱外，这个现象称为去电离。在稳定的电弧放电过程里电离速度与去电离速度相同就会形成电离平衡。

4. 电弧放电的应用

根据弧光放电特有的高温特性，可以对难熔融的金属进行焊接、切割和喷涂等操作；利用弧光放电特有的发光特性，还可以制造高效率、高亮度的等离子体灯，如高压钠灯、高压汞灯等产品。利用弧光放电电流密度大、阴极位降低的特性，可以用来制造热阴极充气管和汞弧整流器等。

13.5 交流放电等离子体

在工业等离子体应用中，首先根据用途需要选择最合适的等离子体，而在一些等离子体的应用中，需要低气压（$\approx 1Pa$）、大口径（$\approx 0.4m$）、高密度（$\approx 10^{17} m^{-3}$）的等离子体，用直流放电方法很难达到。在直流辉光放电里面的电极与等离子体之间的电位差往往较大，这时离子从电极带走的功率也会比较大，因此，要实现等离子体的高密度化的确会有难度。此外，根据功率平衡条件，如果再加大放电的功率，则由于损失的能量也会随之增多，因而导致等离子体密度也不可能大幅度增加。然而假定改变放电的方式，采用交流放电方法，此时在等离子体与电极间的电位差可以保持较低的状态下进一步提高它的功率，那么即便处于低气压时，仍然可以高效率地生成高密度、低气压的等离子体。

根据交流放电的条件去分析，影响交流放电击穿电场、电流和带电粒子密度之间关系的因素如下。

（1）工作气体的性质和压强、电子平均自由程、电子与气体分子之间碰撞的频率。

（2）外加电场的频率。

（3）放电容器的尺寸。最简单的例子为圆柱放电室，电场沿圆柱轴向，其容器尺寸为放电管长度和放电管半径。

交流放电如果按照频率来划分，可以分为高频放电和低频放电。所谓高频放电指的是放电电源的交变频率高于兆赫兹的气体放电形式，由天线（电极）从外部得到需要的功率，再通过电磁场对电子的加速作用来维持和产生等离子体的放电方法。而低频放电指的是放电电源的交变频率低于兆赫兹的气体放电形式，气体放电的外观与直流放电是同样的，仅仅是放电电流方向会发生周期性的改变。

高频放电按照天线耦合的方式不同，又可以分为射频放电和微波放电，图 13-9 所示为用于放电的三种天线耦合方式，其中，图 13-9（a）所示为电容耦合，其原理是利用静电场来加速电子；图 13-9（b）所示为电感耦合，其原理是利用感应电场来加速电子；图 13-9（c）所示为电磁波耦合，主要利用电磁波来产生等离子体。

交流放电的特征和过程：在交流放电过程中频率对击穿电压的影响往往非常大，一般高频比低频的击穿电压要低一些。在高频放电中，正离子在阴极引起的次级电子发射过程对于气体击穿电压和维持放电没有重要作用，这是与直流放电明显的区别。

13.5.1　电容耦合等离子体

在平行板电容器中，气体在外加 13.56MHz 高频功率的激励下发生放电现象而产生的等离子体称为电容耦合等离子体。电容耦合等离子体发

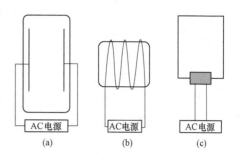

图 13-9　放电产生等离子体的三种天线耦合方式

(a) 电容耦合；(b) 电感耦合；(c) 电磁波耦合

生放电的参数如下：电极间距为 $1\sim5$cm，压强为 $10\sim1000$Pa，高频功率为 $20\sim200$W，生成的等离子体密度大约在 10^{16}m^{-3} 数量级。

电容耦合等离子体的产生原理：通过在外部施加的高频电场对电子的加速作用导致电离而产生等离子体。

电容耦合等离子体的优点：

(1) 容易生成大口径等离子体，特别是低气压时，放电的发光分布也很均匀。

(2) 一旦绝缘膜堆积在电极上，仍然能够保持稳定的等离子体状态。图 13-10 所示为平行板电容耦合产生等离子体的两种产生方法。

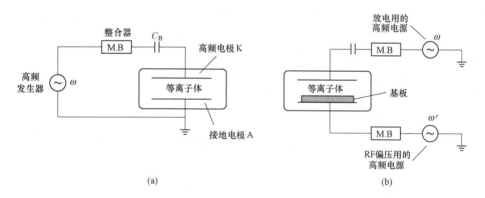

图 13-10　平行板电容耦合产生等离子体的两种产生方法

(a) 标准型；(b) 双频型

13.5.2　电感耦合等离子体

一种比较小又很重要的工业等离子体往往通过感应耦合来产生。所谓感应耦合就是说它的高频电源和等离子体之间的联系主要依赖于变压器的作用，通过在等离子体里感应产生的高频电流来实现。电感耦合等离子体是通过高频电流经过感应线圈来产生高频的电磁场，使得工作的气体形成的等离子体，同时出现火焰状放电的现象。此时的等离子体达到 10000K 的高温，它就是一个良好的蒸发-原子化-激发-电离性能的光谱光源。正因为这种等离子体的焰炬呈现出环状结构，从而有利于从等离子体中心通道处进样并且维持火焰稳定。

假设在细石英真空管外边环绕 $2\sim8$ 圈的线圈以后，再进一步给线圈通入 13.56MHz 的高频电流，管里由高频功率供给的线圈被激发而保持稳态等离子体。一旦感应耦合到等离子

体的工作频率的时候，它的低端频率可能低于 10kHz，高端频率则达到 30MHz，甚至更高。感应耦合等离子体里的中性气体气压往往低于一个大气压。

电感耦合等离子体是目前可以应用于原子发射光谱的主要光源。它具有环形结构、电子密度高、温度高、惰性气氛等特点，用它来做激发光源则具有线性范围广、检出限低、电离和化学干扰少、精密度和准确度高等优势。电感耦合等离子体质谱仪广泛应用于痕量以及超痕量多元素分析和同位素比值分析等多个方面。

13.5.3　微波等离子体

直流放电的缺点是有极放电，而且电离度低、密度低，但是运行气压高。然而射频放电属于无极放电，虽然密度和电离度有所提高，但是其应用的范围受到一定的限制。在微波频段范围内，电磁辐射与等离子体之间的相互作用经常是集体发生的相互作用。在这种相互作用里等离子体一般作为一种介电媒质参与，但不是辐射与单个电子的互相作用。

微波产生的等离子体比直流或射频产生的等离子体具有更高的电子温度（区间在 $5\sim15eV$，而后者一般只有 $1\sim2eV$）。假设微波功率为千瓦级，那么微波等离子体里的电子密度可以接近由电子等离子体频率所确定的临界密度数值。微波电源产生的典型应用频率为 2.45GHz，密度约为 $7\times10^{16}\,m^{-3}$。微波等离子体一般在较宽的气压范围里产生，从大气压强到 $1.33\times10^{-4}Pa$。

微波等离子体的优点如下：

（1）有很高的电离和分解程度。

（2）电子温度和离子温度与中性气体温度之比很高，运载气体会保持合适的温度。

（3）可以在高气压下维持等离子体。

（4）没有内部电极，在等离子容器里也没有工作气体以外的物质，没有污染源而且等离子发生器可以保持很长寿命。

（5）等离子可以采用磁约束的方法被约束在一定的空间里，而且微波结合磁路又互相兼容。

（6）安全因素高。高压源和等离子体发生器可以相互隔离。微波泄漏小从而容易达到辐射的安全标准。

（7）微波发生器稳定和易于控制。

（8）微波等离子在多数情况下是一种较为宁静的等离子体，而不像直流放电那样伴随着很高的噪声等级。

13.6　等离子体化学的应用

等离子体技术现在广泛应用于诸多专业领域，而且变得越来越重要。表 13 - 2 分类列举了等离子体在能源、物质与材料、环境与宇宙这三大领域中的应用，并且还根据等离子体的电学、光学、热学、化学以及力学等方向的特性对应用实例进行分类。目前，等离子体技术被应用于城市垃圾处理、废气处理和废渣的熔融处理等环境领域。利用等离子体熔融处理垃圾焚烧飞灰的技术是目前的一个热点。更为先进的是受控热核聚变技术，一旦获得突破将改变人类的能源发展路径。下面从等离子体的高温特性、导电性能、活泼的化学性质和发光特性四个方面的应用展开。

表 13-2   等离子体的应用

能源	物质与材料	环境与宇宙
电学应用	热学应用	热学应用
热电子发电	电弧焊接	等离子体熔炼
磁流体发电	放电加工	城市垃圾处理
核聚变发电	等离子体喷涂	—
引燃管	等离子体源离子注入	—
力学应用	化学应用	电学应用
离子源	表面改性	静电除尘装置
电子源	等离子体化学气相沉积	等离子休填充微波管
粒子加速	等离子体刻蚀	汽电静电喷漆
—	—	等离子体隐身
光学应用	力学应用	化学应用
X 射线光源	溅射	臭氧发生器
照明放电管	离子注入	燃烧废气处理
能源	物质、材料	环缆、宇宙
—	—	—
光学应用	力学应用	化学应用
霓虹灯	粒子束加工	汽车尾气处理
气体激光器	—	—
等离子体显示	—	—
紫外线光源	—	—
力学应用	—	
火箭推进	—	

13.6.1 等离子体的高温特性

目前,利用等离子体的高温特性的技术主要是受控热核聚变技术和等离子体机械加工技术,应用的领域还有等离子体冶金、武器和推进器。

1. 受控热核聚变

在能源领域运用超高温等离子体的核聚变发电受到普遍瞩目。磁约束聚变(Magnetic confinement fusion)是一种利用磁场与高热等离子体来引发核聚变反应的高新技术。该方法的步骤如下:首先,通过加热燃料使其成为等离子体形态;然后,利用磁场约束住高热等离子体中的带电粒子,使带电粒子进行螺线运动,从而进一步加热等离子体,直至发生核聚变反应。

核聚变反应以氢同位素作为燃料,它们大量存在于海水中。假设核聚变发电能够实现,则可使人类永久性利用这一绿色能源。

核聚变的基本反应原理:一个高能氘核(D)和一个高能氚核(T)碰撞后就会发生核聚变反应,生成一个氦核(He),同时放出一个中子(n),可以用方程式表达为

$$2D + 3T \longrightarrow 4He + n \qquad\qquad (R13\text{-}1)$$

该反应出现的质量亏损 0.019 amu(原子质量单位)会转化为 He 和 n 的巨大动能释放出

来，而中子撞击到反应堆四周的吸收介质后转化成热能可以用来发电。要实现式（R13-1）所示的核聚变的自持反应，必须要生成约 1 亿℃（10keV）的高密度（$>10^{20}\,m^{-3}$）D、T 等离子体并将其保持 1s 以上。为此，现在普遍采用的方法是将氘（D）和氚（T_2）的混合气体电离，然后加热到超高温，与此同时采用磁场约束方法。目前，国内外均致力于这种核聚变的大规模研究与开发工作。

目前，能够使用托卡马克技术来达成磁约束聚变。这种技术的发展程度比惯性约束聚变要好一些，但是随着尺寸的增加，产生不稳定的状况也越发严重。

2. 等离子体机械加工

应用等离子体喷枪发出的高温和高速射流，用于喷涂、焊接、堆焊、加热、切削、切割等多种机械加工。等离子弧焊接具有相对钨极氩弧焊接快得多的优势。1965 年投入使用的微等离子弧焊接的火炬尺寸仅仅为 2～3mm，应用在加工十分细小的工件上。等离子弧堆焊用于部件上堆焊具有耐腐蚀、耐磨、耐高温的合金材料，还可以加工各种特殊钻头、阀门、模具、刀具和机轴等部件。

应用电弧等离子体的高温以及强的喷射力，还可以把金属或非金属喷涂在工件的表面上，从而大大地提高工件的耐腐蚀、耐磨、耐高温氧化和抗震性能。等离子体切割则把被切割的金属采用电弧等离子体迅速加热至熔化状态，再把已熔金属用高速气流吹掉，从而形成狭窄的切口。等离子体加热切削采取刀具前面设置离子体弧，再通过金属在切削前的受热来改变加工材料的机械性能，从而变得易于切削。这种等离子体加热切削比常规的切削方法可以提高工效达 5～20 倍。

3. 等离子体冶金

20 世纪 60 年代以来，热等离子体还用于熔化和精炼金属，等离子体电弧熔炼炉不仅可以熔化耐高温的合金和炼制高级的合金钢，还能在矿物质中提取所需的金属产物。

4. 等离子体武器

等离子体武器是指以高温的等离子团作为杀伤手段的一种定向能量武器。等离子枪炮作为武器还会出现在未来的小说、科幻电影、动画和游戏中。使用激光技术可以把重氢加热成为温度很高的等离子团，然后用电磁场让等离子团飞往目标，也可以采用超高频电磁波使波束聚焦处的空气进行高度的电离。

5. 等离子体推进器

20 世纪 70 年代开始，运用电离气体里的电流和磁场之间的相互作用力能够使气体产生高速喷射进而产生推力，用来制造磁等离子体的动力推进器以及脉冲等离子体推进器。这些推进器的火箭排气速度与重力加速度之比和化学燃料推进器相比要高许多，是航天技术中最理想的推进方法。

13.6.2 等离子体的导电性能

磁流体发电就是采用流动的导电流体和磁场之间的相互作用而产生电能。磁流体发电技术具体而言是把燃料直接加热成易被电离的气体，使这些燃料在 2000℃ 的高温下电离成能够导电的离子流，这些离子流在磁场中高速流动时就会切割磁力线从而产生感应电动势，这一过程热能就直接转换成为电流，而且整个过程没有机械转换环节，这种"直接发电"的燃料利用率往往升高非常明显，因此，称为等离子体发电技术。

13.6.3　等离子体活泼的化学性质

1. 等离子体化工

从化学反应来看，等离子体空间富集的分子、离子、电子、激发态的原子及自由基都属于活泼的反应物种。等离子体辐射也可有效地激活一些反应体系。因此，当物质由三态转变成为等离子体态时，其化学行为必然发生变化。一些在三态条件下不易（或不能）进行的化学反应在等离子体状态下就很容易（或能够）进行。例如，电弧等离子体可以用来制备超细的氮化硼粉、高频等离子体可以用来制备超微的钛白粉等。高气压电弧等离子体热就是利用混入里面的金属或陶瓷等的微粒材料很快熔化，这一技术被广泛应用于表面改性、精炼、喷涂以及生成微粒材料等。

2. 等离子体表面处理

用冷等离子体技术来处理金属和非金属的固体表面，达到明显改变固体表面性能的目的。等离子体化学气相沉积则用于功能材料薄膜或者化合物膜的合成加工。如果在光学透镜表面上沉积 $10\mu m$ 的有机硅单体薄膜还可以改善透镜的反射指数和抗划痕的性能；如果采用冷等离子体来处理聚酯的织物，能改变它的表面浸润性，因此，金属固体表面的清洗和刻蚀就采用了上述的技术。

另外，利用等离子体化学活性的薄膜沉积与刻蚀是微电子制造中必须用到的工艺。这些工艺通过通入工作气体使之产生放电，而高能量的电子能够使气体分子键发生断裂，从而产生大量的活性基团。然后基团会继续吸附在基板的表面上，基团之间发生表面化学反应后，一层具有新化学结构的薄膜最终在表面生成。这就是所谓的等离子体化学气相沉积技术。

13.6.4　等离子体的发光特性

等离子体的发光特性应用最为广泛的是等离子体光源和等离子体显示器。等离子体光源跟白炽灯的区别是前者属于冷光源，因而其发光效率很高。等离子平板显示就是等离子体发光现象的应用标志，尤其是等离子体电视也曾经获得过大面积的商用，尽管后来被液晶电视取代了。

等离子体显示器的工作原理介绍如下：首先在显示平面上安装大量的等离子管用作发光体，然后在每个发光管内部的两个玻璃电极之间充满氖、氙等惰性气体，同时在一个玻璃电极上涂抹三原色的荧光粉。一旦两个电极间通上高电压就会引发惰性气体的放电，进而产生等离子体。涂有荧光粉的电极就会被等离子产生的紫外线所激发，然后发出不同分量的可见光。

目前，日常生活中使用的霓虹灯、荧光灯、气体激光、等离子体显示等均是等离子体发光特性的应用。它的发展趋势是大画面和高清晰度显示领域。高功率等离子体填充真空器件、等离子体隐身等新技术则有望应用于宇宙探索领域。

思　考　题

1. 试述等离子体的发展简史和最新应用。
2. 试述微波等离子体的应用，并举例说明。
3. 试析低温等离子体和高温等离子体的区别及应用范围。

4. 利用本章知识试析日光灯管的工作原理。

5. 试析电弧焊接等离子体物理的原理。

参 考 文 献

[1] 曾政权，甘孟瑜，张云怀，等．大学化学［M］．3 版，重庆：重庆大学出版社，2011.

[2] 周基树，延卫，沈振兴，等．能源环境化学［M］．西安：西安交通大学出版社，2011.

[3] 李晔．光化学基础与应用［M］．北京：化学工业出版社，2010.

[4] 黄德乾，张天宝，苏敏．电化学原理及应用研究［M］．北京：中国原子能出版社，2012.

[5] 马腾才，胡希伟，陈银华．等离子体物理原理（修订版）［M］．合肥：中国科学技术大学出版社，2012.

[6] 赵青，刘述章，童洪辉．等离子体技术及应用［M］．北京：国防工业出版社，2009.

[7] 潘新潮，马增益，王勤．等离子体技术在处理垃圾焚烧飞灰中的应用研究［J］．环境化学，2008，29（4）：1114‐1118.